普通高等院校化妆品科学与技术专业规划教材

U0170606

化妆品制剂学

（供化妆品科学与技术、化妆品技术与工程、化妆品技术、精细化工、应用化学等专业使用）

主　编　何秋星

副主编　曹　华　宋凤兰

编　者　（以姓氏笔画为序）

万　洁 ［新时代健康产业（集团）有限公司］

邓金生（广州今盛美化妆品有限公司）

邓燕民（广州集尚生物科技有限公司）

伍春娴（广东药科大学）

何秋星（广东药科大学）

宋凤兰（广东药科大学）

张为敬（中山市天图精细化工有限公司）

陈来成（广州尊伊化妆品有限公司）

周郁斌（广东医科大学）

唐新宜（广东药科大学）

曹　华（广东药科大学）

曹贤武（华南理工大学）

梁高健（中山市天图精细化工有限公司）

蒋　赣（广东药科大学）

程忆春（广州荣道化工有限公司）

裴永艳（广东药科大学）

熊永攀（广州歆容彩妆研发中心有限公司）

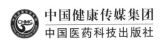

中国健康传媒集团

中国医药科技出版社

内容提要

本教材为"普通高等院校化妆品科学与技术专业规划教材"之一。全书共 11 章，主要包括化妆品常用原料，化妆品流变学基础，彩妆基础知识，化妆品配方设计基础，化妆品液体制剂，化妆品半固体制剂，面膜，化妆品气雾剂，化妆品制剂新技术，化妆品常用生产设备。

本教材将应用工艺与基础理论相结合，有机融合电子教材、教学配套 PPT，更加方便教与学，可供全国高等院校化妆品科学与技术、化妆品技术与工程、化妆品技术、应用化学、精细化工等专业师生使用，也可为从事日化领域生产、开发的专业技术人员提供参考。

图书在版编目（CIP）数据

化妆品制剂学/何秋星主编 . —北京：中国医药科技出版社，2021. 12 (2024.12重印)

普通高等院校化妆品科学与技术专业规划教材

ISBN 978 - 7 - 5214 - 2894 - 0

Ⅰ . ①化… Ⅱ . ①何… Ⅲ . ①化妆品 - 制剂学 - 高等学校 - 教材 Ⅳ . ①TQ652

中国版本图书馆 CIP 数据核字（2021）第 259925 号

美术编辑 陈君杞

版式设计 友全图文

出版 **中国健康传媒集团** | 中国医药科技出版社

地址 北京市海淀区文慧园北路甲 22 号

邮编 100082

电话 发行：010 - 62227427 邮购：010 - 62236938

网址 www.cmstp.com

规格 889 × 1194 mm $^1/_{16}$

印张 22 $^1/_4$

字数 635 千字

版次 2021 年 12 月第 1 版

印次 2024 年 12 月第 2 次印刷

印刷 大厂回族自治县彩虹印刷有限公司

经销 全国各地新华书店

书号 ISBN 978 - 7 - 5214 - 2894 - 0

定价 68.00 元

获取新书信息、投稿、为图书纠错，请扫码联系我们。

出版说明

随着生活水平的不断提高，化妆品已成为人们日常生活的必需品。同时消费层次的升级、消费观念的改变，使人们对化妆品的品质要求也越来越高，化妆品产业发展和提升空间巨大。近30年，我国化妆品产业得到了迅猛发展，取得了前所未有的成就，但全行业仍面临诸多问题和挑战，如产品科技含量不高、创新型人才储备不足、品牌知名度低等，目前在我国化妆品市场中，外资品牌产品占据较大的市场份额，民族企业在原料开发利用、剂型创新、设备和工艺革新等基础研究方面仍比较薄弱，因此，加快高素质、创新型化妆品人才的培养尤为迫切。

为适应我国化妆品人才的社会需要，以及我国化妆品产业发展和监管的需求，广东药科大学以教学创新为指导思想，以教材建设带动学科建设为方针，设立化妆品科学与技术专业教材专项资助资金，组织全国高等院校成立《普通高等院校化妆品科学与技术专业规划教材》编审委员会，编写了全国首套高等院校化妆品科技与技术专业的教材，即"普通高等院校化妆品科学与技术专业规划教材"。

本套教材主要可供高等院校化妆品相关专业的本科生、研究生使用，也可供从事化妆品相关领域的工作人员学习参考。

本套教材定位清晰、特色鲜明，主要体现在以下方面。

1. 立足教学实际，突显内容的针对性和适应性

本套教材以高等院校化妆品科学与技术专业的课程建设要求为依据，坚持以化妆品行业的人才培养需求为导向，重点突出化妆品基础理论研究、前沿技术创新研究及应用，且注重理论知识与实践应用相结合、化妆品学与医药学知识相结合，从而保证教材内容具有较强的针对性、适应性和权威性。

2. 遵循教材编写规律，紧跟学科发展步伐

本套教材的编写遵循"三基、五性、三特定"的教材编写规律；以"必需、够用"为度；坚持与时俱进，注重吸收新理论、新技术和新方法，适当拓展知识面，为学生后续发展奠定必要的基础。强调全套教材内容的整体优化，并注重不同教材内容的联系与衔接，避免遗漏和不必要的交叉重复。

3. "教考""理实"密切融合，适应产业发展需求

本套教材的内容和结构设计紧密对接国家化妆品职业资格考试大纲，以及最新化妆品发展与监管要求，确保教材的内容与行业应用密切结合，体现高等教育的实践性和开放性，为学生实践工作打下坚实基础。

4. 创新教材呈现形式，免费配套增值服务

本套教材为书网融合教材，即纸质教材有机融合数字教材、配套PPT，满足信息化教学的需求。通过"一书一码"的强关联，为读者提供免费增值服务。按教材封底的提示激活教材后，读者可通过PC、手机阅读电子教材和配套PPT等教学资源，使学习更便捷。

　　值此"普通高等院校化妆品科学与技术专业规划教材"陆续出版之际，谨向给予本套教材出版支持的广东省化妆品工程技术研究中心、广东药科大学化妆品人才实践教学基地、广东省省级实验教学示范中心，以及参与教材规划、组织、编写的教师和科技人员等，致以诚挚的谢意。欢迎广大师生和化妆品从业人员，在教学和工作中积极使用本套教材，并提出宝贵意见和建议，以便我们修订完善，共同打造精品教材。希望本套教材的出版对促进我国高等院校化妆品学相关专业的教育教学改革和人才培养作出积极贡献。

化妆品已经由奢侈品、时尚品逐渐走入寻常百姓家，正逐渐成为人们日常生活必不可少的一部分。近年来，随着人们物质文化生活水平的提高，人们对化妆品尤其是高安全、强功效的化妆品的需求越来越大。化妆品产业迅速发展，无论是在化妆品的新原料、新品种、新剂型、新工艺、新设备及新技术等方面都取得了较大的突破。

化妆品制剂学是基于化妆品工艺学与药剂学相结合而来的，它是研究基于皮肤需求的化妆品各原料之间基本作用原理、配方设计、制备工艺、质量控制及合理使用的一门综合性应用技术科学。熟悉化妆品原料之间的相互作用原理、各原料之间的协同搭配和稳定的质量控制方法是化妆品生产最重要的内容，尤其对于功效型化妆品，如何才能发挥最佳功效，选用何种原料、何种制剂技术、何种剂型都是至关重要的。为适应我国化妆品行业的快速发展尤其是企业对化妆品专业人才的需求，编者参考近年来国内外大量科技文献资料，并结合多年教学、研究成果和工作实践（企业生产的商品配方）编写了本教材。

本教材根据教学循序渐进的要求，并结合新版《化妆品分类规则和分类目录》设置内容，共十一章。第一章绪论，由何秋星编写，主要介绍化妆品的定义、化妆品制剂学的术语及其发展概况。第二章化妆品常用原料，由曹华、曹贤武、程忆春编写，主要介绍化妆品常用原料物理化学性质。第三章化妆品流变学基础，由蒋赣编写，主要介绍化妆品中常用流变学基本概念、流变学测定方法及其在化妆品中的应用等。第四章彩妆基础知识，由熊永攀编写，主要介绍粉体的基础知识、色粉的分类及其在彩妆化妆品中的应用。第五章化妆品配方设计基础，由邓燕民和万洁编写，主要介绍化妆品配方设计的基础知识，以及不同化妆品制剂如何进行配方的设计。第六章化妆品液体制剂，由宋凤兰和邓金生编写，主要介绍各种不同液体制剂的化妆品配方组成、生产工艺及性能评价等。第七章化妆品半固体制剂，由伍春娴和裴永艳编写，主要介绍各种固体制剂的配方设计、生产工艺及产品的质量控制。第八章面膜，由陈来成编写，主要介绍面膜配方组成、生产工艺及其质量控制方法等。第九章化妆品气雾剂，由张为敬和梁高健编写，主要介绍气雾剂的定义、组成及其生产设备等。第十章化妆品制剂新技术，由周郁斌编写，主要介绍环糊精包合技术、纳米技术、微囊技术、脂质体技术、微乳技术、微针技术、靶向制剂及其他新技术等的基本含义和在化妆品中的应用等。第十一章化妆品常用生产设备，由唐新宜编写，主要介绍化妆品常用生产设备如搅拌器、乳化锅等的结构与特点等。

本教材将应用工艺与基础理论相结合，可供全国高等院校化妆品科学与技术、化妆品技术与工程、化妆品技术、应用化学及精细化工等专业师生使用，也可为日化领域生产、开发的专业技术人员提供参考。

　　本教材在编写过程中，得到了各参编院校的大力支持与帮助，还参考了国内外专业书籍和文献资料，在此对给予编写本教材支持与帮助的所有人员表示衷心的感谢。由于编者水平和经验有限，书中难免有不妥之处，恳请读者和同行专家批评指正。

编　者

2021 年 5 月

第一章 绪 论

PPT

> **知识要求**
>
> **1. 掌握** 世界各国化妆品的定义；化妆品分类及其作用；化妆品与医药区别，化妆品制剂学术语。
> **2. 熟悉** 中国化妆品的定义。
> **3. 了解** 化妆品制剂的发展史，化妆品的属性。

随着人们生活水平的提高及对美的不断追求，越来越多的人开始关注并使用化妆品，化妆品已经从宫廷"奢侈品"悄无声息地进入平常百姓家，成为人们最常见的日用品之一。

第一节 化妆品的基础知识

一、化妆品的定义

关于化妆品的定义，世界各国（地区）的法规定义略有不同。

1. 中国 根据中国《化妆品监督管理条例》（2020 年中华人民共和国国务院令第 727 号）规定，化妆品（cosmetics）是指以涂擦、喷洒或者其他类似的方法，施用于皮肤、毛发、指甲、口唇等人体表面，以清洁、保护、美化、修饰为目的的日用化学工业产品。该定义从作用方式、作用部位及主要作用等三个方面进行约束，只有同时满足该三个方面的条件，才可以界定它是属于化妆品范畴。

《化妆品监督管理条例》的附则，首次将牙膏纳入普通化妆品进行管理，但尚未将香皂、肥皂纳入化妆品进行管理，除非宣称香皂具有某些特殊功效。

2. 美国 美国联邦食品、药品和化妆品法（FD&C Act）将化妆品定义为"旨在擦、倾、洒或喷在人体上，引入或以其他方式应用于人体的物品，以清洁、美化、增强吸引力或更改外观"。此定义中包括的产品包括皮肤保湿剂、香水、口红、指甲油、眼部和面部彩妆制剂、洗发水、烫发剂、染发剂、牙膏和除臭剂，以及任何打算用作护肤成分的材料。

3. 欧盟 按照欧盟化妆品法规 1226/2009/EC，化妆品是用于人体外部任何部位（皮肤、毛发、指甲、口唇和外阴部）或牙齿及口腔黏膜的物质或混合物，以达到清洁、清除不良气味、护肤、美容和修饰的产品，完全出于治疗或疾病防护的产品除外。

4. 日本 根据《药机法》（原《药事法》），化妆品是指以涂抹、喷洒或其他类似方法使用，起到清洁、美化、增添魅力、改变容貌或保持皮肤或头发健康等作用的产品，对人体使用部位产生的作用是缓和的。

对比各国关于化妆品的定义不难发现，各国均从作用方式、作用对象及作用目的等三方面对化妆品进行了相关的约束，尤其对化妆品与药品均有严格的界定。中国、美国及欧盟等国均明确表示不承认"药妆品"的概念。

二、化妆品的分类及其作用

化妆品种类繁多，性能、形态交错，因此难以科学地、系统地进行分类。目前，国际上对化妆品尚没有统一的分类标准，各国的分类方法也不尽相同，有根据功效、剂型、成分类别、生产工艺、配方特点进行分类的，也有根据使用目的、部位、使用者年龄、性别等因素进行分类的。每种方法都有其优缺点。本书参考《化妆品监督管理条例》（国令第727号）和《化妆品分类规则和分类目录》（2021年第49号）从七个方面对化妆品进行分类说明。

（一）按风险程度的管理等级分类

依据《化妆品监督管理条例》，按照风险程度的管理等级分类，化妆品可分为普通化妆品和特殊化妆品两种。国家对特殊化妆品实行注册管理，对普通化妆品实行备案管理。用于染发、烫发、祛斑美白、防晒、防脱发的化妆品以及宣称具有新功效的化妆品为特殊化妆品。特殊化妆品以外的化妆品为普通化妆品。

（二）按使用人群分类

00. 新功效：宣称适用于孕妇、哺乳期妇女的产品以及不符合下述规则的产品。

01. 婴幼儿（出生～3周岁，含3周岁）：可以使用的功效宣称为清洁、保湿、护发、防晒、舒缓、爽身。

02. 儿童（3～12周岁，含12周岁）：可以使用的功效宣称为清洁、卸妆、保湿、美容修饰、芳香、护发、防晒、修护、舒缓、爽身。

03. 普通人群：若产品不限定适用人群，应对应此项；仅选择此项的产品，使用人群不包括12周岁以下人群。

（三）按化妆品的作用部位分类

00. 新功效：不符合以下规则的。

01. 头发：染发、烫发产品仅能对应此作用部位；防晒产品不能对应此作用部位。

02. 体毛：不包括头面部毛发。

03. 躯干部位：不包含头面部、手、足。

04. 头部：不包含面部。

05. 面部：不包含口唇、眼部；脱毛产品不能对应此作用部位。

06. 眼部：包含眼周皮肤、睫毛、眉毛，但脱毛产品不能对应此作用部位。

07. 口唇：祛斑美白、脱毛产品不能对应此作用部位。

08. 手、足部：除臭产品不能对应此作用部位。

09. 全身皮肤：不包含口唇、眼部。

10. 指（趾）甲。

（四）按剂型分类

00. 其他：不属于以下范围的。

01. 膏霜：乳膏、霜、蜜、脂、乳、乳液、奶、奶液等，如清洁霜、润肤霜、雪花膏。

02. 液体：不经乳化的露、液、水、油、油水分离等，如保湿水、爽肤水等。

03. 凝胶：不经乳化的啫喱、胶等，如保湿啫喱、祛痘啫喱等。

04. 粉剂：散粉、颗粒等，如香粉、爽身粉、痱子粉等。

05. 块状：包含块状粉、大块固体等，如粉饼、胭脂等。

06. 泥：泥状固体等，如海藻泥膜等。

07. 蜡基：以蜡为主要基料，如口红等。

08. 喷雾剂：不含推进剂，如香水、花露水等。

09. 气雾剂：含推进剂，如二元包装、发胶、彩喷等。

10. 贴、膜、含基材：贴、膜、含配合化妆品使用的基材。

11. 冻干：含冻干粉、冻干片等。

（五）按功效宣称分类

按照《化妆品分类规则和分类目录》，目前我国化妆品所宣称的功效可归结为28类。

00. 新功效，不符合以下规则的。

01. 染发：以改变头发颜色为目的，使用后即时清洗不能恢复头发原有颜色，如染发膏、染发粉等。

02. 烫发：用于改变头发弯曲度，并能维持相对稳定。但清洗后即恢复头发原有形态的产品，不属于此类。

03. 祛斑美白：有助于减轻或减缓皮肤色素沉着，达到皮肤美白增白效果，通过物理遮盖形式达到皮肤美白增白效果，如美白乳、美白面膜等。

04. 防晒：用于保护皮肤（含口唇）免受紫外线所带来的损伤，如防晒乳、防晒霜等。

05. 防脱发：有助于改善或预防头发脱落，如防脱洗发水等。

06. 祛痘（含去黑头）：有助于减缓粉刺的发生；有助于粉刺发生后皮肤的恢复，如祛痘乳、祛痘精华。但调节激素的产品，促进生发作用的产品，不属于化妆品。

07. 滋养：有助于为施用部位提供滋养作用。但通过其他功效间接达到滋养作用的产品，不属于此类。

08. 修护：有助于维护施用部位保持正常状态。但用于瘢痕、烫伤、烧伤、破损等损伤部位的产品，不属于化妆品。

09. 清洁：用于除去使用部位表面的污垢及附着物，如洗面奶、洁面乳、洗发水等。

10. 卸妆：用于除去使用部位的彩妆等其他化妆品，如卸妆水、卸妆油、卸妆啫喱等。

11. 保湿：用于补充或有助于保持使用部位水分含量；有助于减少使用部位的水分流失，如保湿乳等。

12. 美容修饰：用于暂时改变使用部位外观状态，达到美化、修饰等作用，清洁卸妆后可恢复原状，如唇膏、眉笔等。但人造指甲或固体装饰物类等产品（如假睫毛等），不属于化妆品。

13. 芳香：具有芳香成分，可赋予香味；有助于修饰体味，如香水等。

14. 除臭：有助于减轻或遮盖体臭。但单纯通过抑制微生物生长达到除臭目的产品，不属于化妆品。

15. 抗皱：有助于减缓皮肤皱纹产生或使皱纹变得不明显，如抗皱精华等。

16. 紧致：有助于保持或增加皮肤的紧实度、弹性，如紧致乳、紧致喷雾等。

17. 舒缓：有助于改善皮肤刺激等状态，如舒缓乳、舒缓精华等。

18. 控油：有助于减缓皮肤皮脂分泌和沉积，或使皮肤出油现象不明显。

19. 去角质：有助于促进皮肤角质的脱落或促进角质更新。

20. 爽身（含止汗）：有助于保持皮肤干爽或增强皮肤清凉感，如爽身粉等。但针对病理性多汗的产品，不属于化妆品。

21. 护发：有助于改善头发、胡须的梳理性，防止静电，保持或增强毛发的光泽，如护发素等。

22. 防断发：有助于改善或预防头发断裂、分叉；有助于保持或增强头发韧性。

23. 去屑：有助于减少附着于头发、头皮的皮屑，如去屑洗发水、去屑洗发露等。

24. 发色护理：有助于在染发后保持头发颜色的稳定等。

25. 脱毛：用于减少或除去体毛，如脱毛膏等。

26. 辅助剃须剃毛：用于软化、膨胀须发，有助于剃须剃毛时皮肤润滑。如剃毛水等。但剃须、剃毛工具不属于化妆品。

（六）按使用方法分类

按使用方法分为淋洗类、驻留类两大类。如沐浴露属于淋洗类，而保湿乳则属于驻留类。具体的化妆品品类可根据《化妆品安全技术规范》要求确定。

（七）按形态分类

根据药剂学相关知识并结合化妆品特性，化妆品制剂分为以下几类。

1. 液体制剂 如均相液体制剂（单相液态体系）和非均相液体制剂（多相液态体系）。均相液体制剂又分为低分子溶液剂和高分子溶液剂；非均相液体制剂又分为溶胶剂、乳剂及悬浮剂等。

2. 半固体制剂 如乳膏化妆品、油膏化妆品、水凝胶化妆品等。

3. 固体制剂 如粉饼化妆品、软胶囊化妆品、膜剂化妆品和粉剂化妆品等。

4. 气体制剂 如气雾化妆品、喷雾化妆品、粉雾化妆品及二元包装化妆品等。

按产品的外观形状、生产工艺和配方特点分类，有利于化妆品的生产设计、产品规格标准的确定及分析试验方法的研究，有利于生产和质检部门进行生产管理和质量检测。按产品的使用部位和使用目的的分类，比较直观，有利于配方设计及生产过程中原料的选用。

随着化妆品工业的发展，化妆品已从单一功能向多功能方向发展，许多产品在性能和应用方面已没有明显界线，同一剂型的产品可以具有不同的性能和用途，而同一使用目的的产品也可制成不同的剂型。因此，在实际应用中要加以注意。

三、化妆品的商品特点

化妆品具有与其他商品不同的特点，可以归结为"五性"。

1. 安全性（safety） 能长期使用、适用范围广泛。

2. 有效性（effectiveness） 大部分化妆品都能直接达到使用的效果。

3. 稳定性（stability） 产品性能够保持相对稳定。

4. 自主性（autonomy） 消费者可以根据自身的需求进行选择。

5. 时尚性（fashion） 时尚型的个人快速消费品。

四、化妆品与药品及医美产品的区别

（一）化妆品与药品的区别

化妆品虽然与皮肤外用药一样可作用于人体皮肤，但二者却属于两个完全不同的范畴。其区别可以从以下四个方面进行说明。

1. 安全性要求 化妆品应具有高度的安全性，不允许对人体产生任何刺激或损伤；而某些外用药品作用于皮肤时间短暂，在一定范围内允许对人体产生微弱刺激及不良反应。

2. 产品使用对象 化妆品的使用对象是皮肤健康人群，而外用药品的使用对象是患病人群。

3. 使用目的 使用化妆品的目的包括清洁、保护、营养和美化等，而使用外用药品的目的是治疗疾病。

4. 皮肤结构和功能作用 外用药品作用于人体后能够影响或改变皮肤结构和功能，而化妆品不能。虽然某些特殊用途化妆品具有一定的药理活性或一定的功能性，但一般作用都很微弱并且短暂，更不会起到全身作用；而外用药品的药效则更显著、全面、持续。

尽管化妆品与药品有着根本的区别，但随着化妆品的不断发展，现代化妆品尤其是功效化妆品与药品之间的关系越来越紧密，其配方中所添加的某些活性成分既具有化妆品的特性，同时又具有药物的性能，这些化妆品基本具有预防或辅助治疗某些皮肤病的作用。如某些洗发水之所以具有较好的祛头屑效果，就是因为在洗发水中添加了具有抑制头皮上马拉色菌（一种真菌）活性的药物——ZPT。随着人们生活水平的提高及对美的不断追求，化妆品与药品的结合会具有更加广泛的发展前景。

（二）化妆品与医美产品的区别

医美产品是具有医疗效果的美容类产品的统称，有时也简称"医学护肤品"。它不同于普通的化妆品，其区别体现在以下几个方面。

1. 属性 化妆品属于日用化学品，而医美产品包括具有医疗效果的产品、仪器、药品，以及医疗器械类产品。

2. 专业性 医美产品的使用一般由经过培训的、有资质的人员，在特定的场所（一般为医院、诊所）对患者实施的治疗或辅助治疗，专业性更强。

3. 生产资质 化妆品必须在拥有化妆品生产许可证的企业才可进行加工生产，而医美产品通常是由药厂或者医院的制剂室来控制生产，也可以由具有械字号资质的化妆品生产企业进行加工生产。

4. 销售途径 医美产品只能在药店、美容院和医院进行销售。而化妆品的销售途径更广泛。

5. 使用效果 医美产品通常因为成分单纯、浓度较高而比一般的化妆品效果更明显。

6. 安全性 医美产品一般需通过一些医学机构的测试，安全性较高。

五、化妆品与现代生物技术的关系

生物技术是指人们以现代生命科学为基础，结合其他基础科学，采用先进的科学技术手段，按照预先的设计改造生物体或加工生物原料，为人类生产出所需产品或达到某种目的。近年来，随着生物技术在分子生物学领域的快速发展，生物技术和生物制剂在化妆品原料的研发、化妆品的安全性和功效性评价等化妆品工业领域中的多个环节得到了广泛推广和应用。越来越多的生物制剂，如透明质酸（HA）、超氧化物歧化酶（SOD）、核酸（RNA）等，作为功效添加剂都成功地应用于化妆品。趋向生物化是当今化妆品发展的主要方向之一。

生物技术在化妆品中的应用主要有以下几方面：①为化妆品提供新型生物活性添加剂；生物技术主要用于生产科技含量高的化妆品活性添加剂。这些技术主要包括生物提取分离技术、生物发酵技术、酶工程和植物细胞培养技术等。利用这些技术，可以为化妆品开发提供高效、安全和价优的原材料和添加剂。②对化妆品进行功效性评价：客观有效的化妆品功效性评价方法是促进化妆品领域快速发展的因素之一，运用生物技术可在一定程度上评价化妆品的功效性，主要包括化妆品美白功效、抗衰老功效、抗过敏功效、祛红血丝功效等。③对化妆品进行安全性评价：生物技术在生命科学和皮肤科学方面取得的新成就，为化妆品的安全性评价提供了新的手段和方法，如检测化妆品刺激性、检测化妆品中致病菌等。

第二节 化妆品制剂学的常用术语

术语是通过语音或文字来表达或限定科学概念的约定性语言符号。认识和掌握化妆品制剂学的常用术语，有利于更好地理解和学习化妆品专业知识。

1. 制剂学（manufacturing） 根据制剂理论与制剂技术，设计和制备安全、有效、稳定的化妆品制剂的学科。

2. 化妆品制剂学（cosmetic preparation） 是研究基于皮肤需求的化妆品各原料之间基本作用原理、配方设计、制备工艺、质量控制及合理使用的一门综合性应用技术科学。

3. 剂型（dosage form） 是根据产品作用方式及贮存需要而制成的产品形式，如乳剂、片剂、粉剂、颗粒剂、胶囊剂等。

4. 制剂（preparation） 根据《化妆品安全技术规范》及各种化妆品标准，为适应操作、使用的需要而制成的应用形式的具体品种，如沐浴露、保湿乳等。

5. 液体制剂（liquid preparation） 指分散物质（功效物质和附加组分）溶解或分散在适宜的介质中形成的常温下为液体形态的化妆品。从分散物质的粒子大小角度进行分类，化妆品液体制剂可分为均相液体制剂（单相液态体系）和非均相液体制剂（多相液态体系）。

6. 半固体制剂（semi-solid preparation） 指有效成分与适宜基质均匀混合而成的具有适当稠度的膏状制剂。常见的化妆品半固体制剂包括乳膏化妆品、油膏化妆品、水凝胶化妆品等。

7. 固体制剂（solid preparations） 指在常温下产品物理形态呈现为固体形态的化妆品，如粉饼化妆品、软胶囊化妆品、膜剂化妆品和粉剂化妆品等。

8. 气体制剂（gas preparation） 指分散物质（功效物质和附加组分）溶解或分散在适宜的介质中形成的常温下为气体形态的化妆品，如气雾化妆品、喷雾化妆品、粉雾化妆品及二元包装化妆品等。

9. 配方（formula） 为某种物质（如洗发水、保湿乳等）的配料提供方法和配比的处方。

10. 化妆品原料（cosmetic raw materials） 化妆品配方中使用的成分。

11. 化妆品新原料（new raw materials for cosmetics） 在国内首次使用于化妆品生产的天然或人工原料。

12. 禁用组分（banned components） 不得作为化妆品原料使用的物质。

13. 限用组分（restricted components） 在限定条件下可作为化妆品原料使用的物质。

14. 防腐剂（preservative） 以抑制微生物在化妆品中的生长为目的而在化妆品中加入的物质。

15. 防晒剂（sunscreen）　利用光的吸收、反射或散射作用，以保护皮肤免受特定紫外线所带来的伤害而在化妆品中加入的物质。

16. 着色剂（colorant）　利用吸收或反射可见光的原理，为使化妆品或其施用部位呈现颜色而在化妆品中加入的物质，但不包括染发剂。

17. 染发剂（hair dye）　为改变头发颜色而在化妆品中加入的物质。

18. 淋洗类化妆品（rinse cosmetics）　在人体表面（皮肤、毛发、甲、口唇等）使用后及时清洗的化妆品。

19. 驻留类化妆品（resident cosmetics）　除淋洗类产品外的化妆品。

20. 眼部化妆品（eye makeup）　宣称用于眼周皮肤、睫毛部位的化妆品。

21. 口唇化妆品（lip cosmetics）　宣称用于嘴唇部的化妆品。

22. 体用化妆品（body cosmetics）　宣称用于身体皮肤（不含头面部皮肤）的化妆品。

23. 肤用化妆品（skin cosmetics）　宣称用于皮肤上的化妆品。

24. 儿童化妆品（children's cosmetics）　宣称适用于儿童使用的化妆品。

25. 安全性风险物质（potentially risky substances）　由化妆品原料、包装材料、生产、运输和存储过程中产生或带入的，暴露于人体可能对人体健康造成潜在危害的物质。

26. 乳化作用（emulsification）　是一种液体以极微小液滴分散在互不相溶的另一种液体中所形成的分散体系。

27. 乳化剂（emulsifier）　是能够改善乳液中各种构成相与相之间的表面张力，使之形成均匀稳定的分散体系或乳浊液的表面活性剂。

28. 水包油（oil in water）　油为内相，水为外相，将油分散在水中的乳化体系。

29. 油包水（water in oil）　水为外相，油为内相，将水分散在油中的乳化体系。

第三节　影响化妆品功效性表达的因素

功效性即使用性、功能性等。按照《化妆品分类规则和分类目录》，我国化妆品的功效分类为 28 个类别。化妆品的功效性的表达与很多因素有关，其中功效原料是最重要的影响因素，除此之外，与配方结构、剂型、透过性及使用剂量等均有关系。

一、化妆品的功效性与功效原料的关系

俗话说，巧妇难为无米之炊。要想实现化妆品的功效性首先要有合适的化妆品功效原料作保障。如 20 世纪 80 年代初透明质酸（HA）就因具有优异的保湿功效而受到国际化妆品界的广泛关注，直到现在依然被当成一种理想的保湿剂而广泛应用于高档膏霜、乳液、美容液、面膜液、粉底和口红等，以达到增湿保湿、嫩肤、抗皱等功效。目前添加 HA 的化妆品已成为国际日化界的主流产品。

二、化妆品剂型与配方结构的关系

化妆品的剂型与其配方结构有一定的关系。剂型是指产品的外观形态，配方结构是指产品的内部形态，是达到某种剂型的配方组成的种类。剂型决定产品的外观特性和使用方式。配方结构影响产品功效、外观、肤感及稳定性等。一般地，同一种剂型可以采用不同

的配方结构，相同的配方结构也可以采用不同的剂型来表现。

1. 乳化体　乳化体是将互不相溶的两种或多种流体，在乳化剂的作用下形成的热力学不稳定体系。常见的乳化体类型主要有 W/O（油包水）、O/W（水包油）两种，所以乳化体的配方结构中至少含有水相、油相及乳化剂。

2. 溶液　溶液是一种或几种物质以分子或离子形式分散于另一种物质中形成的均一、稳定的液体。溶液可以包括水剂、油剂、表面活性剂溶液等多种配方结构。一般水剂的配方结构主要由水及溶于水的其他物质所组成；而油剂的配方结构中以油为主要成分；表面活性剂溶液的配方结构由水、表面活性剂及其他组成。

3. 凝胶　凝胶是一种外观均匀，并能保持一定形态的黏稠性啫喱状半固体。其配方结构通常由水、高分子增稠剂及其他成分组成。

4. 悬浮液　悬浮液是将不溶性固体粒子分散在溶液中所形成的粗分散体系。由于固体粒子受重力影响而产生沉降。其配方结构中常采用水、高分子悬液剂等。

5. 气雾剂　气雾剂是指在装有特制阀门的耐压容器中灌装溶液、乳液或悬浮液。其配方主要由抛射剂及内容物组成。

6. 粉剂　粉剂由各种细微的固体粉末组成，如氧化锌、高岭土、氧化铁等。

7. 蜡状　外观似蜡状的固体产品。一般由油脂和蜡、固体粉状物等组成。

三、化妆品经皮吸收的定义与方式

化妆品的经皮吸收指的是化妆品中的功效成分作用于皮肤表面，进入表皮或真皮层，并在该部位积聚和发挥作用的过程。化妆品功效成分的经皮吸收并不需要透过皮肤进入体循环，而仅仅停留在皮肤即可。例如，防晒产品中的防晒剂应该滞留在皮肤的表面，起吸收和反射紫外线的作用；美白产品中的美白剂常作用于表皮中的基底层，阻断黑色素的产生；而抗衰老产品的功效成分则常作用于真皮层的成纤维细胞，使皮肤富有弹性。

化妆品经皮吸收的生理结构主要包括角质层、毛囊、皮脂腺和汗管口。通常认为化妆品经皮吸收有三个途径。①细胞间途径：化学物质绕过角质细胞，在细胞间基质中弯曲扩散。②跨细胞途径：化学物质直接穿过角质细胞和细胞间质，在水相和脂相中交替扩散。③旁路途经：绕过角质层的屏障作用，通过毛囊、皮脂腺及汗腺等皮肤附属器官直接扩散至真皮层。皮肤附属器官与整个皮肤表面积相比，仅占 0.1%～1% 或以下，在大多数情况下不是主要吸收途径，但大分子物质及离子型物质难以通过富含类脂的角质层，可能经由这些途径进入皮肤（图 1-1）。

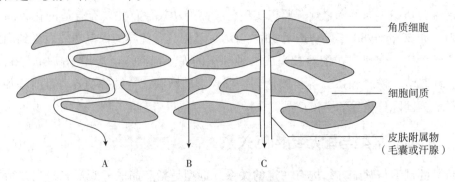

图 1-1　化妆品经皮吸收

A. 细胞间途径；B. 跨细胞途径；C. 旁路途径

化妆品活性物经皮吸收最主要的屏障是角质层。此外，还有连接角质层（阻止水溶液、电解质和水不溶性物质）、表皮和真皮连接处的基膜。

四、影响化妆品经皮吸收的因素

影响化妆品经皮吸收的因素很多，主要包括皮肤因素、化妆品有效成分性质与浓度、化妆品基质组成与剂型及外界环境等。

1. 皮肤因素 一般认为，经皮吸收的主要屏障来自角质层。有研究表明，在离体经皮吸收的实验中，将皮肤角质层剥除后，物质的渗透性可增加数十倍甚至数百倍。

皮肤角质层的屏障作用会因年龄和性别有所差异，老年人因皮肤干燥，其吸收和渗透能力较差；婴儿因皮肤比成年人薄，其吸收和渗透能力比成年人好；女性较男性皮肤薄，屏障作用较弱，故其吸收和渗透能力较男性强。

通常，皮肤角质层含水量增加，有利于提高角质层的水合作用，使角质层变得疏松从而增大化妆品的经皮吸收率。当皮肤温度升高时，随着血液循环加速，角质层含水量会随之增加，化妆品的经皮吸收能力也相应提高。

2. 化妆品有效成分性质与浓度 由于皮肤细胞膜是类脂性的，非极性较强，而细胞组织液却是极性的，因此，化妆品有效成分需要具有合适的油水分配系数。实践证明，当某物质的油水分配系数趋于1时，易于经皮渗透吸收，即有效成分同时具有一定的油溶性和水溶性时穿透作用较理想。而有效成分在油、水中都难溶的物质则很难经皮吸收。如果分子量有显著差别，分子量越大的物质越难以经皮渗透吸收。一般气体和挥发性物质，处于分子状态的物质，都是容易经皮渗透吸收的。

化妆品活性成分主要以渗透和扩散方式进入皮肤，其物质浓度与皮肤吸收率在一定范围内成正比关系。1886年范特霍夫（Van't Hoff）根据实验数据得出一条规律：对稀溶液来说，渗透压与溶液的浓度和温度成正比，即 $\pi V = nRT$ 或 $\pi = cRT$。式中，π 为稀溶液的渗透压（kPa）；V 为溶液的体积（L）；c 为溶液的浓度（mol/L）；n 为溶质的物质的量（mol）；R 为气体常数 [8.31kPa·L/(K·mol)]；T 为热力学温度（K）。由此可看出，增加功效成分的浓度或温度时，都可使 π 值增大，促进功效成分的吸收。另外，当涂抹力度加大、涂抹时间延长时，相当于施加了一个外界力，使压力大于 π 值，增强了物质经皮能力。这就可以用来解释为什么用化妆水时应轻拍脸部，用膏霜乳液时应打圈按摩式涂抹更容易吸收。

3. 化妆品基质组成与剂型 化妆品的基质组成不同，对有效成分的经皮吸收程度不同。通常，化妆品经皮吸收由易到难的顺序为：W/O 型 > O/W 型 > 动物油脂 > 羊毛脂 > 植物油 > 烃类基质。因为基质组成与皮肤越相似，吸收作用越强，即"相似相溶"理论。

化妆品基质中含有其他助剂也能影响有效成分的吸收，例如：表面活性剂加入到油脂性基质中能增加有效成分的吸收；表面活性剂加入丙二醇，能促进丙二醇的吸收；烃类基质的封闭性能好，可引起较强的水合作用，促进有效成分的吸收。

化妆品的剂型会对皮肤的经皮吸收率造成影响。各种剂型渗透进入皮肤由易到难的顺序为：W/O 型乳液 > O/W 型乳液 > 凝胶 ≈ 溶液 > 悬浮液 > 物理性混合物，其中 W/O 型乳液比 O/W 型更易吸收，该规律对于指导配方设计非常重要。如抗衰老化妆品尽量选择 W/O 的乳化类型，以提高多肽进入真皮层；祛痘产品尽量选用凝胶剂。

4. 外界环境 环境温度升高，会加速皮肤血液循环，使皮肤角质层含水量增加，促进有效成分的经皮吸收。环境湿度的增加可以使角质层含水量增加，提高活性成分的经皮吸收率。

五、化妆品功效性与剂型的关系

化妆品的功效性与化妆品的剂型有一定的关系。优选合适的剂型有利于实现产品的功效性。一般来讲，在相同活性成分、相同透过率下，功效性随剂型由大到小的顺序为：气雾剂 > W/O 型乳液 > O/W 型乳液 > 凝胶 ≈ 溶液 > 悬浮液 > 物理性混合物。例如，宣称具有美白作用的维生素 E 乳，宜选用 W/O 的乳化类型，这是因为 W/O 比 O/W 乳化类型更容易将维生素 E 送达皮肤的基底层，实现对黑色素的美白作用。

剂型的改变，可降低化妆品的刺激性。例如，对于敏感皮肤，尽量选用凝胶剂；对于长痘的皮肤，尽量选用气雾剂产品。

六、化妆品功效性与剂量学的关系

剂量-效应（反应）关系的研究是毒理学一项重要的应用基础研究。同样的，化妆品功效性也与剂量有密不可分的关系。

区梓聪等采用纤维素酶法提取 8 种中药（丁香、鱼腥草、虎杖、黄连、大黄、细辛、甘草和黄芩），并采用滤纸片法和稀释法研究 8 种中药提取物的抑菌效能。结果表明，在 8 种中药提取物中，黄连提取物对金黄色葡萄球菌、铜绿假单胞菌和大肠埃希菌的抑制效果最好，其抑菌圈直径分别为（12.4 ± 0.4）mm、（11.4 ± 0.6）mm 和（10.7 ± 0.2）mm，最低抑菌浓度（MIC）分别为 31.25g/L、31.25g/L 和 15.625g/L。当黄连和黄芩提取物在膏霜配方中的质量分数分别为 0.8% 和 0.6% 时，可较强地抑制细菌和真菌的生长。

黄永红等对当归补血汤的美白功效的研究表明，当归补血汤的配伍最佳剂量组合为黄芪-当归（1:7），对酪氨酸酶活性的抑制率 89.65%，对 DPPH 自由基的清除率 90.96%。

第四节　化妆品制剂的发展史

美是人类生活永恒的主题之一，无论男女老少，对美有着不断的追求。马克思在《1844 年经济学哲学手稿》中说"劳动创造了美"，将对美的追求作为人类意识觉醒的关键性一步。高尔基也曾说过："照天性来说，人都是艺术家，他无论在什么地方，总是希望把'美'带到他的生活中去"。

人类最早使用化妆品的记载来自公元前 3750 年的埃及。若干世纪以来，随着社会生产力的不断发展，化妆品原料由单一的几十、几百种迅速发展到几万种，由单一的天然来源原料，发展到现在广泛使用的化学合成原料及生物技术原料。化妆品的制剂技术也得到了快速的发展，由原来的简单低级的物理混合生产工艺发展到现在的微米、纳米乳化技术等。纵观化妆品制剂的发展史，可以归纳为四代。

1. 第一代为直接使用天然动植物或矿物原料　大约在公元前 3750 年，古埃及人就已在宗教仪式、干尸保存以及皇朝贵族个人的护肤和美容中使用了天然动植物油脂、矿物油和植物花朵。古埃及人用黏土卷曲头发，用铜绿描画眼圈，用驴乳浴洗身体。古罗马人除对皮肤、毛发、指甲、口唇进行美化和保养外，在那不勒斯（Naples）地区还使用樟脑、麝香、檀香、薰衣草和丁香油等以产生愉悦的香味，以及用于衣橱的防虫蛀等。公元前 7 ~ 12

世纪，阿拉伯国家在化妆品生产上取得了重要的成就，其代表是发明了用蒸馏法加工植物花朵，大大提高了香精油的产量和质量。

1976 年在河南安阳殷墟妇好墓出土专用精美的壶、盂、勺、盘、盆等洗浴器具，这是最早的洗浴疗法。《博物志》记载："纣烧铅锡作粉"，可见从商代起，就有以铅作粉的记录。东汉张仲景撰写《金匮要略》记载了散剂、膏剂、洗剂、浴剂、熏剂等外用剂型。

唐朝医疗机构尚药局有合脂匠，专为宫廷制造美容化妆品。唐代出现了第一部美容方专辑，即宇文士及编著的《妆台记》收集了美容皮肤疾病 85 条，如粉刺、祛斑等均有记录。唐代孙思邈所著《千金要方》中记载了大量皮肤病方、美容方，仅小孩皮肤病外用方就有 99 条。王焘所撰《外台秘要》，全书记载美容方剂 62 门 430 首，分门别类撰述用于面部增白方，治面皯、面皰、面渣方，治头屑、生发、生眉毛方，黑发方，染发方，治白发、发黄、落发方等。所载口脂有紫色、肉色、朱色之分。宋朝大型方书《太平圣惠方》，记录了 980 余首美容方剂。元代《御药院方》，其中载有 180 余首美容方，如"御前洗面奶""皇后洗面药""淖手药""乌云膏"及"玉容膏"等。明代朱橚主持编撰的《普济方》，为中国方书之最。李时珍撰写的《本草纲目》记载了方剂 10000 余方，其中皮肤美容外用方剂就有 700 多方。如以芫荽煎汤治面上黑子，以及白茯苓、益母草具有活血化淤，加快血液循环功效，可用于祛斑抗皱、美容护肤的作用等。

2. 第二代为以油和水乳化技术为基础的乳化类化妆品　18 世纪 60 年代至 19 世纪 40 年代欧洲工业革命后，化学、物理学、生物学和医药学得到了空前的发展，许多新的原料、设备和技术被应用于化妆品生产，尤其随着表面化学、胶体化学、结晶化学、流变学和乳化理论等原理的发展，引进表面活性剂以及采用 HLB 值的方法，解决了正确选择乳化剂的关键问题。

在科学理论指导下，以及通过人们大量的实践，化妆品的生产发生了巨大的变化，从过去原始的初级的小型家庭生产，逐渐发展成为一门新的专业性的科学技术。正是在这个基础上我国化妆品行业才成为目前我国轻工行业中发展最迅猛、最受广大民众欢迎的行业。

晚清期间，由于受洋务运动的影响，客观上刺激了中国资本主义的产生和发展，为中国民族资本主义的发展开辟了道路。其中最有代表性的为扬州"谢馥春"、杭州"孔凤春"及香港"广生行"。正是这些小"作坊"奠定了我国化妆品工业发展的基石。其中最有代表性的就是广生行所生产"双妹嚜"牌雪花膏，它几乎成为自 19 世纪二三十年代到七八十年代上海女人甚至中国女人的青春记忆。雪花膏就是利用硬脂酸与碱形成的硬脂酸盐作乳化剂，利用乳化剂通过乳化技术使油相和水相形成的乳化体。1915 年，"双妹嚜"产品获巴拿马奖。20 世纪三四十年代，上海明星香水肥皂制造有限公司成立。20 世纪五十年代，这两家公司与东方化学工业社、中国协记化妆品厂合并为上海明星家用制造品厂。20 世纪六十年代初推出"友谊""雅霜"护肤品。1967 年，上海明星家用制造品厂改名为"上海家用化学品厂"。随着我国改革开放，美加净、露美等各种品牌纷纷面世，尤其是 L'oreal Paris、P&G、POND'S、NIVEA、Hazeline 等老牌外国货也慢慢进入中国，进一步加速了我国化妆品的发展。

3. 第三代为添加各类动植物精华的化妆品　随着全世界化妆品市场掀起的一股回归自然的潮流，"天然化妆品热"已逐步形成。消费者更加青睐温和、有效的天然化妆品，同时也更注重环境保护和生态平衡，希望化妆品原料具有良好的生物降解性且无污染。一些化妆品原料商利用先进的方法和技术，制备和纯化各种植物提取物并应用于化妆品中，在护肤、美白、抗衰老、治疗皮肤病等领域取得了一定的成效。

天然化妆品中的活性成分主要来源于植物、动物和微生物。其中，植物活性成分的应用最为广泛，其已成功应用于保湿、美白、抗衰老等护肤产品中。与传统化妆品相比较，它们是从植物中提取出来的天然物质，分子更细小，更容易被皮肤吸收和消化，而且不致在体内产生沉积；同时，植物提取物类化妆品还具有疗效明显、针对性强、长期使用无副作用或副作用小等优点。因此，利用植物提取物的有效成分研发化妆品是目前化妆品行业的热点和趋势。目前市场上已经有多种植物提取物用于化妆品的生产，而且还有逐渐增加的趋势。

运用于化妆品中的植物提取物主要有以下几类：①熊果苷、植物类黄酮，起到祛斑美白的作用；②原花青素、植物多酚、茶多酚、葡萄多酚、苹果多酚等，起到抗衰老的作用；③透明质酸、维生素等，起到保湿修复作用；④果酸、芦荟、甘草、紫草、桂皮、沙棘、白芝等，起到防晒的作用。

目前，以功效性需求为主流，崇尚自然、回归自然，注重美容与健康相结合的理念影响着化妆品的研究开发。因此，植物提取物类化妆品是现在以至未来化妆品产业的主导力量，特别是近几年来，利用生物发酵技术生产化妆品更是被称为"化妆品4.0时代"。

生物发酵护肤品，又称"六无"产品，以其无防腐剂、无化工添加剂、无化学油脂、无动物油脂、无香精、无稀释的特点正逐渐受到全球化妆品科研专家和消费者的关注。最早由SK-Ⅱ提出，在日本和韩国一直受到追捧，近几年来在中国也掀起一股"发酵"热潮。从理论上来讲，发酵产品确有其独特优势。植物提取物多为大分子物质（多糖等），难以被皮肤所吸收，而微生物发酵时产生的各种酶能将大分子有效物质降解为皮肤易吸收的小分子有效物质（单糖等），从而增加有效成分的利用率。另外，微生物还可将有毒物质分解或者对其进行修饰，从而使其毒性降低乃至消失，但酶的筛选具有繁琐、耗时等缺点。

4. 第四代为"有机"化妆品　随着经济的发展和生活环境的变化，消费者对于化妆品的使用越来越强调天然、无添加、无刺激性，"有机"化妆品正是在这一潮流中应运而生的产品，它很好地契合了大众对化妆品的诉求。"有机"化妆品是指来自于有机农业生产体系，根据国际有机农业生产要求和相应的标准生产加工并通过独立的有机认证机构认证的化妆品。"有机"化妆品不同于普通化妆品，它不能添加人工香精、人工色素，不含石油成分，所添加的防腐剂以及表面活性剂必须受到严格限制，且制造过程符合相关规定，不能使用动物实验及利用放射杀菌的产品。

目前，国际上从事"有机"化妆品认证的机构主要有新西兰有机认证（VERYTRUST）、德国天然有机认证（BDIH）和法国国际生态认证中心（ECOCERT SA）等。法国国际生态认证中心以其高品质和高信誉度在国际上得到良好的声誉，被行业广泛认可和推崇。ECOCERT有机化妆品配方认证标准主要包括三个方面：①天然成分占所有成分百分比的比例必须在95%以上；②所有植物成分中经过认证的成分所占百分比也必须在95%以上；③经过有机认证的成分所占百分比必须在10%以上。

尽管"有机"化妆品的概念提出已经超过了20年，因全球没有一套统一的"有机"化妆品认证标准，且国内化妆品的品牌监管、研发水平、营销策略等也限制了"有机"化妆品的发展，但"有机"化妆品的风潮在国内外盛行。许多跨国公司正抓住"天然""绿色""有机"化妆品发展的新方向，推进"有机"化妆品的发展。

5. 3D打印化妆品　在化妆品产业，3D打印发挥着越来越重要的作用，它能让每个人都成为自己的"时尚意见领袖"。无论是消费者自行设计的化妆品 3D 打印机，还是专业厂商推出的 3D 打印自动化妆设备，其共同的卖点都指向了个性化、定制化，而这也正是 3D 打印技术的最大专长。

2014 年，Grace Choi 首次发明了全球第一台便携式 3D 彩妆打印机——Mink（彩妆和墨水的组合）问世。消费者可以选择印在一张薄纸上的化妆品来代替塑料盒。消费者使用 Mink 应用程序选择一张照片，然后打印整个图像或特定颜色。在 15 秒内，您可以自定义创建多达 1670 万种色调的完整调色板，包括眼影、腮红、眉粉等。

2015 年 12 月，英国公司 Adorn 开发了一款 3D 打印粉底笔，是 3D 打印化妆品技术范围的重大突破。

2017 年 12 月，爱茉莉太平洋展示了旗下品牌 IOPE 最新研发出的 3D 打印面膜，称其是为消费者定制的精华护肤产品。

2018 年 11 月，雅诗兰黛与英国惠特曼的制造工厂联合开发了 3D 打印化妆品生产包装所需零件的技术，这项技术将时间和成本降至最低，并解决了生产包装会产生大量废料的问题。

2019 年国际消费电子展，美国护肤品牌露得清发布首款微型 3D 打印面膜 Mask iD，将面膜定制化带向了潮流的前端。

第五节　化妆品制剂的展望

随着人们生活水平的提高及对美丽的不断追求，随着现代科技的不断发展及人们创新意识的加强，化妆品生产技术、化妆品新剂型将会得到快速发展。

1. 植物化妆品　植物成分来源天然、功效丰富，但提取与分离方法单调、提取效率低。采用超临界提取技术、生物发酵技术、超低温萃取技术等现代高技术，并与基因技术、人工智能技术相结合有利于提高产品的品质和收率，为植物中有效成分的提取、纯化以及产品的安全性提供了充分的保障。

2. 微生态护肤品　皮肤微生物组是一个由多种活的微生物组成的生态系统，在皮肤表面每平方厘米有近 100 万个微生物，总共有 1000 亿个微生物存在于我们的皮肤上，属于近 1000 个不同的微生物种群，它主要由丙酸杆菌、葡萄球菌和棒状杆菌等组成，还有 5%～10% 真菌、10%～20% 噬菌体。这些微生物组可以帮助调节并影响人体的免疫和炎症系统，与人体的皮肤细胞进行交互，释放抗微生物肽，形成一个抗菌的防线。皮肤微生物组相互影响和协作，一起维持皮肤微生态的平衡。皮肤微生态正常了，则皮肤自然就正常了。若想维持皮肤的正常运转，单一物质不可能满足所有微生物的需求，则就需要不同的益生菌、益生元或益生素之间配合才能产生单一成分无法达到的功效。

因此，开发适应各种皮肤微生物组的护肤产品对维持皮肤健康是非常重要和有发展前景的。

3. "零负担"化妆品　由于人们生活节奏较快，我国化妆品行业一直沿袭美国模式，采用复配模式来设计化妆品，一个简单的化妆品配方中有时会含有 5～6 种或以上的成分，复杂的化妆品配方中，多的有几十组甚至上百种成分，无形之中加大了产品对人体皮肤的刺激性等风险因素。近几年来，"零负担"化妆品开始在欧美、中国台湾等地流行。"零负担"化妆品的主要特点在于产品中大量减少很多无用成分。如玻尿酸、多肽等均为活性物质，采用安瓿或胶囊等包装，使用时直接作用于皮肤，产品性能温和，功效性强，即使敏感肌肤也可放心使用。

4. 私人订制化妆品 随着消费者需求的细分，不同皮肤问题需要有针对性的解决方案。全球化妆品市场中，从小众品牌到国际大牌，"定制"已经成为它们不约而同选择的一种新产品概念。在人口分布范围较广的中国市场，各地域消费者需求各有不同，为国内私人定制护肤市场的发展提供了契机。未来，不仅定制护肤产品，定制彩妆、定制染发等也将得到快速发展。

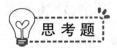
思考题

1. 简述我国化妆品的定义及其与药品的区别。
2. 简述影响化妆品功效性表达的因素有哪些。
3. 简述化妆品制剂的发展史及展望。

第二章　化妆品常用原料

PPT

知识要求

1. **掌握**　化妆品配方常用的各种基本原料的分类，主要原料的性能和用途。
2. **熟悉**　化妆品配方常用的辅助原料性能及其在配方中的作用。
3. **了解**　原料的结构与性能的关系；化妆品配方用活性成分的功效与宣称。

化妆品原料的选择直接影响化妆品的卫生安全，因此，我国与美国、日本和欧盟等发达国家和地区均对化妆品原料采取严格的管理措施。在我国，化妆品原料必须符合国家药品监督管理局发布的《已使用化妆品原料目录（2021 年版）》的范围才可以使用。

根据化妆品原料在配方中的用途，可以分为基础原料、辅助原料和活性成分。

第一节　化妆品基础原料

构成化妆品主体的原料就是基础原料，在化妆品配方中相对占有较高比例，能体现化妆品配方的主要作用与特点。

一、油脂原料

油脂原料是化妆品中常用的滋润成分，能够在皮肤上形成保护膜，抑制皮肤的水分流失，防止皮肤干裂，使皮肤柔软、润滑，有健康的光泽，抵御外界的物理与化学刺激。

油脂原料包括天然油脂原料和合成油脂原料两大类，主要包括油脂、蜡类、烃类、脂肪酸、脂肪醇和酯类等，是化妆品的一类主要原料。天然油脂原料来源于植物、动物和矿物。化妆品中常用的椰子油、菜籽油、橄榄油、小烛树蜡等都是常见的植物来源油脂，羊毛脂、蛇油、水貂油等都是动物来源油脂，凡士林、石蜡、地蜡等则是常见的矿物来源油脂。合成油脂原料，在纯度、物理性状、化学稳定性、微生物稳定性、皮肤吸收性与安全性等方面相对天然油脂原料均有明显的改善与提高，因此已被广泛地用于各类化妆品中。常用的合成油脂原料有脂肪醇、脂肪酸、脂肪酸酯、天然来源油脂原料衍生物、硅油等。

（一）衡量油脂原料的常用指标

1. 酸值　酸值，又称酸价，表示中和 1 克化学物质所需的氢氧化钾（KOH）的毫克数，也就是中和油脂原料中游离的脂肪酸所需的 KOH 毫克数，因此反映了其中游离脂肪酸的含量。如果油脂原料储存时间较长后，就会水解产生游离脂肪酸，含量随即增加，因此酸值是评价油脂原料新鲜程度的重要指标。

酸值计算公式为：

$$I_A = \frac{A \times N \times 56.1}{W}$$

式中：酸值 I_A 以"mgKOH/g"为单位，A 是试样消耗的氢氧化钾标准滴定溶液的滴定量，单位为毫升（ml）；N 是氢氧化钾标准滴定溶液的实际浓度，单位为摩尔每升（mol/L）；56.1 是氢氧化钾的分子量，W 是试样的质量，单位是克（g）。

2. 皂化值 皂化值，又称皂化价，表示将 1 克油脂原料通过碱水解所消耗的氢氧化钾（KOH）的毫克数。皂化值能反映油脂原料中脂肪酸分子量的相对大小，脂肪酸分子量大则其皂化值小，分子量小则皂化值大，一般皂化值为 180~200。不皂化物是指不溶于水、溶于油中的、不能被碱皂化的物质，如高级脂肪醇、甾醇、烷烃、色素、树脂等。

皂化值计算公式为：

$$I_S = \frac{(V_0 - V_1) * c * 56.1}{W}$$

式中：皂化值 I_S 以"mgKOH/g"为单位，V_0 是滴定空白所消耗的盐酸标准溶液的体积，单位为毫升（ml）；V_1 是滴定试样所消耗的盐酸标准溶液的体积，单位为毫升（ml）；c 是盐酸标准溶液的浓度，单位为摩尔每升（mol/L）；56.1 是氢氧化钾的分子量，W 是试样的质量，单位是克（g）。

3. 碘值 碘值，又称碘价，表示有机化合物中不饱和程度的一种指标，也就是指 100 克油脂原料中所能吸收（加成）碘的克数。不饱和程度越大，即含有较多的不饱和键，在空气中越易被氧化、酸败，碘值就会越高。碘值的大小可以作为油脂原料分类方法之一，碘值 <100 的是不干性油，碘值在 100~130 的是半干性油，碘值 >130 的是干性油。干性油和半干性油由于碘值相对较高，稳定性较差，易发生氧化变质，因此要经过精制、去除不饱和组分后才适用于化妆品中。

碘值计算公式为：

$$I_I = \frac{(V_0 - V_1) * c * 126.9}{W * 1000} * 100$$

式中：碘值 I_I 用每 100g 样品吸取碘的克数表示（g/100g），V_0 是滴定空白所消耗的硫代硫酸钠标准溶液的体积，单位为毫升（ml）；V_1 是滴定试样所消耗的硫代硫酸钠标准溶液的体积，单位为毫升（ml）；c 是硫代硫酸钠标准溶液的浓度，单位为摩尔每升（mol/L）；126.9 是碘的摩尔质量，单位为 g/mol；W 是试样的质量，单位是克（g）。

4. 氧化稳定性指数 氧化稳定性指数（oxidation stability index，OSI）法，是食品用油脂常用的鉴别方法之一。由于有一些化妆品用植物油脂与食品用油脂来源相同，因此现在有一些植物来源油脂原料借鉴了氧化稳定性指数评价方法。

因为常温下油脂原料的自动氧化非常缓慢，在短时间内评价其氧化稳定性很困难，所以一般采用在较高温度下进行加速氧化。氧化稳定性指数法的原理是把要测试的油脂原料样品保持在恒定温度（一般 100~130℃），并以恒定速率向样品中通入干燥空气，致使样品中易氧化的物质被氧化成小分子易挥发的酸，挥发出的酸被空气带入盛水的电导率测量池中。通过在线跟踪测量池中的电导率，记录电导率对反应时间的氧化曲线，对曲线进行求二阶导数，从而测出样品的诱导时间。通过该法，可研究油脂原料的稳定性，OSI 值越高，表示稳定性越好。

（二）植物油脂原料

根据油脂的不饱和度大小，植物油脂原料可分为三类：干性油脂、半干性油脂和不干性油脂。干性油脂，如亚麻仁油、葵花籽油；半干性油脂，如棉籽油、大豆油、芝麻油；

不干性油脂，如橄榄油、椰子油、蓖麻油等。用于化妆品的油脂多为半干性油脂，干性油脂几乎不用于化妆品原料。化妆品常用的植物油脂主要有：橄榄油、椰子油、蓖麻油、棉籽油、大豆油、芝麻油、杏仁油、花生油、玉米油、米糠油、茶籽油、沙棘油、鳄梨油、石栗子油、欧洲坚果油、胡桃油、可可油等。

1. 橄榄油　其INCI名称为油橄榄（OLEA EUROPAEA）果油，属木本植物油，是由新鲜的油橄榄果实直接冷榨、精制而成的。其理化性质为无色至淡黄色油状液体，有特殊味道，不溶于水，微溶于乙醇，溶于乙醚、氯仿、轻质矿物油等，是不干性油脂。橄榄油通常由脂肪酸三甘油酯组成，其脂肪酸分布为82.5%油酸、9.0%棕榈酸、6.0%亚油酸、2.3%硬脂酸、0.2%花生酸与微量的肉豆蔻酸。橄榄油的相对密度为$0.910 \sim 0.918g/cm^3$，凝固点$-6℃$，酸值$<2.0mgKOH/g$，皂化值$188 \sim 196mgKOH/g$，碘值$80 \sim 88$。主要用于各种护肤膏霜、乳液、按摩油、唇膏与护发产品作润肤剂、油脂。

2. 椰子油　又称椰油，其INCI名称为椰子（COCOS NUCIFERA）油，主要来源是棕榈种植物椰子的椰肉，经碾碎、烘蒸后榨取的油。经提纯、漂白、脱臭等处理的为精炼椰子油；由新鲜椰子制成、常温下不经化学处理的为冷榨椰子油。由于未经高温和化学物质处理，冷榨椰子油可保留原有的成分，并有椰子的特殊气味和滋味。其理化性质为白色至淡黄色的黏稠状半固体，有椰子香味，不溶于水，溶于乙醚、氯仿等，是不干性油脂。椰子油由脂肪酸三甘油酯组成，其脂肪酸分布为47%月桂酸、18%肉豆蔻酸、9.5%棕榈酸、7.7%辛酸、6.9%油酸、6.2%癸酸、2.9%硬脂酸。椰子油的相对密度为$0.914 \sim 0.938g/cm^3$，凝固点$25℃$，酸值$<1.0mgKOH/g$，皂化值$246 \sim 264mgKOH/g$，碘值$7 \sim 10$。主要用于各种护肤膏霜、乳液、护发素、无水配方如按摩油、唇膏与口红中作润肤剂，同时也作为月桂酸、棕榈酸的原料。

3. 向日葵籽油　又称葵花籽油，其INCI名称为向日葵（HELIANTHUS ANNUUS）籽油，为从葵花籽中压榨得到的油。其理化性质为淡黄色油状液体，气味清香，不溶于水，溶于乙醚、氯仿、四氯化碳等，是半干性油脂。由脂肪酸三甘油酯组成，其脂肪酸分布为69.8%亚油酸、17.9%油酸、6.7%棕榈酸、4%硬脂酸。向日葵籽油的相对密度为$0.920 \sim 0.927g/cm^3$，酸值$<1.0mgKOH/g$，皂化值$185 \sim 195mgKOH/g$，碘值$120 \sim 139$。主要用于各种护肤膏霜、乳液、无水配方如按摩油、彩妆产品中，起润肤剂的作用。

4. 菜籽油　其INCI名称为低芥酸菜籽（RAPE SEED）油，主要为从油菜籽榨出得到的菜籽油，对其进行精制、脱色、除臭，充分除去游离脂肪酸、磷脂、色素、异味等成分，以及混溶的非油成分，得到低芥酸菜籽油，是芥酸含量不超过脂肪酸组成3%的菜籽油，比普通菜籽油更安全、更稳定。其理化性质为淡黄色油状液体，有轻微特殊味道，不溶于水，溶于乙醚、氯仿等，是不干性油脂。由脂肪酸三甘油酯组成，其脂肪酸分布为81%油酸、10%亚油酸、3%棕榈酸、3%硬脂酸。低芥酸菜籽油的相对密度为$0.890 \sim 0.920g/cm^3$，酸值$<0.5mgKOH/g$，皂化值$184 \sim 194mgKOH/g$，碘值$85 \sim 95$，OSI（$110℃$）是45小时。主要用于各种护肤膏霜、乳液、婴儿油、沐浴油或其他配方中，尤其适用于敏感皮肤与婴幼儿产品，起润肤剂作用，具有较高的护理性和润滑性，能令皮肤柔软、光滑。

5. 棕榈油　其INCI名称为棕榈（ELAEIS GUINEENSIS）油，主要来源为热带木本植物——油棕树的棕榈果肉压榨得到的植物油脂。油棕是世界上生产效率最高的产油植物，东南亚和非洲是棕榈油的主要出产区，产量约占世界棕榈油总产量的88%。棕榈油是目前世界上生产量、消费量和国际贸易量最大的植物油品种，与大豆油、菜籽油并称为"世界三大植物油"，拥有超过五千年的食用历史。棕榈油经过精炼分提，可以得到不同熔点的产品。其理化性质为无色至红黄色的液体或固体，不溶于水，溶于醇、醚、氯仿等，是不干性油脂。由脂肪酸三甘油酯组成，其脂肪酸分布为48%棕榈酸、38%油酸、9%亚油酸、4%硬脂酸。相对密度为0.921~0.948g/cm³，酸值≤1.5mgKOH/g，皂化值196~207mgKOH/g，碘值44~54。主要作为各种皂的原料，也可作为润肤剂用于各种护肤膏霜、乳液中。

6. 霍霍巴油 又称荷荷巴油，其INCI名称为霍霍巴（SIMMONDSIA CHINENSIS）籽油，主要来源为墨西哥原生灌木植物——霍霍巴（音译名为西蒙得）种子压榨、萃取后得到的植物油脂。从霍霍巴种子中得到油脂的方法有很多种，其中顶级的萃取法是取其初榨油，也就是第一道冷压榨取，保留霍霍巴油最珍贵的原始物质，因其取出的油是漂亮的金黄色，所以又称之为金黄霍霍巴油，有淡淡的坚果香味。对金黄霍霍巴油进行过滤、分子蒸馏等处理后颜色变淡，且无味。其理化性质为淡黄色油状液体，经分子蒸馏后得到无色、无味的透明油状液体，不溶于水，是不干性油脂。霍霍巴油不是由脂肪酸三甘油酯组成，而是长直链的单不饱和脂肪酸和长直链的单不饱和脂肪醇组成的酯，其中脂肪醇含量约等于脂肪酸含量。其脂肪醇分布为30%的11-二十烯醇，70%的13-二十二烯酸；其脂肪酸分布为64.4%的11-二十烯酸、30.2%的13-二十二烯酸、1.4%油酸、0.5%棕榈油酸、3.5%饱和脂肪酸（主要是棕榈酸）。相对密度为0.865~0.869g/cm³，酸值0.1~5.2mgKOH/g，皂化值90.1~101.3mgKOH/g，碘值81.8~85.7，折光率为1.4578~1.4658。常用于各类护肤、护发、防晒、彩妆等化妆品以及医用制品中，起润肤剂作用，易被皮肤吸收，滋润、保湿效果好，且用后不油腻。能治疗刀伤、止痒、消肿，并促进头发生长。

7. 茶籽油 又称山茶籽油、茶树籽油、油茶籽油、茶油，其INCI名称为山茶（CAMEL-LIA JAPONICA）籽油。主要来源为我国特有的油料树种——山茶科油茶树种子经压榨得到的油，是我国最古老的木本食用植物油之一。我国是世界上山茶科植物分布最广的国家，是茶油的原产地，是世界上最大的茶油生产基地，除此之外东南亚、日本等国有极少量的分布。化妆品用茶籽油是经过物理提纯得到的最纯净的特级产品。其理化性质为淡黄色略带苦味的透明油状液体，不溶于水，可溶于乙醇、氯仿等，是不干性油脂。由脂肪酸三甘油酯组成，其脂肪酸分布为84%油酸、7.5%棕榈酸、7.5%亚油酸。相对密度为0.910~0.918g/cm³，酸值≤4mgKOH/g，皂化值188~196mgKOH/g，碘值83~90。主要用于各种护肤膏霜、乳液、按摩油等及护发产品中，起润肤剂作用，含有一定的氨基酸、维生素和杀菌成分，有利于皮肤吸收。还具有护发功能，发挥营养、杀菌和止痒作用。

8. 葡萄籽油 其INCI名称为葡萄（VITIS VINIFERA）籽油，主要来源为葡萄酒工业的副产物——葡萄籽中提取的油，含有丰富的不饱和脂肪酸，主要是油酸和亚油酸；富含维生素E，具有较强的抗氧化性；还含有人体必需的钾、钠、钙等矿物质、葡萄多酚、叶绿素、果糖、葡萄糖、蛋白质等。其理化性质为淡黄色至黄色的油状液体，不溶于水，是半干性至干性油脂。由脂肪酸三甘油酯组成，其脂肪酸分布为61.4%亚油酸、21.2%油酸、11.1%棕榈酸、3.3%硬脂酸。相对密度为0.911~0.937g/cm³，酸值≤0.5mgKOH/g，皂化值186~203mgKOH/g，碘值120~150。主要用于各种护肤膏霜、乳液、防晒油、润肤油、洗发水及护发素等产品中，起润肤剂、润发剂的作用，适合各种肌肤使用，肤感非常清爽，容易被皮肤吸收。

9. 小麦胚芽油 其INCI名称为小麦（TRITICUM VULGARE）胚芽油，主要为从小麦胚芽制取得到的一种谷物胚芽油，其集中了小麦的营养精华，富含维生素E、亚油酸、亚麻酸等多种活性成分，特别是维生素 E 含量为植物油之冠，已被公认为一种颇具营养保健作用的功能性油脂。其理化性质为淡黄色的透明油状液体，略有特殊气味，不溶于水，是半干性至干性油脂。由脂肪酸三甘油酯组成，其脂肪酸分布为 54% 亚油酸、22% 油酸、16% 棕榈酸、6% 亚麻酸、1% 硬脂酸和 1% 二十烯酸。相对密度为 0.910 ~ 0.930g/cm³，皂化值 180 ~ 200mgKOH/g，碘值 115 ~ 140，折光率为 1.4890 ~ 1.4780。主要用于各种护肤膏霜、乳液、须后水、润肤油、脱毛膏、洗发水及护发产品中，起润肤剂、润发剂的作用。小麦胚芽油富含天然的抗氧化和抗衰老的油性活性成分，更适用于衰老和成熟的皮肤。

10. 杏仁油 其 INCI 名称为杏（PRUNUS ARMENIACA）仁油，主要是从杏树的干果仁中压榨得到的。它的维生素 E 含量较高，具有良好的抗氧化稳定性。其理化性质为无色至淡黄色的透明油状液体，略有特殊气味，不溶于水，微溶于乙醇，能溶于乙醚、氯仿等，是半干性油脂。由脂肪酸三甘油酯组成，其脂肪酸分布为 66.3% 油酸、22.3% 亚油酸、6.7% 棕榈酸、1.2% 硬脂酸。相对密度为 0.911 ~ 0.918g/cm³，酸值≤2mgKOH/g，皂化值 188 ~ 200mgKOH/g，碘值 92 ~ 105，折光率为 1.4624 ~ 1.4650。主要用于各种护肤膏霜、乳液、按摩油等。

11. 鳄梨油 又称酪梨油，其 INCI 名称为鳄梨（PERSEA GRATISSIMA）油，主要是从原产自中美洲的鳄梨树果肉经脱水后压榨得到或溶剂萃取得到。它含有丰富的微量成分，例如各种维生素、植物甾醇、卵磷脂等。其理化性质为外观有荧光、反射光呈深红色、透射光呈绿色的油状液体，可脱色成无色，略有榛子气味，不溶于水，是不干性油脂。由脂肪酸三甘油酯组成，其脂肪酸分布为 77.3% 油酸、10.8% 亚油酸、6.9% 棕榈酸、0.6% 硬脂酸。相对密度为 0.912 ~ 0.923g/cm³，酸值≤2.8mgKOH/g，皂化值 185 ~ 192mgKOH/g，碘值 28 ~ 94，折光率为 1.4200 ~ 1.4610。主要用于各种护肤膏霜、乳液、防晒产品、剃须膏、洗发水和香皂等产品中，起润肤剂作用，与皮肤的亲和性高，延展性好，适用于干燥、晒伤肌肤，对湿疹、牛皮癣具有很好的效果。

12. 乳木果油 又称牛油树脂，其 INCI 名称为牛油果树（BUTYROSPERMUM PARKII）果脂，主要是从只能生长在非洲大陆，特别是热带雨林区域的乳油木果实——乳油果（或称乳木果）的干燥果核中通过压榨、萃取的方式得到的。根据流传在当地的传说，乳油木被一种无形的、神奇的力量守护，可避凶驱邪，生命周期长达 300 年。因此，在当地是禁止任意采摘乳油木的果实的。人们只能采收坠落于地面的核果，将收采的核果干燥之后，再通过压榨、萃取得到珍贵的乳木果油。在当地，只有女性才可以靠近乳油木，因此生产乳木果油已成为非洲女性独有的事业，而这种原料又是女人们的护肤珍品，所以乳木果油在当地被称为"女人的黄金"。其理化性质为大多是白色至淡黄色的固体，也有淡黄色至黄色的油状液体，略有特殊气味，不溶于水，溶于植物油脂，是不干性油脂。主要由脂肪酸三甘油酯组成，其脂肪酸分布为 56% 油酸、28% 硬脂酸、9% 亚油酸、5% 棕榈酸，还有 7% 不皂化物（其中主要成分为三萜烯酯类）。相对密度为 0.890 ~ 0.920g/cm³，酸值≤0.5mgKOH/g，皂化值 178 ~ 188mgKOH/g，碘值 62 ~ 72，过氧化值≤1.0mEq/kg，熔点为 31 ~ 35℃，OSI（110℃）是 45 小时。主要用于各种护肤膏霜、乳液、防晒及晒后修复产品、婴童护肤品、唇膏、护发等产品中，起润肤剂作用，具有无毒、无刺激，肤质感受极佳特点，还可以作为药物保护皮肤免受阳光和恶劣气候的侵蚀，加快伤口的愈合，治疗轻度的刺激，也常被用于干性肌肤、皮炎、光敏性皮炎和阳光灼伤的护理。

13. 蓖麻油 又称蓖麻籽油，其 INCI 名称为蓖麻（RICINUS COMMUNIS）籽油。蓖麻油是由大戟科一年生高大草本蓖麻（Ricinuscommunis）种子去壳后冷榨、纯化而得，籽含油为45%~60%。它的主要产地在巴西、俄罗斯和印度。其理化性质为无色至淡黄色的透明黏稠油状液体，有蓖麻籽的特殊气味。由于蓖麻油羟基含量高，因此它与其他油脂溶解性不同，几乎不溶于水，能溶于乙醇、乙醚、冰醋酸、氯仿和甲醇，与无水乙醇、乙醚、氯仿或冰醋酸能任意混合，不溶于矿物油，是不干性油脂。由脂肪酸三甘油酯组成，其脂肪酸分布为89.6%蓖麻醇酸、4.4%亚麻酸、3.1%油酸、1.0%棕榈酸。相对密度为0.950~0.974g/cm³，酸值≤2mgKOH/g，皂化值176~187mgKOH/g，碘值80~90，折光率为1.4770~1.4790，凝固点为10~18℃。主要用于口红、指甲油、发蜡等产品中，可作为口红、指甲油等的增塑剂和发蜡的主要原料使用，也可作为皂以及表面活性剂的原料使用。

14. 澳洲坚果油 又称夏威夷果油，其INCI名称为澳洲坚果（MACADAMIA TERNI-FOLIA）籽油。澳洲坚果油是从澳洲坚果树的果核中分离出脂肪部分后得到的液体油。澳洲坚果树是常绿的中高树木，原产于澳洲，主产于澳大利亚东部、夏威夷、美国西海岸、肯尼亚等地。其理化性质为无色至淡黄色的透明油状液体，略有特殊气味，不溶于水，能溶于矿物油、肉豆蔻酸异丙酯、环状甲基硅氧烷等，是不干性油脂。由脂肪酸三甘油酯组成，其脂肪酸分布为55%油酸、25%棕榈油酸、7%棕榈酸、3%硬脂酸、2%亚油酸、2%花生油酸、2%二十酸、1%肉豆蔻酸和1%山嵛酸。相对密度为0.907~0.915g/cm³，酸值≤1mgKOH/g，皂化值190~200mgKOH/g，碘值70~80，折光率为1.4650~1.4750。主要用于各种护肤膏霜、乳液、防晒产品、按摩油、口红、润唇膏、护发等产品中。由于与皮脂的甘油三酯的脂肪酸组成非常相似，易于被皮肤吸收，不油腻，是一种优质润肤剂。

15. 玉米胚芽油 又称玉米油，其INCI名称为玉米（ZEA MAYS）胚芽油。玉米胚芽油是从晒干后的玉米胚芽中低温萃取得到的油，是玉米加工的副产品。其理化性质为淡黄色的透明油状液体，略有特殊气味，不溶于水，溶于乙醚、氯仿等，是半干性油脂。由脂肪酸三甘油酯组成，其脂肪酸分布为52.2%亚油酸、32.6%油酸、11.1%棕榈酸、2.1%硬脂酸、1.4%亚麻酸。相对密度为0.920~0.928g/cm³，酸值≤2mgKOH/g，皂化值187~203mgKOH/g，碘值103~128，折光率为1.4740~1.4840，凝固点为14~20℃。主要用于各种护肤膏霜、乳液、按摩油、护发等产品中起润肤剂作用。

16. 白池花籽油 又称白芒花籽油、麦道芬花籽油，其INCI名称为白池花（LIM-NANTHES ALBA）籽油。白池花籽油是从蔷薇目池花科2年生草本植物——白池花的种子压榨得到。白池花在加利福尼亚北部、俄勒冈南部、温哥华岛和英属哥伦比亚地区大量栽培，在开花季节盛开的白色花朵，像地毯覆盖整个大地。白池花种子中含油达20%~30%。其理化性质为无色至淡黄色的透明油状液体，基本无气味，可溶于大部分油脂，是不干性油脂。由脂肪酸三甘油酯组成，其脂肪酸分布为66%二十烯酸、20%二十二烯酸、10%二十二碳二烯酸、2%油酸、2%二十酸。相对密度为0.900~0.940g/cm³，皂化值160~175mgKOH/g，碘值90~105，折光率为1.4635~1.4690，熔点低于10℃。主要用于各种护肤膏霜、乳液、按摩油、剃须膏、润唇膏、口红、护发等产品中。与其他植物籽油比较，白池花籽油是非常独特的，因为它含有98%以上具有抗氧化作用的长链脂肪酸，其中有3种是在其他植物油中找不到的，所以它是世界上最稳定的植物油之一，具有快速渗透，轻柔、干爽，不油腻的特点，可在皮肤表面形成锁水性薄膜的特点。

17. 小烛树蜡 又称坎地里拉蜡，其INCI名称为小烛树（EUPHORBIA CERIFERA）

蜡。小烛树蜡是从墨西哥北部及美国得克萨斯州南部、加利福尼亚州南部等地特产的小烛树灌木表皮中提取出来的。其理化性质为淡黄色半透明或不透明蜡状固体，脆硬，具有光泽及芳香气味，不溶于水，微溶于乙醇，溶于丙酮、氯仿等，是不干性油脂。其组成为45%碳氢化合物（三十烷、三十一烷等）、29%酯类，其余26%由游离醇、游离脂肪酸、内酯和树脂等组成。相对密度为 0.982 ~ 0.986g/cm^3，酸值 11 ~ 19mgKOH/g，皂化值 46 ~ 66mgKOH/g，碘值 15 ~ 36，折光率为 1.4555，熔点为 65 ~ 69℃。用于彩妆如唇膏、眼影膏、睫毛膏等，以及脱毛蜡、发蜡、防晒棒等锭状产品中，可作为乳化稳定剂、成膜剂、吸留性、保湿剂、非水增黏剂等，用于需要提高熔点和光泽的棒状产品，常和巴西棕榈蜡一起使用以降低成本。小烛树蜡较易乳化和皂化。其熔融后凝固相对很慢，有时需要几天后才能达到最大硬度，加入油酸等可以延缓其结晶，并使其很快变软。

18. 巴西棕榈蜡　又称卡那巴蜡、棕榈蜡，其 INCI 名称为巴西棕榈树（COPERNICIA CERIFERA）蜡。巴西棕榈蜡是从生长于南美洲巴西东北部的棕榈树叶和叶芽上提取的天然植物蜡，是将叶子干燥并粉碎后加入热水分离、精制后得到的蜡状物质。它为防止巴西棕榈树在干燥地区水分蒸发发挥了重要的作用。其理化性质为淡黄色至淡褐色的蜡状固体，脆硬，具有光泽及愉快的气味，不溶于水，可溶于热乙醇、热氯仿等，是不干性油脂。其组成为以蜡酸蜂花酯（$C_{25}H_{51}COOC_{30}H_{61}$）为首，$C_{24}$ 及其以上的脂肪酸和 C_{26}、C_{28}、C_{30} 等醇构成的酯约占85%，还含有游离高碳醇、脂肪酸、内酯、烃和树脂等。相对密度为 0.996 ~ 0.998g/cm^3，酸值 2 ~ 10mgKOH/g，皂化值 78 ~ 88mgKOH/g，碘值 7 ~ 14，不皂化物为 50% ~ 55%，折光率为 1.4696 ~ 1.4717，熔点为 80 ~ 86℃。巴西棕榈蜡是植物蜡中熔点最高的蜡，光泽性、强韧性、硬度、微结晶性等也是植物蜡中最高的。它的配伍性好，可以与多种蜡和油脂相容。具有可以提高唇膏等油膏类产品的熔点、硬度、韧性、光泽等作用，广泛用于口红、润唇膏、睫毛膏、眼影、防晒棒、脱毛蜡等需要成型的产品。

▶ **知识拓展**

化妆品原料质量报告

化妆品原料采购需要供应商提供完整的资料，通常包括 COA、TDS 和 MSDS。

COA（certificate of analysis）是化学品的分析报告、质量检测报告，是产品出售前的质量检查、对公司产品合格数的统计，是鉴定产品质量达标的书面证明。它是经过对产品、设备的质量检验得到的，以保证产品质量体系的标准。COA 是每一批原料所对应的合格报告，应随每一批原料发货而发出，所以 COA 所根据的评判标准（specification）是固定的，但检测结果是由对应的批次决定的。化妆品原料要求每一批随货发出合格的 COA，以保证化妆品的生产质量。例如，植物油脂的 COA 中的检验项目一般包含酸值、颜色、过氧化值、碘值、不皂化物等，以保证该原料的质量合格。

TDS（technical data sheet）是化学品的技术说明书，也叫技术数据表，包含对应化学品的使用及保存的数据、方法信息，与 MSDS（material safety data sheet，化学品的安全说明书）一起，作为化学品必备的随属文件。有些类似产品说明书，它没有规定的格式，根据供应商的不同而不同，但都会有一些产品的数据，如物理性能、应用指南、产品说明、相关产品、用途等项目。TDS 更多为原料的使用和储存的指导性文件，包括原料的来源和介绍等方面，作为技术人员如何使用该原料的依据。

MSDS 是化学品的安全说明书，国际上称为化学品安全信息卡（欧洲一般称为 SDS），是化学品生产商和进口商用来阐明化学品的理化特性（如 pH 值、闪点、易燃度、反应活性等）以及对使用者的健康（如致癌、致畸等）可能产生的危害的一份文件。MSDS 是一份关于化学品的燃、爆性能，毒性和环境危害，以及安全使用、泄漏应急救护处置、主要理化参数、法律法规等方面信息的综合性文件，是传递化学品危害信息的重要文件，其主要作用体现在以下几点：①提供有关化学品的危害信息，保护化学品使用者。②确保安全操作，为制订危险化学品安全操作规程提供技术信息。③提供有助于紧急救助和事故应急处理的技术信息。④指导化学品的安全生产、安全流通和安全使用。⑤是化学品登记管理的重要基础和信息来源。

（三）动物油脂原料

常用于化妆品的动物油脂原料主要有蜂蜡、水貂油、蛋黄油、羊毛脂、卵磷脂、角鲨烷等。它们和植物油脂相比，其色泽、气味等较差，在具体使用时应注意防腐问题。

1. 蜂蜡　其 INCI 名称为蜂蜡，是由蜂群内约两周龄工蜂腹部蜡腺分泌出来的一种脂肪性物质。在蜂群中，工蜂利用自己分泌的蜡来修筑巢脾、子房封盖和饲料房封盖。巢脾是供蜜蜂贮存食物、培育蜂儿和栖息的地方，因此，蜂蜡既是蜂群的产品，又是其生存和繁殖所必需的物料。蜂蜡的采集多在春、秋二季来完成。养蜂者通过加强蜂群饲养管理，促进蜜蜂多泌蜡、多筑脾，然后将使用多年的老巢脾、筑造的赘脾、割掉蜂房的蜡盖、台基以及摇蜜时割下来的蜜盖等收集起来，经过人工提取，一般是将取去蜂蜜后的蜂巢，放入水锅中加热熔化，除去上层茧衣、蜂尸、泡沫等杂质，趁热过滤，放冷，蜂蜡即凝结成块，浮于水面，取出，即为黄蜡。黄蜡再经熬炼、脱色等加工过程，即成白蜡。其理化性质为天然蜂蜡是无定型的蜡状固体，颜色与蜜蜂品种、产地、蜜源等多种因素相关，颜色从黄褐色至棕褐色不等，有蜂蜜的香气。化妆品用蜂蜡是经过进一步加工处理的，因此是白色至黄色的块状固体，略有特殊气味，不溶于水，微溶于冷乙醇，完全溶于乙醚、氯仿、挥发性油和不挥发性油。蜂蜡的组成因产地不同而略有差异，主要成分可分为四大类，即酯类、游离脂肪酸类、游离醇类和烃类，>70% 酯类、10%~15% 游离脂肪酸类。相对密度为 $0.958 \sim 0.970 \mathrm{g/cm^3}$，酸值 18~24mgKOH/g，皂化值 90~102mgKOH/g，碘值 4~12，不皂化物为 50%~56%，折光率为 1.4560~1.4580，熔点为 61~66℃。蜂蜡作为化妆品原料的应用历史很悠久，可用作黏结剂、润肤剂、乳化稳定剂、乳化剂、脱毛剂、增稠剂等。主要用于各种护肤膏霜、乳液、润唇膏、口红、睫毛膏、发蜡、固体油膏类等产品中。

2. 羊毛脂　其 INCI 名称为羊毛脂，是附着在羊毛上的羊皮脂腺分泌油脂，不含任何的脂肪酸三甘油酯，是由洗涤粗羊毛的洗液中回收的副产物，经提取加工而制得精炼羊毛脂。其理化性质为淡黄色至黄褐色黏性软膏状的半固体，略有特殊气味，不溶于水，但如果与水混合，可逐渐吸收相当于其自身重量 2 倍的水分；难溶于冷醇，易溶于醚、氯仿等。羊毛脂的组成非常复杂，主要成分是高碳醇和脂肪酸构成的酯，脂肪酸部分是 $C_{10} \sim C_{28}$ 的直链、异构脂肪酸、α-羟基脂肪酸，高碳醇部分是 $C_{18} \sim C_{30}$ 的直链、异构醇、胆固醇、羊毛醇等。相对密度为 $0.932 \sim 0.945 \mathrm{g/cm^3}$，酸值 ≤8mgKOH/g，皂化值 90~110mgKOH/g，碘值 18~36，折光率为 1.4780~1.4820，熔点为 38~40℃。主要用于各种护肤膏霜、乳液、润唇膏、口红、粉饼、固体油膏、洗发水、护发等产品中，起润肤剂作用。

3. 马脂 又称马油，INCI 名称为马脂。马脂是用马鬃毛下或脖颈处的脂肪提炼而来的。主要产地是新疆伊犁、日本北海道和济州岛。其理化性质为乳白色膏状固体，不溶于水。由脂肪酸三甘油酯组成，其脂肪酸主要组分为油酸、亚油酸和棕榈酸，其中油酸和亚油酸总含量 > 50%。相对密度为 0.915 ~ 0.933g/cm³，皂化值 195 ~ 204mgKOH/g，碘值 71 ~ 86，折光率为 1.4600 ~ 1.4650，熔点为 29 ~ 50℃。马脂中富含多种不饱和脂肪酸，能修复皮肤屏障功能，渗透性较好，皮肤亲和性佳，具有消炎舒缓、抗氧化等作用，主要用于各种护肤膏霜、乳液、洗发水、护发等产品中。

4. 角鲨烷 又称深海鲨鱼肝油，INCI 名称为角鲨烷。是从深海鲨鱼肝脏中提取的角鲨烯经氢化制得一种烃类油脂，故又名深海鲨鱼肝油。科学研究发现，角鲨烷是少有的化学稳定性高、使用感极佳的动物油脂，对皮肤有较好的亲和性，具有较低的极性和中等的铺展性。其理化性质为无色、无味的透明油状液体，不溶于水，稍溶于乙醇、丙酮，溶于氯仿、矿物油和其他动植物油，化学性质稳定。在空气中稳定，但阳光作用下会缓慢氧化。相对密度为 0.812g/cm³，酸值 ≤ 0.2mgKOH/g，皂化值 ≤ 5mgKOH/g，碘值 ≤ 5，折光率为 1.4530，凝固点为 -38℃，沸点为 350℃。研究表明成人皮脂中含有约 2% 角鲨烷。角鲨烷在皮肤上的渗透性、润滑性和透气性均较其他油脂好，且与大多数化妆品原料具有良好的配伍性。主要用于各种高级护肤膏霜、乳液、精华油、按摩油、唇膏等彩妆产品、护发等产品中。

5. 蛇油 又称蟒油，INCI 名称为蛇（SERPENTES SPP.）油。蛇油是从蛇的脂肪提纯、精制得到的。蛇全身都是宝，我国是世界上最早利用蛇为"人类造福"的国家之一。蛇油是一种传统的纯天然护肤品，几百年前人们就已经开始使用蛇油来理疗烫伤和调理干燥、多皱、粗糙的皮肤。因为它质地细腻，使用时感觉清凉、舒适，且与人体肌肤的生理生长特征有着极佳的配伍和互补性，对皮肤有着很好的渗透、滋润、修复作用，非常适合人们用来理疗和保养肌肤。其理化性质为黄色油状液体，略有特殊气味，不溶于水。由脂肪酸三甘油酯组成，其脂肪酸主要是不饱和脂肪酸、亚麻酸和亚油酸。相对密度为 0.917g/cm³，酸值 ≤ 1mgKOH/g，皂化值 184 ~ 188mgKOH/g，碘值 105 ~ 120，不皂化物为 1% ~ 2%，折光率为 1.440。蛇油具有解毒、修复、去皲裂等功效，可使皮肤产生平滑、凉爽的感觉，是天然药物油脂，可用于配制各种皮肤护理品、药用油膏。

6. 鸸鹋油 其 INCI 名称为鸸鹋油，是从澳洲原产鸟类、鸟纲鸸鹋科的唯一物种——鸸鹋背部的脂肪囊中提取的油脂，被澳洲土著人称之为"神油"。其理化性质为白色或淡黄色膏状，有特殊气味，不溶于水。鸸鹋油脂肪酸的构成比例在生物界中绝无仅有，是最适合人体吸收、最接近人体皮肤油脂的纯天然成分，因此渗透能力超群。它含有的不饱和脂肪酸高达 70%，其中单体不饱和脂肪酸——油酸占总脂肪酸量的 40%，还含有 20% 亚油酸和 1% ~ 2% 的 α-亚麻酸，以及棕榈酸，棕榈油酸，维生素 A、D、E、F 与 K₂ 等。相对密度为 0.900 ~ 0.940g/cm³，酸值 ≤ 3mgKOH/g，皂化值 185 ~ 200mgKOH/g，碘值 40 ~ 80，折光率为 1.460 ~ 1.470。鸸鹋油具有优异的肌肤渗透性能，其渗透速度是矿物油的两倍以上，同时具有消炎作用。可用于各种护肤化妆品中，对湿疹、晒伤、过敏、烫伤、烧伤与促进伤口愈合等均有一定功效。

7. 水貂油 又称貂油，INCI 名称为水貂油，是从水貂皮下脂肪组织取得的脂肪油再经过加工、精制而成，属于营养性油脂，安全、无刺激性。其理化性质为无色至淡黄色透明油状液体，略有特殊气味，在异丙醇、乙醇和一些混合溶剂中都有相当大的溶解度。水貂油是天然的脂肪酸三甘油酯，其脂肪酸分布为42%油酸、18%亚油酸、18%棕榈油酸、16%棕榈酸、4%肉豆蔻酸、2%硬脂酸，未经过超精炼的还含有约3%的亚麻酸和花生酸。相对密度为0.900~0.918g/cm³，酸值≤1mgKOH/g，皂化值200~210mgKOH/g，碘值76~100，不皂化物为45%~50%，折光率为1.4760~1.4767，凝固点为12℃。水貂油的扩散系数大、渗透力强，对热和氧均稳定、储存不易变质和酸败，在皮肤上极易铺展且具有良好的皮肤渗透性，易于被皮肤吸收，同时具有优良的紫外线吸收性能和抗氧化性。广泛应用于各种护肤膏霜、乳液、防晒用品、爽身用品、沐浴用品、护发及美容化妆品中。

8. 紫虫胶蜡　又称紫胶蜡、中国蜡、川蜡、紫虫胶，INCI名称为紫虫胶蜡。紫虫胶蜡是对蚧科紫虫的分泌物进行精制后得到的，是我国的特产。其主要成分是二十四酸、蜡酸、虫漆蜡酸等构成的蜡或者虫漆蜡酯，理化性质为白色或淡黄色结晶性固体，质地坚硬且脆，不溶于水、乙醇和乙醚，但易溶于苯。在化妆品中常做皮肤柔润剂、成膜剂、增稠剂等，常用于制造眉笔、唇膏等美容化妆品。

（四）矿物油脂原料

1. 液体石蜡　又称白油、白矿油、矿物油、石蜡油，INCI名称为液体石蜡，是对石油生产过程中分馏沸点315~410℃的馏分进行精制后得到的无色无味的液态烃混合物，主要成分是C、H。它可以分成轻质液体石蜡及重质液体石蜡，而轻质液体石蜡的比重和黏稠度较低。其理化性质为无色无味的透明油状液体，加热后略有石油气味，对酸、热、光均很稳定，但长时间接触光和热会慢慢氧化。不溶于水、甘油和冷乙醇，溶于苯、乙醚、氯仿、二硫化碳、热乙醇，与除蓖麻油外的大多数脂肪油能任意混合。液体石蜡的主要成分是C_{16}~C_{21}的正构烷烃和异构烷烃的混合物，成分随产地不同而略有差异。相对密度0.831~0.883g/cm³，闪点（开式）164~223℃，运动黏度（40℃）5.7~46mm²/s，酸值≤0.05mgKOH/g。化妆品中用的液体石蜡有不同牌号，牌号实际是对应不同的黏度，例如，常用的15#、26#液体石蜡对应的运动黏度为13.5~16.5mm²/s、24~28mm²/s。液体石蜡常用作润肤剂、发用调理剂、溶剂。液体石蜡具有低致敏性和较好的封闭性，还具有良好的油溶性质。广泛用于各种护肤膏霜、乳液、卸妆膏、卸妆油、按摩油、发尾油、护发素、固体油膏类产品中。

2. 矿脂　又称凡士林，INCI名称为矿脂，是石油分馏后的残油脱蜡精制提纯后制得的半固体混合物，其状态在常温时介于固体和液体之间。其理化性质为白色或淡黄色的均匀膏状物，几乎无臭、无味，化学性质稳定，不溶于水、乙醇、甘油，溶于乙醚、苯、四氯化碳和各种油脂。主要成分是C_{16}~C_{32}的高碳烷烃和少量不饱和烃，成分随产地不同而略有差异。相对密度为0.815~0.880g/cm³，折光率为1.4600~1.4740，熔点为38~60℃。矿脂在化学上和生理上都是惰性的，不易被皮肤吸收，在皮肤上能形成一层闭塞的保护膜，防止水分的蒸发。矿脂主要用于各种护肤膏霜、乳液、油膏、唇膏、发蜡等产品中。

3. 石蜡　又称固体石蜡，INCI名称为石蜡。石蜡是从石油的某些馏出物经过脱蜡、脱油、精制后得到的烃类混合物，主要成分是固体烷烃。其理化性质为无色至白色半透明的蜡状固体，无臭、无味，对氧和热稳定性高，不溶于水，溶于乙醚、氯仿、苯、石油醚、各种矿物油和植物油中。成分以C_{16}~C_{40}正构烷烃混合物为主，还含有2%~3%的异构烷烃以及环烷烃。熔点为50~70℃。石蜡在化妆品中常用作润肤剂，主要用于各种护肤膏霜、乳液、口红、眉笔、护发素、发蜡等产品中。

4. 地蜡　INCI名称为地蜡。地蜡是石油沥青的一类，由石蜡基石油和石蜡-环烷基石油在运移过程中，因温度降低而结晶析出，呈脉状产出或充填于岩石孔隙（或裂缝）中。因为产于临近石油沉积物的地区，所以称为地蜡。以石油提纯脱蜡的残留物蜡膏为原料，先经减压蒸馏、加丙烷脱沥青，然后以混合醇为溶剂，经脱蜡、脱油、脱色而得。其理化性质为白色或淡黄色蜡状固体，脆、硬，且无定形结晶，不溶于水，溶于乙醚、氯仿、矿物油等。主要成分为 C_{25} 以上的带长侧链的环烷烃和异构烷烃及少量的直链烷烃和芳烃，具有极强的亲油能力。相对密度为 $0.850 \sim 0.950 g/cm^3$，折光率为 1.4388，熔点为 $61 \sim 90℃$。地蜡在化妆品中一般起固形剂作用，主要用于各种膏霜、唇膏、发蜡、油膏等产品中。

5. 微晶蜡　又称无定形蜡，INCI 名称为微晶蜡，主要是以石油分馏后的残渣为原料，经蒸馏提取 C_{31} 以上支链饱和烃的馏分，再经脱油、脱色等精制得到的。其理化性质为白色或淡黄色的微结晶性蜡状固体，无臭无味，不溶于乙醇，略溶于热乙醇，可溶于苯、氯仿、乙醚等，可与各种矿物蜡、植物蜡及热脂肪油互溶。主要成分是以 $C_{31} \sim C_{70}$、相对分子质量 $450 \sim 1000$ 的支链烷烃为主的混合物，含有少量的直链烷烃和环烷烃。折光率为 $1.4300 \sim 1.445$，熔点为 $60 \sim 85℃$。微晶蜡在化妆品中主要起黏合剂和乳化稳定剂作用，是石蜡的替代品，其比石蜡更具弹性和黏性，是一种安全添加剂。主要应用于唇膏、发蜡、油膏、发蜡、棒状产品中。

（五）合成油脂原料

1. 合成脂肪酸、脂肪醇和酯类

（1）**月桂酸**　又称十二酸、十二烷酸，INCI 名称为月桂酸，分子式为 $C_{12}H_{24}O_2$，相对分子质量为 200.32，其结构式如下：

理化性质为白色固体，不溶于水，可溶于甲醇、乙醚、氯仿等有机溶剂，微溶于丙酮和石油醚。熔点为 $44.2℃$，沸点为 $272℃$（0.1MPa），酸值 $276 \sim 284 mgKOH/g$。月桂酸一般和 NaOH、KOH、TEA、氨甲基丙醇中和成皂，作为表面活性剂原料使用，起泡性好，且泡沫稳定。主要用于香皂、洗发水、洗面奶、沐浴露等产品中。

（2）**肉豆蔻酸**　又称十四酸、十四烷酸、豆蔻酸，INCI 名称为肉豆蔻酸，分子式为 $C_{14}H_{28}O_2$，相对分子质量为 228.37，其结构式如下：

理化性质为白色固体，无气味，不溶于水，溶于无水乙醇、甲醇、乙醚、石油醚、苯、氯仿，熔点为 $58.5℃$，沸点为 $199℃$（2.13kPa），酸值 $244 \sim 249 mgKOH/g$。一般和 NaOH、KOH、TEA、氨甲基丙醇中和成皂，作为表面活性剂原料使用，肉豆蔻酸盐在泡沫性质、洗涤性等方面效果最佳，与硬脂酸、棕榈酸一起用于洗面奶中。其是化妆品常用的油性原料，赋予产品稠度，中和后是有效的乳化剂。主要用于香皂、洗面奶、沐浴露等产品中。

（3）**棕榈酸**　又称十六酸、十六烷酸、软脂酸、鲸蜡酸，INCI 名称为棕榈酸，分子式为 $C_{16}H_{32}O_2$，相对分子质量为 256.42，结构式如下：

理化性质为白色固体，不溶于水，微溶于石油醚，溶于乙醇，易溶于乙醚、氯仿和醋酸。熔点为62.9℃，沸点为183~184℃，酸值205~210mgKOH/g。一般和NaOH、KOH、TEA、氨甲基丙醇中和成皂，作为表面活性剂原料使用。是化妆品常用的油性原料，赋予产品稠度。主要用于香皂、洗面奶、沐浴露、膏霜等产品中。

（4）硬脂酸　又称十八酸、十八烷酸、十八碳酸、硬蜡酸，INCI名称为硬脂酸，分子式为$C_{18}H_{36}O_2$，相对分子质量为284.48，结构式如下：

理化性质为白色或淡黄色蜡状固体，不溶于水，溶于乙醇、氯仿和四氯化碳等。熔点为69.4℃，沸点为351.5℃，酸值212~220mgKOH/g。硬脂酸和NaOH、KOH、TEA、氨甲基丙醇中和成皂，作为表面活性剂原料使用。是化妆品常用的油性原料，可滋润皮肤，赋予产品稠度。主要用于香皂、洗面奶、沐浴露、雪花膏、冷霜、剃须膏等产品中。

（5）山嵛酸　又称二十二酸，INCI名称为山嵛酸，分子式为$C_{22}H_{44}O_2$，相对分子质量为340.58，结构式如下：

理化性质为白色片状或粒状固体，不溶于水，微溶于乙醇及醚类。熔点为80~82℃，沸点为306℃（60mmHg），酸值160~170mgKOH/g。可以作为膏霜中的蜡性成分，以及乳化稳定剂，提高配方的热稳定性。主要用于护肤膏霜、乳液等产品中。

（6）异硬脂酸　又称异十八酸，INCI名称为异硬脂酸，分子式为$C_{18}H_{36}O_2$，相对分子质量为284.48。其结构式如下：

理化性质为无色至淡黄色的透明液体，与各种有机溶剂及矿物油混溶性好。混浊点≤8℃，沸点为120~132℃（0.2mmHg），酸值190~197mgKOH/g。与不饱和脂肪酸相比热稳定性和化学稳定性好。异硬脂酸的透气性好，在皮肤上没有封闭感。既可作为润肤剂，也可作为脂肪酸，主要用于膏霜、乳液、洗面奶、皂等产品中。

（7）鲸蜡醇　又称十六醇、十六烷醇、棕榈醇，INCI名称为鲸蜡醇，分子式为$C_{16}H_{34}O$，相对分子质量为242.44。其结构式如下：

理化性质为白色固体，不溶于水，溶于乙醇、乙醚、氯仿，但有一定的吸水性。熔点为49℃，沸点为344℃。鲸蜡醇可作为乳化稳定剂、助乳化剂、乳化体系增稠剂、润肤剂等用于乳化体系配方中，还可作为赋脂剂用于洗发水、护发素中。主要用于各种护肤膏霜、乳液、洗发水、护发素等产品中。

（8）硬脂醇　又称十八醇、十八碳醇、正十八烷醇，INCI名称为硬脂醇，分子式为$C_{18}H_{38}O$，相对分子质量为270.49，其结构式如下：

理化性质为白色固体，不溶于水，溶于乙醇、乙醚，微溶于氯仿、丙酮、苯。熔点为57.5℃，沸点为210.5℃，闪点185℃。常作为乳化稳定剂、助乳化剂、乳化体系增稠剂、润肤剂等用于乳化体系配方中，作为赋脂剂用于洗发水、护发素中。在膏霜和乳液中使用时与鲸蜡醇相比具有能够使产品变硬的倾向。主要用于各种护肤膏霜、乳液、洗发水、护发素等产品中。

（9）异硬脂醇 又称异十八醇、异十八烷醇，INCI 名称为异硬脂醇，分子式为 $C_{18}H_{38}O$，相对分子质量为 270.49，结构式如下：

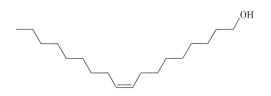

理化性质为无色透明油状液体，不溶于水，溶于乙醇、乙醚等有机溶剂，化学性质稳定。相对密度 0.830～0.840g/cm³，凝固点为 -300℃。异硬脂醇常作为润肤剂、溶剂，具有肤感丝滑、柔软，无油腻感等特点。主要用于各种护肤膏霜、乳液、防晒、唇膏、指甲油等产品中。

（10）鲸蜡硬脂醇 又称十六十八醇，INCI 名称为鲸蜡硬脂醇，分子式为 $C_{16}H_{34}O$、$C_{18}H_{38}O$，相对分子质量为 242.44、270.49，现在常用的鲸蜡硬脂醇主要由鲸蜡醇和硬脂醇混合组成，常用的比例有 $C_{16}:C_{18}=7:3$、$5:5$、$3:7$，其中用得最多的比例是 $3:7$。

理化性质为白色固体，不溶于水，溶于乙醇、乙醚、氯仿、矿物油、植物油。熔点为48～50℃，初始沸点不低于300℃。鲸蜡硬脂醇主要作为乳化稳定剂、助乳化剂、乳化体系增稠剂、润肤剂等用于乳化体系配方中，还可作为赋脂剂用于洗发水、护发素中。广泛应用于各种护肤膏霜、乳液、洗发水、护发素等产品中。

（11）山嵛醇 又称二十二醇、二十二烷醇，INCI 名称为山嵛醇，分子式为 $C_{22}H_{46}O$，相对分子质量为 326.60，其结构式如下：

HO

理化性质为白色固体，不溶于水。熔点为 68～72℃，沸点为180℃（0.22mmHg）。山嵛醇常作为乳化稳定剂、助乳化剂、乳化体系增稠剂、润肤剂等用于乳化体系配方中，还作为赋脂剂用于洗发水、护发素中。与鲸蜡醇和硬脂醇相比，山嵛醇熔点更高，在乳化体系中的增稠能力更强，黏度的热稳定性更好。在头发护理产品中，山嵛醇的头发赋脂效果更好。主要用于各种护肤膏霜、乳液、洗发水、护发素等产品中。

（12）油醇 又称十八烯醇、9-正十八碳烯醇、9-十八烯-1-醇，INCI 名称为油醇，分子式为 $C_{18}H_{36}O$，相对分子质量为 268.49，结构式如下：

理化性质为无色或淡黄色透明油状液体，不溶于水，溶于乙醇、乙醚。相对密度 0.849g/cm³，熔点为 6～7℃，沸点为 205～210℃ （2kPa）。油醇具有易分散、渗透性好、肤感平滑柔软等特点。在口红中可用作染料的分散剂，在护发产品中可以作为润滑剂。但由于油醇含有不饱和键，容易被氧化，需要在配方中加入抗氧化剂来稳定。

（13）辛基十二醇　又称辛基十二烷醇、辛基月桂醇，INCI 名称为辛基十二醇，分子式为 $C_{20}H_{42}O$，相对分子质量为 298.6，结构式如下：

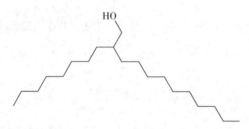

理化性质为淡黄色透明液体，不溶于水。相对密度 0.838g/cm³，沸点为 234～238℃ （33mmHg），闪点为 113℃，折光率为 1.453。辛基十二醇具有润肤剂、溶剂、分散剂作用，主要用于各种护肤膏霜、乳液、精华油、防晒、彩妆等产品中。

（14）肉豆蔻酸异丙酯　又称十四酸异丙酯、IPM，INCI 名称为肉豆蔻酸异丙酯，分子式为 $C_{17}H_{34}O_2$，相对分子质量为 270.45，结构式如下：

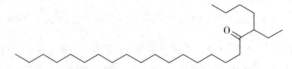

理化性质为无色透明油状液体，不溶于水，能与醇、醚、油脂等有机溶剂混溶。相对密度 0.850～0.860g/cm³，皂化值 202～214mgKOH/g，沸点为 319.9℃，闪点为 144.1℃，折光率为 1.4340～1.4370。肉豆蔻酸异丙酯具有润肤性，极易被皮肤吸收。主要应用于各种护肤膏霜、乳液、润唇膏、浴油、剃须膏、除臭产品、护发、护甲等产品中。

（15）鲸蜡醇乙基己酸酯　又称羽毛油，INCI 名称为鲸蜡醇乙基己酸酯，分子式为 $C_{24}H_{48}O_2$，相对分子质量为 368.64，其结构式如下：

理化性质为无色至淡黄色油状液体，不溶于水。相对密度 0.850～0.900g/cm³，皂化值 140～160mgKOH/g，沸点 >150℃，闪点 >120℃ （ASTM D92）。鲸蜡醇乙基己酸酯具有类似飞鸟羽毛中的油、无油腻感、透气性和铺展性好的特点，主要用于各种护肤膏霜、乳液、润唇膏、浴油、剃须膏、除臭、护发、彩妆等产品中。

（16）异壬酸异壬酯　又称合成蚕丝油，INCI 名称为异壬酸异壬酯，分子式为 $C_{18}H_{36}O_2$，相对分子质量为 284.48，结构式如下：

　　理化性质为无色至淡黄色的透明油状液体，无味，不溶于水。独特的多甲基支链结构，奇数的中链支化醇与奇数的中链支化脂肪酸得到的液体单酯，黏度低，约为6mPa·s/25℃，相对密度0.849~855g/cm³，皂化值185~215mgKOH/g，折光率为1.4340~1.4360。异壬酸异壬酯具有清爽、极度柔软的肤感，无油腻感的特点。与硅油有极好的相溶性，可与二甲基硅油以任意比例混溶，并能得到稳定透明的混合物。异壬酸异壬酯黏度低，对色料有很好的分散能力，广泛应用于各种护肤膏霜、乳液、防晒、润肤油、粉底霜、润唇膏、口红、油性粉饼、护发等产品中。

　　（17）肉豆蔻醇肉豆蔻酸酯　又称十四酸十四酯、肉豆蔻酸肉豆蔻酯、十四烷酸十四烷基酯，INCI名称为肉豆蔻醇肉豆蔻酸酯，分子式为$C_{28}H_{56}O_2$，相对分子质量为424.74，结构式如下：

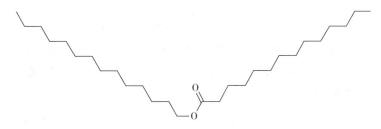

　　理化性质为白色轻质蜡状固体，不溶于水，溶于醇、醚等有机溶剂。相对密度0.859g/cm³，皂化值115~136mgKOH/g，熔点36~46℃。由于肉豆蔻醇肉豆蔻酸酯具有熔点接近皮肤温度的性质，具有天鹅绒般的肤感，柔软而不油腻，并能改善配方的黏度，对提高"骨架"和乳液的黏度很有帮助，可改善廉价配方的产品外观。亦可使头发梳理更容易。广泛应用于各种护肤膏霜、乳液、润唇膏、口红、护发油膏类等产品中。

　　（18）丙二醇二癸酸酯　INCI名称为丙二醇二癸酸酯，分子式为$C_{23}H_{44}O_4$，相对分子质量为384.59，结构式如下：

　　理化性质为无色或淡黄色油状液体，无味或略有特殊气味，不溶于水。相对密度0.910~0.920g/cm³，皂化值281~301mgKOH/g，沸点295℃，闪点213℃（Cleveland开杯）。具有黏度低、质感轻柔的特点。有助于难溶性的极性固体油脂的溶解，如紫外线吸收剂，可防止其结晶。广泛应用于各种护肤膏霜、乳液、润唇膏、防晒、护发、彩妆等产品中。

　　（19）碳酸二辛酯　INCI名称为碳酸二辛脂，分子式为$C_{17}H_{34}O_3$，相对分子质量为286.45，结构式如下：

　　理化性质为无色透明液体，几乎无气味，不溶于水，具有极高的分散速率，为高铺展性油脂（1600mm²/10min）。相对密度0.895g/cm³，熔点-18℃，沸点117~119℃（0.7~

1Torr）。碳酸二辛酯具有优秀的延展性，涂抹后可有干燥、丝绒般光滑的感觉，透气性好，类似于挥发性硅油。对结晶性防晒剂有很高的溶解度，对二氧化钛、氧化锌有很好的分散性。对彩妆有很好的卸妆效果，并可消除膏霜在涂抹过程中出现的白化现象。碳酸二辛酯主要用于各种护肤膏霜、乳液、粉底、止汗剂、防晒、卸妆、洁肤等产品中。

（20）二异硬脂醇苹果酸酯　又称羟基丁二酸二异十八烷基酯，INCI 名称为二异硬脂醇苹果酸酯，分子式为 $C_{40}H_{78}O_5$，相对分子质量为 639.04，结构式如下：

理化性质为无色至淡黄色高黏度油状液体，无味或有少许特殊气味，不溶于水。相对密度 0.905 ~ 0.923g/cm³，皂化值 160 ~ 185mgKOH/g，折光率为 1.4550 ~ 1.4650。二异硬脂醇苹果酸酯为高极性油，对粉末和色料有很好的分散能力，可代替蓖麻油作分散剂。同时，二异硬脂醇苹果酸酯附着力强，可防止粉末迁移，也能增加口红的亮度，可形成一层较厚的膜状结构。二异硬脂醇苹果酸酯主要用于各种唇部产品中，如唇膏和唇彩等，也可用于眼影、眼线、腮红、防晒等产品中。

（21）辛酸/癸酸甘油三酯　又称辛酸/癸酸三甘油酯，简称 GTCC，INCI 名称为辛酸/癸酸甘油三酯，结构式如下：

理化性质为无色或淡黄色透明油状液体，无味，不溶于水，可溶于热乙醇等有机溶剂。相对密度 0.920 ~ 0.960g/cm³，皂化值 325 ~ 345mgKOH/g，折光率为 1.4400 ~ 1.4510。由于辛酸/癸酸甘油三酯与人体皮肤有兼容的特征，所以也适合油性皮肤使用，并且不会堵塞毛孔。肤感不油腻，为高清爽度无味油脂，加入乳霜或乳液中可改进其延伸性，有润滑和使肌肤柔软的效果，并有过滤紫外光的功能。主要用于各种护肤膏霜、乳液、防晒、润肤油、润唇膏、口红、剃须膏、护发等产品中。

（22）甘油三（乙基己酸）酯　又称三异辛酸甘油酯、三辛酸甘油酯、三异辛精，INCI 名称为甘油三（乙基己酸）酯，分子式为 $C_{27}H_{50}O_6$，相对分子质量为 470.68，结构式如下：

理化性质为无色至淡黄色透明油状液体，略有特殊气味，不溶于水。相对密度0.949～0.959g/cm³，皂化值340～370mgKOH/g。甘油三（乙基己酸）酯与天然油脂相比，具有极好的氧化稳定性和水解稳定性，质感轻柔；还具有轻快干爽的肤感，透气性好，铺展性佳。甘油三（乙基己酸）酯对色料、粉体分散性好，可以有效改善颜料类配方的肤感。同时，甘油三（乙基己酸）酯也是有机防晒剂的溶剂，能够帮助提高防晒配方的SPF值。甘油三（乙基己酸）酯主要用于各种护肤膏霜、乳液、防晒、精华油、润肤油、润唇膏、口红等产品中。

2. 合成烷烃

（1）异十二烷 又称异构十二烷，INCI名称为异十二烷，分子式为$C_{12}H_{26}$，相对分子质量为170.33，结构式如下：

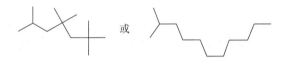

异十二烷为无色透明液体，无味，不溶于水，溶于碳氢化合物、矿物油和硅油。相对密度0.74g/cm³，沸点为170～195℃，闪点为64℃，折光率为1.4210。异十二烷具有挥发速度快、肤感清爽的特点，可代替挥发性硅油。作为挥发性油性溶剂用于睫毛膏、眼线液、眼线膏、不沾杯唇彩等要求迅速干燥的配方中，也可以用于护肤膏霜、乳液、精华油、眼线膏、卸妆等产品中。

（2）异十六烷 又称异构十六烷，INCI名称为异十六烷，分子式为$C_{16}H_{34}$，相对分子质量为226.44，结构式如下：

异十六烷是一种无色透明液体，无味，不溶于水。相对密度0.793g/cm³，沸点为240℃，闪点为95.5℃，折光率为1.439。异十六烷不油腻，易铺展，渗透性好，有一定的挥发性和有机硅溶解性。可用于护肤膏霜、乳液、防晒、精华油、卸妆、唇膏、止汗剂、护发素等产品中。

（3）氢化聚异丁烯 又称合成角鲨烷、异三十烷，INCI名称为氢化聚异丁烯，分子式为$C_{30}H_{62}$，相对分子质量为422.81，结构式如下：

氢化聚异丁烯是一种无色透明液体，无味，不溶于水。相对密度0.810～855g/cm³，折光率为1.450～1.475。氢化聚异丁烯与矿油和凡士林相比，是可代替矿油的高纯度液体异构直链烷烃，它能赋予产品更佳肤感，滋润而不油腻，保湿，润滑，渗透力强。和天然角鲨烷性质接近，但价格便宜很多。热稳定性好，无刺激和过敏性。可用作色粉分散剂，同时也是防晒霜中的常用成分，因而，氢化聚异丁烯主要用于护肤膏霜、乳液、防晒、剃须膏、唇膏、护发等产品中。

（4）氢化聚癸烯 INCI名称为氢化聚癸烯，分子式为$[CH_2CH[(CH_2)_7CH_3]]_n$，是无色透明液体，无味，不溶于水，与其他油脂有很好的相容性和化学惰性。氢化聚癸烯主要用于护肤膏霜、乳液、防晒、按摩膏、卸妆、粉底、唇膏、婴儿护理、护发等产品中。

3. 硅油及其衍生物 硅油又称硅酮,学名为聚硅氧烷,是连接有机官能团的硅元素与氧元素通过化学结合交替连接的合成高分子聚合物。硅油本身无毒,对皮肤无刺激,有优良的物理和化学特性,具有良好的化学稳定性、生物惰性。

硅油及其衍生物的结构示意图如下:

图中,R 为有机基团。当 R 为甲基时,就形成化妆品中应用最多的硅油品种——二甲基硅油,能在皮肤表面形成憎水膜,增加配方的抗水性,又能保持皮肤的透气性,增强皮肤的柔软感和用后滑爽感;对于头发具有调理、使其柔顺作用,并赋予头发光泽,且无油腻感。二甲基硅油在乳化体系中的重要作用还有消除脂肪醇的白条感,改善涂抹感。当 R 为烷基、苯基、聚醚基等其他有机基团时,就形成了各种硅油衍生物,俗称为改性硅油,极大地拓展了其应用范围。

(1) 二甲基硅油 分子式为 $CH_3 [Si(CH_3)_2]_n Si(CH_3)_3$,由于其聚合度 n 值不同,分子量不同,运动黏度也不同,从无色透明的挥发性液体到极高黏度的液体,其物理性质随温度的变化很小,不溶于水。不同黏度的二甲基硅油的基本性质详见表 2-1。

表 2-1 不同黏度的二甲基硅油的基本性质

运动黏度 (cSt)	INCI 名称	外观	比重 (25℃)	折光率 (25℃)	熔点 (℃)	闪点 (℃)	表面张力 (dynes/cm, 25℃)	挥发性
0.65	二聚硅氧烷	透明液体	0.760	1.3745	-68	-1,闭杯	15.9	挥发
1	三硅氧烷	透明液体	0.816	1.3826	-86	30,闭杯	17.4	挥发
1.5	聚二甲基硅氧烷	透明液体	0.851	1.3874	-76	57,闭杯	18.0	挥发
2	聚二甲基硅氧烷	透明液体	0.872	1.3904	-84	87,闭杯	18.7	挥发
5	聚二甲基硅氧烷	透明液体	0.913	1.3960	-70	134,闭杯	19.7	不挥发
10	聚二甲基硅氧烷	透明液体	0.935	1.3989	-60	211,闭杯	20.1	不挥发
20	聚二甲基硅氧烷	透明液体	0.949	1.4009	-52	246,闭杯	20.6	不挥发
50	聚二甲基硅氧烷	透明液体	0.960	1.4022	-41	318,开杯	20.8	不挥发
100	聚二甲基硅氧烷	透明液体	0.964	1.4030	-28	>326,开杯	20.9	不挥发
200	聚二甲基硅氧烷	透明液体	0.967	1.4032	-27	>326,开杯	21.0	不挥发
350	聚二甲基硅氧烷	透明液体	0.969	1.4034	-26	>326,开杯	21.1	不挥发
500	聚二甲基硅氧烷	透明液体	0.970	1.4035	-25	>326,开杯	21.2	不挥发
1000	聚二甲基硅氧烷	透明液体	0.970	1.4035	-25	>326,开杯	21.2	不挥发
5000	聚二甲基硅氧烷	透明黏稠液体	0.975	1.4030	-	>321,开杯	21.4	不挥发
10000	聚二甲基硅氧烷	透明黏稠液体	0.975	1.4036	-24	>326,开杯	21.5	不挥发
12500	聚二甲基硅氧烷	透明半固体	0.974	1.4036	-24	>326,开杯	21.5	不挥发
30000	聚二甲基硅氧烷	透明半固体	0.971	1.4037	-23	>326,开杯	21.5	不挥发
60000	聚二甲基硅氧烷	透明半固体	0.976	1.4036	-23	>326,开杯	21.5	不挥发
100000	聚二甲基硅氧烷	透明半固体	0.977	1.4037	-23	>326,开杯	-	不挥发
300000	聚二甲基硅氧烷	透明半固体	0.977	1.4037	N/A	>321,开杯	-	不挥发
500000	聚二甲基硅氧烷	透明半固体	0.977	1.4037	N/A	>321,开杯	-	不挥发

续表

运动黏度 （cSt）	INCI 名称	外观	比重 （25℃）	折光率 （25℃）	熔点 （℃）	闪点 （℃）	表面张力 （dynes/cm, 25℃）	挥发性
600000	聚二甲基硅氧烷	透明半固体	0.978	1.4037	N/A	>321，开杯	21.6	不挥发
1000000	聚二甲基硅氧烷	透明半固体	0.978	1.4037	N/A	>321，开杯	21.6	不挥发

二甲基硅油可在皮肤表面形成均匀、透气的保护膜，铺展性好，与皮肤相容性好，可增加皮肤的柔软感、丝滑感。低黏度二甲基硅油（0.65～2cSt）因具有良好的分散性质和独特的挥发特性（由于其挥发温度较低的缘故，在蒸发时不会使皮肤变凉），在护肤和彩妆产品中可带来柔软肤感，且清爽、无油腻感；中等黏度二甲基硅油（5～1000cSt）因具有良好的铺展性，可带来柔软、丝滑的皮肤触感，易于分布在皮肤和头发上，相对在护肤中使用较多；高黏度二甲基硅油（≥12500cSt）呈半固体状，能提供更好的柔软、丝滑、滑爽感觉，改善湿发和干发的梳理性和抗缠结性，增加头发的顺滑感、光泽度、柔软感，主要用于洗发水和护发产品中。二甲基硅油广泛用于各种护肤膏霜、乳液、彩妆、洗发水、护发素、沐浴露等产品中。

（2）环五聚二甲基硅氧烷　又称D5、十甲基环五硅氧烷，INCI名称为环五聚二甲基硅氧烷，分子式为 $C_{10}H_{30}O_5Si_5$，相对分子质量为370.77，其结构示意图如下：

环五聚二甲基硅氧烷是五个硅氧烷Si-O主链首尾相接的聚二甲基硅氧烷，是环状二甲基硅氧烷，又称为环甲基硅油。化妆品中常用的环甲基硅油主要有环四聚二甲基硅氧烷（D4）、环五聚二甲基硅氧烷和环六聚二甲基硅氧烷（D6），但目前D4已被很多国家禁用，D5目前也存在被禁用可能。D5是无色透明液体，无味，不溶于水，溶于乙醇、酯类和其他油脂。相对密度 $0.95g/cm^3$，沸点为205℃，闪点为77℃（闭杯），折光率为1.397。环五聚二甲基硅氧烷能与多种化妆品成分相容。环五聚二甲基硅氧烷具有低表面张力、良好的铺展性等特点，可为皮肤带来柔软、丝滑的感觉，且不油腻，无残留，主要用于护肤膏霜、乳液、防晒、止汗剂、除臭产品、彩妆、剃须膏、发尾油、护发等产品中。

（3）辛基聚甲基硅氧烷　INCI名称为辛基聚甲基硅氧烷，分子式为 $C_{15}H_{28}O_2Si_3$，相对分子质量为334.72，其结构示意图如下：

辛基聚甲基硅氧烷是辛基为支链的三硅氧烷，是烷基改性硅油。辛基聚甲基硅氧烷含有三个硅原子，辛基接在中间的硅原子上。辛基聚甲基硅氧烷为无色透明液体，无味，不溶于水，溶于乙醇、酯类和其他油脂。相对密度 $0.84g/cm^3$，表面张力为20.4mN/m，闪点为110℃（闭杯），折光率为1.413。辛基聚甲基硅氧烷具有中等挥发性，可与多种化妆品成分相容，是硅油和碳氢化合物油之间的共溶剂。辛基聚甲基硅氧烷黏度低、表面张力低，可降低有机油脂的表面张力，具有良好的铺展性、独特的光泽感和光滑感，降低黏腻感和油腻感。与挥发性硅油相比，其干燥感较低，丰盈感较强，但仍很清爽，因而辛基聚甲基硅氧烷主要用于护肤膏霜、乳液、防晒、卸妆、止汗剂、除臭产品、彩妆、剃须膏、免洗护发素等产品中。

（4）鲸蜡基聚二甲基硅氧烷　INCI 名称为鲸蜡基聚二甲基硅氧烷，其结构示意图如下：

$$(CH_3)_3SiO \!-\! (SiO)_x \!-\! (SiO)_y \!-\! Si(CH_3)_3$$

（上方取代基为 CH_3、CH_3，下方取代基为 CH_3、$(CH_2)_{15}CH_3$）

鲸蜡基聚二甲基硅氧烷为无色至淡黄色液体，略有特征性气味，不溶于水，与多种有机化妆品成分相容。相对密度 0.86g/cm³，闪点为 >93℃（闭杯），折光率为 1.448。该硅氧烷具有较好的贴肤性，在大多数配方中可取代矿物油和凡士林。在护发配方中，可改善头发光泽度，具有调理性，在免洗型和冲洗型产品中其作用可等同于苯基聚三甲基硅氧烷，主要用于护肤膏霜、乳液、防晒、止汗剂、除臭产品、彩妆、发油、护发素等产品中。

（5）硬脂基聚二甲基硅氧烷　INCI 名称为硬脂基聚二甲基硅氧烷，结构示意图如下：

$$CH_3 \!-\! \left[\begin{matrix} CH_3 \\ | \\ Si \!-\! O \\ | \\ CH_3 \end{matrix} \right]_x \!\!-\! \left[\begin{matrix} CH_3 \\ | \\ Si \!-\! O \\ | \\ (CH_2)_{17} \\ | \\ CH_3 \end{matrix} \right]_y \!\!-\! \begin{matrix} CH_3 \\ | \\ Si \!-\! CH_3 \\ | \\ CH_3 \end{matrix}$$

硬脂基聚二甲基硅氧烷为白色蜡状固体，无味，不溶于水，与多种有机化妆品成分加热后可相容。相对密度 0.85g/cm³，软化点为 32℃，闪点为 >100℃（闭杯），折光率为 1.447。该硅氧烷与皮肤亲和性好，具有封闭性，与皮肤接触立即融化，肤感丝滑，可以改善配方的铺展性，可用于护肤膏霜、乳液、唇膏等彩妆、护发等产品中。

（6）苯基聚三甲基硅氧烷　又称苯基硅油，INCI 名称为苯基聚三甲基硅氧烷，结构示意图如下：

$$H_3C \!-\! \underset{CH_3}{\overset{CH_3}{Si}} \!-\! O \!-\! \left(\underset{O}{\overset{C_6H_5}{Si}} \right)_n \!\!-\! O \!-\! \underset{CH_3}{\overset{CH_3}{Si}} \!-\! CH_3$$
$$H_3C \!-\! \underset{CH_3}{\overset{CH_3}{Si}} \!-\! CH_3$$

苯基聚三甲基硅氧烷为无色透明液体，无味，不溶于水，溶于乙醇，与多种有机化妆品成分相容。相对密度 0.980g/cm³，闪点 >100℃（闭杯），折光率为 1.4549～1.4626。该硅氧烷不油腻，易于铺展，与化妆品成分具有优异的相容性，可润滑肌肤，通过无形的柔性薄膜为皮肤实现自然的排汗透气，可用于护肤膏霜、乳液、防晒乳液与喷雾、须前乳液、唇膏等彩妆、发尾油、护发素等产品中。

（7）氨端聚二甲基硅氧烷　又称氨基硅油，INCI 名称为氨端聚二甲基硅氧烷，结构示意图如下：

$$H_3CSi-O-Si\left[-O-Si\right]_x\left[-O-Si\right]_yOSiCH_3$$

氨端聚二甲基硅氧烷是一种含有氨基官能团的聚二甲基硅氧烷。其中的伯胺基团性质与有机物相似，使氨端聚二甲基硅氧烷对头发具有较好亲和力，从而使产品具有更持久的条理性和触感。氨端聚二甲基硅氧烷是一种无色至淡黄色透明液体，有氨味，不溶于水和乙醇。相对密度 $0.980g/cm^3$，沸点 $>150℃$，闪点为 $149℃$，折光率为 1.407，胺中和当量 1600，含氮量 0.875%。氨端聚二甲基硅氧烷是能增强调理效果的护发配方成分，液体可冷配，能增加干发的光滑触感，提升头发的湿梳性和干梳性，使秀发更服帖，提供持久的调理功效，且不会累积，保护秀发免受高温损害。可配制透明洗发水，应用在半永久性染发剂中时可增强色彩的深度和持久度。主要用于透明和不透明的高附加值调理洗发水、高附加值洗去型和免洗型护发素、润发油、摩丝等发用定型类产品、功效更持久的染发剂、烫发膏和蓬松剂等产品中。

（8）双（C13～15 烷氧基）PG-氨端聚二甲基硅氧烷　INCI 名称为双（C13～15 烷氧基）PG-氨端聚二甲基硅氧烷，是一种透明至半透明液体，有特征气味，与乙醇部分相容，与环甲基硅氧烷和异构十二烷均有很好的相容性。相对密度 $0.960g/cm^3$，黏度（25℃）为 4000cSt，闪点为 132℃（开杯）。双（C13～15 烷氧基）PG-氨端聚二甲基硅氧烷是带有氨基官能团的硅氧烷聚合物，能够用于透明和不透明配方，低黄变，为极好的头发调理剂，可显著改善头发的干、湿梳理性，带来丝滑感。可改善半永久性染发剂中颜色的长效性。易于配方，冷配、热配均可，配制开始阶段或完成阶段均可加入，不需要增溶剂或分散剂。主要用于透明和不透明的调理型洗发水、半永久型和永久型染色剂、发尾油等免洗型护发产品、无水体系、洗去型护发素等产品中。

（9）双 PEG-18 甲基醚二甲基硅烷　INCI 名称为双 PEG-18 甲基醚二甲基硅烷，为白色至淡黄色蜡状固体，有特征性气味，溶于水、乙醇和丙二醇。相对密度 $1.04g/cm^3$，熔点为 28～34℃，闪点 $>100℃$（闭杯）。该硅烷与皮肤接触吸收性好，可减少黏腻感，不产生黑头与粉刺。在表面活性剂体系中能增泡，使泡沫丰富。主要用于各种护肤产品、水剂配方、除臭产品、洁面乳、洗发水等产品中。

（10）PEG-12 聚二甲基硅氧烷　INCI 名称为 PEG-12 聚二甲基硅氧烷，其结构示意图如下：

$$Me-Si-O\left[-Si-O\right]\left[-Si-O\right]Si-Me$$

该硅氧烷为淡琥珀色半透明液体，有特征性气味，溶于水、乙醇和水醇体系。相对密度 1.07g/cm³，闪点 113℃（闭杯），浊点为 95～100℃，HLB 值为 12。该硅氧烷与很多化妆品成分相容，可降低表面张力，可产生稠密、稳定的泡沫，为发用定型树脂增塑，为头发增添柔软、丝滑感。可用于护肤乳液、剃须皂、洗发水、喷发胶和其他免洗护发产品中。

二、粉质原料

粉质原料是化妆用粉饼、散粉、眼影、腮红、胭脂、爽身粉、牙膏等产品中占比很高的主要基质原料，为了使产品具有基本的形状以及使用感等特性而使用的，在其中起到填充、遮盖、滑爽、附着、吸收和延展等作用。

由于粉质原料在化妆品中的用量可以高达 30%～80%，因此为了化妆品的安全性，对其中使用的粉质原料质量要求很高。①对皮肤安全，不能对皮肤有任何刺激，符合皮肤的安全性要求；②细菌数不能超标，不得检出致病菌，如金黄色葡萄球菌、铜绿假单胞菌等；③重金属含量必须严格控制，特别是铅（Pb）、砷（As）、汞（Hg）；④pH 必须严格控制，以使最终产品的 pH 接近 7；⑤粉末的颗粒大小、形状和粒度分布也有要求，通常要求颗粒大小应达到 300 目以上，形状会影响着色力和肤感，球形粉末流动性好，填充效果佳，肤感光滑，而片状粉末贴肤性好，覆盖力佳，但肤感较差；⑥水分含量应该≤2%。另外，粉质原料的润湿性、密度、孔隙率、流动性等对应用也有较大影响。

常用的化妆品粉质原料有无机粉质原料、有机粉质原料以及其他粉质原料。

（一）无机粉质原料

1. 云母 INCI 名称为云母，是云母族矿物的统称，是钾、铝、镁、铁、锂等金属的铝硅酸盐，都是层状结构，单斜晶系。晶体呈假六方片状或板状，偶见柱状。层状解理非常完全，有玻璃光泽，薄片具有弹性。云母的折射率随铁元素的含量增高而相应增高。云母矿主要包括有黑云母、金云母、白云母、锂云母、绢云母、绿云母、铁锂云母等，砂金石是云母和石英的混合矿物。工业上应用最多的是白云母和金云母，锂云母是提炼锂的重要矿物原料。云母是一组复合的水合硅酸铝盐的总称，种类较多，化学成分也复杂。白云母粉是质软、带有光泽至亮反光的细粉。绢云母粉密度为 2.63g/cm³，比一般云母粉轻。云母独特的片状结构、丝绢般光泽与柔滑质感，能够赋予化妆品铺展、光泽、光滑、透明、贴肤等特点。云母常用于粉饼、散粉、胭脂、眼影、粉底霜、爽身粉等产品中。

2. 高岭土 因呈白色而又细腻，又称白云土。INCI 名称为高岭土，分子式为 $Al_2O_3 \cdot 2SiO_2 \cdot 2H_2O$，相对分子质量为 258.09。高岭土是一种非金属矿产，是一种以高岭石族黏土矿物为主的黏土和黏土岩。高岭土为白色至近白色粉末，有泥土味，容易分散于水或其他液体中。分散液滤液的 pH 为 4.5～7.0，比重为 2.2～2.6，折光率为 1.561～1.566。高岭土有滑腻感，温和，适合敏感肌使用。它不吸收皮肤油脂，可用于干性皮肤，且具有抑制皮脂、吸收汗液的作用，对皮肤也略有黏附作用。高岭土是粉类化妆品的主要原料，常用于粉饼、散粉、胭脂、眼影、湿粉、爽身粉、面膜粉等产品中。与滑石粉配合使用时，可以消除其闪光性。

3. 滑石粉 又称滑石、一水硅酸镁，INCI 名称为滑石粉，分子式为 $Mg_3[Si_4O_{10}](OH)_2$，相对分子质量为 379.29，滑石粉是来自硅酸镁盐类矿物滑石族滑石经系列处理后得到的。在自然形态下滑石矿与含有石棉成分的蛇纹岩共同埋藏在地下，因此滑石粉常常含有石棉成分。2017 年 10 月 27 日，世界卫生组织国际癌症研究机构公布的致癌物清单初步整理参考，含石棉或石棉状纤维的滑石粉在 3 类致癌物清单中，用于化妆品的滑石粉要求不得检出石棉。滑石粉为白色粉末，不溶于水，化学性质稳定。分散液滤液的 pH 呈弱碱性，比重为 2.7～2.8。滑石粉肤感柔软，光泽好，有润滑性和滑腻感，对皮肤有一定的遮盖力。滑石粉是粉类化妆品的主要原料，常用于粉饼、散粉、胭脂、眼影、爽身粉、痱子粉等产品中。

4. 钛白粉 又称二氧化钛、钛白，INCI 名称为二氧化钛，分子式为 TiO_2，相对分子质量为 79.9。钛白粉是钛铁矿等天然矿石经硫酸处理后得到的。钛白粉为白色粉末，无臭，无味，不溶于水和稀酸，溶于热浓硫酸、盐酸和硝酸，化学性质稳定。钛白粉一般分为锐钛型（Anatase，简称 A 型）和金红石型（Rutile，简称 R 型），锐钛型密度为 3.8～3.9g/cm^3，金红石型密度为 4.2～4.3g/cm^3。锐钛型钛白粉通过煅烧可以制得金红石型，因此金红石型钛白粉的晶格结构更完善，在热力学上也更为稳定。金红石型钛白粉的折光率为 2.62～2.90，锐钛型的折光率为 2.5 左右，因此金红石型对紫外线的反射、散射能力较强，而吸收力较弱。且有研究发现，在有氧气存在的情况下，金红石型钛白粉的光活性比锐钛型弱，因此从保持稳定、增强紫外线的屏蔽作用，减少光活性的角度出发，制备防晒产品时应尽量采用金红石型钛白。钛白粉是优秀的白色颜料，其着色力和遮盖力在白色颜料中都是最高的。钛白粉的粒径小且均匀，易分散，白度高，且安全无毒。纳米级钛白粉对紫外线的透过率极小，可以作为物理防晒剂用于防晒化妆品中。钛白粉是粉类化妆品的主要原料，常用于粉饼、散粉、湿粉、粉底霜、BB 霜、CC 霜、防晒等产品中。

5. 锌白粉 又称氧化锌、锌白，INCI 名称为氧化锌，分子式为 ZnO，相对分子质量为 81.38。锌白粉是从氧化锌、锌矿的蒸气中获得或从碳酸锌加热制得，主要成分是 ZnO。锌白粉为白色粉末，无臭，无味，不溶于水、乙醇，溶于酸、浓氢氧化碱、氨水和铵盐溶液。在加热时，锌白粉由白、浅黄色逐步变为柠檬黄色，当冷却后黄色便退去。密度为 5.606g/cm^3，折光率为 2.008～2.029。锌白粉有较强的着色力和遮盖力，对皮肤有收敛、杀菌的作用。纳米级锌白粉对紫外线的透过率小，可以作为物理防晒剂用于防晒化妆品中。锌白粉是粉类化妆品的主要原料，常用于粉饼、散粉、湿粉、爽身粉、痱子粉、防晒等产品中。

6. 蒙脱土 又称胶岭石、微晶高岭石，INCI 名称为蒙脱土，分子式为 $Na_{2/3}Si_8(Al_{10/3}Mg_{2/3})O_{20}(OH)_4$，相对分子质量为 282.2。蒙脱土是一种硅酸盐的天然矿物，为膨润土矿的主要矿物组分，主要产于火山凝灰岩的风化壳中，因其最初发现于法国的蒙脱城而命名。蒙脱土为白色微带浅灰色粉末，不溶于水，微溶于苯、丙酮、乙醚等有机溶剂。相对密度为 2～3g/cm^3。蒙脱石非常柔软，有滑感，加水后其体积可膨胀数倍，并变成糊状物，受热脱水后体积收缩，具有很强的吸附能力和阳离子交换性能，可用于护肤膏霜、化妆水、洗发水、沐浴露等产品中。

7. 碳酸钙 又称石灰石，INCI 名称为碳酸钙，分子式为 $CaCO_3$，相对分子质量为 100.09。

碳酸钙有重质和轻质两种，重质碳酸钙是将岩石中的石灰岩和方解石粉碎、研磨、精制而成。轻质碳酸钙是将钙盐溶于盐酸中，再通入二氧化碳，得到碳酸钙沉淀。轻质碳酸钙颗粒细，比重轻，按颗粒大小可分为多个等级，可用于牙膏、彩妆粉类产品中。碳酸钙为白色粉末，无臭，无味，有无定型和结晶型两种形态。结晶型中又可分为斜方晶系和六方晶系，呈柱状或菱形。难溶于水和醇。与稀酸反应，同时放出二氧化碳，呈放热反应，也溶于氯化铵溶液。相对密度为 2.71g/cm^3，在约 825℃分解为氧化钙和二氧化碳。碳酸钙对皮肤分泌的汗液和皮脂有吸附性，还有遮盖作用、摩擦作用。在牙膏中可以用作摩擦剂，属于硬性磨料。因其良好的吸附性，可以在制作粉类化妆品时用作香精混合剂。常用于粉饼、散粉、香粉、胭脂、眼影、牙膏等产品中。与滑石粉配合使用时，可以消除其闪光性。

8. 焦磷酸钙　INCI 名称为焦磷酸钙，分子式为 $Ca_2P_2O_7$，相对分子质量为 254.10。焦磷酸钙由无水焦磷酸钠与无水氯化钙反应而得，也可由磷酸氢钙在一定条件下煅烧而得焦磷酸钙。焦磷酸钙为白色粉末，无臭，无味，不溶于水和醇，溶于稀盐酸和硝酸。相对密度为 $3.09g/cm^3$，熔点 1230℃，10% 悬浮液的 pH 为 5.5 ~ 7.0。焦磷酸钙在牙膏中可以用作摩擦剂，属于软性磨料。焦磷酸钙适用于含氟化钠和氟化亚锡的牙膏，能使氟化物稳定，不会转化为水不溶的氟化钙。常用作牙膏、牙粉中的摩擦剂，且可用于含氟牙膏中。

9. 磷酸氢钙　又称为无水磷酸氢钙，INCI 名称为磷酸氢钙，分子式为 $CaHPO_4$，相对分子质量为 136.06。磷酸氢钙是用磷矿、硫酸和纯碱制成磷酸氢二钠，再和钙盐反应、脱水后制得。磷酸氢钙为白色单斜晶系结晶性粉末，无臭无味。通常以二水合物（其化学式为 $CaHPO_4 \cdot 2H_2O$）的形式存在，在空气中稳定，加热至 75℃ 开始失去结晶水成为无水物，高温则变为焦磷酸盐。易溶于稀盐酸、稀硝酸、醋酸，微溶于水（100℃，0.025%），不溶于乙醇。相对密度为 $2.306g/cm^3$。磷酸氢钙在牙膏中可以用作摩擦剂，硬度适中，摩擦力较二水合磷酸氢钙强。它和多数氟化物不相容，不能用于含氟牙膏中。

10. 氢氧化铝　INCI 名称为氢氧化铝，分子式 Al(OH)$_3$，相对分子质量为 78.00，白色粉状单斜晶体，无味，难溶于水，氢氧化铝是两性氢氧化物，既能与酸反应生成盐和水，又能与强碱反应生成盐和水。相对密度为 $2.40g/cm^3$，熔点 300℃。氢氧化铝主要采用烧结法生产。氢氧化铝在牙膏中可以用作摩擦剂，硬度适中，尤其是用于药物牙膏和高档牙膏中。其化学惰性使其易与牙膏中的其他配料相容，可以用于含氟牙膏中。

（二）有机粉质原料

1. 硬脂酸锌　又称十八酸锌，INCI 名称为硬脂酸锌，分子式为 $[CH_3(CH_2)_{16}COO]_2Zn$，相对分子质量为 632.33，其结构式如下：

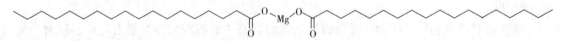

硬脂酸锌为白色微细粉末，稍有刺激性气味，有滑腻感，不溶于水、醇、醚，溶于苯和热乙醇。密度为 $1.095g/cm^3$，熔点为 118 ~ 125℃。硬脂酸锌对皮肤具有良好的黏附性，润滑性好。可改善粉类产品对皮肤的附着性，并给予滑感。硬脂酸锌主要用于爽身粉、香粉、粉饼、眼影等粉类产品中。用于粉饼中会带来油状质感。

2. 硬脂酸镁　又称十八酸镁，INCI 名称为硬脂酸镁，分子式为 $[CH_3(CH_2)_{16}COO]_2Mg$，相对分子质量为 591.24，其结构式如下：

硬脂酸镁为白色微细粉末，稍有刺激性气味，有滑腻感，不溶于水、醇、醚，溶于热乙醇。密度为 $1.028g/cm^3$，熔点为 88.5℃，闪点为 162.4℃，折光率为 1.45。硬脂酸镁对皮肤具有良好的黏附性，润滑性好。可改善粉类产品对皮肤的附着性，并给予滑感。可用作粉饼类产品的黏合剂、W/O 乳液的乳化稳定剂，也可作为洗发水的不透明化试剂。

3. 肉豆蔻酸锌 又称十四酸锌，INCI 名称为肉豆蔻酸锌，分子式为 $[CH_3(CH_2)_{12}COO]_2Zn$，相对分子质量为 520.13，其结构式如下：

肉豆蔻酸锌为白色微细粉末，稍有气味，有滑腻感，不溶于水，可溶于甲苯等有机溶剂。熔点为 125℃。肉豆蔻酸锌对皮肤具有良好的黏附性，润滑性好。用于粉饼中会带来油状质感。主要用于爽身粉、香粉、粉饼、眼影等粉类产品中。

4. 聚甲基丙烯酸甲酯 又称 PMMA 微粉，INCI 名称为聚甲基丙烯酸甲酯，分子式为 $\text{---}CH_2C(CH_3)(COOCH_3)\text{---}_n$，其结构式如下：

聚甲基丙烯酸甲酯为白色微球形粉末，粒径 5~10μm，密度为 1.23g/cm³，比表面 1.4m²/g，pH（5% 水溶液）6~7。聚甲基丙烯酸甲酯球形粉末可赋予化妆品良好的爽滑性与柔滑手感，并能改善其中颜料的分散性，使入射光线发生散射，淡化面部明暗对比，实现遮瑕效果。聚甲基丙烯酸甲酯具有优异的吸油性能，可吸收皮脂、汗液等。聚甲基丙烯酸甲酯主要用于高端粉饼、眼影、腮红、BB 霜、粉底霜、防晒霜等产品中。

5. 有机硅弹性体粉末 INCI 名称为聚二甲基硅氧烷交联聚合物。有机硅弹性体粉末为白色球形粉末，略有气味，非常柔软。硬度（JIS A 型）为 10，体积密度为 0.25~0.30g/cm³，平均粒径为 1~8μm，闪点 >100℃（闭杯）。该粉末团聚少，易分散，可提供丝滑、粉质、不油腻的肤感，提高硅油、油或油/硅油包水乳液的黏度或流变性，中等皮脂吸收，可冷加工，可配制在各种粉末、乳液、油、蜡基体系中，主要用于粉底、散粉、粉饼、眼影、口红、腮红等彩妆产品、防晒、护肤、止汗剂、香体剂、护发等产品中。

（三）其他粉质原料

1. 玉米淀粉 INCI 名称为玉米（ZEA MAYS）淀粉，为主要从玉米胚乳得到的淀粉。

玉米淀粉为白色微细粉末，粒径 6~21μm，是直链淀粉和支链淀粉的混合物。直链淀粉是葡萄糖单元以直链状、250~300 个葡萄糖基结合的物质，支链淀粉是每个分支以 20~30 个葡萄糖基结合。普通玉米淀粉和糯玉米淀粉的直链淀粉和支链淀粉比值分别为 21：79、0：100。玉米淀粉对皮肤具有良好的黏附性，主要用于爽身粉、婴儿粉、扑面粉等粉类产品中。

2. 淀粉辛烯基琥珀酸铝 又称辛烯基琥珀酸铝淀粉，INCI 名称为淀粉辛烯基琥珀酸铝，主要通过对淀粉进行深加工后而得到。淀粉辛烯基琥珀酸铝为白色微细粉末，无毒，无臭，无异味，具有优良的自由流动性和疏水性，难溶于水。淀粉辛烯基琥珀酸铝常用于爽身粉、蜜粉、眼影、腮红、口红、止汗剂、护肤、防晒等产品中。一般地，淀粉辛烯基琥珀酸铝在粉类产品中可带来滑爽、丝绒般的感觉，改善延展性，并有控油作用，可代替滑石粉。在口红中主要起增稠作用，可一定程度上减少口红冒汗问题。在止汗产品中可提高止汗棒洁白的视觉效果，但使用时不会在皮肤上泛白。在护肤产品中，可减少配方的油腻感，并带来干爽、哑光感觉。

三、胶质原料

胶质原料是化妆品体系中起稳定作用的重要成分，广泛应用在各种膏霜、乳液、精华、面膜、洗发水、沐浴露、洁面乳、粉类等化妆品体系中。胶质原料主要是水溶性高分子化合物，结构中含有羟基、羧基、酰胺基、氨基或醚基等亲水性官能团，在水中能溶解或膨胀为黏稠液体或啫喱状，受到外力剪切时会有不同程度的黏稠度降低，撤去外力剪切后又能够恢复原状，也就是具有不同程度的触变性。

胶质原料在不同化妆品中的具体作用是有区别的。例如，在膏霜、乳液中起到增稠、稳定、减少乳化剂的用量、降低温度变化对黏度变化的影响、减少或不使用高碳醇作为增稠剂等作用在透明凝胶状或啫喱状产品中起到胶凝剂、增稠、稳定、悬浮等作用，在发用定型产品中有成膜、定型作用，在洗发水、沐浴露等产品中有增稠、稳定、改善泡沫与肤感等作用，在粉类产品中有黏合成型作用。

用于化妆品中的胶质原料应该符合国家化妆品相关法律法规的要求，特别是安全性和稳定性。按照来源进行分类，胶质原料主要分为天然、半合成、合成和无机四大类。

（一）天然胶质原料

1. 黄原胶 又称汉生胶，INCI 名称为黄原胶，其结构式如下：

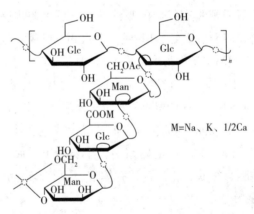

黄原胶是以玉米淀粉为主要原料，由微生物黄单孢杆菌在特定的条件下发酵，再经提炼、干燥、研磨而制成的高分子多糖聚合物。是由 D-葡萄糖、D-甘露糖和 D-葡萄糖醛酸按 2∶2∶1 组成的多糖类高分子化合物，相对分子质量在 100 万以上。黄原胶的二级结构是侧链绕主链骨架反向缠绕，通过氢键维系形成棒状双螺旋结构。黄原胶为浅黄色至浅棕色可流动粉末，稍带臭味，易溶于冷、热水中，溶液呈中性，遇水分散、乳化变成稳定的亲水性黏稠胶体，不溶于乙醇。黏度不受温度影响（0~100℃ 范围内），具有剪切变稀性。在中性附近黏度变化较小，pH=4 以下和 pH=10 以上黏度会增加。耐寒性能比其他胶质原料优异。黄原胶主要用于各种膏霜、乳液、精华液、面膜等产品中作为稳定剂、增稠剂、悬浮剂等。

2. 卡拉胶 又称角叉菜胶、鹿角菜胶，INCI 名称为皱波角叉菜（CHONDRUS CRISPUS），其结构式如下：

κ型　　　　　　Ι型

λ型

　　卡拉胶是从麒麟菜、石花菜、鹿角菜等红藻类海草中提炼出来的亲水性胶体，它的化学结构是由半乳糖及脱水半乳糖所组成的多糖类硫酸酯的钙、钾、钠、铵盐。由于其中硫酸酯结合形态的不同，可分为 κ 型（Kappa）、Ι 型（Iota）、λ 型（Lambda）。卡拉胶为黄色或棕色粉末，水溶液呈碱性，在甘油、丙二醇、山梨醇、聚乙二醇等醇中溶解度很小，但很容易分散于其中，不需要加热就能溶解在水中形成溶液。卡拉胶耐离子性好，也不易酶解。κ 型卡拉胶 70℃ 以上的热水中可溶，在冷水中，钠盐可溶，钾盐、钙盐和铵盐凝胶化。λ 型卡拉胶在热水和冷水中，所有的盐可溶。Ι 型卡拉胶在 70℃ 以上的热水中可溶，在冷水中钠盐可溶，钙盐形成具有触变性分散液。卡拉胶用于各种膏霜、乳液、凝胶等产品中作为增稠剂、悬浮剂，用于粉饼、眼影等产品中作为增稠剂、胶凝剂、稳定剂、黏合剂等。

　　3. 结冷胶　又称凯可胶、洁冷胶，INCI 名称为结冷胶，其结构式如下：

高酰基结冷胶　　　　　　　　　　　　　低酰基结冷胶

　　结冷胶是由假单胞杆菌在葡萄糖、玉米糖浆、磷酸盐、蛋白质、硝酸盐和微量元素组成的液体培养基中的培养产物，是多糖类。该多糖类含有 3% ~ 5% 的乙酰基，对其进行脱乙酰处理、精制、干燥得到结冷胶。结冷胶为米黄色粉末，无特殊滋味和气味，不溶于非极性有机溶剂，也不溶于冷水，但略加搅拌即可分散于水中，加热即溶解成透明的溶液，冷却后，形成透明且坚实的凝胶。耐热、耐酸性能良好，对酶的稳定性亦高。结冷胶在阳离子存在时，在加热后冷却时生成坚硬脆性凝胶。其硬度与结冷胶的浓度成正比，且在较低的二价阳离子浓度时产生最大凝胶硬度，形成的凝胶与琼脂相似，但更透明、具有热可逆性，加热可变成液体状态。结冷胶主要用于各种凝胶、喷雾体系、清洁剂等产品中作为增稠剂、分散剂、成膜剂、黏合剂等。

　　4. 琼脂　又称琼胶、冻粉、石花胶，INCI 名称为琼脂，其结构式如下：

琼脂是由海产的麒麟菜、石花菜、江蓠等海藻中提取的多糖体制成的，是目前世界上用途最广泛的海藻胶之一，是植物胶的一种。琼脂为半透明、无定形的粉末、薄片或颗粒，不溶于冷水，能吸收相当本身体积20倍的水，易溶于沸水，在水中需加热至95℃时才开始熔化，稀释液在42℃（108°F）仍保持液状，但在37℃凝成紧密的胶冻。琼脂主要用于粉底、磨砂膏、洁面乳、剃须膏、护肤膏霜、乳液、液体皂、沐浴露、面膜粉等产品中作为增稠剂、稳定剂、乳化剂、胶凝剂。

5. 瓜尔胶 又称瓜儿豆胶，INCI名称为瓜儿豆（CYAMOPSIS TETRAGONOLOBA）胶，其结构式如下：

瓜尔胶是由豆科植物瓜尔豆的种子去皮、去胚芽后的胚乳部分，干燥粉碎后加水，进行加压水解后用20%的乙醇沉淀，离心分离后干燥粉碎而得。主要产地是巴基斯坦和印度的干燥地带，或美国的东南部。瓜尔胶为白色至浅黄褐色自由流动的粉末，接近无臭，也无其他任何异味，能分散在热或冷水中形成黏稠液体，不溶于乙醇等有机溶剂。1%水溶液黏度为4~5Pa·s，为天然胶中黏度最高者，添加少量四硼酸钠则转变成凝胶。溶液呈非牛顿流体的假塑性流体特性，具有剪切变稀特性，同时具有良好的无机盐兼容性能。水溶液为中性，黏度随pH的变化而变化，pH 6~8时黏度最高，pH 10以上则黏度迅速降低，pH 6~3.5内随pH降低而黏度降低。pH 3.5以下黏度又增大。瓜尔胶的主要成分是分子量为5万~80万的配糖键结合的半乳甘露聚糖，即由半乳糖和甘露糖（1:2）组成的高分子量水解胶体多糖类。瓜尔胶主要用于各种护肤乳液、牙膏等产品中作为稳定剂、增稠剂、乳化剂和悬浮剂。

6. 果胶 INCI名称为果胶，是一类广泛存在于植物细胞壁的初生壁和细胞中间片层的杂多糖，1824年法国药剂师Bracennot首次从胡萝卜中提取得到，并将其命名为"pectin"。大量存在于柑橘、柠檬、柚子等果皮中。果胶为白色至黄色粉状，相对分子质量为20000~400000，无味，溶于20倍水形成乳白色黏稠状胶态溶液，呈弱酸性。在酸性溶液中较在碱性溶液中稳定，通常按其酯化度分为高酯果胶及低酯果胶。高酯果胶在可溶性糖含量≥60%、pH 2.6~3.4的范围内可形成非可逆性凝胶。低酯果胶一部分甲酯转变为伯酰胺，不受糖、酸的影响，但需与钙、镁等二价离子结合才能形成凝胶。果胶主要用于各种膏霜、乳液、化妆水、面膜、牙膏、压粉等产品中作为乳化稳定剂、黏合剂、黏度调节剂。

7. 海藻酸钠 又称褐藻酸钠、褐藻胶，INCI 名称为藻酸钠。海藻酸钠是从褐藻类的海带或马尾藻中提取碘和甘露醇之后的副产物，其分子由 β-D-甘露糖醛酸（β-D-mannuronic，M）和 α-L-古洛糖醛酸（α-L-guluronic，G）按（1→4）键连接而成，是一种天然多糖。海藻酸钠为白色或淡黄色粉末，几乎无臭、无味，溶于水，不溶于乙醇、乙醚、氯仿等有机溶剂。溶于水成黏稠状液体，1% 水溶液 pH 为 6~8。当 pH 为 6~9 时黏性稳定，加热至 80℃以上时则黏性降低。海藻酸钠无毒，$LD_{50} > 5000mg/kg$。螯合剂可以络合体系中的二价离子，使得海藻酸钠能稳定于体系中。海藻酸钠主要用于各种膏霜、乳液、面膜、牙膏等产品中作为增稠剂、悬浮剂等。

8. 明胶 又称白明胶、动物明胶，INCI 名称为明胶。明胶是经胶原适度水解和热变性得到的产物，生产明胶的原料主要是动物的皮、骨及制革业废料等，市场上常见的明胶多以牛皮、牛骨或猪皮为原料制备，近年来由于疯牛病和口蹄疫的出现，许多明胶生产厂家开始转向以鱼皮、鱼鳞和鸡皮为原料制备明胶。目前，明胶的生产方法主要有碱法、酸法、酶法等。碱法和酸法是传统的生产方法，生产周期较长，一般为 15 天，所排废液对环境的污染较大。由于酶法制备明胶的生产成本较低，产品安全性高，在医药、食品领域等逐步取代酸法和碱法生产的明胶。明胶为无色至浅黄色固体，成粉状、片状或块状，有光泽，无臭、无味。相对分子质量为 50000~100000。相对密度 1.3~1.4。不溶于水，但浸泡在水中时，可吸收 5~10 倍的水而膨胀软化，如果加热，则溶解成胶体，冷却至 35~40℃以下，成为凝胶状；如果将水溶液长时间煮沸，因分解而使性质发生变化，冷却后不再形成凝胶。不溶于乙醇、乙醚和氯仿，溶于热水、甘油、丙二醇、乙酸、水杨酸等。明胶浓度在 5% 以下不凝固，通常以 10%~15% 的溶液形成凝胶。胶凝化的温度随浓度、共存的盐类和 pH 而不同。黏度及凝胶强度因相对分子质量分布情况而异，同时受 pH、温度和电解质的影响。明胶溶液如遇甲醛，则变成不溶于水的不可逆凝胶。明胶易吸湿，因细菌而腐败，保存时应注意。水解时，可得到各种氨基酸。明胶主要用于各种膏霜、乳液、粉底液、防晒等产品中作为增稠剂、稳定剂、澄清剂、发泡剂等。

（二）半合成胶质原料

1. 乙基纤维素 又称纤维素乙醚、EC，INCI 名称为乙基纤维素。乙基纤维素是由纯化的纤维素（来源于化学等级的棉絮和木浆）在碱溶液中碱化后，与氯乙烷产生乙基化反应后制得的，是非离子型纤维素醚。乙基纤维素为白色流动性细粉末，无臭，无味，不溶于水，可溶于不同的有机溶剂，热稳定性好，不易燃烧，燃烧时灰分极低。能生成坚韧的薄膜，在较低温度下仍能保持充分柔软的特性，但在阳光下或紫外光下易发生氧化降解。密度为 $1.14g/cm^3$，软化温度为 135~155℃，熔点为 165~185℃。乙基纤维素主要用于各种膏霜、乳液、啫喱、面膜、洁面乳、唇釉、按摩油、发尾油、卸妆油等产品中，起黏合剂、成膜剂和黏度调节剂作用。

2. 羟乙基纤维素 又称 HEC、纤维素羟乙基醚，INCI 名称为羟乙基纤维素。羟乙基纤维素是由碱性纤维素和环氧乙烷（或氯乙醇）经醚化反应制备，属非离子型可溶纤维素醚类。

羟乙基纤维素为白色至淡黄色纤维状或粉状固体，无毒、无味，易溶于水，不溶于一般有机溶剂。pH 2~12 范围内黏度变化较小，但超过此范围黏度下降。羟乙基纤维素耐离子性好，其水溶液中允许含有高浓度的盐类而稳定不变。密度为 $0.75g/cm^3$，软化温度 135~140℃，熔点为 288~290℃。羟乙基纤维素广泛用于各种膏霜、乳液、精华液、啫喱、面膜、牙膏、洗发水、护发素、染发膏、沐浴露等产品中，起增稠、悬浮、分散、乳液稳定、黏合、成膜、保持水分等作用。

3. 羟丙基甲基纤维素 又称 HPMC、纤维素羟丙基甲基醚，INCI 名称为羟丙基甲基纤维素。羟丙基甲基纤维素是天然纤维素经过环氧丙烷和氯甲烷醚化反应而成，是属于非离子型纤维素混合醚中的一个品种。羟丙基甲基纤维素为白色粉末或颗粒，无臭，无味，溶于水及部分溶剂，如适当比例的乙醇/水，在无水乙醇、乙醚、丙酮中几乎不溶。密度为 $1.26 \sim 1.31 g/cm^3$，变色温度为 $190 \sim 200℃$，炭化温度为 $280 \sim 300℃$。水溶液具有表面活性，透明度高，性能稳定。溶解度随黏度而变化，黏度愈低，溶解度愈大。羟丙基甲基纤维素随甲氧基含量减少，凝胶点升高，水溶解度下降，表面活性也下降。不同规格的羟丙基甲基纤维素的性能有一定差异。羟丙基甲基纤维素广泛用于各种膏霜、乳液、凝胶、爽肤水、定型产品、洗发水、沐浴露、洁面乳、牙膏、漱口水等产品中。通常，羟丙基甲基纤维素在液洗体系中有很好的增泡、稳泡作用，提高体系稠度，与阳离子调理剂有协同作用，可有效改善湿梳性能。在护肤产品中用作稳定剂、肤感改良剂。在凝胶类产品中用作胶凝剂，透明度高，手感舒适等。

4. 羟丙基纤维素 又称羟丙纤维素、HPC，INCI 名称为羟丙基纤维素。羟丙基纤维素是用碱和氯化丙烯处理纤维素得到，或用高浓度氢氧化钠浸渍处理木浆，生成碱性纤维素溶液，将此溶液过滤及压榨，除去过剩的氢氧化钠后，进一步与环氧丙烷反应而得，是一种非离子型纤维素衍生物。羟丙基纤维素为白色或浅黄色粉末，无味，可燃，常温下难溶于苯和乙醚，可溶于水、乙醇、异丙醇等极性有机溶剂。密度为 $1.26 \sim 1.31 g/cm^3$，变色温度为 $190 \sim 200℃$，炭化温度为 $280 \sim 300℃$。羟丙基纤维素主要用于各种膏霜、乳液、洗发水、沐浴露等产品中，作黏合剂、乳化剂、乳化稳定剂使用。

5. PEG-120 甲基葡糖二油酸酯 又称 DOE 120，INCI 名称为 PEG-120 甲基葡糖二油酸酯。PEG-120 甲基葡糖二油酸酯是天然植物来源的葡萄糖改性增稠剂，温和无刺激。PEG-120 甲基葡糖二油酸酯为淡黄色蜡状固体，略有特征性气味，溶于水。相对密度为 $1.07 g/cm^3$，pH 为 $4.5 \sim 7.5$（10% 水溶液），沸点 $>316℃$，闪点为 $368℃$（开杯）。PEG-120 甲基葡糖二油酸酯主要用于各种洗发水、沐浴露、洁面产品、婴儿洗发水与沐浴露等清洁产品中，起增稠剂、保湿剂以及低刺激性等作用。

（三）合成胶质原料

1. 卡波姆 又称卡波、卡波树脂、聚丙烯酸，INCI 名称为卡波姆，丙烯酸（酯）类/C10 ～30 烷醇丙烯酸酯交联聚合物。卡波姆是经过交联的丙烯酸聚合物，有一系列产品，不同型号的产品性能也有差别。不同的卡波姆性能有差异，但是通性一样。为松散的白色、微酸性粉末，不溶于水，但在水中可溶胀，用碱中和后变透明状。堆积密度约为 $208 kg/m^3$，相对密度为 $1.41 g/cm^3$，pH $2.7 \sim 3.5$（0.5% 水分散液），含水量 $\leq 2.0\%$，玻璃化温度为 $100 \sim 105℃$。卡波姆增稠有两种方法，一种是用碱中和增稠，将卡波姆中和成盐，使卷曲的分子因电斥力张开而增稠，常用的中和剂有氢氧化钠、三乙醇胺，氨甲基丙醇和氨丁三醇是更温和安全、更符合化妆品法规要求的新型有机中和剂；另一种增稠方法是氢键增稠，卡波姆分子作为羧基给予体能与一个或两个以上羟基结合形成氢键而增稠，但此方法需要时间，常用的羟基给予体是非离子型表面活性剂、多元醇等。卡波姆中和后持久搅拌或高剪切会造成黏度损失，电解质会降低增稠效率。卡波姆凝胶受温度影响很小，对紫外线照射不敏感。卡波姆的交联度越高，黏度越高，能提供较高的屈服值，悬浮能力也相对较高。

交联度高的卡波姆具有短流的流变特性，交联度低的卡波姆具有长流的流变特性。卡波姆主要用于各种膏霜、乳液、凝胶啫喱、精华液、面膜、洗发水、沐浴露和洁面乳等产品中，起增稠、稳定乳状液、悬浮、胶凝剂等作用。

2. 聚丙烯酸钠　又称 PAAS，INCI 名称为聚丙烯酸钠。聚丙烯酸钠是以丙烯酸及其酯类为原料，经水溶液聚合而得。聚丙烯酸钠为白色或浅黄色块状或粉末，液态为无色或淡黄色黏稠液体，无味，遇水膨胀，易溶于氢氧化钠水溶液。不溶于乙醇、丙酮等有机溶剂。加热至300℃不分解。黏度随时间变化很小，不易腐败。易受酸及金属离子的影响，黏度降低。遇到二价及以上金属离子（如铝、镁、钙、锌、铁、铅）形成不溶性盐，引起分子交联而凝胶化沉淀。聚丙烯酸钠主要用于各种膏霜、乳液、精华液、面膜、防晒、牙膏等产品中，起增稠、悬浮、分散、稳定等作用，在牙膏中起到较明显的黏合、赋形作用，使挤出来的牙膏显得亮滑、细腻。

3. 丙烯酰二甲基牛磺酸铵/VP 共聚物　INCI 名称为丙烯酰二甲基牛磺酸铵/VP 共聚物。丙烯酰二甲基牛磺酸铵/VP 共聚物是单体丙烯酰二甲基牛磺酸与乙烯吡咯烷酮在氨的存在下聚合而成，为白色粉末，pH 为 4~6（1% 水溶液）。该聚合物预先已经中和，能够快速溶于水，与乙醇、丙酮等有机溶剂相容性好，在紫外光照射下或高剪切力下依然很稳定。在 pH 为 4.0~9.0 范围内都可使用。pH 低于 4.0 会导致聚合物中酸的分解，从而降低黏度；由于丙烯酰二甲基牛磺酸铵/VP 共聚物是一种铵盐，pH 大于 9.0 会导致铵盐的释放。对电解质十分敏感。该聚合物常用作透明体系的胶凝剂和水包油乳液的增稠剂。含有该聚合物的产品，外观看上去很轻薄，但又具一定的黏稠性，还具有流变性，产生愉快的皮肤感觉，主要用于各种膏霜、乳液、凝胶啫喱、防晒等产品中。

4. 聚乙烯吡咯烷酮　又称 PVP，INCI 名称为聚乙烯吡咯烷酮，以单体乙烯基吡咯烷酮（NVP）为原料，通过本体聚合、溶液聚合等方法得到。聚乙烯吡咯烷酮具有亲水性，易流动，为白色粉末，略有特殊气味，易溶于水、醇类、胺类、卤代烃类、硝基烷烃及低分子脂肪酸等，不溶于丙酮、乙醚、脂肪烃、脂环烃等少数溶剂，能与多数无机酸盐、多数树脂相容。密度 $1.144g/cm^3$，熔点130℃，沸点217.6℃，黏度范围 20~90Pa·s。聚乙烯吡咯烷酮是一种非离子型高分子化合物，对皮肤、眼睛无刺激，主要用于各种定型液、定型啫喱、喷发胶、摩丝、膏霜、乳液、防晒霜、脱毛剂等产品中。其在日用化妆品中有很好的分散性及成膜性，并且在乳液中有保护胶体的作用，常用于定型液、喷发胶及摩丝的定型剂等产品中。在防晒霜、脱毛剂中添加该成分可增强湿润和润滑效果。

5. 聚乙烯醇　又称 PVA，INCI 名称为聚乙烯醇，常温下为白色片状、絮状、粉末状或颗粒状固体，无味，溶于水，不溶于植物油、二氯乙烷、四氯化碳、丙酮、乙酸乙酯、乙二醇等。聚乙烯醇的物理性质受化学结构、醇解度、聚合度影响。在聚乙烯醇的分子中存在两种化学结构，即1,3和1,2-乙二醇结构，但主要的结构是1,3-乙二醇结构，即"头·尾"结构。聚乙烯醇的聚合度分为超高聚合度（相对分子质量25万~30万）、高聚合度（相对分子质量17万~22万）、中聚合度（相对分子质量12万~15万）和低聚合度（相对分子质量2.5万~3.5万）。醇解度一般为78%、88%、98%。一般聚合度增大，水溶液黏度增大，成膜后的强度和耐溶剂性提高，但水中溶解性、成膜后的伸长率下降。溶解聚乙烯醇应先将物料在搅拌下加入室温的水中，分散均匀后再升温加速溶解，这样可以防止结块，为了溶解完全一般需加热到65~75℃。熔点为230℃，玻璃化温度75~85℃。聚乙烯醇主要用于各种膏霜、乳液、精华液、面膜、防晒、洗衣膏等产品中起乳化作用，其成膜性、增稠性、黏合性和污垢抗再沉积作用也得到广泛应用。

6. 聚乙二醇-n 又称PEG-n，INCI名称为聚乙二醇-n，化学结构式为 HO $(CH_2CH_2O)_n$ H。

由环氧乙烷与水或乙二醇逐步加成聚合而成。一般将相对分子质量 <25000 的产品，称为聚乙二醇，相对分子质量 >25000 的称为聚氧乙烯。聚乙二醇按照平均分子质量不同，在室温下可为液体或固体。物理特性与分子质量有关，分子质量增加使其在水中和溶剂中的溶解度降低，熔融/凝固温度范围和黏性增加。具有吸湿性，可吸走并保留空气中的湿气，吸湿性随着分子质量的增加而降低。在熔融/凝固温度以上时其黏性几乎与剪切力无关，可视为牛顿流体，黏性随着温度的增加而减少。聚乙二醇的挥发性低，在大约300℃、无氧气时可以保持一段时间的热稳定性，但当暴露在空气中时易被氧化降解。无毒，无刺激性。聚乙二醇-n 广泛用于各种膏霜、乳液、精华液、面膜、防晒、凝胶、唇膏、粉饼、粉末、气雾剂、牙膏、洗发水、护发素、沐浴露、洁面乳、固体和液体肥皂等产品中（表2-2、图2-1）。

表 2-2　不同聚乙二醇的基本性质

指标/品种	外观	熔点	pH	平均相对分子质量	黏度	羟值
PEG-200	无色透明	-50 ±2	6.0 ~ 8.0	190 ~ 210	22 ~ 23	534 ~ 590
PEG-400	无色透明	5 ±2	6.0 ~ 8.0	380 ~ 420	37 ~ 45	268 ~ 294
PEG-600	无色透明	20 ±2	6.0 ~ 8.0	570 ~ 630	1.9 ~ 2.1	178 ~ 196
PEG-800	白色膏体	28 ±2	6.0 ~ 8.0	760 ~ 840	2.2 ~ 2.4	133 ~ 147
PEG-1000	白色蜡状	37 ±2	6.0 ~ 8.0	950 ~ 1050	2.4 ~ 3.0	107 ~ 118
PEG-1500	白色蜡状	46 ±2	6.0 ~ 8.0	1425 ~ 1575	3.2 ~ 4.5	71 ~ 79
PEG-2000	白色固体	51 ±2	6.0 ~ 8.0	1800 ~ 2200	5.0 ~ 6.7	51 ~ 62
PEG-4000	白色固体	55 ±2	6.0 ~ 8.0	3600 ~ 4400	8.0 ~ 11	25 ~ 32
PEG-6000	白色固体	57 ±2	6.0 ~ 8.0	5500 ~ 7500	12 ~ 16	15 ~ 20
PEG-8000	白色固体	60 ±2	6.0 ~ 8.0	7500 ~ 8500	16 ~ 18	12 ~ 25
PEG-10000	白色固体	61 ±2	6.0 ~ 8.0	8600 ~ 10500	19 ~ 21	8 ~ 11
PEG-20000	白色固体	62 ±2	6.0 ~ 8.0	18500 ~ 22000	30 ~ 35	

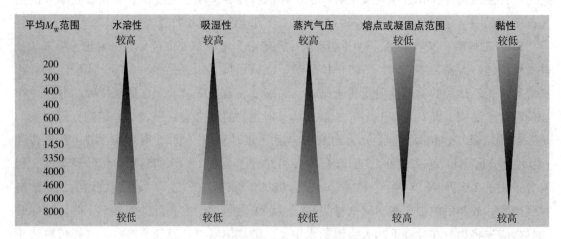

图 2-1　不同分子质量聚乙二醇的基本性质比较

(四) 无机胶质原料

1. 硅酸铝镁　INCI 名称为硅酸铝镁，由天然的硅酸铝镁矿石精选、粉碎、活化后制得。

硅酸铝镁为白色粉末，质柔而滑爽，无臭，不溶于水和醇类，在水中可膨胀成较原体积大许多倍的胶态分散体，在水中的膨胀过程如图 2-2 所示，在水中形成"卡片宫"式的缔合网络结构。该分散体无黏性和油腻感，性能稳定，不受细菌、热、空气、紫外线与剪切力的影响，具有触变性。硅酸铝镁安全无毒，是良好的稳定剂、悬浮剂和增稠剂，肤感清爽，广泛应用于各类护肤和护发产品、防晒、止汗剂、剃须膏、液体皂、牙膏、液体牙膏、去屑洗发水等产品中。

阳离子

水 (渗透作用)　　水 剪切力　　互相搭接

晶片聚集体　　溶胀水合　　晶片解聚　　立体网状结构

图 2-2　硅酸铝镁在水中的膨胀过程

2. 膨润土　又称膨土岩、皂土、斑脱岩，INCI 名称为膨润土。膨润土是一种以蒙脱石为主要矿物成分的黏土或黏土岩，主要由含水的铝硅酸盐矿物组成。膨润土是胶体性硅酸铝，为白色、浅棕色或粉红色粉末，不溶于水，但与水有较强的亲和力，可以吸附 8～15 倍于自身体积的水分，加热后会失去吸收的水分。膨润土的悬浮液较为稳定，但是易受电解质的影响，在酸、碱过强时会产生凝胶。膨润土用于各类膏霜、乳液、面膜、泥膜、洁面乳、粉饼等产品中，作为悬浮剂、吸附剂、填充剂、稳定剂、黏结剂、增稠剂等。

四、溶剂

溶剂是香水、花露水、洗发水、洁面乳、乳液、膏霜、粉底霜、指甲油、牙膏、雪花膏等液状、浆状或膏状化妆品的多种配方中不可缺少的一类主要组成部分，在配方中主要起到溶解作用，还利用其挥发、分散、润湿、润滑、增塑、防冻以及收敛等特性，和配方中的其他成分配合，使产品具有一定的物理化学特性，且方便使用。

1. 水　又称去离子水，INCI 名称为水，分子式为 H_2O，相对分子质量为 18.02。常温下为无色透明液体，无臭，无味，热稳定性好。在标准大气压下 (101.325kPa)，纯水的沸点为 100℃，凝固点为 0℃。纯水在 4℃ 时的密度为 $1.0000g/cm^3$。常温下水的离子积常数 $K_w = 1.00 \times 10^{-14}$，纯水的理论电导率为 $0.055\mu S/cm$。水是化妆品中的重要原料，是一种优良的溶剂、保湿剂和基质，水的质量好坏对化妆品的产品质量有重要的影响。化妆品用水要求水质纯净，无色无味，且不含钙、镁等金属离子，无杂质。因此化妆品的生产用水必须是经过处理的水，现在广泛使用的是去离子水。目前常用的制备去离子水的处理方法是用离子交换树脂进行离子交换使水软化，得到所需的去离子水。

2. 乙醇　又称酒精，INCI 名称为乙醇，分子式为 C_2H_6O，相对分子质量为 46.07。乙醇在常温常压下是一种易燃、易挥发的无色透明液体，具有特殊香味，微甘，并伴有刺激的辛辣滋味，低毒性。易燃，其蒸气能与空气形成爆炸性混合物。能与水以任意比例互溶，能与乙醚、甘油、丙酮、氯仿和其他多数有机溶剂混溶。由于存在氢键，乙醇具有较强的潮解性，可以很快地从空气中吸收水分。液体密度 0.789g/cm³（20℃），熔点为 -114℃，沸点为78℃，闪点为12℃（开口），爆炸极限为3.3%~19%，折光率为1.3611。乙醇是重要的基础化工原料之一，化妆品中添加的乙醇都是经过特殊处理的专用酒精。乙醇在配方中作为溶剂、清凉剂、抗菌剂、收敛剂、消泡剂等使用。乙醇是香水、古龙水和花露水的主要成分，用量高达60%~95%。还用于化妆水、精华液、乳液、防晒、洁面乳等产品中。一般不建议干性皮肤用含有乙醇的化妆品，对酒精过敏的人或敏感肌肤人群不能使用这类化妆品。消费者只要根据自己皮肤类型正确选择和使用含有酒精的产品，则不会引起过敏或干燥的问题，不需要为此而过度担心。

3. 乙二醇　又称甘醇、1,2-亚乙基二醇、EG，INCI 名称为乙二醇，分子式为（CH₂OH）₂，相对分子质量为62.07。乙二醇为无色、无臭、有甜味的液体，是最简单的二元醇，能与水、乙醇、丙酮等混溶，微溶于乙醚，不溶于石油烃及油类。密度为 1.1135g/cm³，闪点为 111.1℃，熔点为 -12.9℃，沸点为197.3℃。乙二醇在化妆品中常用作溶剂，属于低毒类，主要用于洁面乳、沐浴露、精华液等产品中。

4. 丙酮　又称二甲基酮、二甲酮，INCI 名称为丙酮，分子式为 CH₃COCH₃，相对分子质量为58.08。丙酮是最简单的饱和酮，为无色透明液体，有特殊的辛辣气味，易溶于水、乙醇、乙醚、氯仿、吡啶等有机溶剂。易燃，易挥发，化学性质较活泼。密度为 0.7485g/cm³，闪点为 -20℃，熔点为 -94.9℃，沸点为 56.53℃，爆炸极限为 2.5%~12.8%。丙酮在化妆品中通常用作指甲油的溶剂组分，溶解其中的聚合物，也用在指甲油去除剂中。

5. 甘油　又称丙三醇，INCI 名称为甘油，分子式为 C₃H₈O₃，相对分子质量为92.09。甘油为透明黏稠液体，无色，无臭，味甜，能从空气中吸收潮气，与水、乙醇以任意比例混溶，难溶于苯、氯仿、四氯化碳、石油醚和油类等，水溶液为中性。相对密度 1.263~1.303g/cm³，熔点为 17.8℃，沸点为290℃，闪点为 176℃（开杯），折光率为 1.4746。甘油在化妆品中主要作为保湿剂、溶剂，是用得最广的保湿剂，也作为防冻剂用。甘油具有吸水作用，保湿护肤品常常用它吸附空气中的水分子，令其覆盖的皮肤角质层保持湿润。甘油的这一特性，导致它的保湿效果容易受到空气中湿度的影响。湿度较低的季节或环境，甘油在空气中吸收不到足够的水分，反而会从肌肤真皮中吸取水分，使皮肤更加干燥，甚至出现脱水。

6. 异丙醇　又称2-丙醇、二甲基乙醇，INCI 名称为异丙醇，分子式为（CH₃）₂CHOH，相对分子质量为60.06。异丙醇为无色透明易燃性液体，有似乙醇和丙酮混合物的气味，溶于水，也溶于醇、醚、苯、氯仿等多数有机溶剂。相对密度0.7863g/cm³，熔点为 -87.9℃，沸点为82.45℃，闪点为12℃，爆炸极限为2%~12%，折光率为1.3752。异丙醇在化妆品中作为溶剂和抗菌剂使用，可取代酒精用于消毒产品中。在指甲油中可作为溶剂和偶联剂。皮肤脂质屏障受损的敏感肌肤要特别注意避免使用该成分，易对皮肤造成刺激。异丙醇主要用于免洗消毒产品、卸妆产品、护发产品和指甲油等产品中。

7. 丙二醇　又称1,2-丙二醇，INCI 名称为丙二醇，分子式为 C₃H₈O₂，相对分子质量为76.09。丙二醇为无色黏稠稳定的吸水性液体，几乎无臭、无味，可燃，低毒，能与水、乙醇、乙醚、氯仿、丙酮等多种有机溶剂混溶，对烃类、氯代烃、油脂的溶解度虽小，但比乙二醇的溶解能力强。相对密度 1.0381g/cm³，熔点为 -60℃，沸点为187.3℃，闪点为98.9℃（开口），爆炸极限为2.6%~12.5%，折光率为1.4314。丙二醇在化妆品中的主要作用是溶剂、保湿剂。它没有油腻感，并完全溶解于水，亦有防腐作用。丙二醇作为滑爽剂使用渗透性强，能帮助其他成分在皮肤表面涂开并渗入，但是作为保湿剂时抓水比例不高。其添加量具有一定争议性，一般化妆品中，丙二醇添加比例不会超过5%，少数人使用后皮肤会产生刺痛灼热感，美国FDA认为丙二醇是属于可以安全使用的化妆品成分，但敏感肌肤应避免使用该成分，健康肌肤则不必过分担心。丙二醇应用于护肤膏霜、乳液、泥膜、爽肤水、精华液、卸妆产品、牙膏和香皂等产品中。

8. 双丙甘醇　又称二丙二醇、一缩二丙二醇、缩水二丙二醇、DPG，INCI名称为双丙甘醇，分子式为$C_6H_{14}O_3$，相对分子质量为134.17，其结构式如下：

双丙甘醇为无臭、无色的吸湿性液体，有辛辣的甜味，溶于水和甲苯，可混溶于甲醇、乙醚，无腐蚀性。密度$1.0252g/cm^3$，熔点为－40℃，沸点为295℃，闪点为118℃（封闭式），爆炸极限为2.9%～12.7%，折光率为1.439。双丙甘醇适用于香精香料和化妆品等对气味比较敏感的用途，是理想的溶剂。还可在多种不同美容化妆品应用中作为偶联剂和保湿剂。在香水领域中，双丙甘醇的使用比例超过50%。而在其他一些应用领域中，双丙甘醇的使用比例一般都在10%以内。

9. 丁二醇　又称1,3-丁二醇、1,3-二羟基丁烷，INCI名称为丁二醇，分子式为$C_4H_{10}O_2$，相对分子质量为90.12。丁二醇为无臭、无色的黏稠液体，溶于水、乙醇、丙酮、蓖麻油，几乎不溶于脂肪族烃、甲苯、四氯化碳、矿物油和亚麻籽油等，吸湿性强，可吸收相当于本身质量的12.5%（相对湿度50%）和38.5%（相对湿度80%）的水分。密度$1.001g/cm^3$，熔点为＜－54℃，沸点为207℃，闪点为121℃，爆炸下限为1.9%，折光率为1.4385～1.4405。丁二醇在化妆品中作保湿剂和溶剂用，是质地温和的多元醇类。且有一定的抑菌作用，肤感清爽，无黏腻感。丁二醇广泛应用于化妆水、膏霜、乳液、凝胶、精华液、面膜、泥膜、卸妆、洁面乳、牙膏等产品中。

10. 乙酸乙酯　又称醋酸乙酯，INCI名称为乙酸乙酯，分子式为$C_4H_8O_2$，相对分子质量为80.11。乙酸乙酯为无色澄清液体，有芳香气味，易挥发，易燃，微溶于水，能与乙醇、乙醚、丙酮和氯仿混溶。密度$0.902g/cm^3$，熔点为－83.6℃，沸点为77.2℃，闪点为7.2℃（开杯），爆炸极限为2.0%～11.5%，折光率为1.3708～1.3730。乙酸乙酯是优良的有机溶剂，主要用于香精香料和指甲油中。

五、表面活性剂

表面活性剂（surfactant），是指加入少量即可使其溶液体系的界面状态发生明显变化的物质。具有固定的亲水亲油基团，在溶液的表面能定向排列。表面活性剂的分子结构具有两亲性：一端为亲水基团，另一端为疏水基团；亲水基团常为极性基团，如羧酸、磺酸、硫酸、氨基或胺基及其盐，羟基、酰胺基、醚键等也可作为极性亲水基团；而疏水基团常为非极性烃链，如8个碳原子以上烃链。表面活性剂分为离子型表面活性剂（包括阳离子表面活性剂与阴离子表面活性剂）、非离子型表面活性剂、两性表面活性剂、高分子表面活性剂、其他表面活性剂等。

表面活性剂有天然的，如磷脂、胆碱、蛋白质等，但更多的是人工合成的，如十八烷基硫酸钠$C_{18}H_{37}-NaSO_4$、硬脂酸钠$C_{17}H_{35}-COONa$等。表面活性剂范围十分广泛（阳离子、阴离子、非离子及两性），为具体应用提供多种功能，包括发泡效果、表面改性、清洁、乳液、流变学、环境和健康保护。

表面活性现象的定义

当一滴浓肥皂水加到一杯浮有粉状物的水面，立即可见粉状物被迅速推向周围的杯壁，这就是简单的表面活性现象。若滴加清水、盐水等则无此现象。肥皂水之所以产生表面活性现象与其具有表面活性剂的分子结构有关。凡是表面活性剂，其分子均有"两亲结构"，即分子一端具有亲油性的疏水基，又称为非极性基，如长链烃基（R—）；而另一端则具有疏油性的亲水基，又称为极性基，如阴离子羧基（—COO—）；然而，具有"两亲结构"的物质，不一定都是表面活性剂，如醋酸钠（CH_3COONa）具两亲性，但由于它的非极性基（CH_3—）的拒水性很弱，而极性基（—$COONa$）的亲水性又很强，当把它加入水中时，亲水力显著大于拒水力，而使整个分子被拉入水中。反之，如钙肥皂（$RCOO)_2Ca$，其极性基的亲水性太弱，而非极性基的拒水性又太强，因而其整个分子浮于水面，亦不能表现表面活性现象。只有当分子一端的亲水性与另一端的亲油性达到一定的平衡时，才能产生表面活性现象。

（一）阴离子表面活性剂

阴离子表面活性剂是表面活性剂中发展历史最悠久、产量最大、品种最多的一类产品。一般将在水中电离后起表面活性作用的部分带负电荷的表面活性剂称为阴离子表面活性剂。目前，主要应用的阴离子表面活性剂有羧酸盐、磺酸盐、硫酸酯盐、磷酸酯盐和氨基酸盐五大类。

1. 肥皂 是最常见的脂肪酸盐阴离子表面活性剂。肥皂的主要性能特点是它的水溶液的 pH 为 9.0~9.8，呈弱碱性，具有良好的润湿、发泡、去污等作用而被广泛用作洗涤剂。

肥皂的缺点是耐硬水性能差，在硬水中使用肥皂不仅洗涤力差，同时生成的钙皂污垢在酸水中悬浮并且黏附在衣物上很难去除。肥皂与硬水中的钙、镁等离子反应生成皂垢，不但增加肥皂的耗费，而且黏结在衣物上产生的斑点会使衣物发硬。

肥皂在 pH 低于 7 的酸性介质中会转变成不溶于水的游离脂肪酸，会使皂液浑浊并黏附在衣物上不易被除去。因此肥皂只能在中性和碱性介质中使用。通常使用肥皂时常配合加入适量纯碱以保持皂液 pH 在 10 左右，其目的为防止肥皂水解和提高洗涤效果。注意在去除酸性污垢或在酸性体系中不能使用肥皂。

软脂酸盐和硬脂酸盐水溶性差，要充分发挥它们的洗涤能力往往需要在较高温度条件下使用，而含有不饱和键的油酸盐比较适合较低温度的洗涤条件。高碳脂肪酸盐在水中溶解度较低，但油溶性好，所以适合作掺水干洗溶剂中的表面活性剂（变性皂），脂肪酸的有机胺盐和二乙醇胺、三乙醇胺盐大多表现为油溶性的，常用作乳化剂、润湿剂，如三乙醇胺肥皂常在有机溶剂中作乳化剂。

2. 烷基磺酸盐 在水中电离后生成阴离子为磺酸根（$R-SO_3$）者称为磺酸盐型阴离子表面活性剂，包括烷基苯磺酸盐、α-烯烃磺酸盐、烷基磺酸盐、α-磺基单羧酸酯、脂肪酸烷基酯、琥珀酸酯磺酸盐、烷基萘磺酸盐、石油磺酸盐、木质素磺酸盐、烷基甘油醚磺酸盐等多种类型，其中比较重要和常用作洗涤剂的有下列几种。

（1）烷基苯磺酸钠 通常是一种黄色油状液体，也是我国合成洗涤剂的主要活性成分。

烷基苯磺酸钠去污力强、起泡力和泡沫稳定性以及化学稳定性好，而且原料来源充足、生产成本低，在民用和工业用清洗剂中有着广泛的用途。

1）支链烷基苯磺酸盐（ABS）：是一种性能优良的合成阴离子表面活性剂，它比肥皂更易溶于水，是一种黄色油状液体，极易起泡。具有很好的脱脂能力，并有很好的降低水的表面张力和润湿、渗透与乳化的性能。化学性质稳定，在酸性或碱性介质中以及加热条件下都不会分解。与次氯酸钠、过氧化物等氧化剂混合使用也不会分解。可以用烷基苯经过磺化反应制备，原料来源充足，成本低，制造工艺成熟，产品纯度高。因此自 1936 年由美国的苯胺公司开始生产烷基苯磺酸钠以来，迄今历经 60 多年一直受到使用者的欢迎和生产者的重视，成为消费量最大的民用洗涤剂，在工业清洗中也得到广泛应用。

支链烷基苯磺酸钠由于难被微生物降解，对环境污染严重，所以从 20 世纪 60 年代中期，逐渐被直链烷基苯磺酸钠代替。

2）直链烷基苯磺酸钠（LAS）：是由直链烷烃与苯在催化作用下合成直链烷基苯，再经过磺化、中和反应制得的。典型代表结构为（对位）直链十二烷基苯磺酸钠，它的性能与支链烷基苯磺酸钠相同，其优点是易于被微生物降解，从环境保护角度来说，为性能更优良的产品。

（2）α-烯烃磺酸盐（AOS） 是一种性能优良的洗涤剂，尤其是在硬水中和有肥皂存在时具有很好的起泡力和优良的去污力。由于其毒性低、对皮肤刺激性小以及性能温和等优点，在家庭和工业、清洗中均有广泛的用途。常用作个人保护、卫生用品、手洗餐具清洗剂、重垢衣物洗涤剂、毛羽清洗剂、洗衣用合成皂、液体皂以及家庭用和工业用硬表面清洗剂的主要成分。

（3）烷基磺酸盐 通式为 RSO_3M（M 为碱金属或碱土金属），R 为 C12～C20 范围的烷基，其中以十六烷基磺酸盐性能最好。分为伯烷基磺酸盐（AS）和仲烷基磺酸盐（SAS）两类。仲烷基磺酸盐，在我国商品名为 601 洗涤剂，是一种具有很好水溶性、润湿力、除油力的洗涤剂。烷基碳原子一般为 C14～C18，以 C15～C16 去污能力最强。其去污能力与直链烷基苯磺酸相似，发泡力稍低，是配制重垢液体洗涤剂的主要原料。

（4）α-磺基单羧酸及其衍生物（MES） MES 是近年来开发生产的一种由天然油脂为原料的阴离子表面活性剂。具有良好的生物降解性，有利于环境保护，使用安全而且去污力强。其去污力随水的硬度增加下降较少，因此在硬水中有很好的去污力，如在洗衣粉配方中用 MES 取代 LAS，则在低浓度高硬度水中的去污力明显高于只用 LAS 的配方。还是优良的钙皂分散剂，它与肥皂配合使用可弥补肥皂不耐硬水会形成皂垢的缺点，因此是液体皂的主要成分。MES 起泡能力好，对碱性蛋白酶、碱性脂肪酶的活性影响小，适合配制加酶洗衣粉。对油污有很强的溶解能力，而且毒性低、安全性好，因此是一种应用前景良好的新品种。但应防止其在碱性介质中水解失效。

（5）琥珀酸酯磺酸盐 按结构分为琥珀酸单酯磺酸盐和双酯磺酸盐。Aerosol OT（渗透剂 OT）是最早问世的一种琥珀酸双酯磺酸盐，是优良的工业用润湿剂渗透剂。它是由脂肪醇聚氧乙烯醚和脂肪酸单乙醇酰胺与马来酸酐生成的单酯经磺化得到的产品。性能温和，对皮肤、眼睛刺激性小、泡沫性优良，在个人保护用品中应用日益广泛。因原料充分、生产成本低并不产生三废，近年来得到很大发展。

3. 烷基硫酸酯盐 简称为烷基硫酸酯盐。主要有脂肪醇硫酸酯盐（又称伯烷基硫酸酯盐）和仲烷基硫酸酯盐两类。

（1）脂肪醇硫酸（酯）盐　脂肪醇硫酸盐的通式为：$ROSO_3M^+$，R为烷基，M^+为钠、钾、铵、乙醇胺基等阳离子，又名伯烷基硫酸盐，英文简写为 FAS 或 AS。

FAS 是肥皂之后出现的最早阴离子表面活性剂，是由椰子油氢解生成的 C12～C14 脂肪醇与硫酸酯化并中和制得。它有合适的溶解性、泡沫性和去污性。大量应用于洁齿剂、香波、泡沫浴和化妆品中，也是轻垢、重垢洗涤剂，地毯清洗剂，硬表面清洗剂配方中的重要组分。如月桂基硫酸钠（$C_{12}H_{25}OSO_3Na$），商品名为 K12 的洗涤剂在洁齿剂中有润湿、起泡和洗涤的作用；而月桂基硫酸酯的重金属盐有杀灭真菌和细菌的作用；用牛脂和椰子油制成的钠肥皂与烷基硫酸酯的钠、钾盐配制成的富脂香皂泡沫丰富、细腻，还能防止皂钙的生成；高碳脂肪醇硫酸盐与两性离子表面活性剂复配制成的块状洗涤剂有良好的研磨性和物理性能，并具有调理作用。

（2）脂肪醇聚氧乙烯醚硫酸酯盐　简称醇醚硫酸盐（AES）。由于它的溶解性能、抗硬水性能、起泡性、润湿力均比脂肪醇硫酸盐好且刺激性低，因此常作为脂肪醇硫酸盐的替代品广泛应用于香波、浴用品、剃须膏等盥洗卫生用品中，也是轻垢、重垢洗涤剂，地毯清洗剂，硬表面清洗剂的重要组分。

4. 烷基磷酸酯盐　包括烷基磷酸单、双酯盐。从性能上看，烷基磷酸单酯盐的去污力差，烷基磷酸双酯盐的去污力稍好，其中又以二癸基磷酸双酯盐较好，但起泡性能差。由于具有降低纤维间静摩擦系数的作用，因此在纺织工业上常用作化纤产品的抗静电剂。

5. 烷基酯酰基氨基酸盐　氨基酸型表面活性剂是一类可再生生物质来源的新型绿色环保表面活性剂，是传统表面活性剂的升级换代产品。氨基酸型表面活性剂不仅生物质原料来源广泛、毒副作用小、性能温和、刺激性小，且生物降解性好，生产工艺绿色化，而且其良好的乳化、润湿、增溶、分散、起泡等性能在当下备受人们的关注，被逐渐应用于洗涤、个人护理和食品工业等诸多领域。

弱酸性的氨基酸类表面活性剂，pH 与人体肌肤接近，而且氨基酸是构成蛋白质的基本物质，温和亲肤，是敏感肌肤也可以放心使用的清洁产品。常见的五种氨基酸表面活性剂如下：

（1）月桂酰肌氨酸钠有两种状态，一种为淡黄色含量 30% 的液体，另一种为白色含量 95% 的固体粉末，有特殊气味。其对皮肤刺激性较小，脱脂作用较弱。对酸、热、碱都比较稳定，具有优越的发泡性，适用于牙膏和香波的起泡剂。

（2）谷氨酸盐有两种状态，一种为含量 30% 的月桂酰谷氨酸钠、月桂酰谷氨酸钾、椰油酰谷氨酸钠液体；另一种为含量 95% 的月桂酰谷氨酸钠、椰油酰谷氨酸钠、肉豆蔻酰谷氨酸钠固体粉末。

（3）椰油酰氨基丙酸钠为含量为 30% 的液体，它以天然原料为基础，性能极其温和，抗硬水能力强，极易生物降解，对环境无影响，泡沫丰富，稳定且有弹性，是洁面产品、沐浴产品、婴儿清洁产品良好的清洁剂。

（4）甲基牛磺酸为含量 30% 的椰油酰甲基牛磺酸钠，它在高 pH 范围拥有更为优异的起泡性与泡沫稳定性，是对皮肤刺激极低的温和洁净成分，为头发与头皮带来润泽感。

（5）甘氨酸盐为含量 30% 的椰油酰甘氨酸钠、椰油酰甘氨酸钾液体，含量 95% 的椰油酰甘氨酸钠、椰油酰甘氨酸钾固体粉末。椰油酰甘氨酸钠是泡沫最丰富的氨基酸表面活性剂，泡沫丰富程度和月桂酸钾类似，类似皂基的过水感，不紧绷，可以方便的加入含 AES 表面活性剂体系，增强过水感的同时降低刺激性。

氨基酸表面活性剂具有良好的润湿性、起泡性、抗菌、抗蚀、抗静电能力等特点，无毒无害，对皮肤温和，降解产物为氨基酸和脂肪酸，对环境基本无影响，而且与其他表面活性剂相容性良好，可广泛用于化妆品产品洗面奶、沐浴露、香波中，现已经形成了以氨基酸作为主清洁剂的氨基酸绿色日化产品。如口腔护理领域中的牙膏，其中起泡剂脂肪酰基氨基酸类表面活性剂具有抑制使葡萄糖变为乳酸的乳酸菌的作用，并能起到很好的清洁效果以及使口气清新。另有文献报道，将月桂酰基谷氨酸钾、椰油酰基谷氨酸钠等表面活性剂添加入洗涤剂配方中，该洗涤剂配方不但不刺激皮肤，还可保持洗涤剂中酶的活性。

> **知识拓展**
>
> **如何选购洗面奶**
>
> 　　日常选购时，可通过全成分表来判断是否属于氨基酸性的清洁剂。例如，市面上有两种常见洗面奶：皂基型和氨基酸表面活性剂型。最为典型的区别在于皂基型洗面奶 pH 偏高，呈碱性，脱脂感强，洗后可能有紧绷感，其常见成分是脂肪酸和碱剂，例如月桂酸、肉豆蔻酸、氢氧化钾。而氨基酸表面活性剂型洗面奶则 pH 一般小于 8，呈弱酸性或中性；脱脂力相对较弱，洗后保湿感好；其背标成分可能是椰油酰基甘氨酸钠、椰油酰基甘氨酸钾、月桂酰谷氨酸钠等。

（二）两性表面活性剂

通常所说的两性表面活性剂，系指由阴离子和阳离子所组成的表面活性剂，即在疏水基一端有阳离子和阴离子，是二者结合在一起的表面活性剂。其在 pH 低于等电点时溶液呈阳离子型表面活性剂性质，在 pH 高于等电点时溶液呈阴离子型表面活性剂性质。两性离子表面活性剂主要有甜菜碱型、β-氨基丙酸型、咪唑啉型三大类。

1. 十二烷基二甲基甜菜碱　商品名为 BS-12，为无色至浅黄色透明液体；活性物含量一般为 35%±2%，pH（2% 的水溶液）为 7±1。十二烷基二甲基甜菜碱能与各种类型染料、表面活性剂及化妆品原料配伍；对次氯酸钠稳定；不宜在 100℃ 以上长时间加热。在酸性及碱性条件下均具有优良的稳定性，配伍性良好。对皮肤刺激性低，生物降解性好，具有优良的去污杀菌能力，以及良好的柔软性、抗静电性、耐硬水性和防锈性。

2. 月桂酰胺基丙基甜菜碱　其结构式为 $RCONH(CH_2)_3N(CH_3)_2CH_2COOR$，外观为微黄色透明液体，活性物含量为 50%±2%，pH（1% 水溶液）为 6±1。月桂酰胺基丙基甜菜碱具有许多优良的性能：①具有优良的溶解性和配伍性；②具有优良的发泡性和显著的增稠性；③具有低刺激性和一定的杀菌能力，与阴离子表面活性剂 AES 配伍使用能显著提高洗涤类产品的柔软、调理和低温稳定性；④具有良好的抗硬水性、抗静电性及生物降解性。广泛用于中高级香波、沐浴液、洗手液、泡沫洁面剂和家居洗涤剂配制中；是制备温和婴儿香波、婴儿泡沫浴、婴儿护肤产品的主要成分；在护发和护肤配方中是一种优良的柔软调理剂；还可用作洗涤剂、润湿剂、增稠剂、抗静电剂及杀菌剂等。

3. 椰油酰胺丙基甜菜碱　化学名为椰油酰胺丙基二甲胺乙内酯，简称 CAB，其结构式为 $RCONH(CH_2)_3N(CH_3)_2CH_2COOR$，室温下为微黄色透明液体，其活性物含量为 50%±2%，pH（1% 水溶液）为 6±1。椰油酰胺丙基甜菜碱具有许多优良的性能：①具有优良的溶解性和配伍性；②具有优良的发泡性和显著的增稠性；③具有低刺激性和杀菌性，配伍使用能显著提高洗涤类产品的柔软、调理和低温稳定性；④具有良好的抗硬水性、抗静电性及生物降解性。椰油酰胺丙基甜菜碱广泛用于中高级香波、沐浴液、洗手液、泡沫洁面剂和家居洗涤剂配制中；是制备温和婴儿香波、婴儿泡沫浴、婴儿护肤产品的主要成分；在护发和护肤配方中是一种优良的柔软调理剂；还可用作洗涤剂、润湿剂、增稠剂、抗静电剂及杀菌剂等。

4. 十八酰胺基丙基甜菜碱 化学名为十八酰胺丙基二甲胺乙内酯，结构式为 $RCONH(CH_2)_3N(CH_3)_2CH_2COOR$，室温下呈微黄色透明液体，其活性物含量为 $50\% \pm 2\%$，pH（1% 水溶液）为 6 ± 1。其具有以下优良的性能：①具有优良的溶解性和配伍性；②具有优良的发泡性和显著的增稠性；③具有低刺激性和杀菌性，配伍使用能显著提高洗涤类产品的柔软、调理和低温稳定性；④具有良好的抗硬水性、抗静电性及生物降解性。广泛用于中高级香波、沐浴液、洗手液、泡沫洁面剂和家居洗涤剂配制中；是制备温和婴儿香波、婴儿泡沫浴、婴儿护肤产品的主要成分；在护发和护肤配方中是一种优良的柔软调理剂；还可用作洗涤剂、润湿剂、增稠剂、抗静电剂及杀菌剂等。

（三）非离子表面活性剂

非离子表面活性剂与离子表面活性剂不同，其分子中含有亲水基和亲油基，但溶于水或悬浮于水中不离解成离子状态，其表面活性是由整个中性分子体现。其分子结构中的亲油基大致与离子表面活性剂相同，主要由高碳脂肪醇、烷基酚、脂肪酸、脂肪胺和油脂等提供，但亲水基团一般是含有羟基或环氧乙烯链的化合物，即亲水基主要由环氧乙醇、多元醇、乙醇胺等提供。由于这些亲水基团在水中不解离，故亲水性极弱，只靠一个羟基和醚键结合，不易将大的憎水基溶解于水，必须有多个这样的基团结合，才能发挥其亲水性。调整羟基的数量和环氧乙烷链的长度，可以合成从仅微溶于水到亲水性很强的多种表面活性剂。

非离子表面活性剂在水中溶解行为与离子表面活性剂不同，含有醚基或酯基的非离子表面活性剂在水中的溶解度随温度升高而降低，当超过某一温度（浊点）时，溶液会出现浑浊和相分离。冷却时又可以恢复澄清，即浑浊和相分离是可逆的，当温度低于某一点时，混合物再次成为均相，这个温度点称为"浊点"。非离子表面活性剂亲水能力的不同，即亲水-亲油平衡值（HLB）的不同，其溶解、润湿、渗透、乳化和增溶等性能也就各不相同。可根据非离子表面活性剂在水中的溶解度不同，将其分为三类：不溶型、悬浮型和可溶型。不溶型主要是多元醇脂肪酸酯，如硬脂酸甘油酯和山梨醇酯，其 HLB 值小于 3，可以作为 W/O 型乳化剂或 O/W 型油相稳定剂；水中悬浮型包括多元醇和酯类，如油酸山梨醇酯和聚氧乙烯化合物（EO 为 5~8），其 HLB 值为 4~10；水可溶型包括含 10 或 10 以上环氧乙烷数的非离子表面活性剂，其 HLB 值大于 10，可作 O/W 型乳化剂。

非离子表面活性剂具有许多显著的优点：具有优异的润湿和洗涤功能，去污力强，还同时具有良好的乳化、渗透性能及起泡、稳泡、抗静电、杀菌等作用；稳定性高，在水溶液中不电离，并且不受强电解质、强酸、强碱的影响，也不受硬水中钙离子、镁离子的影响；与其他类型表面活性剂的相容性好，与阴离子和阳离子表面活性剂都可兼容；无毒、无刺激、生物降解性好，是新一代"绿色产品"。

1. 脂肪醇聚氧乙烯醚（AEO）

（1）脂肪醇聚氧乙烯（3）醚（AEO3，乳化剂 FO 或 MOA-3） 在 25℃ 时为液态，具有乳化、匀染、渗透等作用。在液体洗涤剂中可以作为辅助成分使用，或单独用作匀染剂、纺织油剂等。

（2）脂肪醇聚氧乙烯（5）醚（AEO5，润湿剂 JFC）　使用 C7~C9 的合成醇，EO 数为 5。在常温下为液体，具有很好的润湿和渗透作用。主要用于纺织印染、造纸等行业，作为匀染剂、渗透剂、润湿剂，工业洗涤的辅助成分。

（3）脂肪醇聚氧乙烯（7）醚（AEO7，乳化剂 MOA-7）　使用 C12~C16 的椰子油醇，EO 数为 7，浅黄色液体。有良好的润湿性、发泡性、去污力和乳化力。有较高的去脂能力、抗硬水力。可广泛用于各种洗涤剂（如金属清洗剂、纤维用洗涤剂）及其他助剂。

（4）脂肪醇聚氧乙烯（9）醚［AEO（9），平平加9］　选用 C12~C16 椰子油醇，EO 数为 9，是最常用的洗涤剂主成分，具有去污、乳化、去脂、缩绒、润湿作用。广泛用作主洗涤剂，尤其适合合成纤维等非极性基质及其他硬表面的洗涤。用于纺织印染工业作为脱脂剂、缩绒剂、乳化剂等。

（5）脂肪醇聚氧乙烯（10）醚（AEO-10）　使用 C12~C18 脂肪醇，EO 数为 10。溶于水，具有良好的润湿、乳化、去污、脱脂和耐硬水性能。可作为洗涤剂、润湿剂、纺织油剂成分及农药乳化剂等。

（6）脂肪醇聚氧乙烯（15）醚（平平加15，AEO-15，OS-15）　具有优良的乳化、分散和去污性能。主要用作纺织印染业的匀染剂；也用于工业洗涤剂，如金属加工清洗剂；还用作化妆品、农药、油墨的乳化剂。

（7）脂肪醇聚氧乙烯（22）醚（AEO-22，匀染剂 O）　具有优良泡沫、高分散力，可防止染色时染料沉淀，也可作为洗涤成分使用。

（8）油醇聚氧乙烯（5，10）醚（油酰醇醚-5 或油酰醇醚-10）　外观为白色或微黄色液体至蜡状物。有特殊刺激性气味，EO 越高越黏稠。具有乳化力、分散力、去污力等。用于特殊场合的洗涤剂、乳化剂等。

2. 烷基酚聚氧乙烯醚（TX-10，OP-10，ОΠ-10）　是以烷基酚为亲油基，与环氧乙烷缩合而成。其中的亲油基可以是苯酚、甲苯酚、萘酚等，最有使用价值的是壬基酚。具有化学稳定性高和很好的润湿力、渗透力、去污力和较强的乳化力等，同时具有较强的耐强酸、强碱作用。可作为洗涤剂广泛应用于工业及公共设施。如金属酸洗剂、碱性洗涤剂、金属水基清洗剂、灶具或厨具洗涤剂、纺织工业洗涤剂、匀染剂和各种硬表面清洗剂等。

3. 脂肪酸聚氧乙烯（10）酯（乳化剂 SE-10）　脂肪酸聚氧乙烯（10）酯的渗透力和去污力不如脂肪醇和烷基酚的强，主要作为乳化剂、分散剂、纤维油剂、染色助剂。其化学稳定性较差，在强酸或强碱条件下易水解，性能显著下降。不溶于水，可分散在水中，起增稠、柔软和润湿作用。

4. 脂肪胺聚氧乙烯醚（匀染剂 AN）　这类表面活性剂同时具有非离子和阳离子特性，在各种 pH 下都可以使用，并表现为非离子（碱性或中性溶液中）或阳离子（在酸性溶液中）特性，具有优良的乳化力、缓蚀性能、防污作用。主要用作染色助剂，广泛应用于纺织工业中。也常用在人造丝生产中，不但可以增强纤维丝的强度，还可保持喷丝孔的清洁，防止污垢的沉积。用在石油炼制工业中，可以抑制酸气对金属设备的腐蚀，提高设备利用率。在工业洗涤剂中可以作助剂成分。

5. 烷基醇酰胺聚氧乙烷醚　烷醇酰胺本身就是一种典型的非离子表面活性剂，具有优良的发泡、稳泡和去污能力。只是 1:1 型的水溶性较差。缩合 EO 后，提高了产品的洗涤去污能力，强化了稳泡的发泡力，同时具有增溶和增稠的作用。与其他非离子表面活性剂相比，它的配伍性好，不但与各种离子和非离子表面活性剂相容，与很多无机助剂也有良好的相容性。钙皂分散力强，生物降解性也好，对皮肤温和、无毒、低刺激。可以用于个人卫生制品、洗发香波、硬表面清洗剂、手洗餐具洗涤剂。在其他制剂中作为发泡剂、稳泡剂、脂肪和醚化油的增溶剂。

6. 嵌段聚氧乙烯-聚氧丙烯醚（PO-EO 共聚物）

（1）丙二醇聚氧乙烯聚氧丙烯醚（破乳剂 PE）　有多种型号：2010～2090。随着分子质量的增加，外观从液体到固体，水数值或 HLB 值由大到小变化，浊点由低到高变化，性能不同，用途也不同，从破乳剂到乳化剂、消泡剂到洗涤剂有很多品种。主要被当作破乳剂、乳化剂和消泡剂。用于原油脱盐、脱水，配制各种低泡洗涤剂，还用作扩散剂等。用于工业洗涤剂中消泡同时可去污。液体产品在重垢污斑的洗涤中可以作为去油组分使用。

（2）丙三醇聚氧乙烯聚氧丙烯醚（消泡剂 PPE）　为微黄色透明液体，具有良好的消泡性能，无毒性。低分子质量产品具有良好的润湿作用，可作为低泡洗涤成分。高分子质量产品作消泡剂、凝聚剂等。可以用作味精及医药工业的消泡剂，还可用于配制金属加工用的冷却润滑剂、低泡洗涤剂。

（3）丙三醇聚氧乙烯聚氧丙烯嵌段式共聚物（GPE 消泡剂）　与 PPE 的不同在于 EO/PO 的排列不同。环氧丙烷（PO）为起始嵌段，环氧乙烷（EO）为末端嵌段物。在分子质量较低而 EO 含量相对高时，产品为水溶性，可作为低泡洗涤剂，EO 较低时则具有最好的润湿性。分子质量较高时，可作消泡剂、絮凝剂等。主要用于味精、医药行业作为消泡剂使用；也可用作工业洗涤剂，具有低泡沫和高耐碱性；还可作腐蚀抑止剂、破乳剂、絮凝剂等。

（4）乙二胺聚氧乙烯聚氧丙烯嵌段式聚醚　以乙二胺为起始物，即合成四官能团的产物，PO 为起始段，EO 为末端，PO 的总摩尔质量至少在 500g/mol 作为亲油基，相对分子质量为 550～30000。其中 EO 占 10%～80%。四官能团的 EO/PO 嵌段共聚物呈碱性，它比双官能团的产物具有更高的热稳定性和化学稳定性。通过改变 EO/PO 嵌段物的位置、数量，可以得到性质差别很大的产物。它可以作为去污去油力强的洗涤剂，也可以作为高效消泡剂、破乳剂、增稠剂等。可与各种离子或非离子表面活性剂配伍制成低泡洗涤剂、耐碱润湿剂、增溶性去油剂、低刺激性餐具洗涤剂、破乳剂或乳化剂。

（5）聚硅氧烷聚醚共聚物　①具有抑泡和消泡作用，是含硅聚醚的一大特点，可以用作消泡剂、抑泡剂，在工业洗涤和工业生产中十分有用。②润湿和润滑作用，是一般表面活性剂不具备的，可以用于需要滑爽、保湿的产品中。③乳化和破乳作用，在不同场合选用不同结构的产品进行复配即可。④柔软和抗静电作用，广泛应用于洗发香波、沐浴液、硬表面洗涤剂、纺织助剂及油剂等产品中。

7. 烷基醇酰胺　是非离子表面活性剂中使用年代久远、品种和数量较多的一大类。可直接用作工业洗涤剂，或在洗涤剂中作为增泡剂、稳泡剂、防锈剂、增稠剂、增溶剂来使用。

8. 烷基聚葡萄糖苷（烷基多苷，APG）　是一种非离子表面活性剂，其类似于葡萄糖酯，具有易生物降解，良好的黏膜相容性、口腔毒性及代谢作用。广泛应用于化妆品、食品和餐洗行业的首选原料中。由于它具有较强的降低表面及界面张力的能力，又具有丰富、细腻而稳定的发泡力、较强的去污力，所以特别适用于配制洗涤用品。它对酸、碱、盐介质都很稳定，同各种表面活性剂配伍性好，更适合工业及公共设施洗涤使用。它还具有杀菌性、提高酶活性等特殊性能。

9. 多元醇酯类　属于非离子表面活性剂。由于亲油基很强，亲水基为残余羟基，所以这类产品大都不溶于水或亲水性很差，主要用作油溶性乳化剂，皮肤或纤维的润滑剂。它们在洗涤剂中主要作为助剂来用。主要有乙二醇单硬脂酸酯或双硬脂酸酯、聚乙二醇双硬脂酸酯、丙二醇单硬脂酸酯、丙二醇藻酸酯、甘油单硬脂酸酯和双硬脂酸酯等。

（1）乙二醇硬脂酸酯　制成单酯，或制成双酯，均为白色至浅黄色蜡状固体。具有珍珠光泽，对水溶液体系有增稠作用、调理作用、抗静电作用以及消泡作用。在液体洗涤剂中用作助剂。一缩或二缩乙二醇制成的酯类不但保留了乙二醇酯原有特点，还可以实现低温乳化，综合性能更好。高聚合度（相对分子质量为 6000）的聚乙二醇酯增稠性更强，调理性提高，还可以改善体系对皮肤的刺激性。

（2）丙二醇单硬脂酸酯、丙二醇藻酸酯　丙二醇的酯类不具有珠光作用，主要有乳化作用。丙二醇单硬脂酸酯为白色蜡状物，有温和的香气，属于油包水型乳化剂，亲油性强，HLB 约为 3，消泡力强。丙二醇藻酸酯为白色至浅黄色纤维状粉末，几乎无臭无味，溶于水后形成黏稠胶状溶液，在 pH 为 3~4 时的酸性溶液中能形成凝胶，不产生沉淀。抗盐析性强，在浓电解质溶液中也不盐析。可作为酸性溶液的增稠剂、强亲油性乳化稳定剂、消泡剂等。

（3）甘油脂肪酸酯　主要用作油溶性乳化剂，尤其是用在食品加工工业中。因为无毒无味，允许作食品添加剂。洗涤剂产品中作为乳化剂使用。

（4）山梨醇脂肪酸酯类　是一组历史悠久、用途广泛、技术成熟的产品，商品名称为司盘（Span）系列。产品主要包括失水山梨醇单月桂酸酯（Span-20）、失水山梨醇单棕榈酸酯（Span-40）、失水山梨醇单硬脂酸酯（Span-60）、失水山梨醇单油酸酯（Span-80）。这些产品不溶于水而溶于有机溶剂，无毒无味，HLB 值一般为 4.3~8.6，可制备油包水的乳化体。用作乳化剂、分散剂、增稠剂、防锈剂。在工业洗涤剂中用作助剂。

在司盘系列产品中，分别缩合约 20 个环氧乙烷，就成为相应的吐温系列。由于环氧乙烷的聚合数为 20，提高了产品的亲水性，它可以与司盘系列作为乳化剂配伍使用，提高了乳状液的乳化稳定性；同时还可以作为增溶剂、稳定剂、扩散剂、抗静电剂、纤维润滑剂、润湿剂、柔软剂使用。在洗涤剂中也可作为助剂使用。

（5）蔗糖脂肪酸酯　主要指蔗糖单硬脂酸酯。一般采用脂肪酸甲酯在溶剂中与蔗糖进行交换获得。产品无毒无臭，可作食品添加剂。在洗涤剂中用于低泡洗涤剂配方或作为乳化剂使用。

> **知识拓展**
>
> **洗涤产品的清洁能力与泡沫多少是否有关**
>
> 　　洗衣液的清洁效果与泡沫多少没有直接关联，泡沫的多少并不代表洗涤能力的高低，而是跟洗衣液中所含的有效成分的比例有关系。如高效低泡洗衣液，内含聚醚类非离子表面活性剂，这种洗衣液是低泡的，泡沫少，但并不比高泡洗衣液的效果差，而且低泡的洗衣液在清洁衣物时更容易清洗；又如卸妆水，往往要添加低泡的非离子表面活性剂，卸妆效果更好，体验感也更好。

（四）阳离子表面活性剂

溶于水、亲水基解离的离子是阳离子的表面活性剂统称为阳离子表面活性剂。阳离子表面活性剂在纤维的柔软、染料固定、颜料分散、浮选、乳化漆等工业方面具有广泛的用途。在化妆品、医药等领域用于调理剂、杀菌剂中较多。但由于阳离子表面活性剂存在一定的刺激和毒性，使得其在使用量、使用范围上有一定限制。

1. 十二烷基二甲基苄基氯化铵（简称为1227） 国内商品名为洁尔灭，它是无色或微黄色透明黏稠状液体，无味、无毒，易溶于水。洁尔灭耐热、耐光，化学稳定性好，在沸水中稳定不挥发，可与非离子、阳离子表面活性剂配伍使用，具有良好的抗静电、柔软、乳化和消毒杀菌等功效，万分之几浓度的溶液即可用于消毒，其1%水溶液的pH为6~8，在化妆品工业中用作调理剂和消毒灭菌剂。此为"氯型"产品，还有"溴型"产品，又名新洁尔灭，杀菌力明显增强。

2. 十八烷基三甲基氯化铵（简称为1831） 为白色或微黄色固体，可溶于水，易溶于异丙醇水溶液中。1831为季铵盐阳离子表面活性剂中最具有代表性的产品，属高含量阳离子表面活性剂，具有抗静电、杀菌、乳化、柔软等性能，稳定性良好（但不宜在100℃以上长期存放），耐光、热、强酸、强碱，其生物降解性优良，与阳离子、非离子和两性表面活性剂的配伍性良好。应用较广的是其1%的水溶液，pH为6.5~7.5。在化妆品领域主要用作毛发调理剂，是护发素的主要原料。

3. 山嵛基三甲基氯化铵（简称2231） 为白色或微黄色固体，微溶于水，易溶于异丙醇水溶液中。2231为季铵盐阳离子表面活性剂中最具有代表性的产品，属高含量阳离子表面活性剂，具有抗静电、杀菌、乳化、柔软等性能，稳定性良好，耐光、热、强酸、强碱，其生物降解性优良，与阳离子、非离子和两性表面活性剂的配伍性良好。在化妆品主要用作毛发调理剂，是护发素的重要原料。

4. 双烷基二甲基季铵盐 含有两个长链的烷基作为疏水基，具有良好的柔软性、抗静电性和一定的杀菌能力，也有较好的润湿和乳化能力，如二硬脂基二甲基氯化铵适用于制备O/W型乳化体。双烷基二甲基季铵盐的刺激性较烷基三甲基季铵盐小，在弱酸性时呈阳离子特性，在中性和碱性条件下为非离子化的水合物。在化妆品领域主要用作调理剂，用于护发素和调理香波，改进头发的梳理性并易于清洗。

（五）高分子表面活性剂

高分子表面活性剂也叫双亲性聚合物，高分子表面活性剂由于分子质量高，具有低分子表面活性剂所没有的一些特性，如良好的分散力、凝聚力、稳泡力、乳化和增稠力；毒性小，有良好的保护胶体和增溶能力，优良的成膜性及黏附性能，在各个工业部门被广泛用作胶乳稳定剂、增稠剂、破乳剂、防垢剂、分散剂、乳化剂和絮凝剂等，其中的许多应用是低分子表面活性剂难以替代的。

在实际应用中，高分子表面活性剂的数量十分庞大。但按来源分类可分为两类：天然高分子表面活性剂和合成高分子表面活性剂，前者包括改性高分子表面活性剂。此外按离子分类，可分为阴离子、阳离子、两性和非离子四种高分子表面活性剂。下面主要介绍这四种活性剂。

1. 阴离子高分子表面活性剂 包括羧酸型、磺酸型、硫酸酯型和磷酸酯型。如聚丙烯酸盐、羧甲基纤维素羧基改性聚丙烯酰胺高分子表面活性剂就属于羧酸型。缩合萘基苯磺酸盐、木质素磺酸盐、聚苯乙烯磺酸盐高分子表面活性剂就属于磺酸型。

2. 阳离子高分子表面活性剂　包括胺型和季铵盐型。如氨基烷基丙烯酸酯共聚物、改性聚乙撑亚胺高分子表面活性剂就属于胺型，含季铵盐基的丙烯酰胺共聚物、聚乙烯基苄基三甲胺盐高分子表面活性剂就属于季铵盐型。

3. 非离子高分子表面活性剂　包括聚乙烯醇类（PVA）、聚醚类、纤维素类、聚酯类和糖基类等。近年来，合成糖基为亲水基的高分子表面活性剂被广泛研究。因为它们取自天然的可再生资源，与环境兼容性好，对皮肤温和，具有良好的起泡力，可在个人护理用品、家用洗涤剂和餐洗剂中用作辅助表面活性剂。糖基类高分子表面活性剂分为糖基位于侧链和糖基位于主链两种。如以聚苯乙烯为亲油基在侧链引入麦芽糖、葡萄糖等糖类亲水基，所得高分子表面活性剂既溶于水又溶于有机溶剂，在水中能形成胶束，能使一些与糖类结合的卵磷脂凝聚，能吸收溶在水中的有机颜料。

4. 两性高分子表面活性剂　有氨基酸型和甜菜碱型，也有通过复配而制得的两性高分子表面活性剂。表面活性剂的复配技术已广泛用于化妆品、洗涤、制药等行业中。两种或多种具有协同效应的表面活性剂复配，常会带来单一品种表面活性剂所不具有的某些特性。

（六）天然表面活性剂

天然表面活性剂与合成表面活性剂比较，疏水基以及亲水基带有特殊结构的物质比较多。作为疏水基的有酰基、类固醇结构以及类异戊二烯结构等。皂苷具有类异戊二烯结构，胆汁酸是以体积大的类固醇结构作为疏水基。鼠李糖脂是体积大的分子，疏水基是双链型的烷基，亲水基是双鼠李糖和羧基。棒状菌酸是以羟基脂肪酸作为疏水基。大多数表面活性剂含有饱和脂肪。

作为亲水基的构成要素有羧酸、磷酸、硫酸以及氨基酸等的离子基，甘油、糖以及肽等的非离子基等。作为糖类有葡萄糖、海藻糖、葡糖胺以及低聚糖等。作为含有肽结构的物质有表面活性素等，另外 4,5-二羧基-γ-十五内酯酸的亲水基是 α-酮戊二酸。疏水基是多链结构，含有多个疏水基、糖结构以及多元酸等多个亲水基都是分子结构上的特征。

1. 卵磷脂　存在于生物细胞，如动物卵、脑等组织及植物的种子或胚芽中，卵黄磷脂从蛋黄中提取；大豆中含有丰富的卵磷脂。卵磷脂具有乳化、分散、抗氧化等生理活性，是一种天然优良的乳化剂。其具有多种功能：①参与细胞的代谢，活化细胞，有抗衰老功能；②对细胞有渗透和调节作用，可软化和保护皮肤；③可改善油脂的润湿和铺展性能，多用于调节、护理头发、皮肤化妆品中等；④具有良好的成膜性能，可改善洗涤剂对皮肤的脱脂作用；⑤预防和治疗湿疹及多种皮肤病；⑥促进毛发生长，有护发健发作用；⑦具有香料和色素的分散稳定作用；⑧维持制剂乳液的稳定作用。

卵磷脂具有双亲结构，即较长的两个酰基在甘油中进行酯结合形成亲油结构，以磷酸基为媒介而结合的季铵基亲水结构。在水中分散的时候，很明显地形成有稳定的两分子膜结构的磷脂质小细胞体（脂肪体）。这种脂肪体可以作为药物的载体。因此卵磷脂可广泛应用于护肤护发、浴用及美容化妆品中。

天然卵磷脂源于蛋黄和大豆，其磷脂质组成大不相同，乳化性能等也不相同，乳化剂用量和乳化技术难以掌握。另外，是天然卵磷脂中含有不饱和脂肪酸，存在耐热、耐光、耐酸性差等缺点。

2. 胆甾醇　亦称胆固醇。存在于动物大脑与神经组织，及羊毛脂与卵黄中，是一种天然乳化剂。其分子结构的特征是疏水基作用力强，所以适宜于油溶性乳化剂，用于制备

W/O 型乳状液。皮肤中皮脂分泌物含有丰富的胆甾醇及其衍生物，所以胆甾醇有护肤和护发的作用。其亦是一种助乳化剂，具有促进和增强其他表面活性剂功能作用，应用于唇膏及眼部化妆品制剂，有益于色素和乳液的稳定，多用于油脂性护肤品中。

3. 茶皂素 是从茶叶中提取的一种三萜类皂苷，有较强的表面活性，抗硬水能力和起泡能力均很高。茶皂素具有乳化、去污、润湿、分散、起泡等多种功能。利用其乳化性能，可开发不同的"油相"乳化剂。用茶皂素直接洗涤毛丝织物，可保持织物的艳丽色彩，并有保护织物作用；用于洗发剂具有洗发、护发、乌发及去头屑、防脱发的功能。其乳化能力超过油酸皂、烷基磺酸盐及聚氧乙烯脂肪醇醚等乳化剂，是一种优异的天然表面活性剂。

4. 烷基苷 是由天然再生资源糖合成的。由于其来源于天然物质，亦可算是一种天然表面活性剂。对皮肤刺激性弱，具有广谱的抗菌性能，与其他种类的表面活性剂有很好的配伍性能。烷基苷具有优良的润湿、起泡性能及明显的增稠作用，所以它的应用领域广泛。

5. 皂苷类 由皂苷元和糖组成。组成皂苷的糖，常见的有葡萄糖、半乳糖、鼠李糖、阿拉伯糖及葡萄糖醛酸、半乳糖醛酸等。皂苷元根据其结构不同，分为三萜皂苷和甾体皂苷两大类，其中三萜皂苷的分布比甾体皂苷广泛，种类也多。三萜皂苷元的结构可分五环三萜及四环三萜。含有皂苷类的植物很多，皂苷在单子叶植物和双子叶植物中均有分布，常见于百合科、薯芋科、龙舌兰科、蔷薇科、石竹科、远志科、五加科、葫芦科等，许多中草药如人参、远志、桔梗、甘草、知母、柴胡、七叶一枝花等多有去垢功能和乳化作用，是一类重要的天然表面活性剂。①远志皂苷：具有表面活性，可用作乳化剂和分散剂，用于洗发水，具有洗发和刺激生发的双重功能；②七叶皂苷：其钠盐有表面活性，可用作洗涤剂和起泡剂，有抑菌消炎作用，有吸湿保湿的性能，是化妆品优异的调理剂，并有稳定乳液的作用；③皂树酸：属皂苷成分，具有良好的表面活性及较强的发泡力，可广泛应用于香波、乳液，在香波中可替代去污成分，能赋予头发柔软和光泽；④山茶皂苷：具有一定的表面活性，可作乳化剂，有起泡、润湿及分散功能。可用于洗发用品，具有软化头皮、去屑止痒及防脱发功能。

6. 糖类 属于天然表面活性剂，其去垢力微弱，但有一定的增稠和乳化能力。①角叉胶：属糖类。对胶体有稳定作用（如牙膏、剃须膏），具有成膜功能，广泛应用于喷发胶，可改善头发的梳理性能；②海藻酸：属糖类。海藻酸及其钠盐是常用的增稠剂和乳化剂；③普鲁兰糖：具有乳化性能，常用于清洁类化妆品，具有保湿功能；④烷基和羟烷基纤维素：其水溶液有表面活性，有乳化和稳定乳液的作用，并有增稠和成膜性能。其中羟乙基纤维素具有高效的增稠作用，广泛应用于化妆品制剂中；⑤环糊精：属低聚糖，由葡萄糖单元构成，呈环状结构，其内腔具有疏水性，能与许多有机物或无机物构成包裹形态，具有乳化、增溶及分散等作用；⑥胶类物质：来自树木分泌物、豆科植物种子，如阿拉伯树胶、黄蓍胶、瓜尔胶等，均属多糖，为古老的乳化剂，能提高制剂的水溶性黏度，多作辅助乳化剂应用。

7. 脂肪酸单甘油酯 为奶油色蜡状固体，熔点 56℃，在热水中能分散，溶解于乙醇，HLB 值 3.8 左右，属亲油性表面活性剂。由于它可以 100% 被微生物降解，降解产物为甘油和脂肪酸，无毒，具有很高的安全性，是公认的有利于环保的"绿色"产品，所以被广泛地作为食品和化妆品乳化剂，是膏霜类产品的理想原料，主要用于膏霜、粉底、香粉、扑粉、胭脂等中。

具有清洁功能的植物

　　现在几乎家家户户都有洗衣粉、洗衣液、肥皂等清洁物品，因为洗衣服、洗手、洗澡都需要清洁产品辅助清洁。以前农民都是用植物进行清洁的。有些植物自带清洁属性，现在的肥皂等就是用这些植物的提取物做成的。例如：①皂角。皂角外表长得有点像扁豆。皂角的果实是医药食品、保健品、化妆品及洗涤用品的天然原料。皂角的种类很多，越肥厚的皂角清洁能力越强。古代人们将皂角磨成粉做成圆团团，周密在《武林旧事》中记载了它的名字：肥皂团。肥皂团放入水中，能发泡去污。但是皂角不能直接使用，要将它放在热的柴火灰中反复烧烫，直到它冒出黄绿色的黏液并变软时才可以使用。如果用来洗头，将泡制的皂角放在脸盆里加水反复揉搓，至水质变得略显黏稠便可使用；②无患子。其长得有点像龙眼，果皮含有皂素，可代肥皂，是"天然无公害洗洁剂"。将无患子果肉剥下来之后，用力搓揉，能产生泡沫。不仅可以用来洗衣服，还能洗头、洗脸、洗澡，能去头皮屑，使皮肤光洁，是纯天然的清洁剂，对环境不会产生污染。尤其是欧洲人喜欢直接用皮，不经任何加工。除此以外，其还有去角质的作用，可帮助改善肌肤青春痘、黑斑、皱纹、皮肤干燥、粗糙等肌肤问题。③瓜蒌。瓜蒌药用价值极高，可以祛痰、防癌、延缓衰老，它的清洁能力也很强，用来洗手、洗头都是很好的清洁剂。冬天使用瓜蒌洗手，手不会开风口子。在尚无洗发水时，其是代替洗发水最好的植物，还可以养护头发。

第二节　化妆品辅助原料

一、色素

　　色素是赋予化妆品一定颜色的原料。色素对于化妆品来说是极为重要的，消费者在选购化妆品时是根据视觉、嗅觉、触觉等方面来判断的，而色素是视觉方面的重要一环。

　　根据色素的物性、使用方法分为有机合成色素（有机颜料）、无机颜料、动植物性天然色素。

（一）有机合成色素

1. 染料　在水中或者溶剂中溶解，具有染色能力的物质。

（1）酸性染料　纤维类染色时在酸性中进行染色的染料称为酸性染料。

（2）碱性染料　纤维类染色时在碱性中进行染色的染料称为碱性染料。

（3）还原染料　将染料分子中的还原性环还原、开环，在水中可以溶解，在纤维浸染之后，还原后的染料分子经过氧化、闭环反应，恢复成水不溶性而固着于纤维中，这种染色方法中所使用的染料称为还原染料。

2. 色淀　水溶性染料在无机碱中沉淀而生成的颜料，其不溶于水。

　　化妆品用的色淀可分为两种类型：其一为含有磺酸基团的色淀，系通过钙、钡、锶盐使溶于水的染料形成不溶于水的色淀颜料；其二是利用硫酸铝、硫酸锆等使易溶性染料不溶于水，并使之吸附于氧化铝形成染料色淀。色淀色泽鲜艳，不溶于普通溶剂，有高度的分散性、着色力和耐晒性。

3. 颜料 在水中或者溶剂中不溶，没有染色能力。

不溶于所使用的介质的着色剂。不能溶解在指定的溶剂中，有良好的遮盖力，能使其他的物质着色。色淀与常规颜料没有严格的区别，色淀耐酸碱性较差，颜料有更好的着色力、遮盖性、抗溶剂性，因而广泛用于制造唇膏、胭脂等美容化妆品。

（二）无机颜料

无机颜料一直以来是将天然产的矿物（红黏土、黄土、青金石）等粉碎，精制，作为颜料使用。但是由于是天然产品不纯物较多，另外也很难保证品质，因此现在几乎都是通过合成制备。无机颜料耐光性、耐热性强，分散性好，遮盖力强，还具有不受有机溶剂侵蚀等的性质，在鲜艳色调以及着色力方面不及有机颜料。常用的无机颜料有碳黑、黄色氧化铁、黑色氧化铁、红色氧化铁、群青、氧化锌、二氧化钛等。

（三）天然色素

天然色素指从天然资源中获得的色素，主要从动物和植物中提取的色素。其中植物色素占多数。通常天然色素的优点有以下几点：安全性高；色调鲜艳而不刺目，赋有天然感；天然色素同时也有营养或兼备药理效果。然而，天然色素也有许多缺点：产量小、原料不稳定；价格高；纯度低；含有效物少、多种成分共存、有异味；耐热耐光性一般较差、易受 pH 和金属离子的影响而发生变色；染色亲和力比有机合成色素弱，天然色素相互配伍不易获得任意的颜色，且含有在基质上反应变色的物质。

常见的天然色素有叶绿素及其衍生物、β-胡萝卜素、胭脂红、靛蓝、藻类等。

二、香精

香精在配方中的用量很少，但却是不可缺少的，它可以使身体带有好闻的香味、心情愉快，还可掩盖原料基质气味。

香精的用途非常广泛，日用化学中，可以用于个人护理、洗涤、皂基、清洁剂等；还可用于食品中，如烟、酒、牙膏等；以及可以用于塑料制品、纺织品、工业用祛臭剂、杀虫剂、文教用品和饲料等。

香精按来源，可以分为天然香精、合成香精以及复合香精。

1. 天然香精 可以分为动物性香精和植物性香精。从动物的分泌腺等提取的物质为动物性香精，有麝香、龙涎香、海狸香、灵猫香等四种。从植物的花、果实、种子、树木、树叶、树皮、根茎等提取的物质为植物性香精。大多数植物性天然香精呈油状或膏状，少数呈树脂状或半固态。根据产品的形态和制法，通常称为精油、浸膏、净油、香脂和香树脂、酊剂。目前，常见的植物性香精主要有薰衣草、玫瑰、洋甘菊、柠檬、茉莉、薄荷、桂花、迷迭香、苦橙叶、甜橙、葡萄柚等。

2. 合成香精 是指以石油化工产品、煤焦油、萜类等廉价原料，通过各种化学反应而合成的香料，如烃类、醇、醛、酮、酯、内酯等。

3. 复合香精 是指为满足天然香精、合成香精的目的而调配的香精。在香水等化妆品中使用的复合香精，是很多香料通过混合形成的香气。天然香精的组成、香气大多是比较复杂的，通过将它们中的几个进行组合就能够调配成有魅力的香气。另外，合成香精单独使用情况下，在缺少魅力的香气时，添加相适应的复合香精可以创作出新的有魅力的香气。

根据香气的特征可以大致分为馥奇香、东方香、素心兰香、花香等类型。

三、防腐剂

由于化妆品中的水分、油脂、保湿剂、胶质原料、活性物等含有大量的营养物质，这些都是微生物生长、繁殖所必需的碳源、氮源和水，在 pH、温度适宜条件下，环境微生物入侵（如使用时二次污染），必然会引起产品腐败变质。产品的腐败变质，导致化妆品发霉、变质，表现为乳化体被破坏、透明产品变浑浊、颜色变深，以及产生令人不愉悦气味等。所以大部分化妆品中必须添加防腐剂，以起到防止和抑制微生物生长繁殖的作用。

世界各国准许使用的化妆品防腐剂已超过 200 种，我国 2015 年颁布了《化妆品安全技术规范》列出了 51 种防腐剂使用时的最大允许浓度、使用范围和限制条件。在配方中的防腐体系，需要符合国家法规。

1. DMDM 乙内酰脲　结构式如下：

纯净的 DMDM 乙内酰脲通常为白色结晶，略有甲醛气味。熔点 116 ~ 121℃，水溶性好。市售的 DMDM 乙内酰脲是质量分数为 55% 左右的水溶液，为无色透明液体，带有甲醛气味。此成分会分解产生甲醛，可能会对皮肤产生刺激性，具有一定的过敏危险性。pH 使用范围是 5 ~ 12。DMDM 乙内酰脲为广谱抗菌活性，能抑制革兰阴性菌、革兰阳性菌，对酵母菌和霉菌有一定的抑制作用。在我国化妆品中使用的最大允许浓度是 0.6%，常用于洗涤产品中。

2. 咪唑烷基脲　结构式如下：

咪唑烷基脲通常呈白色粉末，带有特有气味，带有一个结晶水，易溶于水，不溶于油。在 10℃ 以上，其水溶液释放出甲醛。pH 使用范围是 3 ~ 9。咪唑烷基脲具有广谱抗菌活性，能抑制革兰阴性菌、革兰阳性菌、酵母菌及霉菌。在我国化妆品中使用的最大允许浓度是 0.6%，可用于护肤产品和洗涤产品中。

3. 双（羟甲基）咪唑烷基脲　结构式如下：

双（羟甲基）咪唑烷基脲为白色流动粉末，吸湿性强，易结块，无气味。易溶于水，不溶于油。稳定性较高，在 75℃ 以上加热不应超过 1 小时，pH 使用范围是 2 ~ 9。双（羟甲基）咪唑烷基脲的抗细菌活性强，但抗霉菌活性较弱。在我国化妆品中使用的最大允许浓度是 0.5%，可用于护肤产品和洗涤产品中。

4. 羟苯酯类及其盐类

（1）对羟基苯甲酸甲酯　结构式如下：

$$HO-\!\!\!\bigcirc\!\!\!-COOCH_3$$

对羟基苯甲酸甲酯为白色结晶粉末或无色结晶，无气味，羟苯甲酯在水中的溶解度很小，易溶于醇中，常把它溶解于醇中加入配方，pH 使用范围是 3~9.5。对羟基苯甲酸甲酯抗真菌活性强，抗革兰阳性菌活性较好，但抗革兰阴性菌活性较弱。在我国化妆品中使用的最大允许浓度是单一酯 0.4%（以酸计），混合酯总量 0.8%（以酸计），可用于护肤产品和洗涤产品中。

（2）对羟基苯甲酸丙酯　结构式如下：

$$HO-\!\!\!\bigcirc\!\!\!-COOC_3H_7$$

对羟基苯甲酸丙酯为白色结晶粉末或无色结晶，有特殊气味，羟苯丙酯在水中的溶解度很小，易溶于醇中，常把它溶解于醇中加入配方，pH 使用范围是 3~9.5。对羟基苯甲酸丙酯抗霉菌活性较强，对细菌的抑制作用较弱。在我国化妆品中使用的最大允许浓度是单一酯 0.4%（以酸计），混合酯总量 0.8%（以酸计），可用于护肤产品和洗涤产品中。

5. 异噻唑啉酮类　主要有甲基异噻唑啉酮和甲基氯异噻唑啉酮两种。

（1）甲基异噻唑啉酮　结构式如下：

市售甲基异噻唑啉酮（MIT）是 10% 的溶液，是一种高效杀菌剂，耐热的水性防腐剂。pH 使用范围是 2~12。甲基异噻唑啉酮是一款广谱防腐剂，可以抑制细菌、真菌、霉菌。在我国化妆品中使用的最大允许浓度是 0.01%，可用于护肤产品和洗涤产品中。

（2）甲基氯异噻唑啉酮　结构式如下：

甲基氯异噻唑啉酮毒性太大，不允许单独用于化妆品中。在化妆品中，它是以混合物形式存在，即甲基氯异噻唑啉酮（MCI）和甲基异噻唑啉酮与氯化镁及硝酸镁的混合物（甲基氯异噻唑啉酮∶甲基异噻唑啉酮为 3∶1）。为淡琥珀色透明液体，有特征气味。易溶于水，pH 使用范围是 4~8。甲基氯异噻唑啉酮是一款广谱防腐剂，可以抑制细菌、真菌、霉菌。在我国化妆品中使用的最大允许浓度是 0.0015%（淋洗类产品），一般不允许使用于驻留类化妆品中。

6. 苯氧乙醇　结构式如下：

　　苯氧乙醇为无色微黏性液体，有芳香气味，微溶于水，易溶于乙醇和氢氧化钠。添加丙二醇可改善苯氧乙醇在水中的溶解度。稳定性高，在80℃以下稳定，pH 使用范围是 3 ~ 10。苯氧乙醇抗铜绿假单胞菌有较强的活性，抗革兰阴性细菌和革兰阳性细菌活性较弱。在我国化妆品中使用的最大允许浓度是 1.0%。可用于护肤产品和洗涤产品中。

　　7. 苯甲醇　结构式如下：

　　苯甲醇为无色透明液体，稍有芳香气味。稍溶于水，最佳使用范围 pH > 5。苯甲醇会慢慢被氧化为苯甲醛，在低 pH 时会脱水。苯甲醇抗革兰阳性菌活性最强，抗革兰阴性菌和酵母菌效果一般，抗霉菌效果最弱。在我国化妆品中使用的最大允许浓度是 1.0%。

　　8. 山梨酸　结构式如下：

　　山梨酸为针状结晶或白色结晶粉末，无味，无臭。难溶于水，在 30℃ 水中溶解度为 0.25%。在空气中长期放置易被氧化着色。其毒性远低于其他防腐剂，山梨酸的毒性仅为苯甲酸的 1/4。山梨酸作为全球公认的安全无毒的防腐剂，被所有的国家允许使用。最佳使用 pH 范围是 4.5 ~ 6。山梨酸抗真菌活性高，抗酵母菌活性一般，抗细菌活性最低。有很强的防腐选择性，它能抑制对人类有害细菌的生长，而对人类有益的细菌则无作用。在我国化妆品中使用的最大允许浓度是 0.6%（以酸计）。可用于护肤产品中，主要作为食品级防腐剂。

　　9. 山梨酸钾　结构式如下：

　　山梨酸钾为白色至浅黄色鳞片状结晶，无臭或微有臭味，长期暴露在空气中易吸潮、被氧化分解而变色。易溶于水。最佳使用 pH 范围是 4.5 ~ 6。山梨酸钾抗霉菌活性强。在我国化妆品中使用的最大允许浓度是 0.6%（以酸计）。可用于护肤产品中，主要作为食品防腐剂应用。

　　10. 苯甲酸　结构式如下：

　　苯甲酸常温为具有苯或甲醛气味的鳞片状或针状结晶。在空气中稳定，微溶于水，pH 使用范围是 2 ~ 5。苯甲酸抗酵母菌、霉菌、部分细菌活性高。在我国化妆品中使用的最大允许浓度是 0.5%（以酸计）。可用于护肤产品中，主要作为食品防腐剂应用。

　　11. 苯扎氯铵　结构式如下：

苯扎氯氨为白色蜡状固体或黄色胶状体，易溶于水。市售商品多为质量分数为50%溶液，使用pH范围是4.0~10.0。pH 6.0以上活性最强，碱性越大，其抗菌活性越好。苯扎氯氨为广谱杀菌剂，抗革兰阳性细菌较强，对铜绿假单胞菌、抗酸杆菌和细胞芽菌无效。在我国化妆品中使用的最大允许浓度是0.1%，标签上必须标注"避免接触眼睛"，苯扎氯氨杀菌力强，可用于消毒产品，也可用作护发素的调理剂和抗静电剂。

12. 己脒定二（羟乙磺酸）盐 结构式如下：

己脒定二（羟乙磺酸）盐为结晶或粒状粉末，稍带苦味，溶于水。己脒定二（羟乙磺酸）盐具有广谱抗菌和杀菌性能，抗革兰阳性菌、革兰阴性菌以及各种霉菌和酵母菌的活性都很高。在我国化妆品中使用的最大允许浓度是0.1%，不但可以作为杀菌剂和防腐剂，还可以用作非处方药品。

13. 氯己定 结构式如下：

氯己定为白色晶状粉末，无气味，难溶于水，易溶于醇类。常温下稳定，温度大于70℃不稳定。pH使用范围是5~8。常见的有4种，包括氯己定、氯己定二葡糖酸盐、氯己定二乙酸盐、氯己定二盐酸盐。氯己定具有广谱抑菌、杀菌作用，对革兰阳性细菌和革兰阴性细菌有效。在我国化妆品中使用的最大允许浓度是0.3%（以氯己定计）。

14. 氯苯甘醚 结构式如下：

氯苯甘醚为白色至灰白色结晶粉末，有较弱的特征性气味，微溶于水，会吸潮，需要置于密闭环境中。溶于热水，也可溶于甘油、丙二醇，pH使用范围为4~6。氯苯甘醚具有抗真菌活性高，抗革兰阳性细菌和革兰阴性细菌活性较好。在我国化妆品中使用的最大允许浓度是0.3%。可用于护肤产品和洗涤产品中。

15. 碘丙炔醇丁基氨甲酸酯 结构式如下：

碘丙炔醇丁基氨甲酸酯为白色或类白色结晶性粉末，有特殊气味。难溶于水，易溶于乙醇、丙二醇、聚乙二醇等有机溶剂，pH 使用范围是 4～9，温度低于 50℃加入。碘丙炔醇丁基氨甲酸酯具有抗真菌活性高，抗霉菌、酵母菌的活性较强。在我国化妆品淋洗类产品中使用的最大允许浓度是 0.02%，不得用于三岁以下儿童使用的产品中（沐浴产品和香波除外）。驻留类产品中使用的最大允许浓度是 0.01%，不得用于三岁以下儿童使用的产品中；禁用于唇部用产品，禁用于体霜和体乳，标签上必须标印"三岁以下儿童勿用"。

16. 1,2-二元醇类　常用防腐剂都有明显的刺激性或毒性，因此其用量或使用范围受到限制。有一些原料具有一定的抗菌作用，其刺激性或毒性比较小。1,2-二元醇类的抗菌性能比较好，在化妆品中已经有广泛的应用。因其本身是保湿剂，在化妆品中，可以宣传无添加防腐剂概念。

（1）1,2-戊二醇　结构式如下：

$$\text{HO}\underset{\text{OH}}{\diagup\!\!\!\diagup\!\!\!\diagup}$$

1,2-戊二醇为无色透明液体，气味小，可溶于水，为性能优异的保湿剂，同时具有防腐作用，与传统防腐剂具有协同增效作用，还有助于减少配方中传统防腐剂的用量。1,2-戊二醇具有广谱抗菌活性，对革兰阳性细菌和革兰阴性细菌、酵母菌、霉菌都有抗菌活性。可广泛应用于各种个人护理产品中。

（2）1,2-己二醇　无色透明液体，气味小，溶于水，为性能优异的保湿剂，同时具有防腐作用，与传统防腐剂具有协同增效作用，还有助于减少配方中传统防腐剂的用量。1,2-己二醇具有广谱抗菌活性，防腐能力较弱。可广泛应用于各种个人护理产品中。

（3）辛甘醇　结构式如下：

$$\diagup\!\!\!\diagup\!\!\!\diagup\!\!\!\diagup\underset{\text{OH}}{\diagdown}\text{OH}$$

辛甘醇为无色或白色固体，带有特征性气味，溶于水。为性能优异的保湿剂，同时具有防腐作用，与传统防腐剂具有协同增效作用，还有助于减少配方中传统防腐剂的用量。辛甘醇为广谱抗菌活性，可广泛应用于各种个人护理产品中。

（4）乙基己基甘油　结构式如下：

$$\diagup\!\!\!\diagup\!\!\!\diagup\!\!\!\diagdown\text{O}\diagdown\underset{\text{OH}}{\diagup}\text{OH}$$

乙基己基甘油为无色透明液体，带有轻微特殊气味，既可溶于水相又可溶于油相。是一款多功能保湿剂，同时是传统防腐剂的增效剂。乙基己基甘油有除臭效果，为传统防腐剂增效剂，还可增强化妆品中的醇类和二醇类的抑菌效果，可广泛应用于各种个人护理产品中。

17. 植物防腐剂　地球上的植物种类高达几十万种，真正开发利用于人类的少之又少。近年来，随着细菌对传统抗生素类药物抗药性问题的不断出现，人们对植物来源抗菌剂和药品的研究及开发工作投入日益增加。植物有能力合成很多芳香族的物质，它们多数是酚类，或其的氧取代衍生物。已发现很多这类芳香化合物对抗微生物起到保护机制，如茶树油、印度楝种子油等。

第三节　化妆品活性成分

化妆品活性成分，是指添加到化妆品中，起到功效性作用，如保湿、美白、抗衰老、控油、抗炎等。根据来源不同，可分为植物提取物添加剂、动物提取物添加剂、生物活性成分添加剂。

一、植物提取物添加剂

植物提取部位有根、茎、叶、树皮、花、果实等，由这些部位提取得到的有效成分包含多酚（类黄酮、单宁酸等）、类胡萝卜素、皂苷、精油等。植物提取物的功能有以下几方面：

1. 抗衰老

（1）积雪草提取物　INCI 为积雪草（CENTELLA ASIATICA）提取物。提取部位是叶及茎，含积雪草酸、羟基积雪草酸、积雪草皂苷，具有广谱生物活性，以及抗氧化、抗炎、抗菌、抗衰老功能，可以刺激成纤维细胞增殖，因此可以增加Ⅰ型胶原蛋白的产生以及减少妊娠纹和炎症反应的形成。应用于减少皱纹、减少妊娠纹、抗炎症、保湿类等产品。

（2）人参提取物　INCI 为人参（PANAX GINSENG）提取物。提取部位是根，含氨基酸、维生素、配糖体、三萜皂苷（人参皂苷），人参皂苷可以抑制过氧化脂质形成，增加超氧化物歧化酶和过氧化氢酶在血液中的含量，具有抗氧化作用，还可增加蛋白质合成作用。应用于保湿类、抗氧化、减少皱纹等产品。

（3）白羽扇豆提取物　INCI 为白羽扇豆（LUPINUS ALBUS）籽提取物。提取部位是种子皮，富含多种蛋白质和氨基酸，能激发 HSP47（热休克蛋白），刺激纤维膜细胞增生，增加Ⅰ型胶原蛋白形成，提升皮肤的紧致度。应用于去妊娠纹、皱纹，防止皮肤下垂、提升胸部紧致等产品。

另外，还有榄仁木姜子提取物、玉米种子提取物、香蕉花提取物、迷迭香提取物等，具有促进胶原蛋白的合成、抑制胶原酶活性、降低弹性酶活性、促进神经酰胺的合成、活化细胞、促进透明质酸的合成等功效。

2. 美白

（1）虎杖根提取物　INCI 为虎杖（POLYGONUM CUSPIDATUM）根提取物。提取部位是根和根茎，虎杖根和根茎主要成分有游离蒽醌及蒽醌苷：大黄素、大黄素甲醚、大黄酚、蒽苷 A 等，可以抑制酪氨酸酶活性，还具有抗脂质过氧化、清除自由基、防止老化等作用。应用于美白、抗衰老等产品。

（2）桑皮提取物　INCI 为桑（MORUS ALBA）树皮提取物。提取部位是根皮，含羟白藜芦醇、桑树皂苷、黄酮类，通过螯合作用极强地抑制黑色素合成过程中酪氨酸酶的活性，阻断黑色素的合成；能有效捕捉羟基自由基和超氧化物阴离子自由基，从而抑制黑色素的产生，达到美白肌肤、减少皱纹、延缓皮肤衰老作用。应用于美白、抗衰老等产品。

（3）覆盆子提取物　INCI 为覆盆子（RUBUS CHINGII）提取物。提取部位是果实，含维生素类、有机酸、糖类、单宁、类黄酮、胶质等，可以降低酪氨酸酶和过氧化氢酶的活性，从而减少黑色素细胞的代谢强度，减少黑色素的生成，达到美白作用，还有镇静、保湿、促进皮肤代谢作用。应用于美白、保湿等产品。

另外，还有金丝桃属植物提取物、洋甘菊提取物、苦参根提取物、常春藤提取物、金缕梅提取物、马栗树提取物、地椰根提取物等，不仅具有抑制酪氨酸酶活性，还具有阻碍内皮素受体、阻碍前列腺素生物的合成、抗氧化、促进再生等作用。

3. 保湿

（1）芦荟提取物　INCI 芦荟（ALOE VERA）提取物。提取部位是叶或叶的汁液的干燥物，是一种无色透明至褐色液体，略带黏性，干燥后是淡黄色粉末。含芦荟苷、芦荟糖苷、蒽醌、多糖类、氨基酸等，有保湿、使皮肤柔软、美白、吸收紫外线、赋予细胞活性、抗过敏、促进创伤治愈等功效。应用于保湿、抗敏、伤口愈合等产品。

（2）小麦胚芽提取物　INCI 小麦（TRITICUM VULGARE）胚芽提取物。小麦胚芽是小麦的胚芽，是小麦粉加工过程中从小麦粒中直接分离而成，含高度不饱和脂肪酸、蛋白质、卵磷脂、植物甾醇、维生素、酵素、蔗糖、淀粉，提供保湿、润肤功效。应用于保湿类产品。

（3）锦葵花提取物　INCI 欧锦葵（MALVA SYLVESTRIS）花提取物。提取部位是花，含黏液多糖类、花青素、维生素 A、维生素 B_1、维生素 B_2、维生素 C、单宁，能参与肌肤水分代谢，层层深入促进肌肤对水分的吸收，增强皮肤弹性，还能促进肌肤形成长效锁水，阻止皮肤水分蒸发，舒缓干燥敏感肌肤，长时间保持肌肤水润感。应用于增强皮肤屏障功能、保湿类产品。

另外，还有玉米种子提取物、檀香提取物、绞股蓝提取物、药蜀葵提取物、豌豆提取物、葛根提取物、木瓜提取物等，具有保护皮肤、保持水分、改善皮肤屏障功能等作用。

4. 消炎抗敏

（1）洋甘菊提取物　INCI 金黄洋甘菊（CHRYSANTHELLUM INDICUM）提取物。提取部位是头花，洋甘菊自古就被视为"神花"，具有很好的舒敏、修护敏感肌肤、减少细红血丝、减少发红、调整肤色不均等作用。洋甘菊富含黄酮类活性成分，该成分具有抗氧化、抗血管增生、消炎、抗变应性和抗病毒的功效。应用于抗敏消炎、均一肤色、保湿等产品。

（2）甘草提取物　INCI 甘草（GLYCYRRHIZA URALENSIS）提取物。提取部位是根及根茎，含甘草酸、甘草黄苷、异甘草黄苷、三萜、类黄酮，具有消炎、缓和刺激、促进创伤治愈、抗过敏，以及抗氧化、抗衰老、美白等功效。应用于抗敏、消炎、促进伤口愈合等产品。

（3）迷迭香提取物　INCI 迷迭香（ROSMARINUS OFFICINALIS）提取物。提取部位是叶，含有迷迭香酸类黄酮、酚羧酸、桉油酚、龙脑、龙脑酯、单宁。迷迭香酸具有很强的抗炎活性，能保护皮肤，强化皮肤，促进血液循环，促进皮肤功能。同时，迷迭香酸的抗菌、抗病毒功能可以抑制急性感染和慢性感染，对紫外线具有抗性，能够抑制弹性蛋白的降解。还是一种强大的抗氧化剂。应用于抗炎、抗菌、抗氧化等产品。

另外，还有胡椒木提取物、紫苏提取物、问荆提取物、西洋山楂提取物、细辛根提取物、马栗树提取物、芦荟提取物、刺五加提取物、甘菊提取物等，它们的作用主要是抑制前列腺素 E_2 以及组胺等化学介质的游离。

5. 瘦身

（1）可可提取物　INCI 可可（THEOBROMA CACAO）提取物。提取部位是种子，含有咖啡碱、可可碱、类黄酮，可抑制脂肪在肝脏内的形成，促进脂肪氧化，达到减肥瘦身的效果。应用于瘦身类产品。

（2）银杏提取物 INCI 银杏（GINKGO BILOBA）提取物。提取部位是叶，银杏叶提取物含类黄酮、芦丁、内酯、萜、儿茶素复合物、淀粉、木犀草素等，有扩张血管、保护血管内皮组织、调节血脂、保护低密度脂蛋白、抑制 PAF（血小板激活因子）、抑制血栓形成、清除自由基等作用。应用于减肥、抗衰老等产品。

（3）欧洲七叶树提取物 INCI 欧洲七叶树（AESCULUS HIPPOCASTANUM）树皮提取物。提取部位是树皮，富含七叶皂素、类黄酮及单宁，可改善红血丝、增加血液循环、减少毛细血管的渗透，还可修复炎症、促进伤口愈合、对抗皮肤炎症、促进伤口愈合。应用于减肥、去眼袋、抗炎等产品。

另外，还有乌龙茶提取物、牛蒡提取物、黄芩提取物、光亮可乐果籽提取物、芍药根提取物、洋常春藤提取物等，具有促进脂肪分解、抑制脂肪蓄积、促进血液循环、改善微小循环作用。

6. 皮脂护理、痤疮护理

（1）薰衣草提取物 INCI 薰衣草（LAVANDULA ANGUSTIFOLIA）提取物。提取部位是花，含有乙酸芳樟酯、乙酸薰衣草酯芳樟醇、香叶醇、香豆素等成分。薰衣草有"芳香药草"之美誉，适合任何皮肤，可促进细胞再生、加速伤口愈合，改善粉刺、脓肿、湿疹、平衡皮脂分泌，对烧烫灼晒伤有奇效，可抑制细菌、减少瘢痕。具有舒缓紧张情绪、镇定心神，平心静气，控油，再生，消炎，修复作用。应用于平衡油脂、伤口愈合、保湿、修复等产品。

（2）欧蓍草提取物 INCI 欧蓍草（ACHILLEA MILLEFOLIUM）提取物。提取部位是头花或全草，含生物碱、倍半萜烯、甘菊环，可舒缓皮肤敏感现象，有效缓解炎症与皮肤红肿。能够促进血液循环，改善痔疮，排出体内毒素，并具有抗氧化、清除体内自由基、有效延缓肌肤衰老功效。应用于减缓皮肤红肿、舒敏、抗衰老等产品。

另外，还有小麦胚芽提取物、丁香提取物、葡萄种子提取物、苹果单宁等，具有抑制皮脂分泌、抗氧化、抑菌等作用。

7. 头发用活性物

（1）生姜提取物 INCI 姜（ZINGIBER OFFICINALE）提取物。提取部位是根茎，含有姜油酮、姜烯酚、姜辣素、姜烯、水芹烯、柠檬醛、芳樟醇、甲基庚烯酮、壬醛成分，有预防脱发、止痒、促进生发、促进血液流动功效。应用于预防脱发、生发、瘦身等产品。

（2）苦参提取物 INCI 苦参（SOPHORA FLAVESCENS）提取物。提取部位是干燥根或除去周皮大部分的根，含有苦参碱、氧化苦参碱、槐醇、甲基金雀花碱、野靛叶素等，具有促进生发、抗菌、美白、预防晒伤、促进血液流动、收敛、保湿、抗头皮屑、止痒功效。应用于生发、去头皮屑、止痒、美白、瘦身等产品。

（3）啤酒花提取物 INCI 啤酒花（HUMULUS LUPULUS）提取物。提取部位是雌花穗，含单宁、细胞因子物质、黄酮配糖体、葎草酮等，有抗菌、镇痛、镇静、预防脱发、抗过敏功效。应用于防脱、抗敏、舒缓等产品。

另外，还有山金车提取物、金丝桃属植物提取物、水田芥提取物、桑白皮提取物、黄龙胆提取物、牛蒡提取物、人参提取物、迷迭香提取物、灵芝提取物、鼠尾草提取物等，有相应的育发、抗皮屑、防脱发、生发作用。

知识拓展

中医之于美容

中医认为，气与血是人体内的两大基本物质，气对人体有推动调控作用、温煦凉润作用、防御作用、固摄作用及中介作用；血对人体有濡养作用及化神作用。它既是人体生长发育的物质基础，也是保持健康美容的物质基础，气血化生以后，借助遍布全身的经络系统上荣皮毛，气血上荣是中医美容的基础。并且气血微循环与祛斑美白、抗衰老存在一定的关系，因此在植物原料开发时应当重视行气活血类中药在化妆品中的应用，目前已有不少补气活血类中药（如黄芪、当归、红花等）用于化妆品中，并宣称能改善皮肤血液微循环。

二、动物提取物添加剂

动物提取物，是将动物体、部分动物体组织、器官或分泌物等提取出来。出于对动物的保护，动物提取物的数量比植物提取物少得多。目前市售的动物提取物主要有燕窝提取物、鲟鱼子酱提取物等。

1. 燕窝提取物　燕窝是由一些雨燕家族的雨燕分泌的唾液和几种雨燕分泌的唾液，再与其余物质混合而成的巢。主产于马来西亚、印度尼西亚、泰国和缅甸等东南亚国家及我国的福建和广东沿海地带。燕窝含有丰富的糖类、有机酸、游离氨基酸以及特征物质——唾液酸。

燕窝提取物可以刺激多种细胞分裂增殖，促进细胞分化，对受损皮肤进行快速修复，增加皮肤保湿，使皮肤细腻和延缓衰老，启动衰老皮肤的细胞，使皮肤变得光滑有弹性。

2. 蜗牛分泌物滤液　蜗牛黏液是指蜗牛爬行过程中分泌的黏液，从中过滤萃取精华物。经实验分析，蜗牛黏液含天然的胶原蛋白、弹力蛋白、尿囊素、葡萄糖醛酸、多种维生素等。蜗牛分泌物滤液可以使受损肌肤愈合再生，还具有消红肿、消炎、保湿作用，持续使用会使皮肤变得光滑透亮。富含胶原蛋白，可以预防皱纹的产生。

3. 鲟鱼子酱提取物　鲟鱼鱼卵为最上等的鱼子酱，产自里海中的鲟鱼贝鲁嘉鲟，鱼子酱富含人体所需的多种营养成分，如蛋白质、多种氨基酸及高度不饱和脂肪酸、叶酸、维生素、微量元素等。其细胞结构和人体皮肤结构类似，易被皮肤吸收。能加速胶原蛋白的合成，增加皮肤弹性，具有抗自由基、补充能量、抗疲劳，使皮肤光滑细腻、红润有光泽、容光焕发等功效。

4. 水解蜂王浆蛋白　蜂王浆是蜜蜂巢中培育幼虫的青年工蜂咽头腺的分泌物，是供给将要变成蜂王的幼虫的食物，也是蜂王终身的食物。蜂王浆因为蛋白质的存在，而部分不溶于水，影响有效成分的吸收利用，为了便于吸收，将蜂王浆中的蛋白质进行水解或者脱除，制成水溶性蜂王浆用于护肤品中。蜂王浆中含大量的蛋白质、糖类化合物、矿物质、不饱和脂肪酸、维生素类等成分，具有增加皮肤胶原蛋白的含量，缓解皮肤刺激以及防止皱纹和松弛的形成，具有很强的抗氧化能力，能消除自由基，防止皮肤的衰老。

另外，还有蛋黄提取物、蜂蜜提取物、僵蚕（BOMBYX MORI）提取物、水解角蛋白、参环毛蚓提取物等。

三、生物活性成分添加剂

生物活性成分，即具有生物活性的化合物，这些物质能参与生物代谢，对人体生命活动起着非常重要的生理作用。可以添加到食物中通过进食吸收，也可以添加到化妆品中通过皮肤渗入吸收，具有保湿、润肤、消炎、抑菌、再生等功效。主要的生物活性成分添加剂包括各种维生素、多糖、甾醇类、生物碱、核酸、多肽、蛋白质、酶、细胞生长因子等。

1. 维生素　是指在体内微量存在，像催化剂一样对代谢等生理功能起作用，是与动物的生存、成长、繁殖等有关的重要有机化合物，是只能从外部获取的必需营养素的总称。

现在已知的维生素有维生素 A、B_1、B_2、B_5、B_6、B_{12}、C、D_2、D_3、E、K_1、K_2、K_3 等 13 种维生素以及生物素、烟酸、叶酸。维生素分为油溶性维生素和水溶性维生素两类。油溶性维生素包括维生素 A、D、E、K 群，水溶性维生素包括维生素 B、C 群。

维生素 A，一般是指维生素 A_1，但是也包括维生素 A_2 等具有维生素 A 生理效果的类似物的总称。维生素 A_1 是主要存在于鱼类的肝油、动物的肝脏、蛋黄、牛奶、黄色蔬菜等中的油溶性维生素。它是维持上皮组织、黏膜正常结构以及功能必不可少，也是成长、发育等生理有关的物质。用于化妆品中，可防止表皮细胞不正常角化，改善皱纹。

维生素 B 族，即维生素 B_1（硫胺类）、维生素 B_2（核黄素）、维生素 B_5（泛醇）、维生素 B_6（吡哆醇）、维生素 B_{12}，及维生素 H 和烟酸、泛酸等。这类维生素缺乏症对皮肤代谢的影响很大。经皮肤的吸收研究表明，在化妆品和疗效化妆品中应用的只有维生素 B_5 和维生素 B_6。泛醇已较广泛的用于各类化妆品中，在护肤制品方面的研究已证实，有助于伤口的愈合，如烧伤、干裂、角膜损伤，还有助于舒缓瘙痒，促进上皮形成，治愈皮肤损伤，对湿疹、日光晒伤、虫咬、婴儿尿布疹都有一定的疗效，并有一定的解毒用。维生素 B_6 与皮肤的健康关系密切，缺乏维生素 B_6，不仅影响体内机能同时也影响皮肤和黏膜的健康，如发生溢脂性皮炎、头皮屑，严重者发生湿疹、易受日光灼伤、头发脱落，在配方中可搭配其他维生素使用。

维生素 C，又名抗坏血酸，是水果（特别是柑橘类、草莓、菠萝、柿子）、叶菜类（芹菜、菠菜、菜花、青椒、卷心菜）、绿茶中存在较多的抗坏血酸病因子。水溶性维生素 C 不稳定，常把它形成各种酯类应用到配方中，如抗坏血酸硬脂酸酯、抗坏血酸二棕榈酸酯、抗坏血酸磷酸酯镁、四己基癸醇抗坏血酸酯、3-O-乙基抗坏血酸等。可以抑制皮肤上异常色素的沉着，以及在酪氨酸-酪氨酸酶的反应中起抗酶化作用，此外，对酪氨酸生成的中间体多巴色素还具有还原的作用，抑制黑素生成。

维生素 D，对治疗皮肤创伤有效。维生素 E，也称为生育酚，不仅可以保护不饱和脂肪酸，还可作为一种抗氧化剂而防止因细胞的损伤或酶失活引起的脂肪酸氧化物的伤害。维生素 K 群，可以改善眼周围黑眼圈以及妊娠纹。

2. 多糖　是由多个单糖分子缩合、失水而成，是一类分子结构复杂且庞大的糖类物质。凡符合高分子化合物概念的碳水化合物及其衍生物均称为多糖。一分子多糖水解后可生成几百、几千甚至上万个单糖分子。因此，多糖的相对分子质量都很大，一般在数万个碳单位以上。多糖在生物界分布十分广泛，有些多糖是构成动植物机体骨架的物质，如纤维素、甲壳质等；有些多糖如淀粉、糖原等是动植物体内的营养储备；在生物体内具有重要生理功能的糖蛋白、蛋白聚糖及糖脂等分子中，均含有多糖或寡糖成分。自然界存在的多糖，如淀粉、糖原、纤维素水解后只产生一种单糖——葡萄糖，这类多糖称为匀多糖或同多糖；而另一类多糖如透明质酸、硫酸软骨素、硫酸皮肤素、肝素等蛋白多糖，最终水解产物是两种以上的单糖或单糖衍生物，这类多糖称为杂多糖。因蛋白多糖分子中，含有大量重复的二糖结构单位，又称为糖胺聚糖。

3. 甾醇类　甾醇是广泛存在于生物体内的一种重要的天然活性物质，按其原料来源分为动物性甾醇、植物性甾醇和菌类甾醇等三大类。动物性甾醇以胆固醇为主，植物性甾醇主要为谷甾醇、豆甾醇和菜油甾醇等，而麦角甾醇则属于菌类甾醇。

甾醇类属于脂类中的不皂化物，在有机溶剂中容易结晶出来。植物甾醇存在于植物油、种子、坚果和松科树木中，是稳定植物细胞膜的必需成分。目前已鉴定出几十种植物甾醇，其中以 β-谷甾醇、豆甾醇和菜油甾醇最为丰富。植物中还有一类含量不太丰富的甾醇即甾烷醇，存在于油料籽和木浆替代品中，其结构与胆固醇和植物甾醇不同，环上碳-碳双键被氢化而成为完全饱和的环结构。通过氢化植物甾醇可以得到植物甾烷醇。植物性甾醇不溶于水、碱和酸，但可以溶于乙醚、苯、氯仿、乙酸乙酯、石油醚等有机溶剂中。

4. 生物碱　是一类存在于植物体内（偶尔亦在动物体发现），对人和动物有强烈生理作用的含氮碱性有机化合物。其碱性大多数是因为含有氮杂环，但也有少数非杂环的生物碱。生物碱是中草药的主要有效成分，对人有很强的生理作用，是非常有效的药物。如当归、甘草、贝母、常山、麻黄、黄连等。

生物碱多存在于植物的叶、茎、果实等外周部分，且据不同种类的含量多少，分为主要生物碱和次要生物碱。如茶叶中主要生物碱是咖啡因，次要生物碱有茶碱和可可碱。

5. 核酸　是一类生物聚合物，是所有已知生命形式必不可少的组成物质。核酸是脱氧核糖核酸（DNA）和核糖核酸（RNA）的总称。核酸由核苷酸组成，而核苷酸单体由 5-碳糖、磷酸基和含氮碱基组成。如果 5-碳糖是核糖，则形成的聚合物是 RNA；如果 5-碳糖是脱氧核糖，则形成的聚合物是 DNA。

核酸不仅是基本的遗传物质，而且在蛋白质的生物合成上占有重要的位置，在人体生长、遗传、变异等一系列重大生命现象中起着决定性的作用。人们若能适当地补充核酸，可以明显地延缓衰老的进程。含核酸较丰富的食品包括海产品、豆类、牛肉、鸡肉和动物肝脏等。

6. 多肽类和蛋白质　同种或者不同种的氨基酸，它们的氨基和羧基之间经脱水缩合生成的化合物称为肽。肽根据氨基酸的数目分为寡肽（氨基酸数 2 ~ 10 个）、多肽（氨基酸数 10 ~ 100 个）、巨肽（氨基酸数百个以上）几大类。其中，巨肽又称蛋白质，是构成生物体细胞的细胞质以及细胞核主要成分的高分子。

多肽类包括谷胱甘肽、肌肽等直链肽，以及抗生素物质短杆菌肽等环状肽。催产素、后叶加压素、促肾上腺皮质激素、胰岛素等荷尔蒙是天然肽。从植物中制备的多肽类物质有大豆肽、当归肽、银杏肽等。大豆多肽对自由基的清除作用较未降解的大豆蛋白更强，能有效抑制脂质过氧化反应并螯合过量金属离子；当归多肽可以通过增强体内抗氧化系统的功能来发挥抗衰老作用。合成制备的肽有肌肽、三肽、四肽、五肽、六肽、七肽、八肽、九肽。肌肽可以有效减缓肌肤的衰老、起到美白作用；四肽，如乙酰基四肽-2，可以增强皮肤的弹性和紧致度，重建真皮结构，重塑脸部轮廓，具有提拉效果；六肽，如乙酰基六肽-8，可以有效地减少皮肤表面因肌肉收缩而形成的表情纹；九肽，如九肽-1，通过调节 JAR1D1A 和生物钟基因唤醒细胞，同时赋予线粒体活力，其抗疲劳和抗衰老作用，可以在清晨改善肤色，使皮肤更加容光焕发。

蛋白质是构成生物体细胞的细胞质、细胞核的主要成分，也是皮肤以及毛发的构成物质。水解胶原蛋白、水解弹性蛋白、水解蚕丝蛋白、水解小麦蛋白等来源于动植物的肽自古以来就应用于化妆品中，在市场中也得到很高的认可度。水解弹性蛋白，在保护、改善皮肤、毛发以及提高表皮柔软性方面有一定效果。水解胶原蛋白，具有防止肌肤粗糙、维持柔韧性作用。水解小麦蛋白，是优异的保湿剂，保护皮肤，使得皮肤滋润并且具有紧肤功效。

四、微量元素

微量元素约有 70 种，指的是在人体中含量低于人体质 0.01%～0.005% 的元素，包括铁、碘、锌、硒、氟、铜、钴、镉、汞、铅、铝、钨、钡、钛、铌、锆、铷、锗和稀土元素等。微量元素在人体内含量虽极其微小，但具有强大的生物科学作用。它们参与酶、激素、维生素和核酸的代谢过程，其生理功能主要表现为协助输送宏量元素；作为酶的组成成分或激活剂；在激素和维生素中起独特作用；影响核酸代谢等。

化妆品原料中，也有很多原料含有微量元素，例如：

1. 花水类，如玫瑰花，含有大量的维生素、氨基酸、可溶性糖、生物碱。另外还含有蛋白质、脂肪、碳水化合物、钙、磷、钾、铁、镁等矿物质以及多种香酚。通过蒸馏获得的玫瑰花水，同样含有这些微量元素。

2. 提取物类，如芦荟提取物，含有丰富的多糖、氨基酸、酶、糖蛋白、微生物和矿物质，科学家们已经发现 200 多种芦荟的生物活性成分。

3. 火山泥类，蕴含三十多种微量元素和矿物质，如硅、铝、镁、钙、铁、钛、硫、磷、钠、铜、锌、硒、钴、锰、钼等。市面上有很多添加火山泥原料的成品，火山泥添加在配方中，能呈现优秀的保湿、弹力和镇静舒缓功效，还能深层洁净毛孔中的污垢，使毛孔细致。

4. 宝石类，如黑珍珠，含有霰石、矿物质、珍珠蛋白、蛋白聚糖和氨基酸衍生物，能补充矿物质，填补皱纹，起到亮肤效果。还有一些硼硅酸盐结晶体，含有铝、铁、钠、锂、钾等元素，能够阻挡外界对皮肤的侵害，排除机体毒素，使肌肤焕发光泽。

思 考 题

1. 简述化妆品基础原料的分类，并举例说明每类原料的主要性能与用途。
2. 简述表面活性剂的分子结构特点和应用。
3. 简述氨基酸表面活性剂和脂肪酸皂类的性能差别。
4. 简述阴离子表面活性剂与非离子表面活性的性能区别。
5. 简述阳离子表面活性剂与两性表面活性剂的区别。
6. 简述各类植物提取物在皮肤用化妆品中的功效与作用。

第三章　化妆品流变学基础

PPT

📖 **知识要求**

1. 掌握　剪切应力和剪切速率；黏度的概念；触变性；黏弹性；牛顿型流体、非牛顿型流体的特性及模型。

2. 熟悉　弹性变形；黏性流动；流变特性的测定方法。

3. 了解　运动黏度；流变学在化妆品中的应用。

第一节　概　述

流变学（rheology）是一门研究物质的流动和变形行为的科学，主要研究材料在应力、应变、温度、湿度、辐射等条件下与时间因素有关的变形和流动的规律。

流变学是由实验基础学科发展起来，20 世纪 20 年代开始对塑料、橡胶、沥青和油漆等产品的流变特性展开研究。1929 年，英国科学家 Bingham 首先提出流变学概念，标志着流变学成为一门独立学科，并得到快速发展，在高分子材料、化工和生物技术等行业得到广泛应用。随着工业化和科技水平的提高，流变学的发展和应用领域更为广阔，并已逐步渗透到许多学科而形成相应的分支，例如高分子材料流变学、食品流变学、土流变学、岩石流变学以及应用流变学等，尤其是新型测试技术的发展以及电子计算机的应用，使得流变学在工业和社会发展中发挥越来越重要的作用。

化妆品产品一般以乳状液、悬浮液等形态存在，是多组分、多相态的复杂非牛顿流体和热力学不稳定体系。流变性关系，不仅直接影响化妆品的黏性、弹性、可塑性、润滑性、分散性等一系列物理性质，同时对运输、混合和灌装等化妆品生产设备的设计和生产工艺条件的制定也有重要意义。

化妆品流变学是化妆品、化学和流体力学间的交叉学科，主要研究的是化妆品受外力和形变作用引起的结构变化对化妆品性质的影响。化妆品流变特性的研究起步较晚，在 20 世纪 70 年代末才真正开始，且由于化妆品体系的复杂性，早期流变学的研究仅仅是对部分化妆品产品的特性的测定，如产品在自身重力作用下流动性、铺展性和碎裂性的研究等。随着理论的不断完善和技术的日益进步，基于化妆品物料的流变特性与质地稳定性和加工工艺之间的重要联系，通过对化妆品流变特性的研究，分析化妆品的组成、内部结构和分子形态等，为产品配方、加工工艺、设备选型及质量检测等提供依据。近年来，随着对化妆品深加工性的研究深入，以及根据工艺对设备设计的需求，对化妆品流变学的研究变得愈来愈广泛。尤其是新型流变学技术和仪器的应用，使实验与研究建立化妆品物料的流变特性力学模型更为方便，在配方筛选和化妆品生产时，采用数学语言，通过所设定的数学模型对化妆品进行量化研究，控制产品的流变特性，从而达到控制产品的质量、感官性质、工艺流程、产品的稳定性和功能的效果。

第二节　基本概念

一、剪切应力和剪切速率

大多数的化妆品都属于流体，或者在生产过程中会经历流体状态。对于流体而言，黏性是影响其流动的一个重要的物理性质。由于黏性的存在，流体流动时，流体与固体壁面以及流体内部分子之间存在摩擦力，使得流体产生剪切变形。

有间距甚小的两平行平板，中间充满一定高度的某流体（图3－1），上板面积为A，下板固定。现对上板施加一平行于平板的切向力F，使得平板以速度 u 做匀速运动。若 u 较小，则两板间的流体会分成无数平行的薄层而运动，紧贴于上板的流体也以相同的速度 u 流动，此时由于流体的黏性，在相互滑动的各层之间将产生剪切应力，即内摩擦力，上层流体对下层流体起带动作用，下层流体对上层流体起拖曳作用，即出现流动较快的层减速，而流动较慢的层加速的现象，形成按一定规律变化的流速分布，而紧贴下板的流体则静止不动。

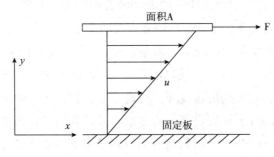

图3－1　剪切应力与剪切速率

单位面积的切向力（F/A）称为流体的剪切应力 τ。对大多数流体，剪切应力 τ 服从下列牛顿黏性定律，即剪切应力与剪切应变成正比：

$$\tau = \mu\dot{\gamma} \tag{3－1}$$

式中，τ 为剪切应力，Pa；μ 为流体的黏度，Pa·s；$\dot{\gamma}$ 为剪切应变率，即剪切应变随时间的变化率，1/s。

$$\dot{\gamma} = \frac{\mathrm{d}\gamma}{\mathrm{d}t} = \frac{\mathrm{d}}{\mathrm{d}t}\frac{\mathrm{d}x}{\mathrm{d}y} = \frac{\mathrm{d}}{\mathrm{d}y}\frac{\mathrm{d}x}{\mathrm{d}t} = \frac{\mathrm{d}u}{\mathrm{d}y} \tag{3－2}$$

由式（3－2）可知：剪切应变率等于流动速度沿流体厚度方向的变化梯度，该速度梯度又被称为剪切速率。

由式（3－1）、式（3－2）可知，黏度为流体流动时在与流动方向垂直的方向上产生速度梯度所需要的剪切应力。流体的黏度是影响流体流动的一个重要物理性质，其值可由实验测定，其大小不仅与流体的种类有关，还与流体的温度和压力有关。液体的黏度随温度的升高而降低，压力对其影响较小，可忽略不计；气体的黏度随温度的升高而增大，一般情况下也可忽略压力的影响，但在极高或极低的压力下需要考虑其影响。

黏度的单位为 Pa·s，也可以用 cP（厘泊）表示，其间的换算关系为：

$$1\mathrm{cP} = 10^{-3}\mathrm{Pa} \cdot \mathrm{s}$$

在流体力学中，一般将黏度 μ 和密度 ρ 的比值称之为运动黏度 ν，单位为 m^2/s，即：

$$\nu = \frac{\mu}{\rho} \qquad\qquad (3-3)$$

为显示黏度与运动黏度之间的区别，一般又将黏度 μ 称为动力黏度。

二、流体类型

由于黏性的存在，流体在流动过程中都会产生剪切应力。流体的流变特性都可以用剪切速率和剪切应力之间的关系曲线来描述，即流变曲线（也称黏度曲线）。不同类流变性的流体其流变曲线相差较大，一般情况下，可根据流变曲线的不同，将流体分为牛顿型流体和非牛顿型流体。

1. 牛顿型流体　剪切应力与剪切速率符合牛顿黏性定律的流体称为牛顿型流体。气体和低分子的纯液体或稀溶液属于牛顿型流体，如水和酒精溶液。牛顿型流体的黏度只与温度有关，不受剪切速率变化影响。

2. 非牛顿型流体　大多数的化妆品都属于浓分散体系，流变特性较为复杂，剪切应力与剪切速率之间的关系不再符合牛顿黏性定律，被称为非牛顿型流体，乳剂、混悬剂、高分子溶液和胶体溶液等都是常见的非牛顿型流体。非牛顿型流体的流变曲线见图3-2，剪切应力和剪切速率曲线非直线，一般又可根据非牛顿型流体的流变曲线，将其分为塑性流体、假塑性流体、胀性流体和触变流体。

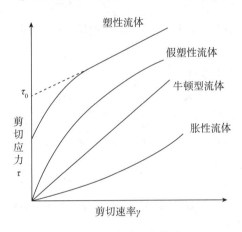

图3-2　流体的流变曲线图

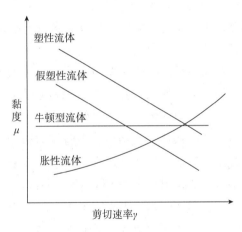

图3-3　流体的黏度与剪切速率关系

（1）塑性流体　塑性流体流变曲线不通过原点。当流体所受到的剪切应力低于 τ_0 时，流体不发生流动，此时流体没有表现出液体的性质，而表现为弹性物质；当剪切应力增大至超过 τ_0 时，液体开始流动，剪切速率和剪切应力之间呈线性关系。具有此特性的流体称为塑性流体，其流动行为可以用式（3-4）描述：

$$\tau - \tau_0 = \mu_{pl}\gamma \qquad\qquad (3-4)$$

式中，μ_{pl} 为塑性黏度；τ_0 为屈服值，也称致流值。

塑性流体只有在受到的剪切应力大于屈服值 τ_0 时才开始流动，其所表现出来的这种流变特性，是由于体系中粒子受到范德华力或氢键作用，在静置状态下形成立体网络结构而处于静止状态，而当剪切应力达到屈服值后，网络状结构遭到破坏，流体开始流动。牙膏、唇膏、棒状发蜡、粉底霜和胭脂等化妆品都属于塑性流体。

（2）假塑性流体　是另一类常见的非牛顿型流体，大多数的大分子溶液和乳状液都属于假塑性流体。由图3-2可知：对于假塑性流体，随着剪切速率的增大，流体的黏度开始变小，即流动的阻力减小，该现象通常被称为"剪切变稀"，其流动行为可以用式（3-5）描述：

$$\tau = K\gamma^n \ (0<n<1) \tag{3-5}$$

式中，K 为流体黏度量度常数，K 值越大则流体黏度越大。

大多数的乳化体化妆品都会表现出假塑性的流动行为，这是由于在流动过程中各液层之间存在速度梯度，使得体系中细长的高聚物分子和一些长链的有机分子，在穿过几个流速不等的液层时，同一分子内各部分由于处在不同速度层，将以不同的速度前进，但这种情况不能长时间持续，长链分子会试图全部进入同一速度的流体层，则会导致大分子在流动方向上的取向，从而降低流动阻力，表现为黏度下降。

（3）胀性流体　胀性流体流变曲线不通过原点，无屈服值。当剪切速率较小时，液体的流速较大，而当剪切速率逐渐增加时，液体的流速开始逐渐减小，流动阻力增加，该现象通常被称为"剪切变稠"，在流变曲线图上表现为向上突起的曲线。其流动行为可以用式（3-6）描述：

$$\tau = K\gamma^n \ (n>1) \tag{3-6}$$

胀性流体在化妆品中较为少见，但在一些高聚物分散体系中见到较多。在该类体系中，颗粒必须是分散的，而不是聚结的，且分散相的浓度较高，当受到剪切应力作用时，可能引起体系中微结构的重排，使得流动阻力随剪切速率增大而增加。

（4）触变流体　某些流体的黏度不仅与剪切速率大小有关，而且与流体受剪切变形作用的时间长短有关，为时间依赖性流体。其中，部分流体在受剪切应力作用产生流动时，黏度下降，流动性增加，而当流体停止流动时，其状态又恢复到原来的现象，即表现出触变性，该类流体为触变性流体。

触变性是凝胶体在振荡、压迫等机械力的作用下发生的可逆的溶胶现象，普遍存在于高分子悬浮液中，代表流体黏度对时间的依赖性。对触变流体施加剪切应力后，破坏了流体内部的网状结构，当剪切力减小时，液体又重新恢复了原有结构，恢复过程所需时间较长，反映在触变流体的流变曲线图中就是上行线和下行线不重合（图3-4）。

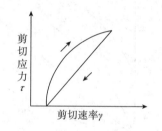

图3-4　触变流体的流变曲线

部分塑性流体、假塑性流体和胀性流体也会表现出触变性。触变性在化妆品生产中有很多实际应用，如膏霜、乳液、牙膏和湿粉等都要求有较合适的触变性，一般可添加如层状结构的硅铝酸盐等触变性添加剂。

三、黏弹性

由于黏度的存在，使得流体在流动过程中产生内摩擦力的特性，称为流体的黏性，流体在剪切应力作用下产生的变形，即流动，为不可逆过程。而固体在外力作用下产生的变形，若外力撤除后，固体又可恢复到原有形状，这种可逆的形状变化称为弹性变形。某些流体或分散体系同时具有黏性和弹性的双重特性，即具有黏弹性。如蛋白就是日常生活中常见的具有黏弹性的流体，化妆品中的膏体乳液和部分凝胶类产品，尤其是含有聚合物的体系都表现出黏弹性。

对于黏弹性流体，当有外力作用时，一部分能量因内摩擦而消耗，而另一部分能量则为弹性变形而贮存。但黏弹性流体的形变，不会像弹性物体可以立即完成，而是随时间逐渐发展，最后达到最大形变，该现象称为蠕变。

对于牛顿型流体，对其进行快速搅拌时，会在搅拌杆的周围形成凹形液面；而对于非牛顿型流体进行搅拌时，其产生的现象和牛顿型流体完全相反，流体会沿着搅拌杆向上爬，如图 3-5 所示，该现象由 Weissenberg 于 1944 年在英国首先发现，因而被称为 Weissenberg 效应，又被称为爬杆效应或包轴效应。这是由于流体具有黏弹性，在外力作用下旋转流动时，具有弹性的大分子链会沿着圆周方向去取向和形变拉伸，从而产生一种朝向轴心的应力（法向应力），迫使液体沿棒爬升。

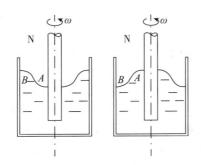

图 3-5 Weissenberg 效应（爬杆效应）

在化妆品生产过程中，当搅拌如面膜和含粉量较高的膏霜等黏稠浆状流体时，就会产生爬杆现象。尤其是当流体的黏性较强时，若搅拌器选择不当，会造成流体包裹在搅拌器上，与搅拌轴同步旋转，使得混合和传热不能正常进行。

知识拓展

牛顿型流体和非牛顿型流体

英国科学家牛顿于 1686 年发表了以水为工作介质的一维剪切流动的实验结果，分析了内摩擦力的影响因素，并由此提出了著名的牛顿黏性定律；1784 年法国科学家库伦进一步用实验证实了流体内部存在内摩擦力；英国科学家斯托克斯 1845 年在牛顿黏性实验定律的基础上，导出了广泛应用于流体力学研究的线性本构方程，以及被广泛应用的纳维-斯托克斯方程。后来人们在进一步的研究中知道，牛顿黏性实验定律对于描述像水和空气这样低分子质量的简单流体是适合的，而对描述具有高分子质量的流体则不合适，此时剪切应力与剪切应变率之间已不再满足线性关系。随后，人们将剪切应力与剪切应变率之间满足线性关系的流体称为牛顿型流体，而把不满足线性关系的其他流体称为非牛顿型流体。

在日常生活和工业生产中，常遇到的各种高分子溶液、熔体、膏体、凝胶、交联体系、悬浮体系等复杂性质的流体，一般均是非牛顿型流体。

例如：新型防弹衣的主要成分是聚乙二醇和硅微粒，两者按一定的比例混合而成。聚乙二醇是一种应用广泛的无毒液体，能承受的温度范围较广，而极其细小的硅微粒则非常坚硬。这种流动性很强的液体和坚硬的微粒结合后，便能形成一种性能不同寻常的材料，即一种处在固液混合状态的纳米粒子溶剂，这种粒子溶剂通常状态下是以液态形式存在，但一旦受到冲击和紧压，就变成坚硬的固体，难以被穿透，从而起到防弹的效果。

第三节 流变特性在化妆品中的应用

化妆品产品多为乳状液或悬浮液形态，呈现为多组分、多相态的复杂非牛顿型流体和热力学不稳定体系。其中组分配比、相态、工艺条件和储存条件对产品的生产过程、质量和使用性能均产生影响。在化妆品生产过程中，采用流变学方法，通过对黏度、弹性、硬度、塑变值和黏弹性等因素的客观测定，确定相关原料和产品的流变特性，为化妆品配方开发、生产工艺条件、产品性能评价等方面提供理论指导与建议。

一、流变特性对化妆品生产的控制

化妆品多数是流体或生产过程经历流体状态，原料和产品的流变特性如乳液稳定性、铺展性、悬浮作用、热稳定性、可挤出性、增稠作用等，直接影响产品的质量、感官特性、工艺流程和生产设备的选择和新产品研发，因此控制产品的流变特性尤为重要。化妆品产品多为非牛顿型流体，常常具有复杂的与剪切和时间相关的特性。从生产到市场流通，直到消费者使用时的整个周期内，其黏度均随所受到的外力的变化而变化，因此需对整个周期内的黏度进行控制，此外还需要控制塑性变形值、剪切应力依赖关系和时间依赖关系等。

以乳液为例，该类化妆品是一种液体以液珠的形式分散在与其不相溶的另一种液体中而形成的分散体系，一般具有剪切变稀性、黏弹性、触变性和屈服应力。学者们通过研究乳液组分、乳化时间、离子强度和 pH 条件等因素对体系流变学性质的影响，可以建立流变学指标（如屈服应力、黏弹性）与产品稳定性之间的联系。这样的流变特性研究，既可以根据测试推测乳状液的内部结构特性，还可以通过流变测试来确定乳状液的组成成分对流变特性的影响，流变学特性研究已经被广泛应用于表征乳状液体系以及模拟扩大生产中的混合和反应等方面。

华东理工大学樊悦等研究了某 O/W 型乳液化妆品生产过程中乳化工艺条件与流变学性质之间的关系，考察了乳化时间对体系的触变性和黏弹性的影响。

（1）乳化时间对体系的触变性影响表现，见图 3-6。随着乳化时间的增加，上行线与下行线间相互靠近，该乳液体系的滞后环面积越来越小，体系触变性逐渐减弱，非牛顿型流体的性质减弱，逐渐趋近于牛顿型流体；乳化时间为 1 分钟和 10 分钟时，由图 3-6 计算出滞后环面积分别为 69.84Pa/s 和 1.74Pa/s，减小了 97.5%。继续增加乳化时间，滞后环面积基本保持不变。该类 O/W 型乳液体系，乳化过程中体系的内部结构主要受油相在水相中分散情况的影响。随着乳化时间增长，油滴粒径减小，在水相中分散得更加均匀，此时乳液体系表现出来的触变性更小。到达一定乳化时间后，该体系的油滴在水相中均匀分布，乳化完全，触变性也不再变化。

（2）采用黏性模量（G″）和弹性模量（G′）表征材料流动特性和弹性，乳化时间对黏弹性的影响见图 3-7。不同乳化时间下得到的乳化体系在黏弹性方面有较大差异。乳化时间延长，黏弹性模量越来越小；乳化时间达到 10 分钟时，继续增加乳化时间，体系黏弹性模量不再变化。对于黏弹性流体，G′ 可以在一定程度上反应体系内部结构的强弱，值越大，体系内部结构越强。根据图 3-7 可判断，该 O/W 型乳液体系的黏弹性随乳化时间的增加而逐渐减弱。乳化时间超过 10 分钟时，该体系的黏弹性模量变化较小，因此可推断此时体系已到达乳化终点。因此由乳化过程的黏弹性研究可知，制备 O/W 型乳液时，可考虑通过测定体系的黏弹性来指导对其乳化终点的判定。

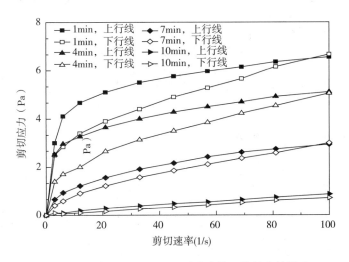

图 3-6 乳化时间对 O/W 型乳液体系的触变性影响

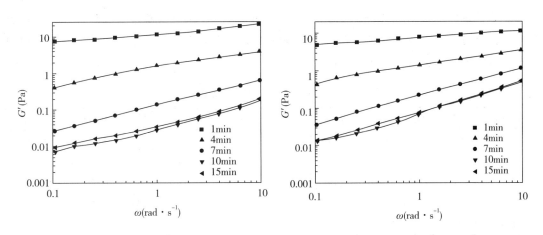

图 3-7 乳化时间对 O/W 型乳液体系的黏弹性影响

二、流变特性与化妆品感官评价

感官评价指人们通过视觉、嗅觉、触觉、味觉和听觉所引起反应，对化妆品产品进行性能测试和分析，是判断化妆品品质好坏的最为直接方式。护肤用品的感官评价是通过对其使用性能的测定来评价的，膏霜、乳液类产品的性能评价指标主要有铺展性、渗透性、油腻性、黏起感等；洁肤用品及洗发产品的性能评价指标有分散性、泡沫性、易冲洗程度、紧绷感及脱脂性等。流变特性能够客观地确定化妆品产品被应用到皮肤的感觉，这可以帮助缩短研究和开发时间，为化妆品开发提供便利。因此，建立流变特性与感官评价之间的相关性，建立主观与客观之间的联系，可以对化妆品的使用感觉和效果做出正确评价。

北京工商大学王硕等为了比较 5 种香波样品的铺展性优劣，对其流变特性和感官特性分别进行了测试：流变特性测试结果见图 3-8 所示。由实验结果可知：在剪切速率逐渐增大的情况下，五种样品的黏度会随之减小，反映了消费者在使用过程中，随着涂抹速度的变化，在一定范围内其产品黏度的变化，体现产品使用中的铺展性。曲线的斜率说明产品在剪切速率变化过程中的黏度减小率，同样体现了产品的铺展性。结果显示，B 款配方的铺展性最差，剩下的 4 种产品的铺展性很相近，但其中 E 款配方的铺展性表现最优。

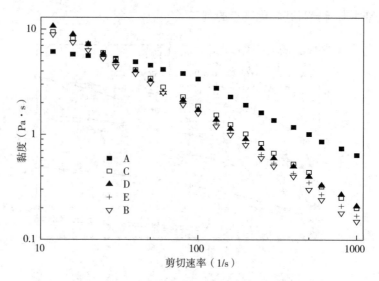

图 3 - 8　几种香波剪切速率与黏度关系

感官评价的测试结果见表 3 - 1，由实验结果可知：5 种配方样品中，E 样品的铺展性最优，而 B 样品的铺展性最差，与流变学测试结果完全吻合。实验结果表明，流变学测试结果与感官评价结果有较好的相关性。

表 3 - 1　几种香波样品的感官评价测试结果

样品编号	光泽度	吸收效果	铺展性	滋润效果	细腻性	黏稠度	黏腻感	清爽度	总体评价	加权总评
A 样品	7.750	6.667	6.778	7.111	7.625	6.556	6.000	7.556	6.875	6.991
B 样品	7.750	5.778	6.156	8.222	7.875	6.667	7.111	6.778	7.875	7.401
C 样品	6.875	6.222	8.667	7.444	7.875	6.000	6.111	7.333	7.125	6.961
D 样品	7.000	6.111	7.778	7.667	7.875	6.444	5.889	6.889	7.625	6.994
E 样品	7.250	7.333	9.889	7.444	7.500	6.667	6.889	7.333	7.875	7.242

Brummer 等和 Bekker 等学者分别通过流变学测试乳液类化妆品和凡士林类化妆品应用到皮肤上的感觉客观化。实验结果表明皮肤对化妆品的感受可分为第一肤感和第二肤感，分别与不同的流变变量有关，第一肤感与开始使用产品时的剪切速率和动态黏度有关，而第二肤感则与产品被涂擦至皮肤完全吸收后的静止黏度有关。因此感官测试并不仅仅与静止黏度有关，还与刚涂抹时的动态黏度有关。

第四节　流变特性的测量

化妆品种类复杂繁多，多数原料和产品以非牛顿型流体为主，流变规律相对复杂。化妆品流变学特性反映了化妆品在力的作用下流动或形变的规律，从生产过程的控制、罐装和产品运输到使用性能和感官性质都与流体的流变特性密切相关。随着化妆品工业的快速发展，国内外对化妆品流变学的研究日益重视，对化妆品原料及产品进行流变性质的测量是其中一项主要研究内容。

对化妆品进行流变特性的测量，就是研究化妆品的剪切应力与剪切应变之间的关系。早期的流变特性测定，是通过施加单一的剪切变形和单一的拉伸变形来测定响应应力的。而随着计算机及光电技术的快速发展，更先进的控制型流变测量仪器设备可对流体的流变特性进行更加快速和精确的测量，使得化妆品流变学的研究更加科学化与系统化，可以更广泛应用于化妆品原料的开发以及化妆品产品的开发中。

一、毛细管黏度计

毛细管黏度计构造简单、价格低廉、测量精确且操作方便，被广泛应用于牛顿型流体黏度的测量。根据结构和形状，毛细管黏度计可以分为平氏、乌氏、芬氏和逆流四种。

对于毛细管黏度计，牛顿型流体在外力的作用下在毛细管内以层流形式流出，通过测量流量、流出时间、压力差和毛细管的尺寸即可计算出流体的黏度：

$$\mu = \frac{\pi R^4 \Delta p t}{8VL} \tag{3-7}$$

式中，μ 为流体的黏度 Pa·s；Δp 为毛细管内的压力差，Pa；t 为时间，s；V 为流体的体积，m^3；R 为毛细管半径，m；L 为毛细管长度，m。

图 3-9 所示为平氏毛细管黏度计，在一定温度下，当液体在直立的毛细管中，以完全湿润管壁的状态流动时，其运动黏度 ν 与流动时间 t 成正比。测定时，用已知运动黏度的液体作标准，测量其从毛细管黏度计流出的时间，再测量试样自同一黏度计流出的时间，则可计算出试样的黏度。

图 3-10 所示为三支管乌氏黏度计，它具有一根内径为 R，长度为 L 的毛细管，毛细管上端有一个体积为 V 的小球，小球上下有刻度线 a 和 b。测试过程中，流体由 A 管向 B 管抽溶液，C 管密闭；随后将 C 管通大气，毛细管以上的液体悬空将沿着管壁流下，记录下液面流经刻度 a 和 b 之间的时间差，根据公式即可算出流体的黏度。

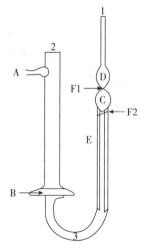

1.主管；2.宽管；3.弯管；A.支管；B.储器；
C.测定球；E.毛细管；F1、F2.环形测定线

图 3-9　平氏毛细管黏度计

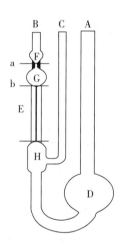

A.宽管；B.主管；C.测管；D.储液球；E.毛细管；F.缓冲球；
G.测量球；H.悬挂水平储器；a、b.环型测定线

图 3-10　乌氏毛细管黏度计

二、落球黏度计

落球黏度计又叫 Hoeppler 黏度计，由德国 HAAKE 公司在 21 世纪 30 年代发明。该黏度计结构简单且测量精确，适用于从气体到低、中黏度的透明或半透明流体，在工业生产和科研领域至今它仍占据很重要的地位。

落球黏度计工作原理是测量落球在重力作用下，经倾斜成一个工作角度的样品填充管

降落所需要的时间。由于液体黏度的影响，液体具有黏滞性，固体小球在液体内运动时，附着在小球表面的一层液体和相邻层液体间有内摩擦阻力作用，即黏滞阻力。对于一个半径为 r 的光滑圆球，以速度 v 在均匀的无限宽广的液体中下落，假定下落速度不大，球半径也很小，在液体中不产生涡流的情况下，可根据 Stokes 公式计算出小球在液体中所受到的黏滞阻力大小：

$$F = 6\pi\eta\mu v \tag{3-8}$$

式中，F 为黏滞阻力，N；r 为小球半径，m；μ 为液体黏度，单位为 Pa·s；v 为小球下落速度，m/s。

同时黏滞阻力 F 可由小球所受到的重力及小球在液体中所受到的浮力求算出，并最终求出待测液体的黏度大小。

目前市场所售的落球黏度计，一般会配套有 4~6 个不同材质和尺寸大小的小球，测量范围最大可达 $10^{-5} \sim 10^3$ Pa·s，测量精度高，在化学工业、制药工业、食品工业等多个行业中被广泛应用。

三、旋转黏度计

旋转黏度计是工业中广泛应用的黏度测试仪器，它不仅可以测量牛顿型流体的黏度，还可以用于非牛顿型流体黏度的测量，美国 Brookfield 公司是世界知名的旋转黏度计生产商。旋转黏度计具有使用简单方便、数据准确可靠、可快速连续测量等优点，通过调节转速即可测量不同剪切率下的流体黏度。但同时，旋转黏度计也存在所需硬件设备较多、结构复杂、价格昂贵等缺点。因此，在使用时要根据工业生产要求及工业环境来选择合适类型的黏度计。

目前国内外常用的旋转黏度计从结构上可以分为单圆筒式和双圆筒式，其基本原理都是一台同步微型电动机带动转筒（转子）以一定的速率在被测流体中旋转，转筒由于受到流体黏滞力的作用产生滞后，与转筒连接的弹性元件则会在旋转的反方向上产生一定的扭转，通过测量扭转应力的大小就可以计算得到流体的黏度值。

单圆筒式旋转黏度计被广泛应用在医药、化妆品、食品和化工等工业流程中的液体黏度在线测量，我国化妆品标准测量黏度使用的 NDJ－1 型黏度计就属于这一类型的黏度计，其结构如图 3－11 所示：电机以稳定的速度旋转，通过转轴带动刻度圆盘、游丝和转子旋转。如果转筒内无液体则转子未受阻力作用，游丝、指针与刻度圆盘同速旋转，指针在刻度盘上的读数为"0"；反之，如果转子受到由

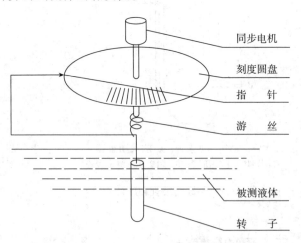

图 3－11　旋转黏度计结构图

液体黏度所产生的阻力，则游丝产生扭矩，与黏滞阻力抗衡最后达到平衡，这时与游丝连接的指针在刻度盘上指示一定的读数，通过计算即得到液体的黏度。单圆筒式旋转黏度计可配备不同尺寸的转子，黏度测量范围一般在 0.001~2000Pa·s 之间。

双圆筒式旋转黏度计由内外两个同心圆筒组成，分为内筒旋转式和外筒旋转式两种类型。测试时，内外圆筒间充满待测液体，旋转圆筒在电机带动下恒速转动，通过测量维持转动所需的转距和两个圆筒的尺寸，计算出待测液体的黏度值。

旋转黏度计在工业生产中应用非常广泛。近几年来，随着工业生产水平的不断提高，研究人员对旋转黏度计进行改进和技术升级，数字化显示数据技术和高性能芯片、高精度传感器的应用，推动了旋转黏度计的快速发展，使得流体黏度的离线测量和在线测量结合，优化了旋转黏度计的功能，扩大了旋转黏度计的应用范围，给工业生产带来了极大的便利。

四、皮肤黏弹性测试仪

皮肤作为生物体的软组织器官，是一种非线性黏弹性材料，其黏弹性主要指的是当皮肤受到外力出现形变后，恢复正常状态的能力。对皮肤黏弹性进行检测，在化妆品、美容、生物医学和临床治疗等领域有重要意义。目前常用的皮肤黏弹性能测试方法有负压吸入法、旋转传感法、切线震荡法和共振传导法等，其中负压吸入法测试过程简单方便、测试结果准确，MPA580 皮肤弹性测试仪是较为常用的皮肤黏弹性测试仪器，其结构见图 3－12。

图 3－12　MPA580 皮肤弹性测试仪

图 3－12 所示皮肤弹性测试仪的工作原理是基于吸力和拉伸原理，在被测试的皮肤表面产生一个负压，将皮肤吸进一个特定测试探头内，皮肤被吸进测试探头内的深度是通过一个非接触式的光学测试系统测得的。测试探头内包括光的发射器和接收器，光的比率（发射光和接收光之比）同被吸入皮肤的深度成正比，然后通过 MPA 软件分析来确定皮肤的弹性性能。同时，该仪器还配套有多个探头，在皮肤弹性性能测试的同时，还可对皮肤水分含量、皮肤酸碱度、皮肤油脂含量等进行测试。

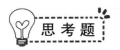

思 考 题

1. 简述几种非牛顿型流体的特点。
2. 简述流变学在化妆品中的应用。
3. 简述常用黏度计的测试原理及特点。

PPT

第四章 彩妆基础知识

知识要求

1. **掌握** 色彩的原理、色料的分类、粉体粒子的基本性质。
2. **熟悉** 色料的润湿分散、化妆品常用粉体的性能。
3. **了解** 粉体性质对化妆品配方及工艺的影响。

随着大众消费观念以及审美观念的升级和改变，越来越多的消费者开始注重自己的外在形象，彩妆渐渐变得越来越重要。

彩妆主要是涂敷于脸面及指甲等部位，利用色彩的变化，赋予皮肤色彩，修整肤色或加强眼、鼻部位的阴影，以增强立体感，使之更具有魅力。同时，也可用于遮盖雀斑、伤痕和痣等皮肤的缺陷。

彩妆化妆品配方中由于大量使用色素和粉体，所以预防色差以及做好粉体的分散，尤其重要。如何才能做好彩妆类化妆品？掌握色彩、色料及粉体学等与彩妆化妆品相关的基础知识就显得非常重要。

色彩是通过眼、脑和我们的生活经验所产生的一种对光的视觉效应。没有光就没有色，色彩的本体是光。人们将物质产生不同颜色的物理特性直接称为颜色。色料是指能使物体染上颜色的物质。色料的应用赋予化妆品丰富的色彩。常用色料绝大部分是粉体。

粉体是无数个固体粒子的集合体。粉体学是研究粉体的基本性质及其应用的学科。通过对粉体学的学习，掌握粉体的基本性质及应用，有助于化妆品的配方设计。

第一节 色 彩

色彩的现象以及人们对色彩概念和原理的认识，均是由光引起的，因为光不仅是生命之源，也是色彩的起因。人要能感觉到色彩，首先要有光，然后有视觉体系，最后就是对象，三者缺一不可。为了更好地研究、应用色彩，首先掌握色彩物理方面的知识，特别是光与色彩关系的定律。人对色彩的认知不仅仅由光的物理性质所决定，还包含心理、生理、环境等许多因素。色彩在化妆品应用中主要起到美化产品作用，按其场所、喜好的不同可搭配出各具风格的妆面，让消费者的身心产生愉悦感。

一、光与色彩

光与色彩是一种物理现象。光辐射时产生波峰，两个波峰之间的距离称波长。光的颜色是由波长的范围决定的。物体表面和传播媒介能对所有的或者特定的波长光线产生折射、反射、衍射或者干涉作用，从而作用于人的视觉系统，输送到大脑得出相应的色彩。

17世纪的英国科学家牛顿曾用三棱镜将日光分解出七色排列的光谱，并把这种现象称为光的色散，从而科学地证实了光与色的关系。色散实验是把白色日光从一个狭缝引入暗室，并使这束白光穿过三棱镜，最后得出日光是由红、橙、黄、绿、青、蓝、紫七种不同

波长的单色光组成的。分开的单色光依次排列成的色带叫作光谱，波长从最长的红色光波
（约780nm）到最短的紫色光波（约380nm），这个区域称为可见光谱，也就是人类所能看
到的色彩范围。这个实验的原理是光从空气中透过玻璃再到空气，在空气与玻璃两种介质
中产生两次折射，由于折射率大小不同和三棱镜各部位的厚薄不均等差异，将本来的白色
日光分解成了七色光。当这些不同波长的色光照射到物体上时，由于物体的不同物理特性，
它们会吸收、透射一部分波长的光，而反射另一部分波长的光，被反射的光刺激眼睛内的
视觉感色细胞，再经过视觉神经输送到大脑，最终形成人对光的感受——色彩。

　　因此，色彩在化妆品中扮演主要角色，赋予化妆品多种多样的颜色。尤其在彩妆领域，
学习彩妆首先从了解色彩，恰当运用色彩开始，配方师从而设计出潮流的产品，让消费者
搭配更出彩的妆面。

　　1. 光　　光即是通过光源光、透射光与反射光三种形式形成色彩而被视觉感知。

　　（1）光源光　　能自己发光的物体称为光源、发光体，由光源发出的光叫作光源光。光
源光能直接进入人的视觉，共可分为两类，第一类是自然的，如太阳光、闪电等；第二类
是人造光，如电灯光、显示屏光等。

　　（2）透射光　　光源光穿过透明的或半透明的物体后再进入视觉系统的光线称为透射光。
透射光的亮度和色彩取决于入射光穿过被透射物体之后所达到的光透射率及波长特征。

　　（3）反射光　　光源光通过物体的反射后进入视觉系统的光线称为反射光。反射光是光
进入人的眼睛的最普遍形式。有光线照射的情况下，眼睛能看到的任何物体都是该物体的
反射光进入视觉所致。物体的色彩不同，是因为它们各自的反射性能不同，哪种光反射得
多些，就表现为哪种色彩（图4-1）。

图4-1　投射光和反射光

　　2. 色彩　　是大自然的物理现象。是人们塑造人物形象，美化人们生活的重要手段之一。
色彩是由光的刺激产生的，没有光就没有颜色。物体的色彩分为光源色与反射色。其中，
反射色细分为物体色和固有色。

　　（1）光源色　　是指有某一类物体的色彩是由光源或发光体本身辐射的光波形成的，这
类物体的色彩称为光源色，如太阳、电灯等。

　　（2）反射色　　是指自然界中绝大多数不发光的物体的色彩是通过对光源光的吸收、反
射或透射来显示的，这类物体的色彩称为反射色。反射色由反射光或透射光的波长决定。
其中，反射色又可细分为物体色和固有色。

　　1）物体色：我们日常所见到的非发光物体会呈现出不同的色彩。一个物体的色彩由两
个因素决定的，分别是物体的表面特性和投照光源的性质。例如，在白色日光的照射下，
白色表面几乎反射全部光线，黑色表面几乎吸收全部光线，因此会呈现出白、黑两种不同
的物体色。当投照光由白色变为单色光时，情况就不同。例如，同样是白色的表面，用绿
光照射的时候，因为只有一处绿色光可以反射，因此就会呈现绿的色彩，而红色表面由于
没有红光可以反射，而把绿色的投照光吸收掉，因此呈现偏黑的色彩。这种在不同光源作

用下客观存在的反射物体的色彩称为物体色。

2）固有色：通常物体在正常的白色日光下所呈现的色彩称为固有色。由于它最具有普遍性，在我们的知觉中便形成了对某一物体的色彩形象概念。这是一种相对的色彩概念，然而，从实际方面来看，即使日光也是在不停地变化中，任何物体的色彩不仅受到投照光的影响，而且受到周围环境中各种反射光的影响，所以物体色并不是固定不变的。即使如此，固有色的概念仍旧不能被排除，因为在生活中，需要有一个相对稳定的、来自以往经验的色彩印象来表达某一物体的色彩特征。

3. 无彩色与有彩色　通常能看到的色彩，分为无彩色和有彩色两大系列。从光学的角度来看，当投射光与反射光在视觉中并未显示出某种单色光的特征时，我们所看到就是无彩色，即黑色、白色、灰色。相反，如果视觉能感受到某种单色光的特征，我们所看到的就是有彩色。从视觉角度来讲，没有色彩感的颜色，如黑色、白色和灰色，这些色叫作无彩色。假定有纯粹的无彩色，那么黑色和白色以外的颜色，就是彩色。而现实中不存在纯粹的无彩色，无彩色属于有彩色体系的一部分，两者构成了相互区别而又不可分割的完整体系。

二、色彩属性

当我们试图用语言来描述一种色彩感觉时是以联想为基础的，一般比较主观。主观地形容色彩具有启发性，富有诗意，甚至是有趣味的，但是这些描述并不能向我们传达更多的色彩信息，而以属性特征给色彩命名则能够更精确地传达我们看到的色彩信息。科学实验证明，当一个色彩呈现在我们眼前时，可以用色相、明度、纯度三个基本特征来描述它，这三个基本特征称为色彩的三属性，又称色性。

1. 色相　即色彩的相貌，指不同波长的光给人不同的色彩感受。色相是色彩的首要特征，是区别各种不同色彩的最准确的标准。色相的范围相当广泛，牛顿光谱色中就有红、橙、黄、绿、青、蓝、紫七个基本色相，它们之间的差别就属于色相差别，是色彩最突出的特征。而这七个不同的基本色相，按其色彩倾向的不同又可区分出不同的色相。事实上任何黑、白、灰以外的色彩都有色相的属性，而这些色相也就是由原色、间色和复色来构成的。原色又称为第一次色，或称基色，是指色彩的基本色，即用于调配其他色彩的基本色。原色的纯度最高、最纯净、最鲜艳，可以调配出绝大多数色彩，而其他色彩不能调配出三原色。三原色分为两类，一类是色光三原色，又称为加色法三原色；另一类为色料三原色，又称为减色法三原色。红、绿、蓝光是色光三原色，此三色中的任何一种，都不能由另外两种原色混合而成。在理论上，用这三种色光以适当比例相混可合成其他一切色光。色料三原色指红、黄、蓝三色。色料三原色的混合亦称为减色混合，是光线的减少，两色混合后，光度低于两色各自原来的光度，合色越多，被吸收的光线越多，就越近于黑。所以，色彩调配次数越多，纯度越差，越失去它的单纯性和鲜明性。三种原色颜料的混合，在理论上应该为黑色，实际上是一种纯度极差的黑浊色，也可以认为是光度极低的深灰色。间色又叫二次色，它是由三原色调配出来的色彩。红与黄调配出橙色；黄与蓝调配出绿色；红与蓝调配出紫色，橙、绿、紫三种颜色又叫三间色。在化妆品调色的过程中，锰紫较容易褪色，常使用蓝1铝色淀和红7铝色淀进行调和成类似紫色，所以，在调制颜色时选择色粉是多样性的，通过学习，可指引我们选择合适的色粉，或者替换不稳定的色粉等等。

2. 明度　即色彩的明暗程度，也可以说是色彩中的黑、白、灰程度。而无彩色除了黑白之外，还可以从黑白混合之间产生明亮度不同的灰色阶得到。明度以白为最高极限，以黑为最低极限。

（1）灰度级差　和中灰同一色相有明度变化，不同色相之间也有明度变化。同一色相的明度有两种情况：一是由于不同强度的光线照射，相同色相产生不同的明度变化；二是在相同强度的光线照射下，如果在同一色相中加入不同程度的黑或白，就会降低或增强其反射度，从而产生明度变化。明度最明显的表现方式是由白至黑的灰度级差。纯粹的黑色和白色是在完全黑暗或者完全明亮的环境下形成的，无法通过印刷进行再现。人的视觉可以感知黑白两端之间数百个明度级差。位于黑白级差中端的可见点称为中灰。

（2）固有明度　明度作为色彩的属性是非常复杂的。我们感知的每一种色彩都具有明度，这个明度与灰度级差相对应。色彩可以通过黑白成分的调节而在明度上发生变化，称为色彩的明与暗。对于人的视觉感受来说，纯色也有不同的明度，称为固有明度。不同色相的色彩，其自身反射光线的强弱不同，具有不同的明度。例如，可见光谱中黄色的明度较高，紫色明度较低，红色、绿色为中间明度色。因此，要调高或降低色彩的明度，除了常见的加白或加黑外，有时为了不使色彩变粉或变灰暗，还可以加上黄或紫，或者加上一些除白、黑以外的浅色或深色，以达到明度变化的目的，这种做法也可使色彩具有微妙的变化。

与光的明暗有关系的知觉属性还有亮度和对比度，而明度是用来区别表面反射色属性的标准明暗值。因此，要改变明暗关系，除了通过改变明度关系来实现外，还可以改变亮度和对比度：一是增减光亮度，可加大或减弱光的强度；二是增减灰度，可加强黑白对比度。常见的现象是在配制口红时，同样的色粉同样的比例加入一个光泽度较高的滋润口红、一个哑光感较强的哑光口红，展现出来的涂抹色完全不一致，滋润口红的展现的涂抹色较为鲜艳，反之哑光口红偏暗。

3. 纯度　是指色彩的饱和程度。代表某一种色彩所含该色素成分的多少或所含成分的比例，一般所含色素成分越多，比例越大，其纯度越高，相反则纯度就越低。当某种色彩所含该色素的成分为100%时，就成为该色相的纯色。反过来，也可以说纯度表示色彩含灰量的多少，含灰量多，纯度低；含灰量少，纯度高。

三、色彩混合

将两种或两种以上的色彩通过一定的方式混合或并置在一起，产生出新的色彩或新的视觉效应，这种混色方法叫作色彩混合。色彩混合主要分为加法混合、减法混合和中性混合三种。其中，减法混合包括色料混合和透光混合，中性混合又可细分为旋转混合和并置混合。在美妆行业，配方师在设计配方时一般应用较多的是色料混合。

1. 加法混合　两种或两种以上的色光混合在一起，混合以后明度会随色光混合量的增加而加强，亮度也会提高，混合色的总亮度等于相混各色光亮度的总和，因此叫加法混合。加法混合又称为加色混合或色光混合。从物理光学实验中可以得知，红光、绿光、蓝光这三种色光是其他任何色光都混合不出来的，所以称为色光的三原色。两原色混合而成的色光称为间色光，如黄色光、青色光、品红色光等。当三原色光按比例相混合，所得的光是无彩色的白色光或灰色光。而若相混的两色光在色相环上相距最远，如180°相对称的互补色光相混时，混合出的新色光纯度消失，明度增高成为白光。反过来，当不同色相的两色光相混成白色光时，可判断相混的双方就是互补色光（图4-2）。因此，在加法混合中，要注意避免用与物体色呈补色的色光去照射该物体，否则会使被照物体变暗、发灰。

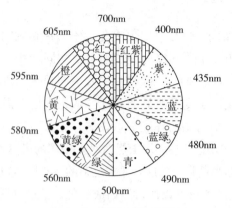

图 4 - 2 互补色光示意图

2. 减法混合 减法混合包括色料混合和透光混合。在化妆品行业中，色料混合原理常被配方师广泛应用，只有熟悉了解其原理才能设计出引领潮流色彩，且符合消费者需求的化妆品。

（1）色料混合 色料混合指的是颜料、染料的混合，也称为减色混合。其特点是混合以后色彩的明度、纯度会下降，最后趋向黑灰色。色料混合是一种减色现象，是由于混合后产生的色彩比参加混合前的各色彩更灰暗而得名。色料间的减法混合，不属于反射部分的色光混合，而是吸收部分色光后相互混合所造成的减色现象。色料的色性不同于光谱上的单色光，色料的显色现象是把照射在物体表面上的白光经过部分选择和吸收后相互混合所呈现的色觉。在色料混合中，混合的色越多，明度越低，纯度也会下降。色料的三种基本原色是品红色、柠檬黄和青色（天蓝色），将三种基本原色作适当比例的混合，也可得出其他色彩。化妆品配方师在设计配方时，常用到的是色料混合，如配制同一款质地的口红，所用色粉含量一致，使用单一的黄 5 铝色淀调色时，展现出来的涂抹色较为鲜艳，纯度较高；随着添加色粉种类增加，展现出来的涂抹色偏暗，纯度也有所下降，具体见表 4 - 1。

表 4 -1 色料混合的减色现象

基料92%	减色现象
黄 5 铝色淀 8%	色彩明度较高，纯度较高
黄 5 铝色淀 5% + 红 6 铝色淀 3%	色彩明度中等，纯度中等
黄 5 铝色淀 2% + 红 6 铝色淀 3% + 氧化铁红 3%	色彩明度偏暗，纯度偏低
黄 5 铝色淀 1% + 红 6 铝色淀 3% + 氧化铁红 3% + 氧化铁黑 1%	色彩明度偏灰暗，纯度最低

（2）透光混合 透过重叠的彩色玻璃纸或色玻璃等透明体所映现出的混合色，这样的色彩混合也是一种减法混合，称为透光混合。透光混合也称为透明体混合。参加混合的透明体越多，透过率越低，透明体每重叠一次，透明度就会下降一些，混合后的色彩明度、纯度均降低。

3. 中性混合 无论是加法混合还是减法混合，均是色彩未进入眼睛之前已在视觉外混合好了，再由眼睛看到，这种视觉外的混色为物理方式的混色现象，另一种情况是色彩在进入视觉前没有混合，而是在一定的条件下通过眼睛的作用将色彩混合起来，这种发生在视觉内的混色为生理方式的混色现象，称为中性混合。中性混合又可细分为两类，第一类是旋转混合，是指把两种或多种色并置于一个回旋板上，快速旋转，就可以看到回旋板上产生了新的色彩；第二类是并置混合，是指将许多小色块并置在画面上，在一定距离外观看，当它们投影到视网膜上时，由于视觉生理特点，这些不同的色块刺激就会同时作用到视网膜上，相邻各部位的感光细胞辨别不出过小或过远的色彩，就会在视觉中产生色彩的混合，自动产生出另一种色感。

四、色彩对比

色彩对比是色彩构成中较重要的组成部分。色彩是人的视觉器官对可见光的感觉，当两种或两种以上的色彩进入眼帘后，人们就会自觉或不自觉地进行比较，这种基于各种不同角度进行的比较称为色彩对比。

1. 色相对比　了解色彩的色相、明度、纯度、面积、位置、形状、肌理等对比关系，对进一步掌握色彩的特性以及色彩搭配在美妆行业中有着重要的作用和意义。在色彩间所形成的主要以色相差别为主的对比，称为色相对比。

（1）色相对比的基本条件　色彩的差别是色相对比的基础，具有普遍性。

1）在相同光线下色彩存在差别。在相同光源照射下看到的物体由于存在角度、位置不同，与光源的距离远近不同，所感受到光的强度也不同。

2）物体的反光性不同也会造成色彩差别。即使在同一光源下，位置、角度等条件相同，但物体的反光性不同，也会产生色相、明度、纯度、肌理等方面的差别。

3）发光体与反光体的不确定性决定同一物体色彩有差异变化。反射光处于空间各处，这对于人眼见到的物体色彩的影响是多样的。

4）发光体处于运动状态时，受光体会随之产生丰富的色彩变化。如太阳光每天的东升西落、四季转换、阴晴冷暖等对于物体的色彩影响是明显的。

5）受光体处于相对运动状态时，外界的光源与反射光会随之改变，色彩效果会有所不同。

6）色彩的感受和人的心理、生理状况有很大的关系，通常会在主观意识上对色彩产生差异。

7）人眼经过色彩适应后，在一定时间和环境条件下能看出更多的色彩的微妙变化。色彩的适应性包括明度适应、暗度适应、色相适应等，色彩的细微差别性在经过适应后，才能看清楚。

（2）色相对比类型　从色彩学家伊顿的色相环的色相间距的远近可以看出色相对比的强弱，每个色相都会成为色相对比的主角，以此色相环为依据进行对比研究，组成同类色对比（色相距离在15°以内）、类似色对比（色相距离在15°~60°之间）、对比色对比（色相距离在45°~130°之间）、互补色对比（色相距离在180°左右）等。

1）同类色对比：在色相环中，色相间的角度在15°左右的对比，称为同类色对比，它是色相对比中最弱的对比。由于色相的差别很小，所以产生的变化很模糊，通常被看作是同一色相的明度或纯度的对比。这种对比和谐、统一，容易调和，但有时显得简单。。

2）类似色对比：在色相环中，色相间的角度在45°左右的对比称为类似色对比。类似色对比与同类色对比相比较稍显有变化，是色相的弱对比。如黄色和橘黄色是两种类似色。运用这两种色彩进行搭配，妆面柔和淡雅，但容易产生平淡、模糊的妆面效果。因此，在化妆时，适当的调整色彩的明度，使妆面效果和谐。

3）对比色对比：在色相环中，色相间的角度不大于100°的对比称为对比色对比，是色相对比中的强对比。此种对比的最大特点是对比中不失和谐。对比色相对比的色彩效果比类似色相对比的色彩更加艳丽、丰富、饱满、富有变化。

4）互补色对比：在色相环中，色相间的角度在180°左右的对比称为互补色对比。其中，绿与红、黄与紫、蓝与橙是两两相对的色彩对比，属于强对比，对比效果强烈，引人注目，适用于浓妆及气氛热烈的场合。在搭配时，要注意强烈效果下的和谐关系。使之和谐的手法有：改变面积、明度、纯度等。

除了以上常用色彩对比，还有原色对比、间色对比、复色对比等。

2. 明度对比　是指运用色彩在明暗程度上产生对比的效果，也称深浅对比。明度对比有强弱之分。强对比颜色间的反差大，对比强烈，产生明显的凹凸效果，如黑色与白色对比；弱对比则淡雅含蓄，比较自然柔和，如浅灰色与白色对比，淡粉色与淡黄色对比，紫色与深蓝色对比。化妆中色彩运用明度对比进行搭配，能使平淡的五官显得醒目，具有立体感，例如，我们将高光涂在鼻梁及额头中部，阴影涂在鼻侧，利用明度对比使鼻梁显得高挺。

3. 纯度对比　是指由于色彩纯度区别而形成的色彩对比效果。纯度越高，色彩越鲜明，对比越强烈，妆面效果明艳、跳跃。纯度低，色彩偏浅淡，色彩对比弱，妆面效果含蓄、柔和。化妆中色彩运用纯度对比进行搭配，需分清色彩的主次关系，避免产生凌乱的妆面效果。

4. 面积对比　是指各种色彩在构图中所占面积之比，是一种大与小、多与少的对比，是各种色彩在构图中所占面积大小引起的明度、色相、纯度、冷暖等对比。色彩面积对比特征如下描述：人感觉到的色彩具有一定面积的存在，一定的面积又会有色彩的体现，二者是相辅相成的。色彩的明度、纯度等对比是基于相同面积的色彩而言的，如果面积发生了变化，则色彩的视觉感受也将随之变化。例如，大面积的黄色和蓝色并置在一起，给人的感觉是更加强烈的视觉冲击，而当黄色和蓝色面积逐渐缩减到很小时，人们在一定距离观看，则会感觉到闪烁的亮绿。又如当红与绿并置在一起的时候，大面积的红与小面积的绿，大面积的绿与小面积的红，给人的感觉是不同的。当小面积的红与小面积的绿交织混合的时候，眼睛会感受到闪烁的暗金色。

5. 位置对比　位置对比使色彩的构图形式多样化，使静止的色彩富于动感变化。位置是指形态所存在的空间的某一地方，从构图角度来看，一个色彩所处的位置对人的视觉产生不同的效果。通常情况下，人习惯性从左看到右，从上看到下。一个色彩放置在左边会让人产生紧凑感，放置在右边会让人产生空旷感，这是由人的生理因素决定的。几块相同的颜色由于所处的位置不同，对比发生变化，给人的视觉效果也不同。近距离的对比效果更清楚、更强烈，远距离的对比效果使空间感更强。

6. 肌理对比　肌理是指物象表面的组织结构。不同的表面组织结构，创造出不同的"质感"，对色料的运用进行同一配方不同颜色的调和构造，就会出现多种美妙的肌理效果，强化色彩的美感，增加色彩的表现形式，从而吸引消费者的购买欲。市面上运用较多的肌理对比的产品有VDL渐变三色口红、完美日记国家地理十六色眼影、兰瑟珍珠亮颜双色BB霜等。

综上所述，掌握对比色彩的运用，可以有效地搭配出令人喜爱的化妆品及妆面构造，从而刺激消费者的购买欲及其使用时所体会的身心愉悦感，从而成为一名出色的化妆师和配方师。

五、色彩与心理

色彩就其本质而言是物质的，但它同时又具有精神性的价值。在人们的日常生活中，常常体会到色彩对自己心理的影响，并且这种影响往往是不知不觉的，是不以人的意志为转移的；这种影响往往还左右人们的情绪，干扰人们的意识与意志，这就是色彩的心理效应。从事美妆行业的化妆师必须了解和掌握色彩，在满足消费者的需求下选择合适的化妆品、搭配出彩的妆面，是从事化妆师工作的必要基础。

选择光谱显示的红、橙、黄、绿、蓝、紫六种色彩作为典型，同时将属于另一个系列的无彩色作为研究对象，分析它们的情感和性格，探求色彩表情所蕴涵的具有共通性的规律，给学习者有益的启示，以便他们运用这些规律去从事美妆行业色彩设计的创造性工作。

1. 红色　在可见光的光谱色中，红色的光波最长。红色是喜庆、吉祥、积极、亲和力、热情、兴奋、激情的色彩。常见的口红、腮红、眼影以红色系为主。

2. 橙色　是仅次于红色光波波长的暖调色彩。橙色是亲切、开朗、自由，有活力、明快的色彩。常见的腮红、口红以橙色系为主。

3. 黄色　是所有色彩中最亮丽、最活跃的颜色，在高明度下能保持很强的纯度。

黄色是纯真、机智、注目、活泼、可爱的代表性色彩。黄色系一般被用来进行颜色的调和，常作辅助色。

4. 绿色　是人们最为常见而又令人赏心悦目的色彩，绿色是充满生命力、青春的色彩。常见的有氧化铬绿色粉，常被用于隔离霜、蜜粉。

5. 蓝色　可见光谱中，蓝色光波较短，属于内向的、收缩的冷调色彩，是冷色系中最寒冷的色彩。蓝色是理性、诚实、朴素的色彩。常见的有蓝1色淀，常被用于口红，进行颜色的调和，色系偏暗调。

6. 紫色　紫色的光波最短，也是色相环中明度最低的色彩。紫色是高贵、神秘的色彩。常见的有锰紫，常被用于隔离霜、蜜粉。

以上所述六种色彩均为有彩色。反之，有彩色相对应的是无彩色，即黑色、白色和灰色这三种色彩。无彩色在视觉上与有彩色具有同等重要的价值，例如二氧化钛、氧化铁黑等色料常被用于化妆品的着色。无彩色彩妆化妆品常见的有睫毛膏、眼线液、眉笔等眼部产品。

对于色彩分析与介绍，是为了给初涉色彩学的学习者提供一些典型性的启示，色彩特征远不只以上所描述的这样简单，并不能把它当作一种绝对性的定论。

六、色彩的喜好

在现实生活中，每个人对色彩都具有偏爱的心理，也就是说人们总是喜欢某种颜色，而不喜欢其他颜色。对于化妆品配方师和化妆师来说，认真研究人们对色彩的这种偏好心理是十分重要的，它关系到设计产品、产品是否适销、妆面是否满足消费者需求等问题，甚至关系到企业的发展。

在化妆品领域中，研究色彩的喜好一般应从大众因素和个人因素两个方面入手。第一方面是大众因素包括环境（社会的、自然的）、民族文化、大众心理等；第二方面是个人因素包括性别、年龄、生理、修养等。其中，化妆品色彩偏好与人的年龄、肤色、区域、性格有很大的关系，例如在人们的孩童时代，通常会对有着醒目色彩的物体情有独钟，而年长的人更偏爱淡色。在成人中，敏感的人喜欢红色，保守的人更喜欢蓝色。因其肤色不同，在选择粉底液方面尤其突出，如白种人肤色偏白，选择粉底液时通常趋向于白皙，色号偏浅白调；黄种人肤色偏黄，选择粉底液时通常趋向于白皙，色号偏黄调；黑种人肤色偏黑，选择粉底液时通常趋于遮盖力强，色号偏暗黄、暗棕调。然而，化妆师在给消费者化妆时，应该考虑个体的差异性，从而做出适当的调和以搭配合适的妆面。其中，因为个体的不同，性格具有差异性，在选择化妆品时，色号具有稍许差异，但是总体方向不变，在设计产品时既要综合考虑大众性也要个性化，从而引导消费趋向，以达到消费者的需求，让使用者产生自信、愉悦感。

第二节 色 料

色料是用于化妆品染色和着色的主要物质，为了达到染色和着色的目的，色料分子需要一定的化学结构。这种能改变物体的颜色，或者能赋予本来无色的物体颜色的物质，统称为着色剂。着色剂是通过有选择性地将有色光波中某些光吸收和反射，从而产生出颜色。按照传统习惯，一般将着色剂分为染料和颜料两大类。

一、着色剂的结构与颜色

众所周知，物体所呈现的颜色是由色素颜色和结构色共同作用的结果。色素产生的颜色是染料和颜料等色素分子对光产生选择性吸收作用的结果。结构色是物体表面的微结构由光的色散、散射、干涉和衍射引起的，通过选择反射产生的颜色。

1. 颜色和吸收现象 光是一种可见的电磁波。电磁波的波长范围很广，可见光仅仅是其中一个很狭小的波段，波长为380~780nm。人的视觉神经对于超过这个范围的电磁波不产生色的反应。不同波长的光波在人的视觉上产生不同的反应。如波长在400nm左右的光波看起来是紫色的，波长在550nm左右的光波是绿色的，750nm左右的光波是红色的，阳光和钨丝灯光都呈白色，它们都是由无数不同波长的光波各自按一定的强度混合组成的。阳光照射染料溶液，不同颜色的染料对不同波长的光波产生不同程度的吸收。例如，黄色染料溶液所吸收的主要是蓝色光波，透过的光呈黄色。如果把黄色染料所吸收的光波和透过的光分别叠加在一起，便又得到白光。这种将两束光线相加可成白光的颜色关系称为互补色。如图4-2所示为各波段光波的颜色，其色环上两两相对的颜色为互补色。染料分子的颜色和结构的关系，实质就是染料分子对光的吸收特性和它们的结构之间的关系。

2. 染料颜色与结构的关系 作为染料，它们的主要吸收波长要在可见光范围内，吸收强度 ε_{max} 一般为 $10^4 \sim 10^5$。染料对可见光的吸收特性主要是由它们分子中 π 电子运动状态所决定的。染料要具有吸收特性，染料分子结构中需有一个发色体系。这个发色体系一般是由共轭双键系统和在一定位置上的供电子共轭基，即助色团所构成的。有许多染料分子除了供电子共轭基外，还同时具有吸电子基团。也有一些染料（为数不多）的发色体系中是没有助色团的。一般，人们把增加吸收波长的效应叫作深色效应，增加吸收强度的效应称为浓色效应。反之，降低吸收波长的效应叫作浅色效应，降低吸收强度的效应叫作淡色效应。对同系物来说，增加共轭双键系统的共轭双键，会产生不同程度的深色和浓色效应。在共轭双键系统的一定位置上，引入供电子基会产生深色和浓色效应，特别是在吸电子基的协同作用下，效果更明显。

二、着色剂的分类

能改变物体的颜色，或者能将本来无色的物体着上颜色的物质，统称为着色剂。一般将化妆品着色剂分为染料和颜料两大类。染料是指可溶于大多数溶剂和被染色介质的有机化合物。其特点是透明性好、着色力强、相对密度小，常被用于染发剂、指甲油等产品中。颜料与染料不同，颜料是指不溶于水、油、树脂等介质的有色物质，通常以分散形式存在于化妆品中，从而使这些制品呈现出不同的颜色。与染料相反，颜料与它所要着色的材料可以没有任何亲和力，若要获得理想的着色性能，需要用机械的方法将颜料均匀地分散于化妆品之中，常被用于口红、眉笔、腮红、粉底等彩妆产品。颜料分为无机颜料和有机颜料两大类。无机颜料是以天然矿物（如天然赭石）或无机化合物制成的颜料，具有耐光、耐温、遮盖力强、价格低廉等优点，缺点是着色力低、色泽暗沉。有机颜料是以天然的植物（如茜草的茜素）和动物（如海螺的泰尔紫）为色材提取或有机化合物制成的颜料，具有色泽鲜艳、着色力高等优势，缺点是耐光、耐温性较无机颜料差，价格相对偏高。它们各有所长，在实际应用中，经常将有机颜料与无机颜料混合使用，以便相互取长补短，达到最佳效果。

综上所述，着色剂是指无机颜料、有机颜料和溶剂染料，在化妆品中各类着色剂的着色特性比较见表4-2。

表4-2　各类着色剂特性比较

特性指标	有机颜料	无机颜料	溶剂染料
色谱范围	广	窄	广
色彩	鲜艳	不鲜艳	鲜艳
着色力	高	低	极高
耐光、耐候	中~高	高	差
耐迁移	中~好	好	差
分散性能	中~差	中~好	无需分散
耐热性	中~高	高	中~高

从表4-2可以看出，有机颜料色泽鲜艳，有其他颜料不能替代的优越性，无机颜料色谱不广、着色力比较低，而且重金属受到环保限制。随着化妆品多样化发展和加工技术的进步，从单纯追求美观，发展到对色彩、应用性能、使用性能及安全性等提出更高的要求，着色剂扮演了一个重要的功能性角色。着色剂只有在生产及终端产品增值的过程中发挥重要的作用，才会受到喜爱。

对于化妆品配方师来说，了解着色剂的化学性质是非常重要的，这样可对着色剂的重要性质做出直接评价，同时还要了解着色剂加工性能和应用性能。配方师必须根据化妆品的制作工艺和产品用途来选用着色剂，以适应变化多端的市场需求。

三、着色剂的色彩性能

着色剂的色彩特性包括相对着色力、饱和度、亮度、遮盖力。配方师必须了解和熟悉着色剂的性能，因为性能决定了化妆品配色成败的关键。

1. 着色力　也称着色强度，是赋予被着色物质颜色深度的一种度量。着色剂最大吸收波长决定它的颜色，而在最大吸收波长处的吸收能力决定了它的着色力。影响着色力的主要因素是化学结构和晶体结构。无机颜料如群青、铬系、镉系、氧化铁等着色力低，大多数有机颜料和染料的着色力很强。除了结构外，饱和度增加，着色强度增高；亮度增加，着色强度下降。此外，着色强度还与被着色物质组分、材质及应用条件有关。着色力与配色有着极其重要的意义。例如，需要配成深色调应选择着色力高品种（有机颜料），当需要配成浅色调时应选择着色力低品种（无机颜料）。在配色时某一颜料缺少，或价格较贵时，可选用同色其他颜料代替，但两种颜料着色力不同在代替时配成同样色调所需要量也不同。同时，着色力是着色剂重要性能，与着色成本密切相关。

2. 饱和度、亮度、遮盖力　颜色三坐标参数（色相、饱和度、亮度）是定位着色剂颜色价值的基准，见图4-3。当色相按逆时针从黄到红、紫，再到蓝，颜色从淡色到深色，饱和度由高到低，在饱和度坐标里，位于坐标原点越远的着色剂，因其具备更高的饱和度，总是可以与其他着色剂进行调色混合或冲黑来覆盖位于离坐标原点近的低饱和度的着色剂，所以一个着色剂饱和度越高，颜色价值越大，应用越广。对同一化学结构的着色剂，随着

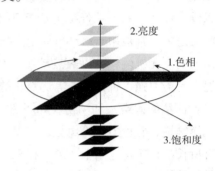

图4-3　着色剂的颜色坐标和色相图

色力增加，饱和度增加、亮度降低，而色相变化则因不同着色剂而不同。着色剂的遮盖力或透明度与着色力密切相关，一般地，颜料分散于油脂所以遮盖力强，染料溶解于树脂所以是透明的。大部分彩妆类着色产品对遮盖力是有要求的，着色制品遮盖力不仅取决于遮盖力，还取决于着色剂的应用浓度、产品的状态和体积。因此，通常一个高遮盖力的着色剂的应用价值也高。一个着色剂如果有高饱和度、高遮盖力和高着色力，将会具有极高商业价值。

3. 二色性　是指透明着色剂用于化妆品着色时，本色色调随着色剂浓度或制品状态而变化的一种性质。二色性是着色剂依其透射曲线形状而变化的固有特性。例如黄、橙、红、紫等着色剂的二色性，一个比一个严重，因为它们的分光透射曲线都是不对称的。与此相反，蓝色和绿色着色剂的分光透射曲线趋向于对称，故其二色性很小或者不存在二色性。二色性会给配色造成困难。在透明产品配色中，经常发生二色性现象，当着色剂的浓度变化时，物体的颜色也会发生不同程度的变化，并且会引起色调的改变。在半透明甚至不透明化妆品配色中，也会出现这种情况。溶剂染料二色性试验可通过一个简便方法，如首先制备一些浓度不等的溶液，然后观察它们的色调变化情况，即可知道染料在化妆品中呈现的颜色变化。

4. 着色剂的耐热性　是指在一定加工温度下和一定时间内，不发生明显的色泽、着色力和性能的变化。例如，棒状口红在配料及灌装成型中都有一个加热的过程，着色剂在料体分散成型中常常受热发生分解，色泽变化，还会影响它的耐光性和迁移性。所以耐热性对化妆品着色是一个非常重要的指标。一般无机颜料的耐热性非常好，但有机颜料和染料的耐热性高低不一，能在高温下保持稳定的有机颜料中，应用最多的是酞菁绿、酞菁蓝。特别是经典偶氮颜料耐热性比较低。因此通过耐热性指标选择合适的着色剂则显得格外重要。

（1）耐热性与着色剂使用浓度　目前着色剂供应商提供的耐热性指标往往是指1/3标准深度，其不等同于该着色剂在所有浓度下的耐热性。众所周知，大部分着色剂的耐热性随用量的减少而降低，但是达到何种程度并没有通用规律。其中，特殊情况下颜料（黄色

金属色淀）的耐热性不随着色浓度下降而降低。了解着色剂在不同浓度下的耐热性对于配方师的日常工作是非常重要的。当着色剂耐热性不随浓度的降低而下降或仅有微小的降低时，才可以投入使用。配方师应在合适的工艺条件范围下找出合适的着色剂，并通过试验来确认，同时也对生产工艺的调节提供一定的依据。配方师选择价格相对低廉且又能够满足生产要求的着色剂，可降低成本，使企业在激烈市场竞争中占得先机。

（2）耐热性与着色剂结构、晶型、粒径大小

1）耐热性与着色剂化学结构：一般而言，无机颜料是金属氧化物和金属盐，是高温煅烧的反应产物，煅烧温度最高可达 700℃，所以无机颜料的耐热性远远高于热灌成型的化妆品。有机颜料和溶剂染料的耐热性与化学结构有很大关系，正如颜料分子结构直接决定其色泽及应用性能一样，颜料分子骨架取代基的结合因其原子的不同而异，直接影响其在一定温度下的稳定性及分解反应发生的难易。以有机颜料为例，其化学结构分为单偶氮类、偶氮色淀类、缩合偶氮类、酞菁类、二噁嗪、蒽醌等杂环类，不同化学结构的颜料具有不同的耐热性。改进有机颜料耐热性最主要的方法是改变颜料的化学结构，通常采用如下办法：增加颜料的分子量；分子中引入卤素原子；稠环结构分子中引入极性取代基；引入金属原子。

2）耐热性与着色剂晶型：一些颜料具有多晶性，即晶胞水平相同的化学组成在晶格中可按照不同方式排列，同一颜料其晶型不同色相也不同。如颜料紫 19 的 β 晶型是紫色，γ 晶型是蓝光红。晶型不同也影响颜料耐热性，颜料蓝 15 晶型是不稳定的，不耐溶剂和高温，其耐热性只有 200℃，如将其晶型转为稳定的 β 晶型的颜料蓝 15：3，其耐热性可达 300℃。

3）耐热性与着色剂粒径大小：有机颜料的原始粒径大小也对耐热性有很大影响，一般来说颜料粒径小、比表面积大、着色力高，而耐热性和分散性差。反之，粒径大、比表面积小、着色力低，而耐热性和分散性好。

4）耐热性与受热时间的关系：在化妆品料体制备过程中，绝大部分工艺涉及加热工序，然而在加热过程中着色剂的耐热性不一致，严格控制配方工艺和受热时间，添加原料顺序，避免热损伤或者局部受热。

5. 着色剂的分散性　是指颜料在化妆品着色过程中均匀分散在化妆品中的能力，此处的分散是指将颜料润湿后减少其聚集体和附集体尺寸至理想尺寸大小的能力。制备染发剂时，可以完全溶解于染发剂中的着色剂被定义为染料。所以溶剂染料在染发剂着色中，原则上没有分散性的概念。与染料相反，颜料在口红中着色呈现高度分散微粒状态，所以始终以原来的晶体状态存在。正因为如此，颜料的晶体粒子状态与分散性有很大的关系。颜料分散性好坏不仅影响着色力和色光，还对化妆品的光学性能有直接影响，见表 4 - 3 和表 4 - 4。

表 4 - 3　群青颜料粒径与着色力关系（原始未处理群青着色力为 100%）单位：%

各种粒径分布					着色力
20 ~ 10μm	10 ~ 5μm	5 ~ 2.5μm	2.5 ~ 1.5μm	< 1.5μm	
26	62	12	0	0	35
0	8	77	12	3	110
0	3	32	52	13	145
0	3	1	3	93	190

表 4 – 4　颜料分散性对色光的影响

色泽	颜料分散优良（粒径小）	颜料分散差（粒径大）
白色	蓝光	黄光
黄色	绿光	红光
红色	黄光	蓝光
蓝色	绿光	红光
绿色	黄光	蓝光
黑色	蓝光	黄光

颜料分散不好，着色不均匀，可能会产生条痕、斑点、色点。不仅影响着色产品外观，还影响着色成品的质量。颜料分散性的好坏直接影响它在化妆品加工中的应用价值，特别是在含粉量高的化妆品中的应用。

（1）分散性与表面性能　颜料分散性与颜料表面性质有关，有机颜料颗粒的表面特性与颜料分子堆积、排列方式有关，不同粒子晶体结构显示不同表面性能。按照相似相溶的原理，如果颜料表面是非极性的，那么应用于非极性的油脂中就非常容易分散，反之如果颜料表面呈极性，那么应用在极性油脂中就非常容易分散。

（2）分散性与粒径大小、粒径分布　同样结构的有机颜料其分散性与原始粒径大小有关，当颜料原始粒径降低，其透明度提高、分散性降低。颜料原始粒径大小对分散性影响在于颜料小颗粒填充较大的颗粒之间的空间并使聚集体排列更加紧密，以至于润湿剂、分散剂不能渗透，颜料颗粒不能充分润湿包覆，在分散过程中剪切应力达不到颜料表面，使聚集体在最终产品中依然大量存在。颜料分散性与颜料粒子分布有关，颜料粒子均匀分布较窄，用在粉底、口红着色时颜料容易分散。

6. 耐光性、耐候性　耐光性是指着色剂与聚合物体系暴露于日光中保持其颜色的能力。着色剂于日光中变化的主要原因是阳光中紫外光线与可见光线对着色产品所引起的破坏。耐候性是指着色剂与聚合物体系经过阳光照射，在自然界的温度以及雨水、露水的润湿下所产生的颜色变化。着色剂在大气中变化的主要原因除了阳光外还有湿度和大气成分的影响。快速变化的湿度与冷热不同的温度，加速着色剂的变化与破坏。通常稳定的湿度与温度可以减缓颜料破坏的速度。有些大气中的气体会与光一起促使颜料改变，如氧气与臭氧。氧气是造成产品氧化的根源。臭氧破坏着色剂的化学结构，造成褪色。

（1）耐光（候）性与着色剂化学结构、粒径大小

1）耐光（候）性与着色剂化学结构：某些化妆品在光的照射下，颜色会有不同程度的变化，大多数无机颜料的耐光（候）性是非常优异的。仅少数品种在光照射下因其晶型或化学组成发生变化而变暗。与无机颜料相比，有机颜料和溶剂染料的耐光（候）性都对其化学结构有强烈的依赖性。因为根据发色原理，在有机着色剂中呈现不同的颜色是该物质吸收不同波长的电磁波而使其内部的电子发生跃迁所致，是着色剂分子中的电子发生 $\pi - \pi^*$ 和 $n - \pi^*$ 跃迁吸收可见光的结果。有机颜料受光照射后，会引起颜料分子构型变化等而使饱和度下降，甚至会褪色变成灰色或白色。颜料在光照之下褪色过程属于气固非均相反应，反应速率主要与化学结构有关。

2）耐光（候）性与着色剂粒径大小：有机颜料在光照下的褪色过程被认为是受刺激的氧气攻击基态着色剂分子，从而发生光氧化-降解的过程。这是一个非均相反应，反应速度与比表面积有关。当着色剂与氧气接触的面积增加时，会加快其褪色过程。粒径小的颜

料粒子，有较大的比表面积，因此耐光性就比较差。着色剂经光照后粒径较大的颜料其褪色速度与粒子直径平方成反比，而粒径较小时其褪色速度与粒子直径的一次方成反比。

（2）耐光（候）性指标的应用

1）与着色剂的用量和光照时间有关：耐光（候）性随着着色剂用量增加会有增加，着色剂用量增加会使表面层的颜料数量增加，在受到同程度光照射下，其耐光性要比着色剂用量小时好，当颜料体积浓度增加达到临界颜料体积浓度，其耐光性增加到达极限。

2）与添加剂有关：在化妆品配色中常常需要添加各类助剂以提高其性能，如添加钛白粉来提高产品的遮盖力。一般而言着色剂加了钛白粉后，耐光性有不同程度下降，钛白粉加的越多下降越多。耐光性下降的原因：①钛白粉对光的反射作用使颜料的实际光照强度增加；②钛白粉的金属氧化物会加速光的氧化降解过程。为了防止化妆品在紫外光照射下裂解，添加紫外光稳定剂是一个可行的方法。

7. 化妆品着色剂的安全性　为了满足产品安全、环保和健康的要求，化妆品着色剂的使用必须满足世界各国、各地区相对应的法规要求。其中，目前我国化妆品用着色剂必须符合《化妆品安全技术规范（2015 年版)》。

> ▶ **知识拓展**
>
> **色料的褪色与应对措施**
>
> 色料的应用，赋予化妆品丰富的色彩，同时也面临产品褪色问题。如何防止化妆品褪色，是我们应该深入研究的课题。
>
> 常见色料褪色机制：① 对于光致褪色，即光照使原来的物质分解，而形成新的物质，对光谱的吸收频段改变，因而颜色变化。一般来说，新物质对光的吸收是多种色光，而原来的物质对某种色光极少吸收，于是，新物质会表现为颜色更趋于白色，而且变得淡些，这就是人们常说的晒掉色了。② 结构决定性质，能量影响结构稳定性，如辐射、光照、氧化、温度、金属离子、介质极性、pH 等条件。脂肪族色素主要以光催化氧化、水解重排为主，而芳香族色素主要以结构重排、金属离子配位为主；光照、氧化、介质极性增是影响脂肪族色素褪色的主要因素，而某些金色素的光稳定性随其理论计算生成热的增加而减小；金属离子的存在、pH 的改变是影响芳香族色素变色的主要原因。
>
> 常见的易褪色色料有锰紫、群青等，具体分析如下：
>
> 锰紫：有极好的耐酸性，但耐碱性差；在碱性条件下，由紫色、粉色变成无色；应对措施可以采用中性配方、中性原料，回避中和反应。
>
> 群青：不耐酸，遇酸分解放出硫化氢；在酸性条件下，褪色到无色，释放臭味。应对措施可以采用中性配方、中性原料，回避中和反应。

第三节　粉体学基础

粉体是无数个固体粒子的集合体。粉体学是研究粉体的基本性质及其应用的学科。色料大概分为染料和颜料两大类，其物理状态绝大部分是粉末状，属于粉体学的范畴。掌握粉体学可为化妆品的配方设计、制备工艺等研究提供重要的理论依据和试验方法。

物质可以分为三种物态，即气体、液体、固体。我们需要熟悉物质的物态特征：①气体在容器中占据所有空间，其体积与压缩压力成反比，即具有明显的压缩性；②液体具有流动性及明显的界面，形状随容器而改变；③固体具有形状和大小及抗变形能力，没有流动性。将固体粉碎成粒子的集合体时（图4-4），具有以下特征：①具有与液体相类似的界面和流动性；②具有与气体相类似的压缩性；③在外力的作用下粉体可以变形，形成坚固的压缩体，且具有抗变形能力，这是气体和液体所不具备的性质。粉体的本质是固体，但具有流动性、充填性、压缩成形性等，因此常把粉体视为第四种物态来进行研究。

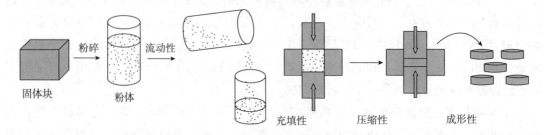

图4-4　从固体块形成粉体之后所具有的粉体性质

粒子是粉体运动的最小单元。其中，粒子可能是晶体或无定形的单个粒子或者是多个粒子的聚结体。为了区别单个粒子和聚结粒子，将前者称为一级粒子，后者称为二级粒子，见图4-5。

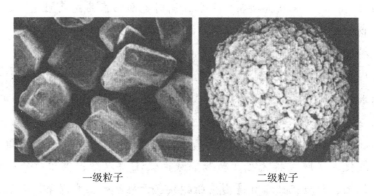

一级粒子　　　　　　　　　二级粒子

图4-5　一级粒子和二级粒子的光学照片

通常所说的"粉""粒"都属于粉体。通常将小于100μm的粒子叫"粉"，大于100μm的粒子叫"粒"。在粉体学中，将颗粒按其大小分类如表4-5所示。

表4-5　粉体中颗粒的分类

粒径	颗粒名称
>3mm	块状颗粒
3mm~100μm	粒状颗粒
100~0.1μm	粉末
100~10μm	粗粉
10~1μm	细粉
1~0.1μm	超细粉
<0.1μm（100~1nm）	纳米粒

在化妆品的制备中通常处理的粒径范围是不固定的。不同类型的产品应选择合适粒径的粉体进行处理或者直接使用。

一、粉体粒子的基本性质

粒子径、粒度分布、粒子形状是粉体的最基本性质。将粉体放在显微镜下观察，粒子的形状绝大部分是不规则的、大小也不同，无法用一个长度表示其大小，所以利用几何学和物理学概念定义粒子径，用粒度分布表示其均匀性。掌握粒子径的测定方法，可以有效地观察粒子的形状，进一步选择合适的粉体进行配方设计，从而获得所需品质的产品。

1. 粒子径

（1）几何学粒子径　根据几何学尺寸定义的粒子径。①三轴径反映粒子的三维尺寸，即长、短、高。②定方向径则表示在粒子的投影平面上，某定方向直线长度，可以细分为定方向接线径、定方向等分径、定方向最大径。在各种形状颗粒中，只有球状颗粒的所有直径都一样，即使是正方形颗粒也不例外。除了三轴径、定方向径可表征粒子径，还有圆相当径、球相当径等。

（2）沉降速度相当径　是指在液相中与粒子的沉降速度相等的球形粒子的直径，是一个具有物理学意义的直径，根据 Stokes 方程求得，记做 D_{stk}，亦称 Stokes 径或有效径。

$$D_{stk} = \sqrt{\frac{18\eta}{(\rho_p - \rho_1) \times g} \times \frac{h}{t}}$$

式中，ρ_p、ρ_1分别为被测粒子与液相的密度；η 为液相的黏度；h 为等速沉降距离；t 为沉降时间。

（3）筛分径　又称细孔通过相当径。当粒子通过粗筛网且被截留在细筛网时，用筛下直径和筛上直径表征，其平均径用粗细筛孔直径的算术或几何平均值表示，如图 4-6 所示。通过粗筛，截留于细筛的粒径可表示为（$-a+b$）μm。例如，二氧化硅粉体的粒度为（$-1000+900$）μm 时，表明该粉体的粒度为小于 1000μm，大于 900μm。筛下直径为 $-1000\mu m$，筛上直径为 $+900\mu m$；算术平均径值为 950μm，几何学平均径为 948.7μm。

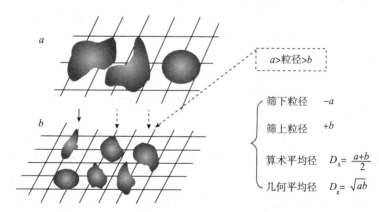

图 4-6　筛下、筛上粒径和平均径的表示方法

a 为粗筛网孔径；*b* 为细筛网孔径

2. 粒度分布　多数粉体由不同粒径的粒子群组成，粒度分布表征不同粒度粒子群的分布情况，即频率分布与累积分布。粒度分布可以分析粉体的分散情况及其均匀度。

（1）频率分布　表示各个粒径的粒子群在总粒子群中所占的百分数（微分型）。

（2）累积分布　表示小于或大于某粒径的粒子群在总粒子群中所占的百分数（积分型）。

粒度分布基准有个数基准、质量基准、面积基准、体积基准等。不同基准的粒度分布可以互相换算。现代计算机程序先用个数基准测定粒度分布，然后利用软件处理直接转换成所需的其他基准。

其中，用筛分法测定粒度分布时，用筛下粒径表示的粒度分布叫筛下分布，即从小到大累积的粒度分布；用筛上粒径表示的粒度分布叫筛上分布，即从大到小累积的粒度分布（图4-7）。可见，某一粒径的筛上、筛下分布函数之和为100%，累积分布最大为100%。

3. 平均粒子径　中位径是最常用的平均粒子径，也叫中值径，在累积分布图中累积值正好为50%所对应的粒子径，常用D_{50}表示（图4-7）。

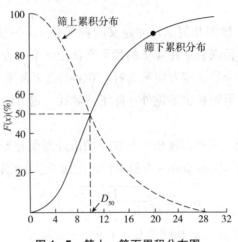

图4-7　筛上、筛下累积分布图

4. 粒子径的测定方法　粒子径的测定原理不同，粒子径的测定范围也不同，表4-6列出了粒子径常用的测定方法与粒子径的测定范围。

表4-6　粒子径常见的测定方法与测定范围及其特点

测定方法		粒子径（μm）	平均径	粒度分布	比表面积	流体力学原理
几何学测定法	显微镜法	0.01~0.5	○	○	×	×
	筛分法	45~	○	○	×	×
有效粒子径测定法	库尔特计数法	1~600	○	○	×	×
	沉降法	0.5~100	○	○	×	○
	气体透过法	1~100	○	×	○	○

注：○表示能；×表示不能。

（1）**显微镜法**　显微镜可以直接观察各个粒子的外观、形状和大小。显微镜法测得的粒径是根据投影像测得，因此可测定几何学粒径，如Feret径、Martin径、Heywood径等。其中，光学显微镜可以测定微米级的粒径，扫描电子显微镜可以测定纳米级的粒径。近年来画像解析装置的利用给测定带来极大的方便，可以迅速测定以个数、投影面积为基准的粒度分布、平均粒径等，但测定时应避免粒子间的重叠，以免产生测定的误差。

（2）**库尔特计数法**　在电解质溶液中设置带一细孔的隔板，细孔两侧设有正负电极，当电极间产生电压时电解质溶液就要通过细孔流动，混悬于电解质溶液的粒子通过细孔流动时孔内的电解质溶液减少而电阻增大，每个粒子产生一个电阻信号，从而获得脉冲信号。信号的大小反映粒子的大小，脉冲信号的个数表示粒子的个数。将电信号换算成粒径，可测定粒径与粒度分布。本法测得的粒径为等体积球相当径，可以求得以个数为基准或以体积为基准的粒度分布。混悬剂、乳剂、脂质体、粉末等可用本法测定。但是，本法是在水溶液中测定，因此只能适用于水不溶性物料的粒度测定。

（3）筛分法　是粒径与粒径分布的测量中使用最简易快速的方法。常用于 $45\mu m$ 以上粒子粒径的测定。其筛分原理是利用筛孔将大于筛孔的粒子机械阻挡的分级方法。将筛子由粗到细按筛号顺序上下排列，将一定量粉体样品置于最上层中，振动一定时间，称量各个筛号上的粉体重量，求得各筛号上的不同粒级重量百分数，由此获得以重量为基准的筛分粒径分布及平均粒径。筛号与筛孔尺寸：筛号常用"目"表示。"目"系指在筛面的 25.4mm（1英寸）长度上开有的孔数。如开有 30个孔，称30目筛，孔径大小是 25.4mm 除以 30再减去筛绳的直径，见图 4-8。由于所用筛绳的直径不同，筛孔大小也不同，因此必须注明筛孔尺寸，筛孔尺寸的单位是 μm。各国的标准筛号及筛孔尺寸有所不同，《中国药典》记载了我国常用的标准筛号与尺寸。

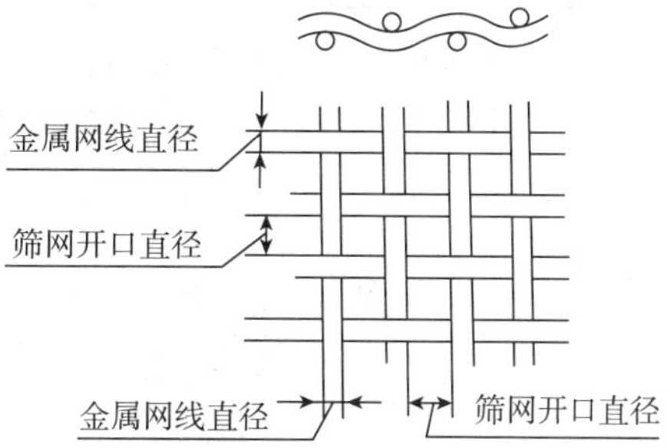

金属网线直径

筛网开口直径

金属网线直径　　　　筛网开口直径

图 4-8　筛网尺寸的示意图

粒子径的测定除了以上三种方法，还有光散射法、沉降法、气体透过法等。

5. 粒子形状　是指一个粒子的轮廓或表面上各点所构成的图像。由于粒子形状千差万别，描述粒子形状的术语有球形、立方形、片状、柱状、鳞片状、粒状、棒状、针状、纤维状、海绵状等。虽然除了球形和立方形是有规则的对称的形状外，其他形状的粒子很难精确地描述，但是可以大致反映粒子形状的某些特征，因此这些术语在美妆行业还是广泛使用。例如，在显微镜的观察下，常见的二氧化硅为球状、云母为片状等。各种形状粒子的非对称度越大，相同体积的表面积越大；对称度越好，相同体积的表面积越小。球的表面积最小。球形粒子的表面积、体积和粒径之间的关系可定量地描述粒子的几何形状。

二、粉体的性质

1. 粉体的密度　是指单位体积粉体的质量，用 g/cm^3 表示。由于粉体的颗粒内部和颗粒间存在空隙，粉体的体积具有不同的表征方式。根据体积的不同分为真密度、颗粒密度、堆密度等。

（1）密度的定义

1）真密度（ρ_t）：是指粉体质量 W 与真体积 V_t 之比，即 $\rho_t = W/V_t$。所谓的真体积是指不包括颗粒内外空隙的纯固体物料的体积，如图 4-9a 所示。无论粉体体积如何改变，真体积不变，因此真密度是物料固有的性质。

2）颗粒密度（ρ_g）：是指粉体质量 W 与颗粒体积 V_g 之比，即 $\rho_g = W/V_g$。V_g 包括开口细孔与封闭细孔在内的颗粒体积，如图 4-9b 所示。

3）堆密度（ρ_b）：是指粉体质量 W 与该粉体的堆体积 V 之比，即 $\rho_b = W/V$。堆体积 V 实际是装填粉体的容器体积，包括颗粒与颗粒内外空隙所占的体积，如图 4-9c 所示。填充粉体时粉体所受的力不同，所表现的体积不同，因此堆密度的测定重现性较差。没有受外力时体积较大，此时密度叫松密度，受力较大而体积较小时叫紧密度。为了重现密度的大小而便于比较，常采用振实的堆密度 ρ_{bt}，简称振实密度，即按一定规律振动或轻敲后体积不再变化时测得的密度。若颗粒无细孔或空洞，则 $\rho_t = \rho_g$；几种密度的大小顺序在一般情况下为 $\rho_t \geq \rho_g \geq \rho_{bt} \geq \rho_b$。

（2）粉体密度的测定　在粉体密度的测定中，应了解实际是如何准确测定粉体体积的。

真体积和颗粒体积的测定比粉体堆体积的测定更难操作，所以必须根据具体的粉体性质选择合适的测试方法。

1）液浸法：是用液体置换法求得粉体真体积的方法。首先将颗粒研磨进行预处理，消除开口与闭口细孔，再选择合适的溶剂（易润湿粉体的液体），然后将粉体浸入液体中，采用加热或减压脱气法测定粉体所排开的液体体积，即为粉体的真体积。如果粉体为非多孔性物质时，用水银、水或苯等液体置换法测定真体积比较简单。但粉体为多孔性物质，而且浸液难于渗入细孔深处时，则所测得真体积容易产生偏差。

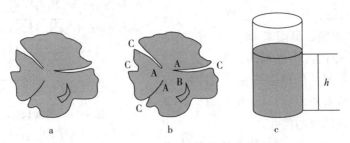

图 4 – 9   根据粉体密度的定义测定粉体体积的方法
a. 真密度（除去所有内外空隙的斜线部位）；b. 颗粒密度（除去开口孔 C，但包括开口细孔 A 与封闭细孔 B）；c. 粉体堆密度（所有粉体层体积，包括颗粒间和颗粒内空隙）

2）量筒法：是测定粉体堆体积的最简便的方法。将粉体装填于测量容器时不施加任何外力所测得密度为最松（堆）密度，施加外力而使粉体处于最紧充填状态下所测得密度为最紧（堆）密度。堆密度随振荡次数而发生变化，最终振荡体积不变时测得的振实密度即为最紧堆密度。最紧堆密度可用定质量法（质量一定，测定体积变化）或定容量法（体积一定，测定物料增量）测定。

除上述方法外，还有压力比较法、气体透过法、密度梯度法、沉降法等。

2. 粉体的空隙率   是指空隙体积在粉体中所占有的比率。由于颗粒内、颗粒间都有空隙，相应地将空隙率分为颗粒内空隙率、颗粒间空隙率、总空隙率等。粉体是由固体粒子和空气所组成的非均相体系，粉体在压缩过程中之所以体积减小，主要是因为粉体内部空隙减小。在化妆品制作过程中，常见的工艺有粉饼、眼影、腮红的压制成型，口红配方中的粉体（色粉或者填充粉体）的润湿分散等。

3. 粉体的流动性   粉体的流动形式很多，如重力流动、振动流动、压缩流动、流态化流动等，不同粉体的流动形式有其相对应的流动性的评价方法，表4 – 7列出了流动形式与相应流动性的评价方法。

表4 – 7   流动形式与其相对应流动性的评价方法

种类	现象或操作	流动性的评价方法
重力流动	瓶或加料斗中的流出，旋转容器型混合器，充填	流出速度，壁面摩擦角，休止角，流出界限孔径
振动流动	振动加料，振动筛，充填，流出	休止角，流出速度，压缩度，表观密度
压缩流动	压缩成型（粉块）	压缩度，壁面摩擦角，内部摩擦角
流态化流动	硫化层干燥，硫化层造粒，颗粒或片剂的空气输送	休止角，最小硫化速度

（1）粉体流动性的评价与测定方法

1）休止角（angle of repose）：粒子在粉体堆积层的自由斜面上滑动时所受重力和粒子

间摩擦力达到平衡而处于静止状态下测得的最大角。常用的测定方法有注入法、排出法、倾斜角法等。休止角可以用量角器直接测定，也可以根据粉体层的高度和圆盘半径计算而得，即 $\tan\theta$ = 高度／半径 ，如图 4 - 10 所示。休止角越小，摩擦力越小，流动性越好，一般认为 $\theta \leqslant 30°$ 时流动性好，$\theta \leqslant 40°$ 时可以满足生产过程中流动性的需求。黏性粉体（sticky powder）或粒径小于 $100 \sim 200\mu m$ 的粉体粒子间相互作用力较大，相应的休止角亦较大。值得注意的是，测量方法不同所得数据有所不同，重现性较差。因此不能把休止角看作粉体的一个物理常数。

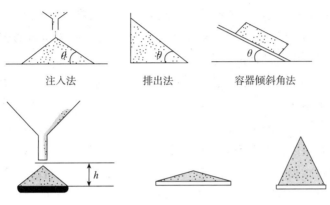

图 4 - 10　休止角的测定方法

2）流出速度：将一定量的粉体装入漏斗中，测定粉体从漏斗中部流出所需的时间，流出时间越短，流动性越好。测定装置如图 4 - 11a 所示。如果粉体的流动性很差而不能流出时，可加入直径 $100\mu m$ 的玻璃球助流，见图 4 - 11b，测定开始流出所需玻璃球的最小量（$W\%$），加入量越少流动性越好。

3）压缩度：将一定量的粉体轻轻装入量筒后测量最初最松堆体积；采用轻敲法使粉体处于最紧状态，测量最终的体积；计算最松堆密度 ρ_o 与最紧堆密度 ρ_f；根据公式计算压缩度 C。

$$C = \frac{\rho_f - \rho_o}{\rho_f} \times 100\%$$

压缩度是粉体流动性的重要指标之一，其大小反映粉体的聚集和松软状态。压缩度20%以下时流动性较好，压缩度增大时流动性下降，当 C 值达到 $40\% \sim 50\%$ 时粉体很难从容器中自动流出。

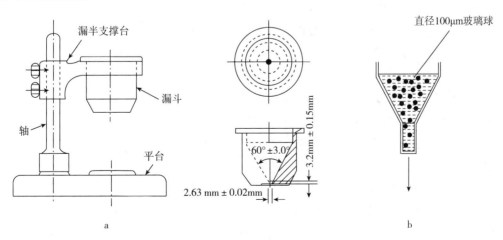

图 4 - 11　粉体的流动性试验装置

（2）粉体流动性的影响因素与改善方法　粉体的流动性对固体（腮红、粉饼、口红）或半固体制剂（唇釉、泥膜）的处理过程及产品质量影响较大。然而粉体流动性与粒子的形状、大小、表面状态、密度、空隙率等有关，加上颗粒之间的内摩擦力、黏附力、范德华力、静电力等复杂关系，很难用单一的物性值来表达其影响因素。影响流动性的主要因素及其相应措施有如下几项。

1）粒子大小：一般粉状物料流动性差，大颗粒可有效降低粒子间的黏附力和凝聚力等，有利于流动。在制剂中造粒是增大粒径、改善流动性的有效方法。

2）粒子形态及表面粗糙度：球形粒子的光滑表面，能减少摩擦力。

3）密度：在重力流动时，粒子的密度大有利于流动。一般粉体的密度大于 $0.4g/cm^3$ 时，可以满足粉体操作中流动性的要求。

4）含湿量：由于粉体的吸湿作用，粒子表面吸附的水分增加粒子间黏着力，因此适当干燥有利于减弱粒子间作用力。

5）助流剂的影响：在粉体中加入 0.5%~2% 滑石粉、微粉硅胶等助流剂时可大大改善粉体的流动性。主要是因为助流剂的粒径较小，一般约为 $40\mu m$，填入粒子粗糙表面的凹面而形成光滑表面，可减少阻力，提高流动性，但过多的助流剂反而增加阻力。

4. 粉体的充填性　在腮红、粉饼、口红等固体或半固体制剂的生产过程及质量控制中（重量差异等）具有重要意义。充填状态的表示方法见表 4-8。

表 4-8　充填状态的表示方法

充填性	定义	方程
比容	单位质量粉体的体积（cm^3/g）	$v = V/W$
堆密度	单位体积粉体的质量（g/cm^3）	$\rho = W/V$
空隙率	空隙体积与堆体积之比	$\varepsilon = (V - V_t)/V$
空隙比	空隙体积与真体积之比	$e = (V - V_t)/V_t$
充填率	真体积与堆体积之比	$g = V_t/V = 1 - \varepsilon$
配位数	一个粒子周围相邻的其他粒子个数	

注：W：粉体质量；V：粉体的总体积；V_t：粉体的真体积。

堆密度与空隙率直接反映粉体装填的松紧程度，如对一定物料，堆密度大反映装填紧密；空隙率小，说明物料的装填致密。充填性会受粒子径的影响。在一般情况下，粒子径小、空隙率大，粒子径大、空隙率小。主要是因为小粒子间黏着力、凝聚力大于粒子的重力，从而不能紧密充填而产生较大的空隙。但大于某一粒子径时空隙率不变，说明此时充填状态不受粒子径的影响，见图 4-12。

（1）颗粒的排列模型　在粉体的装填过程中，颗粒的排列方式直接影响粉体的体积与空隙

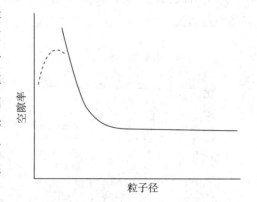

图 4-12　粒子径对空隙率的影响

率。粒子的最简单的排列方式可用大小相等的球形粒子来模拟，图 4-13 是由 Graton 研究的著名的 Graton-Fraser 模型，表 4-9 列出不同排列方式的一些参数。

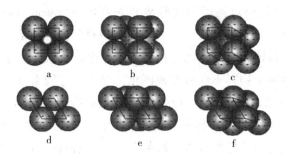

图 4 - 13　Graton-Fraser 模型（等大小球形粒子的排列图）

表 4 - 9　等大小球形粒子在规则充填时的一些参数

充填名称	空隙率（%）	接触点数	排列号码
立方格子形	47. 64	6	a
斜方格子形	39. 54	8	b d
四面楔格子形	30. 19	10	e
棱面格子形	25. 95	12	c f

由表 4 - 9 可以了解到：球形颗粒在规则排列时，接触点数最小为 6，其空隙率最大（47.6%）；接触点数最大为 12，此时空隙率最小（26.0%）。说明接触点数反映空隙率大小，即充填状态。

（2）充填状态的变化　将一定量的粉体轻轻加入于容器之后给予振动或轻敲时，粉体层的体积减小，这种体积的减小速度和减小程度也是粉体的特性之一。

（3）助流剂对充填性的影响　助流剂与粉体混合后附着于粒子表面，减弱粒子间的黏着从而增强流动性，增大充填密度。将微粉硅胶与马铃薯淀粉混合后，若使淀粉粒子表面的 20% ~30% 被硅胶覆盖，形成润滑表面，使粒子间的黏着力下降到最低，堆密度上升到最大。

5. 粉体的吸湿性　是指固体表面吸附水分的现象。粉体的吸湿性与空气状态有关，见图 4 - 14，当空气中水蒸气分压 p 大于物料表面产生的水蒸气压 p_w 时发生吸湿（吸潮）；p 小于 p_w 时发生干燥（风干）；p 等于 p_w 时吸湿与干燥达到动态平衡，此时含水为平衡水分。物料的吸湿性，不仅影响粉体性质，而且还会影响化学稳定性，促进化学反应而降低化妆品（例如含粉类产品）的稳定性。因此防湿、防潮是化妆品中的一个重要话题，吸潮吸湿后产品易产生团聚、霉变等质量问题，常见的是粉剂类化妆品，如爽身粉、蜜粉、粉饼等。

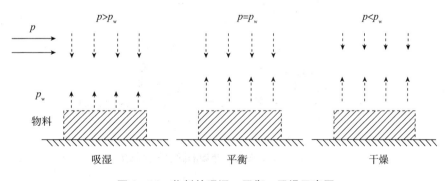

图 4 - 14　物料的吸湿、平衡、干燥示意图

（1）水溶性物料的吸湿性　由水溶性物料的吸湿曲线表明，在相对湿度较低的环境下，吸湿量很少，而当空气的相对湿度增大到某一定值时，吸湿量急剧增加（图 4 - 15），通常把吸湿量开始急剧增加的相对湿度称为临界相对湿度（critical relative humidity，CRH）。①CRH产生的主要原因：在一定温度下，当空气中相对湿度达到某一值时，物料表面吸附的平衡水分溶解物料形成饱和溶液，此时物料表面产生的蒸汽压小于空气中水蒸气压，因而物料不断吸湿，致使整个物料不断润湿或液化，含水量急剧上升。通常在25℃下，CRH小于50%的物料，必须采取除湿措施。②CRH作为物料吸湿性指标，其意义在于：物料的CRH越小则越易吸湿；为生产和贮藏环境提供参考，即相对湿度控制在物料的CRH值以下，以防止吸湿；为配方设计提供参考，如水溶性成分的配伍、选择辅料等。

（2）水不溶性物料的吸湿性　水不溶性粉体的吸湿性随着相对湿度变化而缓慢发生变化（图4-16），没有临界点。由于平衡水分吸附在固体表面，相当于水分的等温吸附曲线。水不溶性粉体的混合物的吸湿性具有加和性。

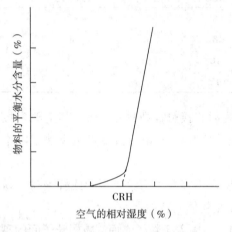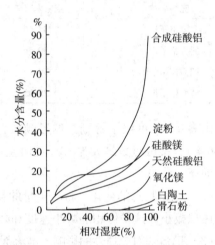

图4-15　水溶性物料的吸湿性曲线与临界相对湿度

图4-16　水不溶性粉体的吸湿平衡曲线

6. 粉体的润湿性　是指固体界面由固-气界面变为固-液界面的现象。固体的润湿性用接触角表示，当液滴滴到固体表面时，润湿性不同出现不同形状，如图4-17所示。

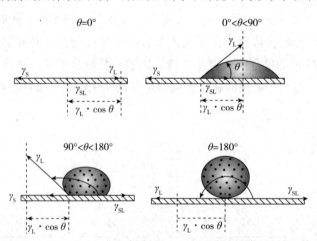

图4-17　固体表面上液滴的润湿与接触角

（1）接触角　液滴在固液接触边缘的切线与固体平面间的夹角称接触角。接触角越小润湿性越好，接触角最小为0°，最大为180°。在化妆品中，粉体的润湿性表征了该粉体的润湿难易程度，如何选择润湿剂（水或者油脂）及其比例才能完全把粉体润湿，进行简单的预处理是比较重要的技术要点。例如，油脂分散黄 5 铝色淀，按比例（黄 5 铝色淀∶苹果酸二异硬脂酸 = 2∶3）进行分散研磨。当然，不同种类的色粉其润湿性能不一致，所需润湿剂种类、比例需要做多组数据进行比较，择优选择。水在干净而光滑玻璃板上的接触角约等于 0°，水银在玻璃板上的接触角约 140°。这是由水分子间的引力小于水和玻璃间的引力，而水银原子间的引力大于水银与玻璃间的引力所致。液滴在固体表面上所受的力达到平衡时符合 Yong 方程：

$$\gamma_S = \gamma_{SL} + \gamma_L \cos\theta$$

因此，

$$\cos\theta = \frac{\gamma_S - \gamma_{SL}}{\gamma_L}$$

式中，γ_S、γ_L、γ_{SL} 分别表示固–气、液–气、固–液间的界面张力；θ 为液滴的接触角。

（2）接触角的测定方法

1）将粉体压缩成平面，水平放置后滴上液滴直接由量角器测定。

2）在圆筒管中精密充填粉体，下端用滤纸轻轻堵住后浸入水中，如图 4 – 18 所示。测定水在管内粉体层中上升的高度与时间，根据 Washburn 式计算接触角。

$$h^2 = \frac{r \gamma_1 \cos\theta}{2\eta} \times t$$

式中，h 为 t 时间内液体上升的高度；γ_1、η 分别表示液体的表面张力与黏度；r 为粉体层内毛细管半径。

7. 粉体的黏附性与黏着性 在粉体的处理过程中经常发生黏附器壁或形成团聚的现象。黏附性是指不同分子间产生的引力，如粉体粒子与器壁间的黏附；黏着性是指同分子间产生的引力，亦称团聚。黏附性与黏着性不仅在干燥状态下发生，而且在润湿情况下也能发生，其主要原因在于：①在干燥状态下由范德华力与静电力发挥作用；②在润湿状态下由粒子表面黏附的水分形成液体桥。在液体桥中溶解的溶质干燥时析出结晶而形成固体桥，这是吸湿性粉末容易结块的原因。一般情况下，粉体的粒度越小，表面能越大或吸附水分越多，因此越易发生黏附与团聚，

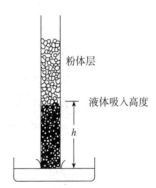

粉体层

液体吸入高度

h

图 4 – 18 管式接触角测定仪

因而影响流动性、充填性。以造粒方法增大粒径或加入助流剂等手段是防止黏附、团聚的有效措施。

8. 粉体的压缩特性 粉体的压缩特性表现为体积减小，在一定压力下可形成坚固的压缩体。在化妆品行业中应用于粉块类产品（粉饼、腮红、眼影、眉粉）及弹性眼影等产品的制备，因此压缩特性的研究对化妆品的配方筛选与制备工艺的优化具有很好的指导意义。

（1）粉体压缩特性的表现形式

1）可压缩性：表示粉体在压力下减小体积的能力，通常表示压力对空隙率（或固体分率）的影响。

2）可成形性：表示粉体在压力下结合成坚固压缩体的能力，通常表示压力对抗张强度（或硬度）的影响。

3）可压片性：表示粉体在压力下压缩成具有一定形状和强度的片剂的能力，通常表示空隙率对抗张强度（或硬度）的影响。

在物料的压片过程中，粉体的压缩性和成形性是紧密联系在一起的，因此通常把粉体的压缩性和成形性简称为压缩成形性。目前对粉体压缩成形机制的研究表明，粉体被压缩后体积的变化产生一系列效应，虽然还无法解释清楚所有现象，但比较认可的几种说法有：①压缩时体积减小，伴随粒子间距离的变化，从而产生范德华力、静电力等；②压缩时产生塑性变形，使粒子间的接触面积增大，结合力增强；③粒子的破碎产生新生表面，具有较大的表面自由能；④粒子在变形时相互嵌合而产生机械结合力；⑤在压缩过程中由于摩擦力而产生热，特别是颗粒间支撑点处局部温度较高，使熔点较低的物料部分熔融，解除压力后重新固化而在粒子间形成"固体桥"；⑥水溶性成分在粒子的接触点处析出结晶而形成"固体桥"等。粉体压缩特性主要通过施加压力带来的一系列变化获得。

（2）压缩力与体积的变化　在压缩过程中粉体体积的变化从宏观上表现为排除粉体层内的空气，减小空隙率，然而粉体压缩成形的本质是颗粒的变形和结合力。颗粒的变形主要有如下三种形式，见图4-19。

1）弹性变形（elastic deformation）：在受到压力时变形，解除压力后恢复原形，见图4-19a，弹性变形在压片过程中不会产生结合力。

2）塑性变形（plastic deformation）：在受到压力时变形，解除压力后不能恢复原形，见图4-19b。塑性变形使颗粒间接触面积增大，产生较大结合力。

3）脆性变形（brittle deformation）：颗粒在压力下破碎变形，解除压力后不能恢复原形，见图4-19c，亦称破碎变形（crushing deformation）。颗粒破碎时产生的新生界面增加了表面能，从而增强结合力。

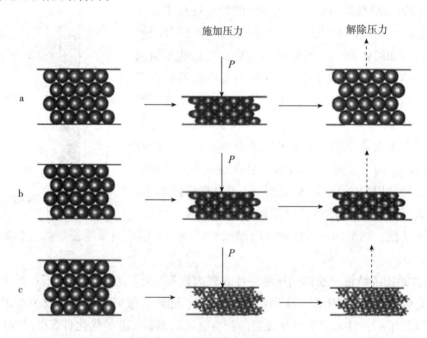

图4-19　粒子在压力下变形行为
a. 弹性变形；b. 塑性变形；c. 脆性变形

粉体在压缩过程中体积的变化，如图4-20所示，相对体积（relative volume，V_R）是指实测体积V与真体积V_S之比，体积变化的极限值是$V_R = 1$。根据粉体体积的变化将压缩过程分为四个阶段：①ab段：粉体层内粒子滑动或重新排列，形成新的充填结构，粒子形态不变；②bc段：粒子发生弹性变形（elastic deformation），粒子间形成临时架桥，体积变化

不大，此时不产生结合力；③cd 段：粒子的塑性变形（plastic deformation）或破碎（break-
ing）使粉体的体积显著减小、结合力增强；④de 段：以塑性变形为主的固体晶格的压密过
程，此时空隙率有限，体积变化不明显，但产生较大结合力。这四个阶段并没有明显界线，
有可能同时或交叉发生，一般颗粒状物料表现明显，粉状物料表现不明显。

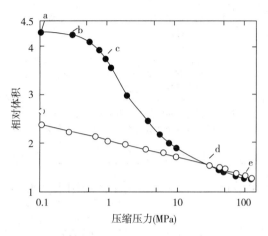

图 4 - 20　相对体积和压缩力的关系
●颗粒状；○粉末状

第四节　粉体学在化妆品中的应用

近年来，随着美妆行业的蓬勃发展，化妆品的使用日益普及，消费群体越来越广，化
妆品原料的使用备受关注。化妆品用粉体属于化妆品原料的重要组成部分。粉体的性质、
结构赋予粉体独特的质感，配方师只有学习掌握粉体的性能及其应用才能开发出备受欢迎
的明星产品。在满足消费者的需求下，选择正确的粉体对于开发稳定的有特色的化妆品来
说是必要的。粉体的种类大致可以分为 4 类，分别是着色颜料、白色颜料、基础填料、珠
光颜料。通过对本章前三节的学习了解，色料主要分为染料及颜料 2 种，在粉体学中属于
着色颜料，主要起化妆品着色作用，可为不同的妆效调配不同色彩风格的化妆品。本节介
绍粉体在化妆品中的具体应用，为开发化妆品，配方设计提供相对应的技术贮备。

一、化妆品常用粉体的分类及应用

1. 化妆品常用粉体的分类　粉体原料在化妆品中有着广泛的应用，如护肤、底妆、彩
妆、防晒等产品，主要起到遮瑕、提亮、改善肤感、赋色美化等作用。粉体原料有多种分
类方法，大体可以分为着色颜料、白色颜料、基础填料和珠光颜料，见表 4 - 10。

表 4 - 10　化妆品用粉体原料的种类

		种类	配合目的
着色颜料	无机	铁红、铁黄、铁黑、群青等矿物性颜料	色调的调整
	有机	人工合成有色化合物、天然（动、植物）提取物、生物合成	
白色颜料	无机	钛白粉、氧化锌	遮盖、增白、阻挡紫外线

续表

	种类		配合目的
基础填料	无机	滑石粉、云母、绢云母、高岭土、硫酸钡、二氧化硅、碳酸镁、氮化硼、氧化铝、碳酸钙、蒙脱石	调节产品涂展性、贴肤性、光泽感、皮肤质感，以及产品的成型性、使用性
	有机	聚甲基丙烯酸甲酯、尼龙粉、聚乙烯粉末、聚氨酯粉、珍珠粉、硬脂酸盐、改性淀粉	
	有机复合	硅处理、硬脂酸盐处理、氟处理、磷脂处理、脂肪酸处理、蜡处理、表面活性剂处理、聚乙烯处理、酸处理、有机粉体表面处理	
	无机复合	微细钛白粉处理云母、光敏变色钛白粉、多层复合球状粉体（如钛白粉/氧化铁/无水硅酸）	
珠光颜料	无机	云母钛、BiOCl	光泽感、质感

2. 化妆品常用粉体的应用　粉体在化妆品中的应用十分重要，是化妆品原料的重要组成部分，具体的应用如下。

（1）着色无机颜料　色调偏暗，彩度比较低，种类较少，以氧化铁类为主，稳定性较好，主要用于粉饼、粉底等暗色调产品。

（2）着色有机颜料　色彩偏鲜艳，彩度较高，种类丰富，常用的有红6铝色淀、黄5铝色淀、蓝1色淀等，主要用于口红、眼影、腮红等色彩强烈的产品。

（3）白色颜料　一般指屈折率大于2.0的粉体原料，常用的有二氧化钛、氧化锌等，主要用于具有遮盖效果、增白效果、防晒效果的产品，如粉饼、粉底、防晒霜、遮瑕膏等。

（4）基础填料　一般是指屈折率小于2.0，着色率较低，具有一定肤感调节功能的粉体。它是美容化妆品的主要成分，依靠粉体的各种特点来表现产品的特性，决定产品品质的好坏。其中最具代表性的粉体有滑石粉、云母粉、氮化硼、高岭土、淀粉等，一般特性见表4-11。

表4-11　常见基础填料的一般特性

一般特性	滑石粉	云母粉	高岭土
化学成分	$Mg_3Si_4OH(OH)_2$	$KA_{12}(Si_3Al)O_{10}(OH)_2$	$Al_2Si_2O_5(OH)_4$
性状	白色微粉	白色微粉	白色微粉
结晶形	单斜晶素	单斜晶素	单斜晶素
比重	2.7	2.8	2.6
硬度	1~1.3	2.8	2.5
曲折率	1.54~1.59	1.55~1.59	1.56~1.57
pH	8.5~9.1	7~9	4.5~7

1）滑石粉：白色结晶状粉末，具有较高的白色度和良好的润滑感和附着力，常被用于粉底液、粉饼、眼影等化妆品。

2）云母粉：浅灰色鳞片状的结晶粉末。由于其分子结构特性，使其有很强的贴附性和适度的光泽感及柔润感。经过特殊加工可以制成合成云母，提高白色度的同时改善妆面的光泽度和持久性。

3）高岭土：白色或浅灰色微细粉末，结晶度高的呈规则的板状六角形，结晶度低的则呈不规则的板状物质。市面上的高岭土为酸性，其催化活性较强，易引起化妆品中的色料、油分、活性物变臭或变质等。高岭土具有较强的吸附性，主要用于按摩产品中，可提高产品的摩擦效果及去污力。

4）聚甲基丙烯酸甲酯（PMMA）：有交联型和非交联型两种，其硬度较大，极易摩擦带电，在混合制造过程中特别容易分散，能调节产品的流动性，改善制品的成型性。非交联型 PMMA 可用于粉块、底妆、唇妆类产品，以改善产品的延展性；交联型 PMMA 不溶于溶剂而被用于酒精含量高的剃须产品及爽身液等产品中。

5）尼龙粉：聚酰胺树脂粉末或纤维状微细粉末。硬度低于 PMMA，在化妆品中以分散方式存在。常用的型号有两种，分别是尼龙 6 号和尼龙 12 号。尼龙 6 号的熔点相对较高，能在高温下操作，主要用作改善美容性化妆品的使用感。

6）二氧化硅粉：按来源方式分为两种，分别是天然的和合成的。天然结晶产物也称石英，人工合成产品多为非晶质构造。目前市场上使用的以人工合成品为主，有较强的增滑性和吸油性，用于各种粉类产品，也可作为膏霜产品中的增黏剂和稳定剂。

7）聚氨酯粉：柔性软球状粉末，与皮肤的亲和性好，耐酸碱、耐高温，主要用作使用感改良剂。

3. 化妆品用复合粉体 由一种或两种以上的基础粉体，通过不同的工艺处理复合成为一种粉体，这种粉体被称为复合粉体。随着科学的进步、生活质量的提高，基础粉体已不能满足市场的需求，从而开发出一系列的复合粉体。化妆品常用复合粉体有如下几种。

（1）硅处理粉体 由于通常所使用的粉体具有很强的表面能量，很容易被水浸湿，而粉体表面经过硅处理可降低其表面能量，可使产品具有极强的抗水性和抗油性，并且可提高粉体的润滑性和分散性，使产品更加稳定及化妆效果保持长久。是干湿两用粉饼所不可缺少的主体原料。

（2）硬脂酸盐处理粉体 由于普通粉体表面有很强的亲水性，并且粒子之间很容易产生凝集现象，致使粉体在油性成分中不容易分散，经过硬脂酸盐处理，可使粉体表面具有抗水性和亲油性，能有良好的分散和稳定性，并且可以提高粉状产品的成型性。

（3）微细钛白粉处理云母 白色粉末状，无味。钛白粉处理后的云母，光线在其表面引起散射，从而起到抑制云母表面的强烈的光反射现象，可得到较柔和的光学效果，并且具有遮盖皱纹防御紫外线的功效。

（4）光敏变色钛白粉 淡黄色粉末，无味。在钛白粉中添加适量的氧化铁颜料，然后用硅进行表面处理，可得到随紫外线的强度不同而呈现不同的颜色的效果，使妆面色感变得更加自然。

（5）多层球状粉体 白色至微黄色粉末，几乎无气味，经过特殊加工的三层球状粉体，具有良好的流动性及分散性，能使粉体对于光线有多种反射和折射，从而可提高皱纹处较暗的区域的亮度，使皮纹看上去有变浅的效果。

综上，近年来根据化妆品用粉体原料的基本范围及其特性，随着科学技术的不断发展，将会为我们提供更多更具特点的粉体原料。

二、粉体对化妆品配方及工艺的影响

粉体在化妆品中的应用越来越广泛。同时，粉体的性质对化妆品配方及工艺产生均匀度、稠度、配方稳定性等多方面影响。具体如下：

1. 对物料混合均匀度的影响 化妆品的种类丰富，从剂型可以大致分为粉类化妆品、油膏类化妆品、乳化类及水剂类化妆品。不同剂型的化妆品，为使物料混合均匀，对粉体的处理方式不同，具体如下分析：

（1）粉类化妆品　通常含有多种粉体，为了减少粒子的凝聚，保证粉质的细腻和颜色的均匀性，需要对各基料成分进行高速搅拌混合，均匀分散后，继续添加着色料高速搅拌分散均匀，边搅拌边喷油，最后通过粉碎机粉碎并过60目筛网。

（2）油膏类化妆品　通常含有着色颜料、基础粉、功能性粉等粉体。其中色料的分散难度最大，为了减少色料的凝聚，可以添加一定量的具有表面活性的油脂，通过胶体磨或三辊研磨机预分散，充分润湿，形成细腻的色浆。再添加基础粉和功能性粉的膏体，同样也需要经过研磨，才能分散均匀。

（3）乳化类、水剂类化妆品　配方需要添加一定量的粉体，可以通过均质或搅拌的方式进行分散，同时添加增稠悬浮剂、分散剂，保证粉体不沉降分离，且分散均匀。

2. 对稠度的影响　化妆品配方中添加粉体会增加其膏体的稠度。例如，含大量钛白粉及氧化铁的粉底膏和口红，加热熔化时，稠度很大，难以消除气泡和灌装，可以适当添加分散润湿剂以降低稠度。

3. 对配方稳定性的影响　在油膏中适当添加粉体，粉体的吸油性有助于减少冒汗现象。粉体的黏合性和压缩性，对固体粉块的抗摔性有较大的影响。通过添加硬脂酸镁、高分子粉、植物蜡粉等黏合性好的粉体，可以提高粉块的结合力；反之，过量添加高流动性粉体、高压缩性粉体，容易导致粉块蓬松、结合力不足、容易破碎等现象。粉体的空隙率、密度对粉块的结合力有一定影响。一般地、空隙率小、密度较大的粉体，压实性较好，制成的粉块结合力相对较好。

综上，化妆品的原料多种多样，每个化妆品配方师的配方设计理念不同，产品的稳定性需要经过长时间放置观察、验证、经验积累等。

▶ **知识拓展**

复合粉体

　　化妆品复合粉体原料不同于单一来源的粉体原料，复合粉体可以给肌肤带来多重功效及不同肤感的体验，满足消费者需求。例如，功效性复合粉体原料 HSZ－ALT，是由合成氟金云母、羟基磷灰石、氧化锌、硅石、三乙氧基辛基硅烷组成，它不仅具有合成氟金云母的功效与肤感，同时还有高强度控油持妆功效，在贴肤的同时兼具爽滑感，吸油后颜色不会暗沉，兼具消炎、抑菌、除臭等功效。

　　对同一粉体采取不同的表面处理方式，可赋予同一粉体截然不同的肤感及性质，已被应用于各种化妆品中。例如：钛白粉，是目前广泛被接受和使用的白色颜料。优越的折光率，使其具有完美的化妆遮瑕效果。钛白粉表面处理方式可以大致分为3类：疏水处理、亲水处理、疏水处理 & 亲水处理。其中，疏水处理的钛白粉一般应用在口红、遮瑕膏、粉底液等产品中；亲水处理的钛白粉一般应用在泥膜、膏霜、水性指甲油等产品中；疏水处理 & 亲水处理的钛白粉一般应用在彩妆类产品中。

🖊 **思考题**

1. 阐述有机颜料、无机颜料的定义，以及两者之间的区别。
2. 粉体的流动性和充填性的表示方法及其在化妆品生产中的重要意义是什么？
3. 常见粉体的表面处理方式有哪些？分别阐述其特性及使用效果。

第五章　化妆品配方设计基础

PPT

化妆品配方设计是产品开发的重要环节。根据剂型、功效等要求，筛选各类原料、辅料，结合理化指标检测、感观评价、稳定性考察、安全性评价、功效性评价及人群试用评价，通过反复试验，不断优化，确定化妆品配方中各物料用量比例和可实现规模化生产的工艺，最终确定满足产品开发要求的配方。

第一节　化妆品配方设计的基本要求

知识要求

1. **掌握**　化妆品配方设计的基本要求。
2. **熟悉**　配方设计选择原料的原则。
3. **了解**　实验室打样数据记录和配方设计修订的重要性。

人类进入 21 世纪以来，随着精细化工合成技术、生命科学技术、分子生物学技术、生物发酵技术、纳米载体包裹技术、天然产物萃取技术、感官评价测评技术及人体法和体外评价技术的发展，化妆品产品质量与安全越来越受到监管部门和消费者的关注。作为一个合格的化妆品配方工程师，在进行配方设计时，必须熟练掌握化妆品配方设计的基本要求。化妆品配方设计基本要求主要包括以下几方面的内容。

一、熟练掌握化妆品相关的法律、法规

化妆品直接与人体皮肤接触，必须保证高度的安全性。国家化妆品监管部门出台了一系列化妆品法规，《已使用化妆品原料目录》（2021 年版）、《化妆品安全技术规范》（2015 年版）及《化妆品监督管理条例》（国令第 727 号）等都是化妆品配方设计需要遵循的基本法规。在 2021 年 4 月 30 日出台的《已使用化妆品原料目录》（2021 年版）中确定了 8972 种已使用化妆品原料，而未进入《已使用化妆品原料目录》（2021 年版）的成分，在国内首次使用的则被当作新原料，需按照新原料进行注册、备案管理。

《化妆品安全技术规范》（2015 年版）明确了化妆品一般的卫生要求、禁限用原料以及检验的评价方法，同时还明确了重金属的含量要求，如铅的含量为 10mg/kg、汞为 1mg/kg、砷为 2mg/kg、镉为 5mg/kg、二噁烷为 30mg/kg 以及石棉不得检出。另外，由于各国的法规存在一定的差异性，所以在设计配方时应注意。如紫外线吸收剂二苯酮-3，在我国的法规要求中最高使用量为 10%。欧盟委员会对（EC）No 1223/2009 附录Ⅵ第 4 条款进行修订后，二苯酮-3 作为 UV 防晒剂，在化妆品中允许的最大使用浓度从 10%降至为 6%，同时，对其在防护产品中的使用增加了限定，即"防护产品配方中不得超过 0.5%"。因此，在设计配方时，要注意各国法规对物质的含量限制要求。

二、熟练掌握化妆品原料及其性质

化妆品原料是构成化妆品的重要基本要素。在《已使用化妆品原料目录》（2021 年版）中收集的 8972 种已使用化妆品原料，涵盖了常见化妆品剂型的基础原料和功能性原料，目录中同一个中文名称的原料因来源不同存在一定差异性，需要对拟选用的原料形态、理化性质、安全性数据、功效数据、提取工艺、提取部位、合成工艺、杂质、量效关系和储存条件等进行综合评价。配方中引用时，还需通过理论分析和实验，验证配方中各原料的相容性及功效的协同性。

《化妆品安全技术规范》（2015 年版）中规定了化妆品中的禁用物质 1388 项、限用物质 47 项、准用防腐剂 51 项、准用防晒剂 27 项、准用着色剂 157 项、准用染发剂 75 项等。化妆品的质量控制以及安全性保障必须首先靠原料，其次靠严格的法规监管。化妆品配方设计原则中，首要考虑的是化妆品原料的选用原则，主要包括以下几点：①对皮肤和黏膜无刺激、无损伤和无毒性作用；②不妨碍（引起）皮肤和黏膜的正常生理作用；③抑制微生物的滋生；④稳定性好，色泽、气味宜人而稳定；⑤清楚来源、合成途径中的潜在危害物的种类及性质；⑥清楚原料的作用机制以及相关限量标准；⑦使用性和储存性便于操作；⑧其他需要考虑的对产品品质的影响因素等。

三、明确配方的目的和要求

由于地域性和使用人群的差异化，在进行化妆品配方设计前，必须要明确此款产品的目标使用人群、成本、功效及相应的市场宣传概念等要求，需符合现行国家法规、国家标准、行业标准、进出口标准等。如有特殊要求的产品或者包装剂型等，可参考相关国家标准或行业标准制定企业标准。为更高效率、高质量地开展配方设计，满足市场需求，需全面分析产品设计信息，设计相应基础配方体系、功效体系。化妆品配方的具体要求见表5-1。

表 5-1　化妆品配方的具体要求

产品设计信息				
品牌		品名		规格	
产品类型	驻留型□　　淋洗型□				
内容物剂型	液态：水剂□，油剂□　　　　乳化：水包油 O/W□，油包水 W/O□ 凝胶：透明□，半透明□　　蜡基□　　粉基□　　乳气雾剂□　　其他：				
内容物肤感	清爽□　　滋润□　　其他：				
内容物颜色					
包装材料	玻璃瓶□　　塑料：PP□，PET□，PE□，PS□　　其他：				
包装类型	霜瓶□　　乳液瓶□　　精华瓶□　　真空瓶□　　软管带泵头铝箔袋□　　其他：				
包装瓶外观	全透明□　　半透明□　　不透明□　　其他：				
目标市场	中国大陆□　　其他：				
销售渠道					
成本要求	内容物：　　　　　　包装：				

续表

消费者洞察	性别：_____　　年龄：_____　　地域：_____ 消费观念： 消费习惯： 心理需求：		
核心卖点			
功效诉求	美白保湿□　　修复祛痘□　　抗敏□　　抗皱□　　控油□　　祛屑□　　其他：		
使用方法			
产品配方设计			
执行标准			
基础配方体系 原料筛选	乳化剂： 防腐剂：	润肤剂： 赋香剂：	流变修饰剂： 其他：
功效体系原料筛选	保湿： 舒缓：	亮肤： 其他：	抗皱：
作用机制			
配方设计			
创新点			

四、对化妆品配方结构的理解与把握

化妆品配方主要由基质体系和功效体系两部分组成。根据产品剂型不同，一个化妆品配方通常包含以下模块的一种至多种：乳化体系、增稠体系、功效体系、抗氧化体系、防腐体系、感官修饰体系等。

1. 乳化体系　乳化体系通常由主乳化剂、助乳化剂共同形成，通过不同类型乳化体系，可将油相原料、水相原料制备形成油包水（W/O）、水包油（O/W）、油包水包油（O/W/O）、液晶、皮克林乳液（Pickering emulsion）等不同类型乳化剂型。乳化体系对产品稳定性、外观质地、肤感有重要影响，乳化体系的构建要根据油脂类型、功效成分离子性及产品外观要求，筛选合适的主乳化剂及助乳化剂，乳化体系是化妆品制剂学中最重要模块。

2. 增稠体系　增稠体系在多种产品剂型中都扮演重要角色，主要作用是黏度调节和流变修饰，对产品感观、稳定性等有重要影响。常用增稠剂类型有淀粉、纤维素等多糖型增稠剂，明胶等多肽型增稠剂，聚丙烯酸、聚氨酯类等合成高分子型增稠剂，脂肪醇等高熔点增稠剂，氯化钠等无机盐增稠剂，膨润土等无机矿物型增稠剂等。

3. 功效体系　化妆品功效体系的搭建，要以皮肤生理学为基础、皮肤问题成因为依据，选择具有相应功能的原料，单独或组合使用，不同皮肤问题具有不同的解决方案。如保湿功效体系搭建，需考虑影响水分散失的原因，补水的同时，要强化皮肤屏障功能，使水分能储存在皮肤中，同时，要有油脂等减少水分散失的成分。配方中功效体系搭建，可以同一功效，由一种或多种成分实现，也可以同一款产品同时具备多种功效。功效体系搭建需关注安全性评估、量效关系及与基质配方的适应性。

4. 抗氧化体系　化妆品中油脂类成分、乳化剂及一些活性成分都可能受氧气、光照、热、金属离子等多种因素影响被氧化，产生醛、酮、醇、酯、烃等氧化产物，引发产品变色、变味、分层，存在安全风险。抗氧化体系的构建，主要通过添加抗氧化剂（antioxidants）将氢原子给予化妆品中易于氧化成分的分子脱氢基团，来阻止氧化链式反应，减少氧化副产物的生成。常用的抗氧化剂有生育酚、2,6 - 二叔丁基对甲酚等。同时，螯合剂通常含有两个或连两个以上配位原子，金属原子或离子与配位体作用，生成具有环状结构的络合物，在一定程度上可减少金属离子对氧化反应的促进作用，预防氧化酸败，常用的螯合剂有乙二胺四乙酸二钠、乙二胺四乙酸二钠盐（EDTA 二钠）等。

化妆品抗氧化，还可通过避光包装、真空包装及次抛等形式的包装，预防化妆品氧化酸败，延长货架期。

5. 防腐体系　化妆品中营养基质丰富，容易受到微生物的污染而引起变质，防腐剂的添加用于抑制或防止微生物的生长繁殖和二次污染，延长产品的使用保质期。

6. 感官修饰体系　化妆品内容物的感观修饰包括：赋香、肤感调节及外观修饰。

化妆品香型是重要的感观评价指标。赋香体系可掩盖配方中其他原料的特征气味，提升产品使用过程中的愉悦感。赋香体系的搭建有 3 个途径：①添加特征气味原料，如栀子花、薄荷等提取物；②添加精油，如玫瑰精油、薰衣草精油等；③添加香精。

肤感可分为使用过程中产品涂抹性和使用后肤感。由于配方中某些保湿剂、增稠剂、油脂等成分本身的特性，会令产品使用时延展性不好、用后有黏腻感。可通过在配方中添加肤感调节剂来改善产品使用体验感。如挥发性成分（酒精、环硅氧烷等）、低黏度硅油、硅弹性体、无机矿粉（云母粉、滑石粉、氮化硼等）、高分子材料（尼龙粉、聚甲基丙烯酸甲酯等）及改性淀粉等。根据配方体系特点，可酌情组合使用，使配方呈现不同肤感体验。

化妆品外观修饰不仅能形成产品特点，而且也可以提升产品体验感。外观修饰的方法主要有：①通过添加不同颜色成分或色素进行颜色修饰；②通过添加不同色效包裹颗粒物对内容物进行外观修饰；③通过添加氮化硼、表面改性粉体，增加内容物亮度，改善使用后即时体验感。

由于化妆品的品类特性具有差异性，对于不同剂型和产品要求，在设计配方时各体系模块也会有相对的差异性，作为配方设计者在设计配方时应根据不同产品的特性要求和生产包材的匹配性能综合考虑配方的设计与产品的研发工作。

五、掌握合适的生产工艺

化妆品的产品配方设计完成后，要形成产品，就必须要通过实验操作工艺才可得以实现。尽管化妆品的制造工艺主要是一种混合的过程，但这一过程包含了原料的预处理（如分散、浸泡、研磨等）、搅拌加热、高速均质（搅拌）、消泡、搅拌冷却、过滤、静置老化等。对于这些工艺，由于机器的差异性、人员操作的习惯性、量程的选择性等都会对产品的外观和最终稳定性有一定的影响，而且有时这种影响还非常大，因此在实验过程中，应对选择的设备参数、均质乳化时间、搅拌参数、物料加入温度、过滤滤布目数、静置老化时间等相关参数做好记录，并通过二次实验来验证选择实验参数的正确性与可行性。

六、掌握正确的实验样品评价方法

当通过论证实验做好产品后，要通过一系列的评价方法来验证产品的设计是否达到理想的要求。通常产品的评价包括：感官评价、理化指标评价、稳定性评价、卫生指标评价、包材兼容性评价、功效性能评价、安全性能评价。评价的方法和流程要严格与国家或者行业的相关标准一致，评价内容见表 5 - 2。

表 5 - 2　化妆品样品常用的评测表

序号	评价项目	评价内容	指标要求	评价方法
1	感官指标	外观		可参见化妆品标准中的方法
		香型		
		色泽		
		涂抹性		
2	理化指标	pH		液晶或粒径对比照片
		离心		
		黏度		
		耐热		
		耐寒		
		微观结构粒径照片		
3	稳定性指标	感官指标变化		参见化妆品稳定性评价方法
		4~7周冷热循环		
		理化指标变化		
		微观结构粒径变化		
		活性成分变化		
		包材兼容性变化		
		模拟运输变化		
4	卫生指标	细菌总数		参见化妆品卫生规范检测方法以及其他检测方法
		霉菌和酵母菌总数		
		铜绿假单胞菌		
		耐热大肠菌群		
		金黄色葡萄球菌		
5	有害物质	铅		参见化妆品卫生规范检测方法以及其他检测方法
		砷		
		汞		
		镉		
		甲醇		
		二噁烷		
		石棉		
		激素类		
6	功效性能	特证类产品		参见化妆品卫生规范检测方法以及其他评价方法
		非特类产品		
		消毒杀菌类		
7	安全性能	毒理学实验评价		参见化妆品卫生规范检测方法以及其他安全性评价方法
		人体斑贴实验评价		
		人体使用累积性评价		
		环境友好型评价		
		其他安全性评价		

▶ 知识拓展

化妆品功效评价方法

化妆品功效评价方法具有多样性和复杂性，常见的评价方法为体外试验和人体试验两类，体外试验包括理化分析法、生物化学方法、细胞生物学方法、分子生物学方法等。

七、严谨认真的实验室管理及工作记录

化妆品配方研发具有很强的经验性和理论指导性，有时配方发生的一系列现象变化并不能完全依靠理论性去指导解决，因此经验和理论的结合至关重要。所以，科学的阐述和记录实验中的现象与方法很重要，做好科学的实验记录要注重实验室的各项管理和人为素养习惯培养。因此，必须注意以下的工作方式和工作方法。

1. 原料的规范管理 对配方中拟采用的原料，技术人员应对原料名称、规格、活性成分含量、原料组分、原料采购周期、原料使用方法、原料厂家的差异性等指标性要求进行分析对比，开展原料评价筛选工作。在使用新原料时，要建立新供应商的考察评价表、新原料引进说明书等。在开发研制新品时，新原料引入前需要200g以上原料，用于以下几个方面检测评价：①安全性评价：鸡胚绒毛尿囊膜血管试验、人体斑贴试验，结合原料安全性数据表（MSDS）进行该原料综合安全性评价；②配方相容性研究：根据原料技术资料（technical sheet）中推荐用量，将新原料应用于配方中，评价配方相容性、肤感和稳定性；③质量验证：根据该原料技术规格要求（SPEC），制定原料内控质量指标，并进行理化、特征成分含量等测试验证，对于香精香料，则要进行45℃加速老化是否变味测试；④特殊证明：香精香料需有过敏原测试相关资料，植物提取物需要提供农药残留检测报告，肽类原料需提供氨基酸定序相关证明材料；⑤风险物质：如配方中使用滑石粉，需提供石棉含量检测报告，如有甘油则需要提供二甘醇检测报告，其他还有二噁烷等风险物质评估，对原料中风险物质的管理，有助于对配方中风险物质进行分析评估。

2. 实验制备过程中的现象的准确详细记录 化妆品的制作是一个混合的过程，在制作过程中对温度、搅拌转速、均质力度等都有一个科学的理论要求。在这一要求范围内对物质熔化的温度、分散器的搅拌参数、实验料体的结膏温度等都要详细准确的记录，不但可为我们提供扩大化生产的工艺参数，也可为产品的感官评定、稳定性考察等提供实验参考数据。

3. 实验样品的客观评定 设计完成的配方即可进行实验打样，试制完成的样品需根据相关执行标准，进行客观科学的分析评价。若发现产品有分层、破乳（乳化不完全）、沉淀、黏度不达标、色差及香味相差较大时，需要审核配方和原料来源的差异性，以及实验参数的制定是否符合试制的要求等。实验试制若无工艺和产品外观问题，可进一步开展产品的理化指标检测、稳定性考察和防腐挑战测试等。通过测试的配方，可再进行感观评价、安全性评价、功效性评价。根据各阶段检测、分析、评价，对配方进行相应优化改进。

4. 实验结果的总结与归纳 对确定的配方及过程配方进行配方设计、原料筛选、实验参数优化进行总结，并对每个配方成功或失败的方面进行分析，归纳配方开发的经验及注意事项，以便为下次同类产品的研发提供科学的指导性意见或建议。

另外，实验室的7S管理也至关重要。实验中用到的提前预配的色素、酸碱剂、香味剂等要标识配制人、配制浓度、配制方法、配制日期、限用日期，以及是否有加入其他的防

腐剂或试剂等。同时实验室的产品稳定考察也要定责、定时的观察与清理，遇到不符合要求的产品要标识配方号、研制人、出现问题的原因分析等，这样才可以为配方设计和研制提供更为科学的指导。

八、化妆品配方的调整与优化

对化妆品配方的调整是在不断试验的基础上进行的配方完善和优化的过程，并根据评价结果确定配方或寻找产品的缺陷，分析原因，明确需要调整的因素。

1. 原料种类的调整　对产品质量的检测和评价结果进行分析，确定不良结果的原因。如果是原料引起的，应根据所用原料的性质及其在产品中的作用对原料进行调整，选取同类型、性质相似的原料进行替换或补充。

2. 原料使用量的调整　确定原料种类后，在法律、法规允许的用量范围内，依据原料特性以及产品的性能要求确定各原料的用量。在一个产品配方中，同时使用几种功能相同或类似的原料时，必须对几种原料的用量进行优化，以降低原料成本、优化体系结构。

3. 生产工艺的调整　化妆品生产过程中工艺调整最为关键，特别是乳化类型的产品。生产工艺主要包括乳化的温度、时间、功率及搅拌的速度、冷却方式等，对产品的外观和稳定性有很大的影响。应根据原料的理化性质和产品要求，选用合适的工艺参数。例如，有些原料熔点高，需在较高温度下乳化；若高温下原料不稳定，应严格控制该原料加样时的温度或加样时间；有些高分子原料不耐剪切，均质时需控制时间和功率；搅拌速度越高，油水相混合越充分，但搅拌速度过高，会将空气带入乳化体系，使之成为三相体系，导致体系不稳定或影响产品外观。

总之，化妆品的研发程序和配方设计，不仅取决于化妆品产品的开发企业，更取决于市场的需求，因此，化妆品市场若想得到更快更好的发展，就要不断地推陈出新，不断地适应市场、适应消费需求与法规的更新。

思 考 题

1. 简述化妆品配方设计的基本原则。
2. 化妆品配方设计中对原料基础性能的要求有哪些？
3. 如何理解化妆品配方结构以及各个组成结构的关系？
4. 为什么实验室打样的数据记录和分析至关重要？

第二节　乳化理论及乳化技术

知识要求

1. 掌握　乳状液的类型、鉴别分析方法及乳化方法。

2. 熟悉　影响乳状液类型的因素，乳化剂的作用原理以及 HLB 值对配方设计指导的意义。

化妆品种类繁多，使用范围较为广泛。市场上常见的护肤膏霜、粉底霜（BB 霜）、乳液、面膜、洗发香波、护发素、沐浴露（乳）、香水、染发剂、冷烫液、蜜粉、唇膏（口红）、眉笔、指甲油等产品都是附以某种载体形成的，它们包含水溶液、非水溶液、乳化体、凝胶胶束体、疏松或紧压粉剂、固体或非固体产品等等，其中，以乳状液化妆品最为常见，可以制成稀薄类的流体到黏稠状的膏霜等。乳化体系设计主要是主体料的选择和配置，它是化妆品配方设计的基础，对整个配方的设计和稳定性考察起着至关重要的作用。

本节将着重介绍乳化原理、乳化稳定性、乳化剂的选择和乳化体研发配制技术等。

一、乳状液和乳化原理

乳状液是最常见的化妆品剂型之一，乳状液的组成、类型、生产方法及其乳化机制是了解乳化的基础。

（一）乳状液和乳状液类型

乳状液是一种（或几种）不相溶的液体组成的分散体系，即其中一种液体以小液滴的形式均匀地分散在与其不相溶的另一种液体中所形成的多（相）分散体系，分散相粒子直径一般为 $0.1 \sim 10 \mu m$，有的属于粗分散体系，甚至用肉眼即可观察到其中的分散粒子。它是热力学不稳定的多项分散体系，有一定的动力稳定性，在界面电性质和聚结不稳定性等方面与胶体分散体系极为相似，因此将它纳入胶体洁面化学研究领域。乳状液因存在巨大的相间界面，所以界面性质对乳状液的形成和应用起着重要的作用。

就组成乳状液的两相而言，一种是极性物质，通常是去离子水作为其中一相，另一相是极性较小的或非极性物质，习惯上称其为"油"。油、水不一定是单一组分（而且一般都是多元体组分），每一相都包含多种成分物质。通常情况下，将油和水混合、摇晃，即可得到乳状液。但是这种方法制得的乳状液一般液滴很大，且极不稳定。要想得到粒径较小且稳定的乳状液，必须加入第三组分或更多组分作为稳定剂。乳状液中被分散的相称为分散相或内相；另一相则被称为分散介质或外相。显然，内相是不连续相，外相是连续相。根据内相和外相的不同性质，乳状液主要有两种类型，一类是油相分散在水相中，即外相为"水"，内相为"油"，如牛奶、雪花膏等，这类乳化体系简称为水包油型乳液，用 O/W 型表示，其中油为分散相，水为连续相；另一类是水分散在油相中，如原油、冷霜等，这类乳化体系简称为油包水型乳液，用 W/O 型表示，其中水为分散相，油为连续相。同时，除了上述两种基本乳状液外，还有一种复合乳状液，其分散相本身就是乳状液，如将一个 O/W 的乳状液分散到连续的油相中，形成一种复合 O/W/O 型的乳状液；或者将一个 W/O 的乳状液分散到连续的水相中，形成一种复合的 W/O/W 的乳状液。在油相、水相的性质确定后，制备较稳定（如常温放置 3 年）的乳状液最重要的条件是乳化剂的选择。在诸多类型的乳化剂中，以表面活性剂的应用最为广泛。不同乳化类型的乳状液，具有不同的肤感特点，见表 5-3。

表 5-3 不同乳化剂的特点

乳化类型	特点
O/W 膏霜	外观稠厚，肤感清爽，滋润度稍差
W/O 膏霜	外观稠厚，肤感油腻，滋润度较好
O/W 乳液	外观稀薄，肤感清爽，滋润度稍差
W/O 乳液	外观稀薄，肤感油腻，滋润度较好
W/O/W 霜乳	外观厚薄适中，肤感清爽不腻，滋润度较好

（二）乳状液的物理性质

乳状液一般是热力学的不稳定体系，一部分是粗分散体，一部分是胶体。乳状液的类型、粒径大小、外观是研究其稳定性的重要依据。

1. 乳状液的液滴粒径大小和外观 一般乳状液常为乳白色不透明液体，乳状液之名也由此而得。乳状液外观和乳状液中分散相质点（粒径）的大小密切相关，见表5-4。

表5-4 乳状液分散相粒径大小与乳状液外观

液滴（颗粒）大小（mm）	外观
大液滴	可分辨出两相存在
>1	白色或乳白色乳状液
0.1~1	蓝白色乳状液
0.05~1	乳白~灰白色透明乳状液
<0.05	透明液

2. 光学性质 由胶体的光学性质可知，对一个多分散体系来说，其分散相与分散介质的折光率一般不同，光照射在分散粒子（液滴）上可以发生折射、反射、散射等现象。当液滴直径大于入射光的波长时，主要发生反射（也可能有折射、光吸收），分散体系呈白色不透明液状；当液滴直径远小于入射光波长时，则光可以完全透过，这时分散体系呈透明状；当液滴直径稍小于入射光波长时，则有光的散射现象发生，体系呈半透明状。一般乳状液的分散相液滴的直径范围大致在$0.1~10\mu m$（甚至更大），可见光波长为$0.4~0.8\mu m$，故乳状液中光的反射较为显著，因此乳状液一般是不透明的乳白色液体。对于液滴直径在$0.1\mu m$以下的液-液分散体系，其外观是半透明或透明状的，而不呈乳白色状，常称为"微乳液"，它的性质与乳状液有很大的不同。

目前，市面上的膏霜、乳液型化妆品大部分是水包油型（O/W型）乳化体，该类型的乳化体在皮肤上容易涂敷。

3. 稳定性 乳状液中的液珠粒径大小并不是完全均匀的，一般各种大小都会有，而且呈一定的交错性分布，同时粒径大小的交错性分布随着时间的变化关系，常被用来衡量乳状液的稳定性。例如，如果由小粒径较多的分布变为大粒径较多的分布所需要的时间越短，则说明乳状液的稳定性越差。乳化体颗粒大小及其分布受乳化剂效能和用量，以及工艺程序、搅拌方式和选择参数的影响。

4. 黏度 乳状液是一种液体，黏度（流变性指标）为其重要的性质之一。从乳状液的组成可以知道，外相黏度、内相黏度、内相体积浓度、乳化剂的性质和效能、液滴粒径的大小等因素都会影响乳状液的最终黏度。当分散相浓度不大时，乳状液的黏度主要由分散介质所决定，即分散介质的黏度越大，则乳状液的黏度也越大。另外，内相浓度对乳状液黏度也有影响，一般乳状液黏度随内相浓度变大而增加。

5. 电导率 乳状液的一个主要电性质就是电导率。电导率性质主要决定乳状液的外相，即连续相。因此，O/W型乳状液的电导比W/O型的乳状液大，此性质常被用来辨别乳状液的类型、研究乳状液的变型过程。乳状液分散相的电泳也是一种重要的电性质。粒径分子在电场中运动的测量，可以提供与乳状液稳定性密切相关的质点带电情况，也是研究乳状液稳定性的重要方面。

（三）乳状液类型的测定方法

乳状液的类型一般分为O/W型和W/O型两种。在乳状液制备过程中往往利用转相乳化法来得到稳定的乳状液，即要制备 O/W 型乳状液，先制备 W/O 型，然后适当增加水量，让其转变成 O/W 型，即形成了 W/O/W 型。

对乳状液类型的测定很重要，不仅可了解所制备的乳状液是什么类型，而且可以判定在什么条件下乳状液可以转型。根据"油"和"水"的不同特点，可以采用一些简便的方法来对乳状液的类型进行鉴定。两种类型乳化体常用的鉴别方法有以下几种。

1. 稀释法　乳状液能与其外相液体相混溶，故而能与乳状液混合的液体应与外相相同，而不容易被内相稀释。因此，用"水"或"油"对乳状液做稀释实验，即可判断乳状液的类型。容易分散于"水"的乳化体为 O/W 型乳化体，反之，不容易分散于水，而容易分散于"油"的乳化体为 W/O 型乳化体。例如，牛奶能被水所稀释，而不能与植物油脂混合，所以说牛奶是 O/W 型乳状液。

2. 染色法　将少量的油溶性染料加入乳状液中予以混合，静置几分钟后，若乳状液整体带色，则为 W/O 型乳状液；若只是液滴带色，并有明显的不均匀分散界面或聚集性颗粒，则为 O/W 型；如用水溶性染料，则情况完全相反。同时以油溶性和水溶性染料对乳液进行染色试验，可以提高乳状液类型鉴别的可靠性。

3. 电导法　大多数"油"的导电性较差，而"水"（一般常含有一些电解质）的导电性极好，因此，可用简单的电导仪或简单的电路试验，对乳状液进行电导测量可以确定其类型。导电性良好的且与水相电导相近的即为 O/W 型乳状液；导电性差的且与油相电导相近的即为 W/O 型乳状液。但有时，当 W/O 型乳状液的内相（W 相）所占的比例很大，或油相总离子型乳化剂含量较多时，则油为外相时也可能产生相当大的导电性。

4. 滤纸润湿法　将乳状液滴于滤纸上，若液体很快铺开，在中心留下一小滴油，则为 O/W 型乳状液；若液体铺展不开则为 W/O 型乳状液。如果预先滤纸浸有质量分数为 20% 的 $CoCl_2$（氯化钴）溶液，试验前应干燥滤纸，如果滴上的乳状液是 O/W 型，则在液滴的周围会立即变成紫色圈；如果滴的是 W/O 型乳状液则滤纸不变色，仍为蓝色状态。此法只对于某些"油"和"水"的乳状液适用，对于某些易在滤纸上铺展的油（如苯、环己烷等）所形成的乳状液不适用。

此外，还有其他的方法可以判定乳状液的类型，如利用油、水的折射率不同的光学性质可进行判定，从乳状液所用乳化剂进行判定，也可以通过杯水沉降实验来判定等。总之，在测定乳状液的类型时，仅使用一种方法，往往具有一定的局限性，因此，对乳状液类型的鉴别应该采用多种方法相结合，如利用乳状液的油相、水相的电导性与光学性，以及乳状液对试验药剂的物理、化学等特性不同的特点，才可以得到正确、可靠的结果。

（四）影响乳状液类型的主要因素

对于乳状液的类型，人们总以为由两种液体构成的乳状液，量多的应为外相，量少的应为内相。事实证明，这种看法是错误的，现已可以生产出内相体积大于 95% 的乳状液。乳状液是一种复杂的体系，影响其类型的因素很多，很难简单地归结为某一种，可能影响乳状液类型的因素如下。

1. 相体积　若分散相液滴是大小均匀的圆球，则可计算出最密堆积时液滴的体积占总体积的 74.02%，其余 25.98% 应为分散介质。若分散相体积大于 74.02%，乳状液就会发生破坏或变型。若水相体积占总体积的 26%~74%，O/W 和 W/O 型乳状液均可形成；若小于 26%，则只能形成 W/O 型乳状液；若大于 74%，则只能形成 O/W 型乳状液。橄榄油在 0.001mol/L 氢氧化钾水溶液中的乳状液就服从这个规律。但分散相的液珠不一定是均匀的球，在多数情况下液滴都是不均匀的，有时甚至是呈多面体的。在这种情况下相体积和乳状液的类型关系就不能限于上述范围，在液滴都是不均匀和多面体的形成条件下，内相体积就可以大大超过 74%，如出水霜体系的乳状液产品。但要制成这种稳定的乳状液需要使用相当数量的高效能乳化剂。

2. 乳化剂分子构型　乳化剂会在分散相和分散介质间的界面形成定向吸附层。钠、钾等一价金属的脂肪酸盐（一价金属皂）作为乳化剂时，容易形成水包油型乳状液。而钙、镁等二价金属皂则易形成油包水型乳状液。由此提出乳状液类型的"定向楔"理论，即乳化剂分子在界面定向吸附时，极性头朝向水相，碳氢链朝向油相，从液珠的曲面和乳化剂定向分子的空间构型考虑，有较大极性头的一价金属皂有利于形成 O/W 型乳状液。而有较大碳氢链的二价金属皂则有利于形成 W/O 型乳状液，乳化剂分子在界面的定向排列就如木楔插入内相一样，故称之为"定向楔"理论。此理论与很多实验事实相符，但也常有例外，如银皂作乳化剂时，按此理论本应该形成 O/W 型乳状液，实际却为 W/O 型乳状液。

3. 乳化剂的亲水性　一般易溶于水的乳化剂易形成 O/W 型乳状液，易溶于油的乳化剂则易形成 W/O 型乳状液，这一经验规律有相当大的普遍性。"定向楔"理论不能说明银皂可作为 W/O 型乳状液乳化剂的原因，但可用此经验规律解释。这种对溶度的考虑推广到乳化剂的亲水性（即使都是水溶性的，也有不同的亲水程度），即为 HLB 值。所以 HLB 值是人为的一种衡量乳化剂亲水性大小的相对数值，其值越大，表示亲水性越强。例如，油酸钠的 HLB 值为 18，甘油单硬脂酸酯的 HLB 值为 3.8，所以前者的亲水性要大得多，是 O/W 型乳状液的乳化剂，而后者是 W/O 型乳状液的乳化剂。

从动力学观点考虑，可以认为在 O/W 型界面膜中，乳化剂分子的亲水基是油滴聚结的障碍，而亲油基则为水滴聚结的障碍，因此，如果界面膜乳化剂的亲水性强，则形成 O/W 型乳状液，若疏水性强，则形成 W/O 型乳状液。

4. 乳化器材料　乳化过程中器壁的亲水性对形成乳状液类型有一定的影响。一般情况是亲水性强的器壁易形成 O/W 型乳状液，而疏水性强的器壁易形成 W/O 型乳状液。这主要是由于乳状液类型与液体对器壁的润湿情况有关。一般说来，润湿器壁的液体容易在器壁附着，形成一连续层，搅拌时这种液体往往不会分散成为内相液珠。

（五）乳化原理

对于两种互不相溶的液体，如油和水通过机械搅拌，在受到剪切力的作用下即可使两相的界面积大大增加，从而形成一种暂时（即热力学不稳定）的乳状液。乳状液的不稳定性是因为两相之间的界面分子具有比内部分子较高的能量，界面张力大，所以它们有自动降低能量的趋势，力图通过小液滴的相互聚集，缩小界面积，降低界面能。因此，乳状液经过一定时间的静置，原来分散的液滴会迅速合并，从而使油、水两相重新分成上下两个液层。

由于表面活性剂的两亲分子结构使表面活性剂分子在油水的界面处产生吸附，并使油水界面产生的表面张力显著下降等，此为乳化作用形成的根本原因。在两种互不相溶的液体中，加入适当的乳化剂，通过搅拌，使一种液体以微粒状均匀地分散于另一种液体中而形成高度分散乳状液的过程称为乳化作用，简称乳化。乳化可以提高乳状液的稳定性。

1. 乳化剂的选择原则　乳化剂能否在油水界面产生吸附与定向排列是乳化形成的关键，而在油水界面产生吸附与定向排列通常与乳化剂的亲油基团与油相结构的相互作用，以及亲水基团与水相结构的相互作用有关。按照相似结构相互作用强的特点，乳化剂的选择原则主要包括以下几点：

（1）选用的乳化剂的亲油基与被乳化物在结构上相近，可取得较好的乳化效果，乳化剂在油水界面上能形成稳定和紧密排列的凝聚膜。

（2）油相的 HLB 值与乳化剂所能提供的 HLB 值相近，即 HLB（油相）≈HLB（乳化剂）。

一般地，油相组成是影响乳化作用稳定性的关键因素。油相成分，包含油、脂、蜡以及油溶性物质。乳化时，应该首先掌握被乳化的油相所需要的 HLB 值。表5-5列举了各种常见油脂乳化成不同类型所需要的 HLB 值。

表5-5 各种常见油脂乳化成不同类型所需要的 HLB 值

油相原料	W/O 型	O/W 型	油相原料	W/O 型	O/W 型
轻质矿物油	4	10	十六醇	–	10
重质矿物油	4	10.5	十八醇		16
石蜡油	4	9~11	月桂酸、亚油酸		16
凡士林	4	10.5	硬脂酸、油酸	7~11	17
十二醇、癸醇		14	硅油		10.5
无水羊毛脂	–	12~13	棉籽油酸		7.5
鲸蜡醇	8	10~16	蓖麻油、牛油		7~9
蜂蜡	–	14~15	巴西棕榈蜡		12
小烛树蜡	5		霍霍巴油		6~7

（3）当使用一种乳化剂效果不理想时，可考虑选择混合乳化剂。水溶性和油溶性乳化剂的混合使用有更好的乳化效果；有时选用离子型和非离子型乳化剂混合使用，两者的协同作用也会取得良好的效果。

（4）选择的乳化剂应当不影响化妆品其他成分的性能，而且应当是安全、卫生、无毒、无副作用、无特殊气味等。

（5）乳化剂应能适当增大外相黏度，以减少液滴的聚集速度。

（6）乳化剂要能用最小的浓度和最低的成本达到乳化效果。

（7）乳化工艺简单。

另外，由于温度升高或表面活性剂浓度增大等因素，使乳化剂实际的 HLB 值会有所下降。因此，在选用乳化剂并确定配方时，通常要求（混合）乳化剂所能提供的 HLB 总值略高于被乳化油相所需的 HLB 值。一般常用乳化剂的 HLB 值见表5-6。

表5-6 常用乳化剂的 HLB 值

商品名	中文名	类型	HLB
–	油酸	阴离子	1.0
Span 85	失水山梨醇三油酸酯	非离子	1.8
Arlacel 85	失水山梨醇三油酸酯	非离子	1.8
Atlas G-1706	聚氧乙烯山梨醇蜂蜡衍生物	非离子	2.0
Span 65	失水山梨醇三硬脂酸酯	非离子	2.1
Arlacel 65	失水山梨醇三硬脂酸酯	非离子	2.1
Atlas G-1050	聚氧乙烯山梨醇六硬脂酸酯	非离子	2.6
Emcol EO-50	乙二醇脂肪酸酯	非离子	2.7
Emcol ES-50	乙二醇脂肪酸酯	非离子	2.7

续表

商品名	中文名	类型	HLB
Atlas G-1704	聚氧乙烯山梨醇蜂蜡衍生物	非离子	3.0
Emcol PO-50	丙二醇脂肪酸酯	非离子	3.4
Atlas G-922	丙二醇单硬脂酸酯	非离子	3.4
Atlas G-2158	丙二醇单硬脂酸酯	非离子	3.4
Emcol PS-50	丙二醇脂肪酸酯	非离子	3.4
Emcol EL-50	乙二醇脂肪酸酯	非离子	3.6
Emcol PP-50	丙二醇脂肪酸酯	非离子	3.7
Arlacel C	失水山梨醇倍半油酸酯	非离子	3.7
Arlacel 83	失水山梨醇倍半油酸酯	非离子	3.7
Atlas G-2859	聚氧乙烯山梨醇4,5-油酸酯	非离子	3.7
Atmul 67	单硬脂酸甘油酯	非离子	3.8
Atmul 84	单硬脂酸甘油酯	非离子	3.8
Tegin 515	单硬脂酸甘油酯	非离子	3.8
Aldo 33	单硬脂酸甘油酯	非离子	3.8
Ohlan	羟基化羊毛脂	非离子	4.0
Arias G-1727	聚氧乙烯山梨醇蜂蜡衍生物	非离子	4.0
Emcol PM-50	丙二醇脂肪酸酯	非离子	4.1
Span 80	失水山梨醇单油酸酯	非离子	4.3
Arlacel 80	失水山梨醇单油酸酯	非离子	4.3
Atlas G-3851	丙二醇单月桂酸酯	非离子	4.5
Emcol PL-50	丙二醇脂肪酸酯	非离子	4.5
Span 60	失水山梨醇单硬脂酸酯	非离子	4.7
Arlacel 60	失水山梨醇单硬脂酸酯	非离子	4.7
Atlas G-2139	二乙二醇单油酸酯	非离子	4.7
Emcol DO-50	二乙二醇脂肪酸酯	非离子	4.7
Atlas G-2146	二乙二醇单硬脂酸酯	非离子	4.7
Emcol DS-50	二乙二醇脂肪酸酯	非离子	4.7
Atlas G-1702	聚氧乙烯山梨醇蜂蜡衍生物	非离子	5.0
Emcol DP-50	二乙二醇脂肪酸酯	非离子	5.1
Aldo 28	单硬脂酸甘油酯	非离子	5.5
Tegin	单硬脂酸甘油酯	非离子	5.5
Emcol DM-50	二乙二醇脂肪酸酯	非离子	5.6
Glucate-SS	甲基葡萄糖苷倍半硬脂酸酯	非离子	6.0
Atlas G-1725	聚氧乙烯山梨醇蜂蜡衍生物	非离子	6.0
Atlas G-2124	二乙二醇单月桂酸酯	非离子	6.1
Emcol DL-50	二乙二醇脂肪酸酯	非离子	6.1
Glaurin	二乙二醇单月桂酸酯	非离子	6.5
Span 40	失水山梨醇单棕榈酸酯	非离子	6.7
Arlacel 40	失水山梨醇单棕榈酸酯	非离子	6.7
Atlas G-2242	聚氧乙烯二油酸酯	非离子	7.5
Atlas G-2147	四乙二醇单硬脂酸酯	非离子	7.7

续表

商品名	中文名	类型	HLB
Atlas G-2140	四乙二醇单油酸酯	非离子	7.7
Atlas G-2800	聚氧丙烯甘露醇二油酸酯	非离子	8.0
Atlas G-1493	聚氧乙烯山梨醇羊毛脂油酸衍生物	非离子	8.0
Atlas G-1425	聚氧乙烯山梨醇羊毛脂衍生物	非离子	8.0
Atlas G-3608	聚氧丙烯硬脂酸酯	非离子	8.0
Solulan 5	聚氧乙烯（5EO）羊毛醇醚	非离子	8.0
Span 20	失水山梨醇月桂酸酯	非离子	8.6
Arlacel 20	失水山梨醇月桂酸酯	非离子	8.6
Emulphor VN-430	聚氧乙烯脂肪酸	非离子	8.6
Atbs G-2111	聚氧乙烯氧丙烯油酸酯	非离子	9.0
Atlas G-1734	聚氧乙烯山梨醇蜂蜡衍生物	非离子	9.0
Atlas G-2125	四乙二醇单月桂酸酯	非离子	9.4
Brij 30	聚氧乙烯月桂醚	非离子	9.5
Tween 61	聚氧乙烯（4EO）失水山梨醇单硬脂酸酯	非离子	9.6
Atlas G-2154	六乙二醇单硬脂酸酯	非离子	9.6
Splulan PB-5	聚氧丙烯（5PO）羊毛醇醚	非离子	10.0
Tween 81	聚氧乙烯（5EO）失水山梨醇单油酸酯	非离子	10.0
Atlas G-1218	混合脂肪酸和树脂酸的聚氧乙烯酯类	非离子	10.2
Atlas G-3806	聚氧乙烯十六烷基醚	非离子	10.3
Tween 65	聚氧乙烯（20EO）失水山梨醇三硬脂酸酯	非离子	10.5
Atlas G-3705	聚氧乙烯月桂醚	非离子	10.8
Tween 85	聚氧乙烯（20EO）失水山梨醇三油酸酯	非离子	11.0
Atlas G-2116	聚氧乙烯氧丙烯油酸酯	非离子	11.0
Atlas G-1790	聚氧乙烯羊毛脂衍生物	非离子	11.0
Atlas G-2142	聚氧乙烯单油酸酯	非离子	11.1
Myrj 45	聚氧乙烯单硬脂酸酯	非离子	11.1
Atlas G-2141	聚氧乙烯单油酸酯	非离子	11.4
Atlas G-2076	聚氧乙烯单棕榈酸酯	非离子	11.6
S-541	聚氧乙烯单硬脂酸酯	非离子	11.6
Atlas G-3300	烷基芳基磺酸盐	阴离子	11.7
-	三乙醇胺油酸酯	阴离子	12.0
Atlas G-2127	聚氧乙烯单月桂酸酯	非离子	12.8
Solulan 98	聚氧乙烯（10EO）乙酰化羊毛脂衍生物	非离子	13.0
Atlas G-1431	聚氧乙烯山梨醇羊毛脂衍生物	非离子	13.0
Atlas G-1690	聚氧乙烯烷基芳基醚	非离子	13.0
S-307	聚氧乙烯单月桂酸酯	非离子	13.1
Atlas G-2133	聚氧乙烯月桂醚	非离子	13.1
Atlas G-1794	聚氧乙烯蓖麻油	非离子	13.3
Tween 21	聚氧乙烯（4EO）失水山梨醇单月桂酸酯	非离子	13.3
Renex 20	混合脂肪酸和树脂酸的聚氧乙烯酯类	非离子	13.5
Atlas G-1441	聚氧乙烯山梨醇羊毛脂衍生物	非离子	14.0

续表

商品名	中文名	类型	HLB
Solulan C-24	聚氧乙烯（24EO）胆固醇醚	非离子	14.0
Atlas G-7596j	聚氧乙烯失水山梨醇单月桂酸酯	非离子	14.9
Tween 60	聚氧乙烯（20EO）失水山梨醇单硬脂酸酯	非离子	14.9
Ameroxol OE-20	聚氧乙烯（20EO）油醇醚	非离子	15.0
Glucamate SSE-20	聚氧乙烯（20EO）甲基葡萄糖苷倍半油酸酯	非离子	15.0
Solulan 16	聚氧乙烯（16EO）羊毛醇醚	非离子	15.0
Solulan 25	聚氧乙烯（25EO）羊毛醇醚	非离子	15.0
Solulan 97	聚氧乙烯（9EO）乙酰化羊毛脂衍生物	非离子	15.0
Tween 80	聚氧乙烯（20EO）失水山梨醇单油酸酯	非离子	15.0
Myrj 49	聚氧乙烯单硬脂酸酯	非离子	15.0
Altlas G-2144	聚氧乙烯单油酸酯	非离子	15.1
Atlas G-3915	聚氧乙烯油基醚	非离子	15.3
Atlas G-3720	聚氧乙烯十八醇	非离子	15.3
Atlas G-3920	聚氧乙烯油醇	非离子	15.4
Emulphor ON-870	聚氧乙烯脂肪醇	非离子	15.4
Atlas G-2079	聚乙二醇单棕榈酸酯	非离子	15.5
Tween 40	聚氧乙烯（20EO）失水山梨醇单棕榈酸酯	非离子	15.6
Atlas G-3820	聚氧乙烯十六烷基醇	非离子	15.7
Atlas G-2162	聚氧乙烯氧丙烯硬脂酸酯	非离子	15.7
Atlas G-1741	聚氧乙烯山梨醇羊毛脂衍生物	非离子	16.0
Myrj 51	聚氧乙烯单硬脂酸酯	非离子	16.0
Atlas G-7596P	聚氧乙烯失水山梨醇单月桂酸酯	非离子	16.3
Atlas G-2129	聚氧乙烯单月桂酸酯	非离子	16.3
Atlas G-3930	聚氧乙烯油基醚	非离子	16.6
Tween 20	聚氧乙烯（20EO）失水山梨醇单月桂酸酯	非离子	16.7
Brij 35	聚氧乙烯月桂醚	非离子	16.9
Myrj 52	聚氧乙烯单硬脂酸酯	非离子	16.9
Myrj 53	聚氧乙烯单硬脂酸酯	非离子	17.9
Atlas G-2159	聚氧乙烯单硬脂酸酯	非离子	18.8
Atlas G-263	N-十六烷基-N-乙基吗啉基乙基硫酸钠	阳离子	25~30
Texapon K-12	纯月桂基硫酸钠	阴离子	40

2. 选择乳化剂的步骤　乳化剂的种类很多，如何才能选择到合适的乳化剂？选择乳化剂的步骤主要有以下几点。

（1）根据化妆品乳状液制品性能的要求，确定乳状液是 O/W 型还是 W/O 型，并确定其油相的成分。油溶性表面活性剂容易形成 W/O 型乳液，反之亦然。油相的极性越大，乳化剂的亲水性应越大，反之亦然。

（2）计算油相成分所需要的 HLB 值。

（3）选择乳化剂。通常选用混合的乳化剂，通过亲水和亲油表面活性剂混合使用，通常可形成比较好的乳液。

（4）确定乳化剂用量。可根据乳化效率确定乳化剂的用量。所谓"乳化效率"是指若要稳定一个指定的乳化体系，在稳定性允许下，用最少量的乳化剂，其油相与所需乳化剂的质量之比称为该乳化剂的乳化效率。不同的乳化剂有不同的乳化效率。显然，乳化单位油相所需的乳化剂量越少，其乳化效率越高。

（5）依照配方，配制成乳化液。观察和测定乳状液的稳定性等性能，并进行有关的检验，必要时修改配方。

3. 乳化剂的应用 表面活性剂的 HLB 值，是一个表示其亲水亲油性大小的相对值（无量纲），它在乳化理论中具有实际的应用价值。由 HLB 值可知乳化剂对水和油的溶解性及适宜的乳化条件。所以，用 HLB 值方法来确定乳状液的配方及指导乳状液的配制，至少在目前仍是一个常用且有效的方法。

正常情况下，乳化剂的用量一般控制在 1% ~ 10%（质量分数），为了保持化妆品的自身功能，特别是在配制膏霜类化妆品中，乳化剂应符合下列经验公式的要求，即：

$$\frac{乳化剂质量}{乳化剂质量 + 油相质量} = 10\% \sim 20\%$$

例 1：配制一种 O/W 型洁肤霜

（1）选定配制该乳化体系的油相组分为：白油 15%，无水羊毛脂 4%，十六醇 3%。

（2）查表可知，油相组分的 HLB 值分别为：HLB（白油）10，HLB（无水羊毛脂）12，HLB（十六醇）13，则：

$$油相所需 HLB 值 = \frac{15 \times 10 + 4 \times 12 + 3 \times 13}{15 + 4 + 3} = 10.77$$

（3）根据乳化剂用量在 10% 以内，且乳化剂用量占油相比例在 10% ~ 20% 原则，则：

假设 Tween 80 和 Span 80 复合乳化剂总量为 5%，代入经验公式计算：$\frac{5}{5 + 22} = 18.5\%$

得知乳化剂总量为 5% 符合乳化剂用量要求。

（4）根据 HLB（油相）≈ HLB（乳化剂）原则，计算复合乳化剂的分别添加量。

设 Tween 80 添加量为 $x\%$，Span 80 添加量为 $(5 - x)\%$

则：$\frac{15x + 4.3(5 - x)}{5} = 10.77$

解得 Tween 80 添加量为 3.02%，Span 80 添加量为 1.98%。

（5）确定水相组分并得出乳化组成基本配方：

白油 15%，无水羊毛脂 4%，十六醇 3%，Tween 80 3.02%，Span 80 为 1.98；甘油 5%，水 68%。

例 2：配制一种 W/O 型洁肤霜

（1）确定乳化体的油相组分，其乳化所需 HB 值、质量分数如下：

组分	HLB	质量（%）
白油	4	35
无水羊毛脂	8	4
蜂蜡	5	6
凡士林	4	10

经过计算油相所需要 HLB 值为 4.4。

（2）选定乳化剂。根据油相乳化所需 HLB 值，选用 Alacel 83（失水山梨醇倍半油酸酯，HLB = 3.7），与 Tween 80（HLB = 15）组成复合乳化剂。正常情况下乳化剂用量一般为 1%～10%。

令 Arlacel 83 和 Tween 80 复合乳化剂总量为 7%，代入经验公式计算得乳化剂占油相的比例为 11.38%，得知乳化剂总量为 7%，符合乳化剂用量要求，则 Arlacel 83 为 6.56%，Tween 80 为 0.44%。

（3）确定水相组分。令水相由保湿剂和精制水组成，保湿剂甘油为 5%、透明质酸为 0.5%，其余为精制水。此外还有适量的香精、防腐、抗氧化剂和其他成分。

（4）确定乳化体配方。W/O 型洁肤霜配方：

组分	质量（%）
油相白油	35.00
无水羊毛脂	4.00
蜂蜡	6.00
凡士林	10.00
Arlacel 80	9.38
Tween 80	0.62
水相甘油	5.00
透明质酸	0.50
精制水	29.50
香精	适量
防腐剂、抗氧剂	适量

二、乳状液的稳定性

乳状液的稳定性会直接影响化妆品贮存期间和使用过程的稳定性——是化妆品的一个重要质量指标。所以关于乳状液的稳定性对于研究、生产乳状液具有十分重要的理论价值和指导意义。

影响乳状液稳定性的因素非常复杂。关于界面膜的形成以及对乳状液稳定性的作用，可视为影响乳状液稳定性的主要因素之一，因为乳状液稳定与否，与液滴间的聚结密切相关，而界面膜则是聚结的必经之路。本部分内容主要联系界面性质，讨论影响乳状液稳定性的主要因素。

（一）界面张力

乳状液的形成必然使体系界面积大大增加，即需要外界对体系作功，从而增加了体系的界面能，这是一种非自发的过程，得到的乳状液是热力学不稳定体系。

为了尽量减少乳状液的不稳定程度，有效方法就是利用表面活性剂具有双亲结构并能降低界面张力的特点，在乳化时加入适当的乳化剂，由此可形成相当稳定的乳状液。此时，分散了的液滴再聚结就会相对困难些。但是，由此形成的乳状液总是存在相当大的界面积，仍有一定量的界面能，这样的体系总是力图减小界面积，而使能量得到降低，最终会产生破乳、分层等现象。总之，界面张力的高低主要可反映乳状液形成的难易，并非乳状液稳定性的必然的衡量标志。

（二）界面膜的强度

在油-水体系中加入乳化剂，必然会在界面产生吸附和定向排列而形成界面膜。界面膜对分散相液滴具有保护作用，使其在布朗运动中产生相互碰撞的液滴不易聚结。显然，液滴的聚结（稳定性被破坏）和所受到的界面膜的阻力有关。因此，界面膜的机械强度（含组成界面膜的分子排列紧密程度）是决定乳状液稳定性的主要因素之一。

1. 乳化剂的浓度　当乳化剂浓度较低时，界面上吸附分子较少，定向排列不紧密，界面膜的强度较差，所形成乳状液的稳定性较差。当乳化剂浓度增高到一定程度后，界面膜即由产生界面吸附且定向排列得比较紧密的分子膜组成，这样形成界面膜的强度高，使乳状液滴聚结时所受到的膜阻力较大，故能提高乳状液的稳定性。大量事实表明，需要加入足够量（即达到一定浓度）的乳化剂，才能获得最佳乳化效果。根据乳化剂的 HLB 值与其乳化效率的关系可知，不同的乳化剂达到最佳乳化效果所需含量不同，效果也不同。此与其形成的界面膜强度有关。一般来说，吸附分子间相互作用越大，形成界面膜的强度也越大；相互作用越小，其界面膜的强度也越小。如直链结构的乳化剂的乳化效果一般优于支链结构的乳化剂。

2. 混合乳化剂的"界面复合膜"　对表面活性剂水溶液的表面吸附膜的研究结果认为：在表面吸附层中，表面活性剂分子（或离子）与脂肪醇、脂肪酸、脂肪胺等极性有机物相互作用，形成更致密的"界面复合膜"，可增加表面膜强度，在油-水界面也有类似的情况，如用十二烷基硫酸钠与月桂醇等可制得比较稳定的乳状液。这种现象还存在于油溶性表面活性剂与水溶性表面活性剂构成的混合乳化剂所形成的乳状液中。

混合乳化剂的特点：

（1）混合乳化剂组成中，一部分是表面活性剂（水溶性），另一部分是极性有机物（油溶性），其分子中一般含有—OH、—NH$_2$、—COOH 等能与其他分子形成氢键的基团。

（2）混合乳化剂在界面上吸附并相互作用后，即形成定向排列较紧密的"界面混合膜"，它具有较高的强度。由此可见，使用混合乳化剂，增加界面膜的强度，是用以提高乳化效率和增加乳状液稳定性的一种有效方法；使用混合乳化剂的乳状液比使用单一乳化剂的乳状液更稳定；混合表面活性剂的表面活性比单一表面活性剂的表面活性往往要大得多；形成比较牢固的界面膜才是乳状液稳定的充分条件，降低体系的界面张力仅是乳状液体系稳定的必要条件。

（三）界面电荷的影响

乳状液液滴界面上的电荷来源有三个：电离、吸附和摩擦接触。乳状液的带电液滴在界面的两侧构成双电层结构，乳状液的稳定性与界面的电性质有密切关系。

1. 电离和吸附　界面上若有被吸附的分子，尤其是 O/W 型乳状液，则界面电荷来自界面上水溶性基团的电离。以离子型表面活性剂作为乳化剂时，由于表面吸附剂在界面上的吸附和电离作用，使乳状液滴带有电荷，其电荷大小依电离强度而定，O/W 型的乳状液滴多带负电荷；而 W/O 型的乳状液滴多带正电荷。此时带电离子吸附在界面上并定向排列，以带电端指向水相，便将反离子吸引过来形成扩散双电层。带电液滴具有较高的界面电位和较厚的双电层，因而可提高乳状液的稳定性。

除了表面活性剂之外，若在乳状液水相中加入大量的电解质，由于水相中反离子的浓度增大，它不仅会挤入表面活性剂的吸附层行列中，产生一个很薄的等电势层，使界面电位减小，而且还会压缩双电层，使其厚度变薄，因而乳状液的稳定性下降。

2. 摩擦接触　以非离子型表面活性剂作为乳化剂时，尤其是在 W/O 型乳状液中，乳状液滴带电是由于吸附和液滴与介质摩擦作用而产生。其电荷大小与外相离子浓度、摩擦及介电常数有关。介电常数较高的物质显正电性。在乳状液中，水的介电常数为 76.8，高于油相，故 O/W 型乳状液中的液滴带负电荷；而 W/O 型乳状液中的液滴则带正电荷。

乳状液液滴表面带有一定量的界面电荷，由于液滴表面所带电荷符号相同，故当带电液滴相互靠近时，即产生排斥力，使得液滴难以聚结，从而提高了乳状液的稳定性；另外，界面电荷密度越大，则表示界面膜分子排列得越紧密，即界面膜的强度越大，也提高了乳状液的稳定性。

（四）固体的稳定作用

固体粉末可起乳化剂的作用，使得乳化体稳定，蒙脱土、二氧化硅、金属氢氧化物等可稳定 O/W 型乳化体；石墨、炭黑等可稳定 W/O 型乳化体。显然，固体微粒只有存在于油-水界面上才能起到乳化剂的作用。其完全取决于油、水对固体颗粒粉末润湿性的相对大小，只有当固体颗粒粉末同时被油、水润湿，才会在油-水界面上停留，形成牢固的界面膜，而起到稳定的作用。这种界面膜具有表面活性剂吸附于界面的吸附膜类似的性质，界面膜越牢靠，乳状液越稳定。

（五）分散相黏度

乳状液分散介质的黏度对乳状液稳定性有很大影响，分散介质黏度越大，则分散相液珠运动速度越慢，有利于乳状液的稳定。增大乳状液的外相黏度，可减小液滴的扩散系数，并导致碰撞频率与聚结速率降低，从而使乳状液更稳定。因此，许多能溶于分散介质中的高分子物质常用作增稠剂，以提高乳状液的稳定性。工业上，为提高乳状液的黏度，常加入某些特殊成分，如天然的增稠剂或合成的增稠剂。实际高分子物质的作用并不限于此，它往往还有利于形成比较坚固的油/水界面膜（如蛋白质即有此种作用），而增加乳状液的稳定性。另外，当分散相的粒子数增加时，外相黏度亦增大，因而浓乳状液比稀乳状液更易稳定。

（六）相体积比

相体积比即分散相体积与乳化剂总体积的比率。分散相体积增大，界面膜面积会随之扩大，造成体系的稳定性降低。当分散相体积增大到一定程度时，乳化剂可以形成两种类型的乳状液，可能发生变型。

（七）液滴大小及其分布

乳状液液滴大小及其分布对乳状液的稳定性有很大的影响，液滴尺寸范围越窄越稳定。当平均粒子直径相同时，单分散的乳状液比多分散的乳状液稳定。

（八）温度

有些乳状液在温度变化时会变型。例如，当相当多的脂肪酸和脂肪酸钠的混合膜所稳定的 W/O 型乳状液升温后，会加速脂肪酸向油相中扩散，使界面膜中脂肪酸减少，因而易变成用钠皂稳定的 O/W 型乳状液。用皂作乳化剂的苯/水乳状液，在较高温度下是 O/W 型乳状液，降低温度可得 W/O 型乳状液。发生变型的温度与乳化剂浓度有关，浓度低时，变型温度随浓度增大变化很大，当浓度达到一定值后，变型温度就不再改变。这种现象实际涉及乳化剂分子的水化程度。

三、乳状液的不稳定性

乳状液的稳定性和不稳定性是对立的。乳状液的不稳定性主要有以下几种表现：分层、变型、破乳、絮凝和聚结等。每个现象代表一种不同的情况。但有时它们的情况同步相辅发生，如在乳状液破乳之前可发生絮凝、聚结和分层，或者分层与变型同时发生。

（一）分层

由于油、水相密度不同，在重力的作用下液滴将上浮或下沉，乳化体中建立起平衡乳的液滴浓度的梯度，这种乳状液分为上下两层并存在内相浓度差的现象称为乳液分层现象。例如，放置久的牛奶会分为两层，上层含乳脂（分散相）浓度高一些，约为35%；下层含乳脂为8%，这种现象又叫上向分层。这是因为分散相乳脂的密度比水小。如果一个乳状液的分散相密度比介质大，则分层后将出现下层分散相较浓的现象。乳状体系由于热力学不稳定而发生分层并不意味乳状液的真正破坏，而只是乳状液分为两个浓度。在许多乳状液中或多或少总会发生这样的分层现象。分层虽不代表破乳，但一般不希望出现分层。根据Stokes定律，一个刚性小球在黏性介质中的沉降或上浮的速度可采用式（5-1）表示。

$$V = \frac{2gr^2(d_1 - d_2)}{9\eta} \tag{5-1}$$

式中，r为小球半径，η为介质黏度，d_1、d_2分别为小球与介质的密度，g是重力加速度。显然，当$d_1 - d_2 > 0$，$V > 0$时，小球下沉，称为下向分层，当$d_1 - d_2 < 0$，$V < 0$时，小球上浮，称为上向分层，欲使$|V| > 0$、应要求：

（1）$d_1 - d_2 \to 0$，即两相的密度差越小越不易发生分层。

（2）r越小，即V越小，越有利于稳定，然而r越小，则界面积越大，体系能量增加，此又为一种不稳定因素。

（3）η越大，即V越小，越有利于稳定。

分层还与分散相、分散介质的黏度及电解质有关。一般通过改进制备技术或改变配方可以适当降低液珠的沉浮速度以控制分层。

（二）变型

变型也是乳状液不稳定性的一种表现形式。当改变乳化条件和在某些因素的作用下，会使乳状液从一种类型（O/W或W/O型）转变成另一种类型（W/O或O/W型），这种现象称为乳状液的变型或相的转换。乳状液的变型，实质是原来的乳状液滴聚结成连续相（外相），而原来连续的分散介质分裂成液滴（内相）的转相过程。

根据Ostwald立体几何相体积理论的假设条件为：刚体小球紧密堆积于一只正方体的盒子内，小球的半径都相同；小球直径为1cm，盒的长、宽、高均为10cm。得到几何运算结果为：球占盒子的体积74.48%，空隙26.52%。当乳状液内相体积分数$\varnothing > 0.74$时，乳化体发生转相，同时黏度也发生突变。该理论仅对理想情况下均匀乳化体的变型具有一定的指导意义，如出水霜的配方研发与生产指导等。影响乳状液变型的主要因素如下：

1. 相体积　乳状液中内相与外相的相对体积与乳状液的类型有关。当它们的相对体积发生变化时，乳状液可能会从一种型式变成另一种型式。正如前面对液滴的实际情况分析所知，即乳状液的变型不一定在$\varnothing = 0.74$处发生。但是可以肯定，在内相体积比率超过一定的数值后，往往会引起乳状液相的转变。

2. 乳化剂的种类和浓度　乳状液的类型与选用乳化剂的种类及其浓度有很大的关系。例如，卵磷脂是适用于O/W型乳状液的乳化剂，而胆甾醇则是适宜于W/O型乳状液的乳化剂。这两种乳化剂的混合比值与橄榄油-水体系所形成乳状液类型的关系，见表5-7。当卵磷脂与胆甾醇的比值等于8.0时，则会发生乳状液的变型。

表 5－7　乳状液的类型与选用乳化剂的种类及其浓度关系

卵磷脂/胆甾醇（比值）	乳状液类型	卵磷脂/胆甾醇（比值）	乳状液类型
19.4	O/W 型	6.0	W/O 型
10.0	O/W 型	4.1	W/O 型
8.0	不能确定		

3. 加入电解质　大量电解质（盐类）的加入可能使乳状液变型。这是因为当电解质浓度很大时，由于中和了界面上部分离子，会使乳化剂亲水亲油性发生明显变化而导致乳状液变型。例如，以油酸钠为乳化剂的苯-水乳状液（O/W 型）为例，加入 0.5mol/L 的 NaCl 时，则可变为 W/O 型乳状液。

4. 温度　温度效应对乳化剂分子亲水亲油性质的影响，尤其是对非离子型表面活性剂（乳化剂）的影响更为显著。即温度升高时，它们的亲水性减弱，亲油性增强。在某一温度时，由非离子型表面活性剂稳定的乳状液会发生变型，高于此温度时的乳状液为 W/O 型，低于此温度时为 O/W 型。

（三）破乳

破乳系指乳状液液珠凝结，直至乳状液完全破坏。破乳可以与分层或变型同时发生。乳状液的破乳过程实际是分散相的聚结粗化过程，经过絮凝和聚结两步。

1. 絮凝　在絮凝过程中，分散的液珠聚集成团。但各个液珠仍然存在，这些团的聚集常常是可逆的。自分层的观点认为，这些团像一个液珠，若团与介质间的密度差足够大，则此过程使分层加速；若乳状液足够浓，则它的黏度显著增加，分层速度慢。聚集体形成时，乳状液的黏度明显增加。絮凝形成的机制有以下两种。

（1）电荷中和机制　当电排斥的分散粒子碰上一个相反电荷的聚合物，由于异性静电相吸，中和一部分电荷，电排斥力降低，产生絮凝。

（2）造桥机制　主要是由于液珠表面活性剂分子中某些链段互相键合，或分子间相互作用产生絮凝。这种絮凝与表面活性剂分子的长短、相互作用的大小及吸附中心的多少有关。

2. 聚结　聚结过程中，聚集体结合而形成更大的液滴，此过程是不可逆过程，会导致液滴数量的急剧减少，直至乳状液最终完全破坏。

在这个由先絮凝、后聚结的两个连串反应所组成的过程中，破乳速度由慢的一步控制。在极稀的 O/W 型乳状液中，絮凝速度远远小于聚结速度，此时乳状液的稳定性将由影响絮凝速度的各种因素所决定。当增加油相浓度时，聚结速度略有增加，而絮凝速度则增加很快，因此，油相达到高浓度时，聚结成为决定因子。

在某一浓度范围内，此两个过程是同数量级的，因此液珠浓度对聚结速度的影响最明显。若加入表面活性剂，即使在极稀的乳状液中也可使聚结成为决定因子，因为这种添加剂对絮凝影响甚微，但能防止聚结。

聚结速度还与外加电场有关，电场中的液珠，在较低的场强下，稳定性下降。在高场强时，聚结是瞬间一步完成。根据以上分析可知，要控制破乳的发生，首先要考虑乳化剂分子的作用、界面膜的强度和带电荷的多少，并尽可能使体系内部无电解质和杂质电场。

影响絮凝和聚结速度的因素主要有以下方面：

（1）电解质的影响　O/W 型乳状液中加入电解质，可以增加液滴的聚沉速度，加速破乳。提高电解质浓度，或采用高价位的电解质都会加速破乳效用。

（2）电场的影响　对于电场中带电的液滴，在处于一定的电压或场强时，聚结变成瞬间发生且一步完成。在此临界值以下，液滴聚结速度随场强增加而稳步增加；对于电场中不带电的液滴，在较低的场强时，液滴的稳定性即下降，在高场强时，聚结速度瞬时且一步完成。当有非离子型乳化剂存在时，在很低的场强下，液滴的聚结速度则明显增加。

（3）温度的影响　温度升高，乳状液滴的布朗运动加剧，造成絮凝速度的加快。同时，温度升高，乳液体系的黏度显著降低，导致界面膜易破裂，从而增加了聚结速度。

此外，某些外界因素，如外界高压静电场、超声波、加热、急速冷冻、多孔性过滤材料等均可使乳状液破乳，在生产和仓储管理方面应注意避免发生。

四、乳状液的微观结构

按照分散相粒子的微观结构，可以将乳状液分为普通结构乳状液与特殊结构乳状液。普通结构乳状液包括水包油型（O/W）与油包水型（W/O）；而特殊结构乳状液包括纳米乳液（nano-emulsion）、微乳液（micro-emulsion）、多重结构乳状液（multi-structure emulsion）、液晶结构乳状液（LCD emulsion）、皮克林乳液（Pickering emulsion）等。

（一）普通结构乳状液

普通结构乳状液分为水包油型（O/W）与油包水型（W/O）。O/W型乳状液是将油分散到水中的体系；W/O型乳状液是将水分散到油中的体系。普通结构乳状液属于热力学不稳定体系、动力学具有一定稳定性的体系，大部分乳状液体系的分散相粒子在几微米以上，或达几十微米。

化妆品中常见的乳霜体系大多数属于普通结构乳状液，即简单的O/W或W/O体系，这类型体系在稳定性及肤感上都有一定的局限性。

（二）特殊结构乳状液

特殊结构乳状液包括纳米乳液、微乳液、多重结构乳状液、液晶结构乳状液等。

1. 纳米乳液　纳米乳液是一类液相以液滴形式分散于第二相的胶体分散体系，呈透明或半透明状，粒度尺寸在50~400nm之间，也被称为细乳液、超细乳液、不稳定的微乳液和亚微米乳液等。纳米乳液分散相粒子的大小是界定乳状液是否属于纳米乳液的关键指标，但这一指标在实际研究过程中是模糊的，有的定义为50~100nm，也有的定义为50~500nm，研究过程中几百纳米的乳状液体系也会称为纳米乳液。

纳米乳液由于其分散相粒子的粒径小于普通乳状液，是动力学稳定体系，其性质和稳定性主要依赖于配方组成、制备方法、原料的加入顺序和乳化过程中产生的相态变化。纳米乳液的优点是粒径小，通过布朗运动可克服重力作用，因此在储存过程中不容易出现分层，同时也可阻止絮凝状物质的产生，使体系达到均一。但是，纳米乳液在热力学上是不稳定的，且液滴粒径越小，所具有的界面能越高，越有利于奥氏熟化的发生，小液滴中的流体越容易转移到大液滴中，最终导致乳液的粗化，因而稳定性问题是限制纳米乳液广泛应用的最重要因素之一。

纳米乳液应用于化妆品中，主要有两个方面：一是纳米乳液体系直接作为护理类化妆品的终产品，即将乳状液中的乳化粒子控制在50~400nm之间，这类乳化体系如果是O/W

型乳状液，其肤感更清爽，由于内相粒子较小，减少了内相肤感的体现；二是作为活性成分的一种载体，将油溶性或油水不溶性的活性成分预先做成纳米乳液，可以很好地分散于水体系中。纳米乳液在化妆品应用的优势主要体现在两个方面：①增强活性成分的渗透；②提升乳液产品的稳定性。

2. 微乳液 微乳液是由水、油、表面活性剂和助表面活性剂等四个组分以适当的比例自发形成的透明或半透明的稳定体系，简称微乳液或微乳。经大量研究发现，微乳液的分散相颗粒很小，常在 10 ~ 100nm 之间。

实际微乳液在化妆品中的应用并不是很多，主要原因是：微乳液在形成过程中，要求的乳油比（即乳化剂油相）很高，由于乳化剂在乳状液中主要起乳化作用，将油（或水）稳定地分散到与之不相混溶的水（或油）中。而乳化剂本身对于皮肤、毛发并没有任何护理作用，所以在保证乳状液稳定的前提下，乳化剂的加入量越少越好。而微乳液中大量的表面活性剂乳化剂，并不利于皮肤或毛发的护理，甚至大量表面活性剂的存在有可能带来一定的刺激性。

微乳液的形成机制：微乳液之所以能形成稳定的油、水分散体系，认为是在一定条件下产生了负界面张力，从而使液滴的分散过程自发进行。

一般情况下，在油、水体系中有乳化剂时，界面张力下降；若再加入一定量的极性有机物，可将界面张力降至更低。当乳化剂及辅助乳化剂的用量足够多时，油水体系的界面张力可能暂时小于 0，为负值。但负的界面张力不可能稳定存在，体系欲趋于平衡，则必然扩大界面，使液滴分散度增大，最终形成微乳液。此时，界面张力自负值变为零，此为微乳液的形成机制。因此，与乳状液相反，微乳液的形成是一自发过程，质点的热运动使质点易于凝结，一旦质点变大，则又形成暂时为负的界面张力，从而必须使质点分散，以扩大界面积，使负界面张力消除，而体系达到平衡。因此，微乳液是稳定体系，分散质点不会凝结、分层。

负界面张力的说法缺乏一定的理论与实践的基础。界面张力本为宏观性质，是否可以应用于质点在于分子大小（有的大分子比微乳液质点还大）情况。

从另一方面看，微乳液的某些基本性质与胶团溶液相近，似乎都是热力学稳定体系，且在质点大小和外观上也相似。因此，另一种机制认为微乳液的形成，实际是在一定条件下表面活性剂胶团溶液对油或水增溶的结果，而形成膨胀（增溶）的胶团溶液，即形成微乳液。

3. 多重乳状液 多重乳状液是指一种水包油型和油包水型乳状液共存的复合体系，目前研究较多的是双重乳状液，即 W/O/W 型或 O/W/O 型乳状液。W/O 型乳状液被分散于另一连续的水相中所形成的体系，称为 W/O/W 型乳状液。O/W 型乳状液被分散于另一连续的油相中所形成的体系，称为 O/W/O 型乳状液。

（1）多重乳状液的结构与性能 在 O/W 型或 W/O 型乳状液中，有时会出现在分散相的油滴中含有一个或更多个水滴，这种含有水滴的油滴被分散在水相中所形成的乳状液体系，称为水/油/水（W/O/W）型多重乳状液；而含有油滴的水滴被分散在油相中所形成的乳状液体系，则称为油/水/油（O/W/O）型多重乳状液。它们的结构如图 5-1 所示。由此可见，多重乳状液是一种以 O/W 型和 W/O 型乳状液共存的复合体系。它们具有与微胶囊和脂质体类似的结构与功能。

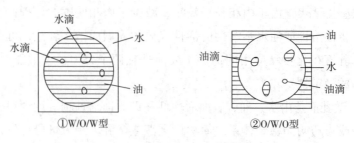

图 5-1 多重乳状液类型示意图

多重乳状液液滴的性质很大程度上取决于第一种乳液（如 W/O 型）的液滴大小和稳定性。Florence 和 Whitehill 建议，根据液滴油相的性质将 W/O/W 多重乳状液分成 3 种主要类型，如图 5-2 所示。Ⅰ型和Ⅱ型多重乳状液都称为多分散的液滴，是比较理想的多重结构，但多重结构相对不稳定；Ⅲ型多重乳状液称为单分散的液滴，多重结构相对较稳定。

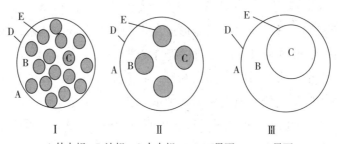

A.外水相；B.油相；C.内水相；D.O/W界面；E.W/O界面

图 5-2 多重乳状液类型

（2）多重乳状液在化妆品中的优势　由于其乳状液的多重结构，在最内相添加的有效成分或活性物质要通过两个相界面才能释放出来，故可延缓有效成分的释放速度，延长有效成分的作用时间，达到控制释放和延时释放的作用。这种特性已在食品、医药、化妆品工业中得到应用。例如，在化妆品中使用较广泛的乳状液有 O/W 型和 W/O 型两种类型。其中 O/W 型乳状液有较好的铺展性、无油腻感，但净洗效果和润肤作用都不及 W/O 型乳状液，但 W/O 型乳状液油腻厚重感较强。W/O/W 型多重乳状液既能克服 O/W 型和 W/O 型乳状液的缺点，又能兼备两种乳状液的优点，使用性能优良。这类多重乳状液型化妆品可增加对皮肤的保湿性，又可使产品香气持久宜人，故可作为含有生物活性成分的化妆品较理想的剂型。

4. 皮克林乳液　皮克林（Pickering）乳液是一种由纳米固体颗粒代替传统有机表面活性剂（乳化剂、增稠剂、反絮凝剂等）稳定乳液体系的新型分散乳液，因其避免了传统乳液中表面活性剂的毒性及不良反应以及独有的界面颗粒自组装团聚效应。

（1）皮克林乳液稳定机制

1）机械阻隔机制：固体颗粒乳化剂通过机械搅拌作用，附着在分散相液滴表面，并在表面紧密排布，相当于在油/水界面间形成一层致密的膜，空间上阻隔了乳液液滴之间的碰撞聚并；同时，颗粒乳化剂吸附在液滴表面，也增加了乳液液滴之间的相互斥力，形成了由固体颗粒作为乳化剂制备的乳剂，固体颗粒乳化剂又被称为"皮克林乳化剂"。常用纳米颗粒皮克林（Pickering）乳化剂有二氧化硅（SiO_2）、金属氧化物、碳颗粒等。见图 5-3A。研究人员通过界面保护修饰法、微流体法、控制成核生长法、分子组装法等手段，对

纳米颗粒进行表面改性修饰，形成一头亲水、一头亲油的 Janus 颗粒，用于制备 Pickering
乳液，见图 5-3B。

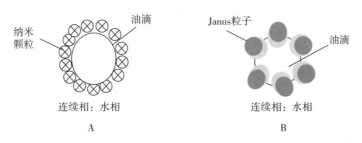

图 5-3 皮克林乳液

2）三维黏弹粒子网络机制：颗粒间相互作用形成三维网络结构，导致连续相黏度增
加，降低乳液液滴迁移的速率和程度，从而阻止乳液液滴的聚结，因此提高了乳液的稳定
性，如图 5-4。

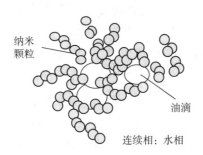

图 5-4 三维网状皮克林乳液

（2）皮克林乳液在化妆品中的优势 皮克林乳液具有较强的界面稳定性、可再生、低
毒、低成本等优势，随着固体纳米颗粒种类的增加，皮克林乳液在化妆品中的应用将越来
越广泛。

五、乳状液的制备方法

乳状液的制备及其稳定性，与其确定较佳配方并采用先进的乳化技术有直接的重要关
系。乳化技术主要涉及油、水相的制备及乳化方法等。其具体操作过程，对乳状液的质量
都会产生一定的影响。

（一）乳化技术

1. 初生皂法 乳状液配方中若有脂肪酸，系将脂肪酸溶于油相中，而将碱溶于水相中。
两相混合时即在界面上形成脂肪酸皂，从而得到稳定的乳状液。这种制备乳状液且较传统
的乳化方法称作初生皂法。

2. 剂在水中法 乳状液是经水相和油相的充分乳化而形成的。水相的制备，需将水溶
性物质（如甘油、胶质原料等）尽可能地溶于水中。制备水相的温度主要取决于油相中各
组分的物理性质，水相温度应接近于油相的温度，不宜低于 10℃。制备乳状液时，将乳化
剂加入水中构成水相，然后在高速搅拌下再加入油相而形成乳状液的乳化方法称作剂在水
中法。这样可得 O/W 型乳状液，但乳液颗粒较为粗大、大小不均匀，因此常需要借用胶体
磨或高速均质器来制备乳状液。

3. 剂在油中法 油相的制备，是将全部油相组分量于同一混合器中，加热熔化使其保

持液体状。若遇油相溶液在冷却时趋于凝固或冻结，则应保持油相的温度在凝固点以上至少10℃，以使油相保持液态，便于和水相进行乳化。当用非离子型表面活性剂作乳化剂使用时，常采用将亲水性乳化剂或亲油性乳化剂溶于油相中的乳化方法，这种制备乳状液的方法称为剂在油中法。

（二）乳化方法

制备乳状液的乳化方法，按照乳化剂的加入方式分为多种。除了上述几种乳化方法外，还有如下几种常用的乳化方法。

1. 油、水混合法　油、水混合法是分别在两个容器（又称混合器）内进行的。将亲油性的乳化剂溶于油相；将亲水性的乳化剂溶于水相。而乳化则在第三个容器（也称乳化器/锅）内进行。每一相以少量且交替的方式加于乳化器中，直至其中一相加完料时，另一相剩余部分即以细流形式加入。如在流水作业系统内进行，则油、水两相按其正确比例连续投料。

但这种方法有争论，有人认为在两相混合过程中乳化剂的 HLB 值在不断的发生变化，对乳化不利。因此，主张将两种乳化剂都溶于油相，这样在整个混合乳化过程中乳化剂的 HLB 值不变，容易形成相对稳定的乳状液，且便于操作。

2. 转相乳化法　转相乳化法是将制备内相及乳化过程都置于同一个乳化器中进行的一种乳化方法。将外相加至一定比例后，乳状液即会发生转型，由起先形成的 O/W 型（或 W/O 型）乳状液变成 W/O 型（或 O/W）型乳状液。例如，配制 O/W 型乳状液，先在乳化器中制备油相，再将已制备好的另一相（即水称外相），按细流形式或逐段地加入，起先形成的 W/O 型乳状液，其黏度会逐渐地增稠，但在水相加至 66% 以后，乳状液突然变稀，并转变成 O/W 型乳状液。此时，可将剩余水相较快速地加完，最终得到的是 O/W 型乳状液。利用类似方法，同样可以制得 W/O 型乳状液。由转相乳化法得到的乳状液，其微粒分散得很细，且均匀。

转相乳化法包括：相转变温度（PIT）法、相转变浓度（PIC）法、乳化剂转换点（EIP）法。

（1）PIT 法　HLB 值没有考虑温度对乳化剂亲水性的影响，而温度对非离子乳化剂的影响却较为显著。主要是温度升高时亲水基与水分子之间的氢键减少，即乳化剂与水分子之间的亲合性减弱，其 HLB 值降低。因此，在低温时这类乳化剂有利于形成 O/W 型乳状液，而在高温时可能转变为 W/O 型乳状液。反之亦然。所以，在特定的体系下，此转变温度就是该体系中乳化剂的亲水和亲油性质达到适当平衡时的温度，称为相转变温度（PIT）。

用3%~5%的非离子乳化剂来乳化等体积的油和水，加热到不同的温度并搅拌，通过测定乳状液电导率来确定乳状液由 W/O 转变成 O/W 时的温度，即为转相温度。对于 O/W 型乳状液，其合适的乳化剂的 PIT 应比乳状液的保存温度高 20~60℃；对于 W/O 型乳状液，其合适的乳化剂的 PIT 应比保存温度低 10~40℃。

对于聚氧乙烯非离子表面活性剂，PIT 与该表面活性剂的 HLB 值、浓度有关，也与油相的极性、两相体积比、添加剂以及乳化剂和聚氧乙烯碳链长短分布相关。

（2）PIC 法　PIC 法是指在乳状液制备过程中，W/O 型乳状液与 O/W 型乳状液随体系中相体积的变化而发生相应变化。如制备 O/W 型乳状液时，剂在水中法是在搅拌水相的同时，将油相成分加入；而 PIC 法则是在搅拌油相的过程中，将水相加入。即：通过 PIC 法，体系刚开始由于油相的相对含量比较高，形成 W/O 型乳状液；而随着水相的逐渐加入，体系中水相的比例在增加，在适合的条件下，体系将转相为 O/W 型乳状液。在 PIC 法制备 O/W 型乳状液的转相过程中，从 W/O 型乳状液会经历双连续相，然后再转相为 O/W 型乳状液。

（3）EIP 法　EIP 法也是一种乳状液的类型随体系中相体积的变化而变化的转相乳化法。与 PIC 法不同的是：在转相过程中，如果从 W/O 型乳状液经历双连续相，会经历 W/O/W 多重乳状液，然后再转相为 O/W 型乳状液；或直接转为 W/O/W 多重乳状液，而不再转相为 O/W 型乳状液。

3. D 相乳化法　所谓 D 相乳化法就是表面活性剂（D）相乳化法，该法是将油分散于含水和多元醇的表面活性剂中，制得 O/D（油在表面活性剂中）乳状液。

在转相乳化法制造微细 O/W 型乳液状时，中间曾经历 O/D 乳状液的过程。当表面活性剂浓度较高时，六角型液晶或层状结晶会大量出现，并呈坚硬的凝胶状态，即使加入油相也难以分散。层状结晶还会使油分散成细粒，而从乳液中分离出来，从而影响产品的外观、使用性和稳定性等。

研究发现用添加多元醇的方法，如用 1,3-丁二醇可解决上述问题。随着 1,3-丁二醇的加入，表面活性剂浊点上升，提高了表面活性剂与水的相容性，使表面活性能更容易吸附在油/水界面。六角液晶和层状液晶随之消失，取而代之的是表面活性剂相（D 相）。在 D 相中，搅拌下加入油就很容易形成 O/D 乳状液。最后加入水相，在均质条件下，可得到 O/W 型乳状液。在此法中对表面活性剂 HLB 值的调整至关重要：必须选择与油相和添加剂匹配的 HLB 值。然而，与转相乳化法相比，D 相乳化法对 HLB 值的要求相对比较宽松。转相乳化法中一般表面活性剂的 HLB 值范围为 8.2～12.9，而 D 相乳化法中 HLB 值范围为 8.2～15.3。

D 相乳化法的特征是：容易得到相对稳定的 O/W 型乳状液，而且表面活性 HLB 值范围广，表面活性剂用量少；只需调整表面活性剂和多元醇水溶液之比。一般说来，O/D 乳状液的分散介质和分散相的折射率相近，内相比例大，连续相呈薄膜状，体现的外观为透明状。

4. 液晶乳化法　液晶是一种在结构和力学性质都处于液体和晶体之间的物态，它既有液体的流动性，又具有固体分子排列的规则性。

液晶结构一般分为两大类：热致液晶和溶致液晶。其中，表面活性剂/水体系形成的液晶是溶致液晶。所谓的溶致液晶是一定浓度表面活性剂在水介质中形成不同类型的液晶结构，或表面活性剂的浓度变化引起液晶的形成。

液晶乳化法首先是将所选的表面活性剂与少量水混合加热搅拌至溶解，先形成表面活性剂的液晶相，也就是溶致液晶相。随着将油相加入到表面活性剂液晶中，此时乳状液的稳定性突然增加，这是由于液晶吸附在油水界面上，形成一层稳定的保护层，阻碍液滴因碰撞而粗化。同时液晶吸附层的存在会大大减少液滴之间的长程范德华力，因而起到稳定作用。同时在向此胶状乳液中加水时，随着油水比例的变化，生成的液晶由于形成网状结构而提高了黏度，会形成具有液晶的水包油型的稳定乳状液。因此可以说，乳状液的概念已从"不能相互混合的两种液体中的一种向另一种液体中分散"，变成液晶与两种液体混合存在的三相分散体系。因此，液晶乳化技术在化妆品领域有着广泛应用的前景。

5. 低能乳化法　低能乳化法是选择性利用能源进行乳化的技术，其最重要的作用是节约能源、减少产品制作过程的时间。低能乳化法的基本原理是：在进行乳化时外相不全部加热，而是将外相分为 α 相和 β 相两部分（α 和 β 分别表示 α 相和 β 相的质量分数，即 α + β = 1）。乳化时，只是对 β 外相部分进行加热，由内相与 β 外相进行乳化，制成浓缩乳状液，然后用常温的 α 外相进行稀释，最终得到需要的乳状液。

低能乳化法主要适用于制备 O/W 型乳状液，常用在制备膏霜和乳液，以及香波沐浴等化妆品的实际生产中。低能乳化法不仅可节省能源，且其节能效率随外相/内相和 α/β 相的比值增大而增大。同时也可缩短乳化时间和降温冷却过程时间，提高乳化产品的生产效率。

在实际研发和生产应用中，应根据乳状液的类型、油水相的比例以及相关理化指标要求，设计和研发科学有效的低能乳化法方案。

6. 凝胶乳化法 一般说来，O/W 型乳状液比 W/O 型乳状液稳定性为好，W/O 型乳状液在高温下容易引起油水分离。在化学结构上满足一定条件的亲油性表面活性剂中，混入到氨基酸（或其盐）水溶液的凝胶中，先使油相分散，然后再加入水使之乳化，从而可得到含水量幅度较大的稳定的 W/O 型乳状液。由于该乳化过程经历了凝胶的形成过程，所以称为凝胶乳化法。

在凝胶乳化法中，表面活性剂应具有一定的化学结构，HLB 值应为 2 ~ 4，分子内最好有 3 个以上的羟基，如甘油单油酸酯、甘油单异硬脂酸酯、二甘油二油酸酯、山梨醇四油酸酯等。氨基酸的品种为所有的中性氨基酸以及可溶于水的酸性或碱性氨基酸。此外，氨基酸的种类和浓度、表面活性剂的种类及混合比都会影响凝胶的生成。浓度或混合比越高，同时混合时剪切力越大，所获凝胶的稳定性也越高。

凝胶乳化法的机制：凝胶分散在油相中形成层面结构，凝胶被氨基酸（或其盐）的水溶液包围成液滴，这时即使加入水，水也不会进入层面间隙内，从而得到稳定的 W/O 型乳状液。此种乳液尤适宜做防晒类产品。

除了上述常见的乳化方法以外，还有如利用活性黏土的乳化法、利用微孔玻璃（microporous glass，MPG）的乳化法-SPG 膜乳化法等。随着物理化学、合成提取等技术的进步，现在乳化制品越来越多样化、功能化，各种油性物质的使用也要求乳化剂与之相适应，现在乳化剂还出现了以天然植物为原料，并向高分子质量方向发展。与此同时，考虑对人体的安全性以及对环境的亲和性等，开发乳化剂用量少，且乳液稳定的乳化技术越来越受美容化妆品行业消费者的喜爱。

（三）影响乳化的主要因素

1. 乳化设备 乳化器是一种制备乳状液，使油、水两相混合均匀的乳化设备。目前使用的乳化器主要有三种类型：乳化搅拌机、胶体磨和均质器。乳化器的类型、结构及性能等与乳状液液滴的分散性及乳状液的稳定性有很大的关系。格里芬（Griffin）曾对不同类型的乳化设备与乳状液微粒大小分布关系进行试验研究，其结果见表 5 - 8。

表 5 - 8 乳化颗粒分布与搅拌类型的关系

搅拌器类型	乳状液颗粒大小范围（μm）		
	1% 乳化剂	5% 乳化剂	10% 乳化剂
推进式	不乳化	3 ~ 8	2 ~ 5
涡轮式	2 ~ 9	2 ~ 4	2 ~ 4
胶体磨	6 ~ 9	4 ~ 7	3 ~ 5
均质器	1 ~ 3	1 ~ 3	1 ~ 3

一般来说，使用搅拌式乳化器制得的乳状液，其分散性差、微粒大且粗糙，因此会影响乳状液的稳定性，且较易产生污染。但其制造方法简单，成本低廉，主要用来生产符合一般质量要求的大众化的产品。胶体磨一般用于生产带粉质产品的预处理和乳化研磨，如粉底类、珍珠膏、BB霜等。2000年以来，随着乳化设备生产技术的进步，采用真空乳化器生产出的乳状液，其分散性和稳定性极佳，已经成为化妆品行业乳化车间普遍使用的设备。

2. 乳化温度　乳化温度对乳化有很大的影响，一般规律如下：

（1）乳化温度取决于油、水两相中含有高熔点物质的熔点温度。尤其是对含有较高熔点（80℃以上）的蜡、脂油相成分进行乳化时，油、水两相的温度皆可控制在85～90℃之间，两相的温度需保持近乎相同。若油相中有高熔点的蜡等成分，则此时乳化温度就应高一些。

（2）在乳化过程中，如因体系黏度增大而影响搅拌时，则可适当提高乳化温度；若使用的乳化剂具有一定的转相温度，则乳化温度也最好选在转相温度左右。

（3）若油、水两相皆为液体时，在室温下借助高速搅拌，就可达到乳化效果。但是为了保证乳状液的稳定性，通常还会采取均质的方法。

（4）乳化温度有时对乳状液微粒大小（即乳状液的分散性）也会有影响，而用非离子型乳化剂进行乳化时，乳化温度对此影响则较弱。

3. 乳化时间　乳化时间的确定是为保证体系进行充分的乳化，是与乳化设备的效率紧密相关的。如用均质器（3000r/min）进行乳化，仅需3～10分钟。此外，油相、水相的容积比、两相的黏度，以及生成乳状液的黏度、乳化剂的种类及用量，还有乳化温度等对乳化时间均有影响，可依据经验和试验来确定。

4. 搅拌速度　乳化设备对乳化的主要影响因素之一就是搅拌速度。搅拌速度过低，则达不到充分混合的目的；但搅拌速度过高，会将气泡带入体系，使之成为三相体系而使乳状液不稳定。因此，在搅拌中必须避免空气进入乳膏中，一般采用可以抽真空的真空乳化器。目前化妆品行业普遍采用的真空乳化均质机在乳化生产过程中表现了优越的性能。

💡 **思考题**

1. 简述乳状液的相关性质有哪些？
2. 简述什么是乳状液以及乳状液类型主要有哪几种？
3. 乳状液类型的测定方法主要有哪些？请选择一种进行描述。
4. 影响乳状液类型的主要因素有哪些？
5. 什么是亲水亲油平衡值以及选择乳化剂的要点是什么？
6. 如何提高乳状液的稳定性？
7. 乳状液的不稳定现象有哪几种？请选择一种进行论述。
8. 什么叫D相乳化方法，它的要点主要是什么，相比其他乳化方法有什么优势？
9. 影响乳化稳定的主要因素有哪些？

第三节 增稠体系设计

增稠体系的设计是化妆品配方设计的重要组成部分之一。增稠剂不仅能给消费者带来视觉、触觉的直观体验，还能赋予产品一定的流变特性和美感，也对产品的稳定性、生产的操作可行性等其他综合感官起到关键的作用，从而增加产品的属性和质感。

一、增稠机制

增稠剂是增稠体系中非常重要的部分。早期的增稠剂主要是为了提高产品的稠度，而对产品的肤感体验改善很小，随着科学技术的进步与发展，带有不同属性功能的增稠剂纷纷出现。从增加产品稠度和稳定性，到产品使用体验的肤感改善，甚至作为辅助乳化剂出现在不同的新型剂型产品当中。现在市场中增稠剂种类繁多，其增稠的机制各不相同，主要有以下几个：链缠绕增稠机制、缔合增稠机制（疏水性增稠）、共价交联增稠机制、无机盐水合胶束增稠机制、油相高熔点增稠剂机制等。

1. 链缠绕增稠机制 在化妆品应用中，该类增稠剂溶于水后，高分子聚合物链卷曲相互缠绕，形成网状缠结，从而使溶液的黏度增加。这种高分子聚合物的分子中存在酸基，当用碱或者其他碱性物质，如有机胺、精氨酸等中和后带有负电荷以及具有较好的水溶性，使得聚合物的链更易伸展，形成缠绕的网状，同时通过氢键与溶剂发生水合作用，从而使体系的水相稠度增加。一般的高分子聚合物都由此增稠机制进行增稠，其分子质量越大，水合增稠效果越明显。由于此类聚合物可以加碱水合溶胀，因此也常被称为碱溶聚合物。链缠绕增稠机制如图 5-5 所示。

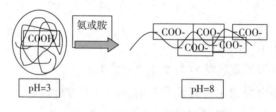

图 5-5 链缠绕增稠机理示意图

2. 缔合增稠机制 20 世纪 80 年代中期，陶氏化学提出了疏水缔合聚合物的概念，即在聚合物亲水性大分子主链上共价键合少量疏水基团（摩尔分数为 2%~5%）的一类新型水溶性聚合物。这类水溶性聚合物兼有类似于表面活性剂相似的性质。随着水中聚合物浓度的增加，发生分子间的缔合作用。这些聚合物间的缔合作用建立起暂时的、非共价的聚合物间的交联，这种交联可以显著地增加聚合物溶液的黏度。当有表面活性剂存在时，由于表面活性剂和聚合物疏水基相互作用，从而形成表面活性剂分子和聚合物疏水基的混合胶团，极大地增加了溶液的黏度。缔合增稠机制如图 5-6 所示。

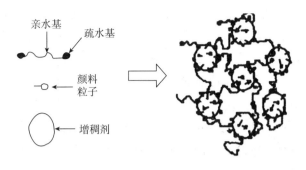

图 5 - 6　缔合增稠机制示意图

3. 共价交联增稠机制　交联是指用交联剂使两个或者更多的分子分别偶联从而使这些分子结合在一起。而共价交联则是其中一种形式。交联时初始分子以共价键的形式相互作用。由于水溶性的共价交联聚合物溶于水后形成载有水的微凝胶状海绵体存在于溶液中，称为微凝胶。这类交联共聚物溶液具有非交联共聚物溶液所缺乏的塑变值，其溶液有助于稳定如颜料、粒子、香波的去头屑剂和其他需要悬浮的组分。交联微凝胶的存在，有利于稳定油滴分散相，可以减少低分子质量的主乳化剂用量，从而降低产品对皮肤的刺激性。共价交联增稠机制如图 5 - 7 所示。

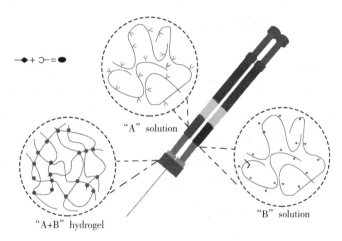

图 5 - 7　共价交联增稠机制示意图

4. 无机盐水合胶束增稠机制　这类增稠剂成分属于低分子增稠剂。用无机盐来作增稠剂的体系一般是表面活性剂水溶液体系，最常用的无机盐增稠剂是氯化钠，增稠效果明显。表面活性剂在水溶液中形成胶束，电解质的存在使胶束的缔合数增加，导致球形胶束向棒状胶束转化，使运动阻力增大，从而使体系的黏度增加。但当电解质过量时会影响胶束结构，降低运动阻力，从而使体系黏度降低，此为"盐析"。因此电解质的加入量一般以质量分数 1%~2% 为宜，而且会与其他类型的增稠剂共同作用，使体系更加稳定。

5. 油相高熔点增稠剂机制　油相高熔点增稠剂机制是指在油相中溶解后，通过自身的熔点或溶胀作用，来调整乳状液的塑性流变的油性物质。

二、增稠体系的设计原则

增稠剂的种类繁多，增稠机制各异，针对不同的体系应选择合适的增稠剂。增稠体系的设计应当遵循以下原则。

1. 稳定性原则　体系稳定是配方设计的首要目标，也是保证化妆品货架期稳定的重要目的。通过添加增稠剂来稳定化妆品体系主要从三个途径实现：改善产品的流变特性、增加体系的悬浮能力、防止分散体系聚凝，提高分散均一性。检验稳定性是否合理主要通过稳定分析仪、化妆品耐热、耐寒、冷热循环、模拟运输、跌落试验，以及光照老化等试验来实现。

2. 多种复配优化原则　由于每种增稠剂的性质都有一定的差异性，不管哪种增稠剂都会有自身的优缺点，因此，在设计增稠配方体系时，应综合考虑产品的性状和增稠剂的相关特性，才能达到优异的效果。

3. 工艺操作方便性原则　任何配方的设计以及原料选择首选要考虑大生产的操作工艺可行性。因为，有些高分子经过高速剪切分散或长时间高温加热，不仅会给体系带入过多的气泡，同时高速剪切也会影响产品的黏稠度和产品的气味等。

4. 包材匹配性原则　包材匹配考虑包材对增稠剂的影响，不同的瓶型和材质对内料的流变性有不同的要求，以易于使用的原则选择增稠体系。

5. 目标感官评价要求原则　产品的感官评价表现是通过产品的流变特性实现的。产品的感官如黏稠度、肤感、拉丝性、柔软滋润性、流动性等均是设计增稠体系时所要全方位考虑的。

6. 成本优惠原则　产品实现的目的是具有一定效果的同时，还要有一定的性价比优势。在满足效果、感官需要、包材匹配性、生产工艺等要求下，尽量选择环境友好型的低成本、质量稳定的增稠剂去复配。

目前已报道的增稠剂有很多，面对这些增稠剂在具体的产品配方开发时又该如何选择呢？首先应明白配方体系的需要和要求，然后从配方的 pH、稳定性、刺激性、泡沫、成本、是否透明、流变形态、外观颜色、电解质稳定性和法规要求等方面考虑。具体在配方中如何选用增稠剂，还需要平时多积累有关增稠剂性能方面知识，多做实验，摸清楚所用增稠剂与体系间的配伍性能及对配方各方面的影响。

三、增稠体系的设计注意事项

黏度大小受各种因素影响，包括时间、原辅料、活性物及操作工艺等，在进行增稠体系的设计时应综合考虑。

1. 时间的影响

（1）由增稠剂的性质和增稠剂的增稠机制得知，有些增稠剂的黏度会随着时间的增长而降低。如果应用于化妆品中，会直接影响产品的货架周期和稳定性。

（2）由增稠剂的来源或合成方法的原因得知，有些增稠剂在体系中容易降解或与体系中其他原料发生化学反应，导致化妆品的黏度、颜色或其他状态发生变化，从而直接影响化妆品的稳定性。

（3）天然来源的增稠剂，如蛋白、淀粉等容易受到微生物的感染而引发增稠剂的降解。有些天然的增稠剂易在微生物的作用下，发生降解，从而影响产品的稳定性、外观和气味的变化。

2. 原辅料的影响

（1）pH 对增稠体系的影响。不同的增稠剂对酸碱的影响不同，当 pH 过低或过高时，必须选用耐酸性或耐碱性增稠剂，才能达到理想的增稠效果和体系的稳定。

（2）由于增稠剂的耐离子性能不同，离子性物质（浓度）对其增稠有一定的影响力，如有的增稠剂对一价离子没有耐受性，有的却对二价或三价的离子具有很好的耐受性。因此在设计配方时必须考虑离子性物质对增稠体系的影响。

（3）有些防腐剂由于含有一定的有机酸或离子性相关的物质，对增稠体系也有较大的影响，与部分增稠剂的配伍性不兼容，因此在设计增稠体系时，也需要慎重考虑。

（4）有些增稠剂对高酒精含量体系的耐受性较差，部分中和剂在高酒精体系中不能达到中和溶胀的作用，因此在高酒精体系配方中增稠剂的选择和中和剂的选择也至关重要。

3. 活性添加物的影响　活性添加物的种类繁多且组分复杂，离子浓度和防腐体系较为复杂，在设计增稠体系配方时也应考虑。如添加离子浓度较大的活性物时，应将耐受性高的增稠剂作为首选。

4. 香精的影响　香精多为乙醇类体系、多元醇和油性体系，可能会给增稠体系带来影响，以及可能引起洗护产品的外观透明度或者诱发增稠体系的变色情况发生。因此也必须加以考虑。

5. 操作工艺和设备的影响

（1）根据增稠剂的性质或者工艺分散要求，有些增稠剂需要预先分散浸泡，才会吸水溶胀的更好，更加有利于产品体系的增稠和工艺的操作。如卡波姆系列产品。

（2）有些增稠剂对温度的改变有较为明显的变化，部分增稠剂在高温情况下会出现增稠失效的情况。这类增稠剂一定要注意其添加温度，以保证其增稠效率和稳定性。

（3）部分增稠剂由于具有吸湿和不耐受高温的特性，因此此类增稠剂应注意在防潮干燥和低温通风条件下保存，以免影响其增稠效率和稳定性。

（4）增稠剂都具有一定的塑变特性，但是有些增稠剂在遇到高强度的剪切应力时，会出现不可逆的塑变特性，进而影响产品体系的黏度。因此此类增稠剂应在高速均质工艺操作结束后再加入配方体系中。

（5）由于各种增稠剂的水合难易程度不同，水合时间和水合分散方式也不相同，设备的分散搅拌装置的结构和形状也会直接影响分散的时间和效果。

（6）部分增稠剂也具有后增稠的现象，如鲸蜡硬脂醇。这类增稠剂类产品在进行灌装时，如果灌装压力过大、剪切应力很大，也会对体系产品的黏度产生一定影响。

6. 合法性和环境友好性

（1）所有甄选的增稠剂必须在国家相关规定的目录或规范范围内，不得超出国家相关法律法规的要求规定。

（2）所选用的增稠剂必须符合一定的级别要求，如在化妆品中的选用级别标准是：化妆品级、医药级和食品级。不可将工业级别的增稠剂用于化妆品产品的配方生产中。

（3）选用的增稠剂不论是天然来源还是合成的，均要达到一定的环境友好性和生物可降解性要求，尽量不选择珍稀植物或者合成污染范围较大的增稠剂作为配方设计的首选。

（4）选用的增稠剂必须具有质量可追溯性和相关的标准要求，否则会对设计目标产品的追溯性和国家监管以及品质监控带来一定程度且不必要的危害性。

四、增稠体系的设计效果评价

化妆品的品类繁多，各种化妆品结合包装材料的要求，对自身体系的流变特性要求也各不相同。因此，增稠剂的选择和配方设定对最终目标配方的流变性要求有至关重要的作用。以下为通过几种不同的测试和评价方法评定增稠体系的设计效果。

1. 目标包装材料直接测试法 由于包装材料的形状或者口径大小不同，在设计增稠体系配方并制定出小样时，可以将小样按照成品的要求灌装于目标包材内，经过一定的老化或熟化过程后，按照大众使用产品的习惯，测试目标增稠配方产品的流变特性，对于大孔径包材，当发现目标设计的配方产品流变性较强时，说明目标设计配方增稠剂的选择不合适，或者说增稠度不够，需要重新选择或者增加目标配方的增稠剂类别和用量，反之小口径的包装材料一样要减少增稠剂的用量。

目标包装材料直接测试法也可以根据配方研发设计者的经验，选用以往成熟体系的配方产品进行较为相近的流变测试。

2. 简易测试法 简易测试法是指通过简易的工具，对样品的流变特性进行测试的方法。一般适用于实验开发阶段和生产过程中控制的初步测试阶段。这类方法可以通过数字表现出来，在数值表现过程中，必须注明工具的型号、测试条件（如温度等），可作为最终评价。

简易测试方法包括：气泡测试法、杯式测试法、落球测试法以及黏度流变剂直测法等。

3. 感官测试法 感观测试法是指通过感观来对样品的流变特性进行测试的方法。主要包括目视测试法和触感测试法。这类测试方法能快速进行，不需要仪器和受条件的限制，能有效提高工作效率，降低成本。

（1）目视测试法 目视测试法是通过眼睛观察，对于测试样品进行简单测试的一种方法。一般适用于实验开发阶段和生产过程控制中的初步测试阶段。常是几个样品间的对照和比较中采用的方法。不适合最终评价。

（2）触感测试法 触感测试法是指通过手对测试样品的触感来进行测试的方法。一般适用于实验开发阶段和生产过程中控制的初步测试阶段，常是几个样品间的对照和比较中采用的方法。不适合最终评价。

五、感官评价

化妆品的感官评价与流变学性质的关系，是化妆品质量评价的重要内容。感官评价包括取样、涂抹和用后感觉几个阶段；流变学性质包括黏度、屈服值、流变曲线类型、弹性、触变性等。方法是在与化妆品使用过程相近的剪切速率条件下，测定有关的流变学性质，通过感官分析评价和测定得出的流变学参数的比较，确定感官判断来鉴别阈值和分级，最后确定其相关性。

1. 取样及感官评价 取样即将产品从容器内取出，其形式包括从容器中倒出或挤出，或用手指将产品从容器中挑出等。这一阶段需要评价的感官特性是稠度。它是产品感官结构的描述，是产品抵抗永久形变的性质和产品从容器中取出难易程度的量变。稠度一般分为低、中、高三级。稠度与产品的黏度、硬度、黏结性、黏弹性、黏着性和屈服值有关。例如，屈服值较高的膏霜，其表观稠度也较大。触变性适中的膏霜，从软管和塑料瓶中挤出时，会具有剪切变稀、可挤压性较好的特点。这对产品的灌装以及使用便捷有利。

2. 涂抹及感官评价 根据产品性质和功能，用手指腹尖把产品分散在皮肤上，以每秒2圈的速度轻轻地作圆周运动，再摩擦皮肤一段时间，然后评价其效果，主要包括分散性和吸收性。根据涂抹时感知的阻力来评估产品的可分散性。

（1）十分容易分散的为"滑润"。

（2）较易分散的为"滑"。

（3）难于分散的为"摩擦"。

可分散性与产品的流型、黏度、黏结性、黏弹性、胶黏性和黏着性等有关。产品的黏度随剪切速率的增大而减小，具有非牛顿流体剪切变稀的特性，即产品容易被铺展。相同剪切速率下应力越小，产品的融化感程度指数越大，融化感越强。即随着产品内部结构变弱、耐剪切能力变差，产品的融化感变强。相同应变下产品的复模量越小，产品的融化感程度指数越大，产品的融化感越强；即产品结构越弱，融化感越强。

吸收性即产品被皮肤吸收的速度。可根据皮肤感觉变化、产品在皮肤上的残留量（触感到的和可见的）和皮肤表面的变化进行评价，分为快、中、慢三级。吸收性主要与油组分的结构（分子质量大小、支链多少等）和油组分的比例（油水相比例、渗透剂的存在等）有关。一般黏度较低的组分易于被皮肤吸收。

3. 用后感觉评价 用后感觉评价是指产品涂抹于皮肤上后，利用指尖评估皮肤表面的触感变化和对皮肤外表观察。包括皮肤上产品残留物的类型和密集度、对皮肤感觉的描述等。

残留物的类型包括膜（油性或油腻）、覆盖层（蜡状或干的）、片状或粉末粒子等，残留物量的评估分为小、中等、多三个等级。

皮肤感觉的描述包括干（紧绷）、润湿（柔软）、油性（油感）。用后感觉主要与产品油相组分和性质、所含粉末的颗粒度等有关。

但是，随着科技的进步、法律法规的完善、仪器分析技术的进步和感官评价体系的建立，科学的感官评价对产品的分析和配方的开发起到至关重要作用。

思考题

1. 液体流动形式分为几种类型，它们的关系是怎样的？
2. 简述影响乳状液黏度的因素有哪些？
3. 什么是乳状液的触变性？影响它的因素有哪些？它在实际生产中有何指导意义？

第四节 抗氧化体系设计

知识要求

1. 掌握 油脂氧化酸败的影响因素。

2. 熟悉 常用抗氧化剂的作用机制。

3. 了解 油脂氧化酸败的机制及抗氧化体系配方设计的原则。

由于化妆品成分复杂，常含有一些不饱和结构的天然的动植物来源的油脂，以及其他容易氧化的组分。在设计配方时需要考虑加入抗氧化成分，防止氧化变质，延长产品的货架期。

一、氧化理论

(一) 油脂氧化理论

油脂中的不饱和脂肪酸因空气氧化而分解成低分子羰基化合物（醛、酮、酸等），具有特殊气味。油脂的氧化酸败是在光或金属等催化下开始的，具有连续性的特点，称为自动氧化。油脂的氧化酸败过程，一般认为是按游离基（自由基）链式反应进行的，其反应过程包括链的引发、链的传递与增长和链的终止三个阶段。

影响油脂氧化反应的因素主要分为内因和外因两个主要因素。

1. 影响油脂氧化反应的内在因素包括油脂和油类组成、助氧化剂。不饱和度是油脂氧化的决定性因素，双键的位置、几何构型和链长也影响其氧化的敏感性。最有效的助氧化剂是过渡金属，如铜离子和亚铁离子。其氧化作用的机制是可催化氢过氧化物的分解，并与未氧化的底物直接反应生成烷基自由基。

2. 影响油脂氧化反应的外在因素包括氧气的浓度、温度、光照、水分、有机物和微生物等。温度和氧气之间有很强的相互作用，氧的溶解度随着温度的升高而降低；光照可作为引发步骤中夺氢反应的催化剂；水分的存在可促进油脂的水解；某些有机化合物会促进油脂蛋白酶分解蛋白质；微生物可产生某些酶，如脂肪酶分解油脂、蛋白酶分解蛋白质。

上述影响因素中，氧气和光照是造成油脂氧化酸败的主要因素，通常条件下，氧气含量越大，光照暴露越久，油脂氧化酸败的发生也越快。

(二) 皮肤氧化理论

抗氧化剂是对抗光衰老氧化的重要组成部分。没有抗氧化剂，光照、粉尘、汽车尾气以及其他污染物等这些因素就会使皮肤释放自由基，破坏胶原蛋白和弹性蛋白等。人体可以自然生成抗氧化物，或者从饮食和其他途径中获得，也可以通过在皮肤外涂抹抗氧化剂提高抗氧化水平。阳光曝晒可生成活性氧（ROS）和其他自由基包括活性氮（RNS），可与几种皮肤生物分子反应。为了抵消 ROS 和 RNS 诱导的氧化应激，皮肤本身具有多种抗氧化剂。然而，皮肤组织的抗氧化防御不能承受长期暴露于外源性的氧化应激源，从而导致皮肤损伤，如红斑、水肿、脱皮，皮肤晒成褐色和表皮增厚。皮肤光老化和光致癌是慢性紫外线辐射的后果。除紫外线照射和空气污染物外，皮肤中的活性氧和某些外源性光敏物质也可能是皮肤氧化应激源。

(三) 抗氧化剂的作用原理

抗氧化剂的作用在于它能抑制自由基链式反应的进行，即阻止链增长阶段的进行。这种抗氧化剂称为主抗氧剂，也称为链终止剂。链终止剂能与活性自由基 R·、ROO· 等结合，生成稳定的化合物或低活性自由基，从而阻止链的传递和增长，如胺类、酚类化合物等。同时，为了能更好地阻断链式反应，以及阻止过氧化物的分解反应，需要加入能够分解过氧化物 ROOH 的抗氧剂，使之生成稳定的化合物，从而阻止链式反应的发展。这类抗氧化剂称为辅助抗氧化剂，或称为过氧化氢分解剂，它们的作用是能与过氧化氢反应，转变为稳定的非自由基产物从而消除自由基的来源。

链终止剂又可分为自由基捕获体和氢给予体 2 种类型。

1. 自由基捕获体 自由基捕获体与自由基反应使其不再进行链的引发反应，或者由于它的加入而使自动氧化过程趋于稳定化。

2. 氢给予体　一些具有反应性质的仲芳胺和受阻酚类化合物可与油脂中容易氧化的组分物质竞争自由基，发生氢的转移反应，形成一定稳定的自由基，从而降低油脂自动氧化反应速率，增加产品的品质保障周期。

抗氧化剂的效能取决于其本身氧化的程度，也取决于脱氢的程度，Bolland 等人利用氧化还原势就这一问题作了说明。

添加于化妆品中的抗氧化剂的种类和用量，必须通过实验来确定。抗氧化剂效能的检查方法有活性氧法（active oxygen method，AOM）、修耳·奥文试验法（Schaal Oven test）、氧气吸收法、紫外线照射法和加热试验法等。这些试验都是在加速条件下进行的，因此在实际运用时，最好进行贮存试验与之相对比，以验证所得出的结果是否相符。

在做配方设计时，为了防止自动氧化，保持化妆品质量的稳定性，在选择适当的抗氧化剂种类和用量的同时，还必须注意避免混进金属和其他促氧剂。

二、抗氧化剂及其分类

抗氧化剂一般通过三种途径来抗氧化：①阻止自由基产生；②在化妆品原料发生氧化反应前先捕获自由基将其分解成非自由基；③与过氧化物结合成稳定的化合物，从而达到防止油脂的氧化酸败。

一般说来，有效的抗氧化剂应该具有以下结构特征：

（1）分子内具有活泼氢原子，而且比被氧化分子的活泼氢原子要更容易脱出。如胺类、酚类、氢醌类分子都含有这样的氢原子。

（2）在氨基、羟基所连的苯环上的邻、对位引进一个给电子基团，如烷基、烷氧基等，则可使胺类、酚类等抗氧剂 N—H、O—H 键的极性减弱，容易释放出氢原子，而提高链终止反应的能力。

（3）抗氧自由基的活性要低，以减少对链引发反应的可能性，但又有可能参加链终止反应。

（4）随着抗氧化剂分子中共轭体系的增大，使抗氧化剂的作用效果提高，因为共轭体系增大，自由基的电子的离域程度就越大，这种自由基就越稳定，而不致成为引发性自由基。

（5）抗氧化剂本身应难以被氧化，否则它自身受氧化作用而被破坏，起不到应有的抗氧作用。

（6）抗氧化剂应无色、无臭、无味，不会影响化妆品的质量。另外，更应无毒、无刺激、无过敏性。同时与其他成分相容性好，从而使组分分散均匀而起到抗氧化的作用。

在生物体中各类抗氧化剂主要由以下作用机制单个或联合发生作用而起到抗氧化效果：①减小氧化底物中的局部氧浓度；②消除启动脂质过氧化的引发剂；③结合金属离子，使其不能启动脂质过氧化的羟基自由基或使其不能分解脂质过氧化产生的脂过氧化氢；④将脂质过氧化物分解为非自由基产物；⑤阻断脂质过氧化的反应链，即脂质过氧化的中间自由基，如脂自由基、脂氧自由基和脂过氧自由基。

常见的抗氧化剂按化学结构大体上可分为 5 类。①酚类：2,6-二叔丁基对甲酚、没食子酸丙酯、去甲二氢愈创木脂酸等、生育酚（维生素 E）及其衍生物；②酮类：叔丁基氢醌等；③胺类：乙醇胺、异羟酸、谷氨酸等；④有机酸、醇及酯：柠檬酸、酒石酸、丙酸、丙二酸、硫代丙酸、维生素 C 及其衍生物、葡萄糖醛酸、半乳糖醛酸、甘露醇、山梨醇、硫代二丙酸双月桂醇酯、硫代二丙酸双硬脂酸酯等；⑤无机酸及其盐类：磷酸及其盐类、亚磷酸及其盐类。

抗氧化剂按溶解性可分为油溶性和水溶性抗氧化剂。上述前三类抗氧化剂主要起主抗氧化剂作用，后两类则起辅助抗氧化剂作用，单独使用抗氧化效果不明显，但与前三类配合使用，可提高抗氧化的效果。

1. 天然抗氧化剂 随着时代的进步，消费者对天然来源的物质关注越来越高。而天然抗氧化剂主要是指生物体内合成的具有抗氧化作用或诱导抗氧化剂能产生的一类物质的统称，皮肤中存在的抗氧化剂，可以中和相关的自由基。根据其作用机制可以将天然抗氧化剂分为自由基吸收剂、金属离子螯合剂、线态氧清除剂、单线态氧淬灭剂、氢过氧化物分解剂、紫外线吸收剂、酶抗氧剂等。

（1）多酚类化合物 天然多酚类抗氧化剂在化妆品中最为常见的是茶多酚、迷迭香的二萜酚类化合物、维生素 E（生育酚）、咖啡豆多酚和白藜芦醇等多酚类物质。同样是多酚类抗氧化产物，不同的多酚物质抗氧化性能也不相同，如茶多酚化合物，其抗氧化活性是 BHA（丁羟茴醚）的 2.6 倍，是维生素 E（生育酚）的 3.6 倍。迷迭香的二萜酚类化合物主要是鼠尾草酸和鼠尾草酚。它们可以有效地清除自由基，但是尾草酸和鼠尾草酚不稳定，易发生降解，鼠尾草酸首先降解成鼠尾草酚，鼠尾草酚则进一步降解，形成迷迭香酚等物质，造成抗氧化活性降低。

（2）黄酮类化合物 黄酮类化合物通过两种氧化作用机制发挥作用：①整合金属离子；②充当自由基的接受体，如黄酮醇和香豆酸可以提供氢原子给过氧化氢自由基，阻断自由基的连锁反应。化妆品中最为常见的黄酮类天然抗氧化剂是甘草提取物中甘草查尔酮 A、甘草查尔酮 B 和甘草异黄酮、原花青素、姜黄素、芦丁、槲皮素等物质。

作为植物来源的有机化合物家族中的成员，黄酮类化合物代表一些最常见和主要的天然存在的抗氧化剂。它们是水溶性的且以亲水苷元的形式存在，通常是葡糖苷或芸香苷。与大多数前述的酚类抗氧化剂相比，黄酮类在水性体系中起作用。在现代化妆品中，由于成本原因和溶解性等问题，其很少以纯物质使用，所以都以植物提取混合物出现使用。同时，只有低聚多酚才有很好的抗氧化作用，否则就聚合成鞣酸。而鞣酸唯一重要的作用是沉淀反应，不仅可沉淀蛋白质，而且能与很多重金属离子、生物碱和苷结合形成不溶解的复合体。鞣酸作为外用药时，若大面积和长期使用，可由创面被吸收而发生中毒，对肝脏有剧烈的毒性。

（3）植物单宁 单宁的抗氧化性与分子结合形式有关。当单宁分子结合单元以可水解的酯键、苷键结合时，分子抗氧化能力强；而当以碳碳键结合时，分子抗氧化能力大大下降。单宁与维生素 C、维生素 E 还具有协同抗氧化作用。单宁的抗氧化机制表现在两个方面：一是通过还原反应降低环境中的氧含量，二是通过作为氢共体释放出氢与环境中的自由基结合，中止自由基引发的连锁反应，从而阻止氧化过程的继续进行。

（4）抗氧化肽 谷胱甘肽是由谷氨酸、半胱氨酸和甘氨酸构成的三肽化合物，简称 GSH。谷胱甘肽过氧化酶通过使脂质过氧化酶和过氧化氢酶失活来发挥功效。用于化妆品中时不够稳定，加入铜、硒化合物，能增加其稳定性。这种酶的作用是将生成的类脂过氧化物分解成类脂和水，将过氧化氢分解成水。谷胱甘肽分子中有还原态的巯基（—SH），因此具有抗氧化性能，能够有效帮助清除自由基，有效防止机体衰老。而维生素 E 的作用是防止过氧化物类脂的生成。因此，两者合用，发挥协同效应是很有效的。

（5）天然酶制剂类 天然酶类抗氧剂中，用于化妆品中的有过氧化物歧化酶（SOD）和其他酶制剂类。SOD已普遍用于化妆品中，通过捕获超氧自由基来发挥功效。通常SOD在化妆品中极不稳定，容易使其活性损失而降解，因此必须对其进行修饰，提高其稳定性，如铜锌SOD及用磷酸衍生物作金属螯合剂时，SOD相对较稳定。在人体内以两种基本的形式存在：铜/锌超氧化物歧化酶存在于细胞的细胞质中，而锰超氧化物歧化酶在线粒体中存在。

2. 内源性抗氧化剂 抗氧化保护酶类系统通过协助细胞产生抗氧化酶类来帮助人体自身制造天然抗氧化剂，被称为内源性抗氧化剂。此类抗氧化剂主要激活Ⅱ相酶（解毒酶类）的活性，重复利用清除自由基抗氧化剂，并且提供人体自身细胞抗氧化酶所需要的化学反应物。表皮直接接触外界环境，直接受到紫外线的辐射，所处的环境远比真皮恶劣，所以表皮内的抗氧化剂浓度远高于真皮内的浓度。这些抗氧化剂在人体皮肤内，组成多功能的、协调一致又各负其责的抗氧化游离基体系，担负着防止皮肤类脂的过氧化作用，抵御紫外线对人体皮肤的损伤，维持皮肤正常的新陈代谢，防止皮肤过早老化。

化妆品应用的抗氧化剂，有时根据油脂氧化的机制途径和环境要素影响，又可将抗氧化剂分为初时型抗氧化剂和次级型抗氧化剂两大类。

常见的初时型抗氧化剂主要包括合成抗氧化剂、天然抗氧化剂、内源性抗氧化剂；次级型抗氧化剂主要包括一些金属离子螯合剂、除氧剂或还原性的维生素C以及衍生物、单线态氧淬灭剂等物质。不管采用哪种方式优选抗氧化剂，均要保证其水溶性和油溶性物质不易受到氧化酸败等影响产品的感官效果。

三、抗氧化体系的配方设计

1. 化妆品抗氧化剂选取原则 抗氧化剂的种类很多，如何选取合适的抗氧化剂用于化妆品，一般遵循以下原则。

（1）无毒或低毒性 通常情况下抗氧化剂在配方中的加量不是很多，只要在法规规定的范围要求内不但可以安全使用，还应满足具有一定低毒性的特性要求。

（2）稳定性好，不易被分解消耗 抗氧化剂要具有一定的稳定性能，不可以被轻易的降解或被易于氧化的物质消耗分解，同时在化妆品的加工储存过程中也要保持性能稳定、不分解、不挥发、耐高温。

（3）兼容性良好 抗氧化剂要有一定良好的兼容性能，不但与产品中的其他组分和包材兼容性良好，也要在易氧化酸败的组分中易于溶解，且在氧化消耗后反应产品应具有无色、无味的良好兼容性能。

（4）有较宽的pH范围 化妆品中具有酸碱值较低或较高的配方体系，因此在一定的pH范围内，抗氧化剂要有较好的耐酸碱的性能，哪怕是微量存在时，也要具有良好的抗氧化性能。

（5）抗氧化性能优越 抗氧化剂要具有良好的抗氧化性能，不但自身有很好的抗氧化性能，在与其他型抗氧化剂复配使用时，应更加能提高产品的稳定性能和品质感官要求。

（6）来源方便，价格适宜 不管是合成还是天然来源的抗氧化剂，都应当满足来源方便、价格适宜、环境友好的特点。

2. 化妆品抗氧化配方设计的选择方案 根据以上配方设计原则，抗氧化配方设计的选择可以参考以下方法：

（1）两种或多种抗氧化剂进行复配　单一的抗氧化剂全部满足上述条件是很困难的，因此，一般采用多种抗氧化剂进行复配。复配抗氧化剂有下列优点：①复配的几个抗氧化剂主剂可以产生协同作用；②便于使用，可增强抗氧化剂的溶解度及分散性；③可改善应用的效果；④抗氧化剂和增效剂复合于一个成品中以发挥协同作用；⑤减少抗氧化剂的失效倾向；⑥复配可满足油相和水相体系的性能增效要求。例如，一般情况下，常把抗坏血酸及其酯类与生育酚复配使用。当两种抗氧化剂合用时，会明显提高抗氧化效果，这是因为不同的抗氧化剂在不同油脂氧化阶段，能分别中止某个油脂氧化的连锁反应。

（2）抗氧化剂和增效剂进行复配　抗氧化增效剂本身虽然没有抗氧化作用，但是和抗氧化剂复配后，却能增强抗氧化效果。这类物质包括酒石酸、柠檬酸、苹果酸、乙二胺四乙酸（EDTA）等，其使用目的是增强阻滞自氧化反应的抗氧化剂效力。同时，某些增效剂与金属离子作用形成稳定的螯合物（如EDTA），使金属离子不能催化氧化反应，对起到促进氧化的金属离子有钝化作用，从而也起到抑制氧化反应的作用。

3. 化妆品抗氧化体系的配方设计　一种抗氧化剂并不能对所有的油脂都具有明显的抗氧化作用，有些抗氧化剂对某一种油脂有突出的作用，但可能对另一种油脂的抗氧化作用却较弱。配方设计时，筛选抗氧化剂首先要设定目标配方中的油脂种类，并根据油脂的酸值或者氧化酸败的特性，有针对性筛选抗氧化剂的种类及用量，并综合考虑产品的抗氧化效果，选出合理性和性价比高的抗氧化组合。例如，配方中含有动物性油脂，可选用酚类抗氧化剂，如愈创树脂和安息香，而不宜选用生育酚，因为愈创树脂和安息香对动物脂肪最有效，生育酚则无效；再如，植物油宜选用柠檬酸、磷酸和抗坏血酸等；抑制白矿油氧化可选用生育酚。

四、抗氧化体系的控制

在化妆品的生产和储存过程中，为了保证抗氧化效果，应注意对以下因素进行控制。

1. 氧气　氧气对酸败反应过程中具有重要的影响。氧气是引起酸败的主要原因，一般氧气含量越大，酸败越快。在生产过程、化妆品的使用和贮存过程中都可能接触空气中的氧气，导致氧化反应的发生是不可避免的。

2. 温度　温度每升高10℃，酸败反应速度则增大2~4倍。此外，高温会加速脂肪酸的水解反应，为微生物的生长提供条件，从而加剧酸败，因此低温条件有利于减缓氧化酸败。

3. 光照　某些波长的光对氧化有促进作用。例如，在储藏过程中，短波长光线（如紫外光）对油脂氧化的影响较大。所以，避免直接光照或使用有颜色的包装容器可以消除不利波长的光的影响。

4. 水分　水分活度对油脂的氧化作用影响很复杂，水分活度特高或特低都会加速酸败，而且较大水分活度还会使微生物的生长旺盛，它们产生的酶，如脂肪酶可水解油脂，而氧化酶则可氧化脂肪酸和甘油酯。因此，过多的水分可能会引起油脂的水解，加速自动氧化反应，也会降低抗氧剂如酚、胺等的活性。

5. 金属离子　某些金属离子能使原有的或加入的抗氧剂作用大大降低，还有的金属离子可能成为自动氧化反应的催化剂，大大提高过氧化氢的分解速度，表现出对酸败的强烈促进作用。另外，金属离子的存在，使得抗氧化剂对油脂的抗氧化性能大大降低。如浓度为$2\mu g/g$的Fe^{2+}可使酚类和醌类抗氧化剂的抗氧化活性几乎完全丧失。这些金属离子主要有铜、铅、锌、铝、铁、镍等离子。所以，制造化妆品的原料、设备和包装容器等应尽量避免使用金属制品或含有金属离子。

6. 微生物 霉菌、酵母菌和细菌等微生物都能在油脂性介质中生长，并能将油脂分解为脂肪酸和甘油，然后再进一步分解，加速油脂的酸败。这也是化妆品的原料以及化妆品在生产、使用和贮存等过程应保持无菌条件的重要原因。

7. 包材 由于光照和氧气是氧化酸败的首要条件，为了保证避光性，内容物包材应尽量选择不透明的包材，不透明的包材也可以保证组分配方中易光变活性物的稳定性。同时，可采用真空包装及次抛等形式的包装，预防化妆品氧化酸败，延长货架期。

五、抗氧化设计配方效果评价

抗氧化体系有效性的评价，就是设计试验测量氧化作用的速度（即摄取的氧量或分解产物生成量）或诱导期的延长情况。大多数试验是采用加速替代方法、外辐射或高温人工加速氧化的方法，由于在加速氧化条件下的氧化反应可能产生变化，在实验结果外推至化妆品的一般货架贮存条件，由于配方成分的复杂性、储运条件的不确定性及使用习惯的不同，往往通过加速实验推断的保质期与实际有差别。另外，试验往往是使用纯油脂和油类进行，没有考虑在配方中可能存在会改变体系抗氧化效率的其他物质的影响。尽管如此，加速试验对筛选抗氧化剂体系、对进一步做长期的贮存试验来证实选择的抗氧化剂的效率仍具有参考意义。

纯油脂体系测量氧化作用的通用方法是通过酸值（acid value，AV）、碘值（iodine value，IV）、过氧化值（peroxide value，POV）及茴香胺值（anisidine value，AnV）等指标检测来分析评价氧化程度。化妆品配方体系中由于其他物质的干扰，根据所测结果来评估抗氧化剂的有效性常常会导致错误的判断。因此，可以设计平行实验，将含有可能干扰氧化程度评价成分的配方作为对照组，通过测试受试组与对照组酸值、碘值、过氧化值及茴香胺值，便可相对客观的反映配方中脂类成分被氧化程度。

对于化妆品配方氧化程度的评价，也可通过化学方法、薄层色谱法、耗氧量测定法及光谱法等进行不同角度的评价。

1. 化学方法

（1）Kreis 试验 1ml 的油（或熔化的油）与 1ml 浓盐酸一起摇动 1 分钟，然后，添加 1ml 间苯三酚质量分数为 0.1% 的乙醚溶液，继续摇动 1 分钟。如下层酸液出现紫色或红色，则表明试样油发生了酸败。其酸败的程度与颜色标准法测定颜色的深浅成比例。美国油化学家协会委员会建议，使用罗维邦（Lovibond）色调法和玻璃颜色标准法来定颜色的深浅。

（2）测定氧化生成的醛含量 各种测定醛含量的方法均可使用。较简单的方法是用亚硫酸氢钠滴定油脂酸败产生的醛，根据醛的含量来评估酸败的程度。

（3）快速试验法 通常称为通气法或 Swift 稳定性试验。被试验样品保持在 97.8℃下恒温，通入标准的空气流。随时取样，用感观法或化学分析法评估其酸败的程度，直至其过氧化物量达到给定的标准。在另一些试验中，温度保持在 100℃ 以下，达到给定的酸败过程所需的时间只有上述试验的 40% 左右。

2. 薄层色谱法 用薄层色谱法可测定叔丁基对羟基茴香醚（BHA）、2,6-二叔丁基对甲酚和没食子酸烷基酯的存在及其浓度，通过前后浓度的对比，评估酸败的程度。在测定时，使样品与重氮化对硝基苯胺作用，添加无水硫酸钠，得沉淀产物，然后用石油醚溶解，最后用乙腈萃取。所得样品，在硅胶色谱板上展开，用石油醚-苯-乙酸作展开剂，再进行测定。这种方法可测定 2μg/g 的 BHA、4μg/g 的 BHT、1μg/g 的没食子酸烷基酯。

3. 耗氧量测定法 使用 Warburg 恒容呼吸计，测定有抗氧化剂和无抗氧化剂样品的耗氧量，可测量出氧化作用的速度和诱导期的长短。大量耗氧量开始的时刻，即表明诱导期的结束。此方法已被应用于测定抗氧化剂效率、过氧化物的浓度、诱导期的长短等。

4. 光谱法 紫外光谱分析可用于鉴定不饱和双键，如不饱和共轭体系的脂肪酸在230～375nm、不饱和双烯在234nm、不饱和三烯在268nm 有紫外特征吸收。红外吸收光谱也有一些应用，在氧化过程中空间异构体的变化在 3.0μm、6.0μm 和 10.0μm 谱带上有响应；一些烷基氢过氧化物在 11.4～11.8μm 范围有弱的吸收。

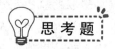
思考题

1. 影响油脂氧化反应的因素主要有哪些？
2. 有效的抗氧剂应该具有哪些结构特征？
3. 在生物体中各类抗氧化剂主要通过哪些作用机制单个或联合发生作用而起到抗氧化效果的？
4. 常见抗氧化剂有哪些类型？分别列举 1～2 个代表成分。
5. 抗氧化体系搭建时，可通过与哪些成分的复配起到抗氧化增效的作用？

第五节 防腐体系设计

由于化妆品成分复杂，在生产制造和储存使用过程当中容易受到微生物的污染而影响产品的品质和消费者的健康安全。因此了解化妆品中常见微生物以及通过防腐体系的设计减少化妆品的污染、延长使用周期、保护消费者的健康安全至关重要。

知识要求

1. **掌握** 化妆品常见防腐剂以及防腐剂的作用机制。
2. **熟悉** 防腐体系设计的原则。
3. **了解** 化妆品常见的微生物以及影响因素；防腐体系的评价方法及化妆品制成过程中的微生物控制方法。

一、化妆品与微生物

微生物是一切肉眼看不见或看不清楚的微小生物的总称。它们是一些个体微小、构造简单的低等生物。其特征可以归纳如下：体积小、面积大、吸收多、转化快、生长旺、繁殖快、适应强、变异频、分布广、种类多。微生物大多为单细胞，少数为多细胞，还包括一些没有细胞结构的生物。而与化妆品相关的微生物主要是细菌和真菌。

（一）污染化妆品的主要微生物

1. 细菌 细菌形态可分为个体形态与菌落特征两个部分。细菌的个体形态一般指的是细菌的大小与形状；而菌落特征指的是某一种细菌在培养基上生长繁殖形成的群体结构。按照细菌在一定的环境条件下所保持的形态，可将其分为：球菌（单球菌、双球菌、四链球菌、八叠球菌、葡萄球菌等）、杆菌（芽孢杆菌、梭状芽胞杆菌、棒状杆菌等）、螺形菌（弧菌、螺旋菌等）等。按照革兰染色法又可分为革兰阳性菌和革兰阴性菌。

细菌接种到培养基上后，若条件适宜，会迅速生长繁殖。由于细胞受到培养基表面和深层的限制，繁殖的菌体常以母细胞为中心聚集在一起，形成一个肉眼可见的，具有一定形态结构的子细胞群体，称为菌落。不同的菌种所形成的菌落有不同的形态，称之为菌落特征。菌落特征包括大小、形状、隆起的形状、边缘情况、表面状况、表面光泽、质地、颜色、透明程度等。菌落特征可以应用于细菌的鉴定和分类。

细菌的细胞虽然很小，但其内部结构与高等生物的细胞一样，是很复杂的。它的基本结构包括细胞壁、细胞膜、细胞质、细胞该等。有些细菌还有荚膜、鞭毛和芽孢等特殊结构。荚膜和芽孢菌对外界环境的变化有较强的适应性，不易被杀死，在配方设计时，要特别注意对此类细菌的防腐设计。

2. 真菌　真菌微生物包括霉菌、酵母菌，而与化妆品有关的主要是霉菌。霉菌是一些"丝状真菌"的统称，分布于土壤、水域、空气、动植物体内外，被广泛地应用于食品、医药、生物工程等工业及农业上，如被用于制乙醇、青霉素、植物生长素等。霉菌造成的化妆品霉变，是化妆品变质的重要原因之一。

（1）霉菌的形态　霉菌菌体是由分支或不分支的菌丝构成。许多菌丝交织在一起，称为菌丝体。霉菌的菌丝有两类。①无隔膜菌丝：整个菌丝为长管状单细胞，细胞质内含有多个核。②有隔膜菌丝：该类型占比较大，菌丝由横膈膜分割成多个细胞，每个细胞内含有一个或多个细胞核。

（2）霉菌的繁殖　霉菌的繁殖能力一般都很强，而且方式多样，主要靠形成无性和（或）有性孢子。一般霉菌菌丝生长到一定阶段，先进行无性繁殖，到后期以后，同一菌丝上产生有性繁殖结构，形成有性孢子。

无性孢子的繁殖是无性繁殖，是不经过两性细胞的结合，只是营养细胞的分裂或营养菌丝的分化而形成同种新个体的过程。有性孢子繁殖是经过两个性细胞的结合，而产生新个体的过程，霉菌中有性繁殖不及无性繁殖常见。

（二）微生物在化妆品中的生长与繁殖

化妆品的组分原料在一定程度上构成了微生物的培养基，为微生物提供了必需的碳源、氮源和矿物质。水分是决定微生物能否生长和生长速度的决定因素。因为水除了参加细胞物质的组成之外，还可作为细胞吸收营养物质和排泄代谢产物的介质。另外，由于水的比热较高，它可以有效地吸收代谢过程中放出的热量，使细胞内温度保持恒定。而且，水的存在形式也影响微生物的生长，如水分在外相比水分在内相更有利于微生物生长。

在一定的培养基中生长的微生物的数量与种类和 pH 有关系。霉菌适宜在中性及微酸性（pH 为 4～6）的条件下生长，细菌适宜在中性及微碱性（pH 为 6～8）条件下生长，在 pH 大于 9 的碱性条件下，微生物生长速度很慢，甚至会停止。化妆品体系的 pH 大多在 4～7 之间，故最适宜微生物，特别是霉菌的生长。大多数的霉菌、酵母菌与细菌生长最适宜的温度为 20～30℃，其中细菌生长最适宜的温度为 30～37℃，几乎完全和化妆品贮藏和使用的条件一致，因此有利于微生物的生长和繁殖。

多数作为化妆品防腐对象的微生物均是需氧的，几乎没有专厌氧性的微生物。所以化妆品的包装不严，渗漏和开盖后都有利于微生物的生长。

如同在自然界一样，微生物在化妆品中也进行着生存竞争，强胜劣汰，这种竞争的结果，往往使防腐剂只能对为数不多的几种微生物有效，即抗菌谱狭窄，则使得化妆品往往会被没有预想到的微生物所污染。

二、化妆品防腐体系的设计

（一）理想的防腐剂应具备的条件

化妆品中的防腐剂是为了保证化妆品在销售货架期间和消费者购买使用后产品的品质不会受到污染而发生品质改变。对消费者安全负责。因此，理想的防腐剂应具备以下特点。

（1）抗菌谱较宽，对大多数量微生物都具有良好的防腐性能。

（2）与化妆品其他成分能很好兼容，不被其共存物质钝化，能在较大的温度和 pH 范围内保持效力，并不影响产品的 pH。

（3）产品基本无色、无味、易于保存。在产品贮存和使用过程中稳定，不发生分解。

（4）安全性高，对皮肤刺激性低，不易产生过敏。

（5）在水中有良好的溶解度，或与常用化妆品组分原料有良好的溶解性，且对环境水体安全友好。

（6）使用方便，价格经济合理，材料来源广泛且再生性较好。

（7）应用范围广泛，符合目标市场法规要求。

（二）化妆品防腐剂的防腐原理

防腐剂不但抑制细菌、霉菌和酵母菌的新陈代谢，而且还影响其生长和繁殖。防腐剂主要从以下几个方面发挥作用。

1. 破坏微生物细胞壁或抑制微生物细胞壁的形成　防腐剂破坏细胞壁的结构，使细胞破裂或失去其保护作用，从而抑制微生物生长以致死亡。防腐剂抑制微生物细胞壁的形成是通过阻碍细胞壁的物质的合成来实现的，如有的防腐剂可抑制构成细胞壁的重要组分肽聚糖的合成，有的可阻碍细胞壁中几丁质的合成等。

2. 影响细胞膜的功能　防腐剂破坏细胞膜，可使细胞呼吸窒息和新陈代谢紊乱，损伤的细胞膜导致细胞物质的泄漏而使微生物致死。

3. 抑制蛋白质合成和致使蛋白质改性　防腐剂在透过细胞膜后与细胞内的酶或蛋白质发生作用，通过干扰蛋白质的合成或使之变性，使细菌死亡。

（三）影响化妆品防腐剂效应的因素

1. 防腐剂的浓度　防腐剂随着其浓度越高，活性也越强。各种防腐剂都有其不同的有效浓度、最低抑菌浓度（MIC 值）和最低（小）杀菌浓度（MBC 值），数值越小防腐抑菌效果越好，通常要求产品的防腐剂浓度略高于其在水中的溶解浓度。

2. 防腐剂的溶解性　防腐剂在水中的溶解度越低，其活性效应越强，主要是因为微生物的亲水性一般低于溶剂体系，这样有利于防腐剂在微生物表面的附着力度增加，更加有利于防腐剂破坏微生物细胞壁。

3. pH　一般来说，细菌繁殖的最佳 pH 范围是弱碱性，而霉菌和酵母菌则在酸性 pH 条件下易于生长繁殖，但有某些微生物也会在极端 pH 条件下生长。通常认为防腐剂是在分子状态下而非离子状态下发挥作用。pH 低的时候防腐剂处于分子态，所以活性较强。

4. 防腐剂的相溶解分配　对于乳状液来说，防腐剂在油水相中的溶解度和在两相中的分配系数对防腐剂的防腐效力有很大的影响。

5. 包装容器　包装容器的材质对产品的防腐具有一定的影响，与内料接触的相关包装是化妆品受污染的一条感染途径。同时有些防腐剂由于含有一定的极性物质，可能会吸附和溶解包装中的物质，有的甚至发生络合作用而降低防腐效能。

6. 配方组分的影响　在实际的配方研发过程中，发现少量的表面活性剂可以增加防腐剂的细胞渗透性，具有一定的防腐增效作用，但是当表面活性的用量过大而形成胶束时，可以产生乳化或者增溶的作用，降低了防腐剂的防腐效能。同时，部分表面活性剂由于加溶配位的作用，可以与防腐剂形成氢键等结构，导致体系中的游离的防腐剂含量减少，防腐效能降低。

7. 生产环境　良好的生产卫生条件可以减少微生物的生长与繁殖，较差的生产环境，微生物的生长繁殖不仅快，微生物的种类也较为繁多，势必会使防腐剂种类和数量的使用增加，对产品的防腐体系建设和产品安全保障都会产生负面的影响。

8. 防腐剂的变质　由于内外环境的改变可能改变防腐剂本身的质量，导致防腐活性降低。如有些防腐剂光照后会发生分解，有些防腐剂不耐高温等，都会引起防腐剂的活性失效，影响防腐效能。

由于化妆品中微生物的种类繁多，影响化妆品防腐剂的性能的因素也较为复杂，不论何种原因，在设计配方时都要综合考虑内外因素的影响，遵循优化复配的原则挑选和设计防腐体系。

（四）常见化妆品防腐剂

目前根据国内外法规以及国内监管法规和市场发展的趋势，常见的防腐剂主要分为天然草本植物杀菌剂、合成防腐剂以及具有防腐功能的多元醇系列。如果按照防腐作用的原理来分，分为破坏微生物细泡壁或抑制其形成的防腐杀菌剂，例如，酚类防腐剂；影响微生物细胞功能的防腐剂，如苯甲醇、水杨酸等；抑制微生物蛋白质合成或使其蛋白变性的防腐剂，乳苯甲酸、山梨酸等；根据释放甲醛缓释体，又可以分为甲醛释放体和非甲醛释放体；根据含有物质结构不同，又可以分为有机酸防腐剂、卤素类防腐剂等。

随着科技的进步和发展，越来越多的技术被应用于化妆品行业当中，对防腐剂的安全研究也越来越深入，以前一些使用的传统防腐剂都被证实具有一定的潜在危害性。如具有甲醛释放体的 DMDM 乙内酰脲；含有氯元素的凯松系列、可能生成致癌物质亚硝胺的波罗波尔；还有导致碘摄入的 2-溴-2-硝基丙烷-1,3-二醇等防腐剂安全问题。

因此，最近几年市场上涌现了许多天然提取物的防腐剂和具有防腐杀菌功效的多元醇系列产品。但是新型防腐剂的快速发展引起的市场监管混乱和产品安全问题也需要认真思考，如何做到低毒、安全、广谱的防腐设计，是未来真正"无添加"的发展大趋势。

三、防腐体系的设计步骤

化妆品防腐体系配方的设计应追寻安全、有效、环境微生物友好、针对性强、与其他组分的兼容和相容性较好。

（一）防腐剂种类的筛选

根据目标设计配方的要求类型、体系 pH 要求、使用部位、使用人群、配方组分、包材要求等优选防腐剂的综合设计需求。

1. 根据产品类型优选防腐剂 不同类型的产品会受到不同类型微生物的污染。膏、霜、乳液类乳化体系产品容易受到细菌和霉菌等大多数微生物的污染而变质。洗护产品则容易受到以铜绿假单胞菌为主的革兰阴性菌的污染，而眼影和粉饼类等粉剂类产品则容易受到霉菌的污染。眼线笔、睫毛膏类型的眼部化妆品则容易受到酵母菌、铜绿假单胞菌、金黄色葡萄球菌等多种微生物的污染。而对于全油性化妆品类型则很少受到微生物的污染。所以在设计配方时要根据目标配方的类型筛选防腐剂组合。

2. 根据体系 pH 要求优选防腐剂 大部分的化妆品体系的 pH 在 4~7 之间，而这一范围也是大多数微生物生长繁殖的最佳 pH 范围。因此在优选防腐剂时一定要关注和了解产品 pH 的影响，确保优选的防腐剂组合适合体系防腐剂的功效性能要求。

3. 根据使用部位优选防腐剂 人体本身就是一个庞大的微生物系统。当人们在使用产品时应尽量不破坏原有健康皮肤上的益生元菌落。同时人体的不同部位对防腐剂的敏感耐受程度也不同，选用防腐剂时应有所区别，例如，眼睛周围相对皮肤薄嫩敏感，宜选用刺激较小的防腐剂，同时甲醛等刺激性挥发物对眼睛有明显的伤害作用，应尽量避免选用甲醛释放体类防腐剂。另外，颈部的皮肤较敏感脆弱，也应选用刺激性小的防腐剂。微生物对皮肤健康的危害，部位的不同，有害微生物不相同。因此，从保护皮肤的角度（杀菌消毒），防腐剂的选用应当考虑对不同部位皮肤的有害菌群具有抑制作用。

4. 根据使用人群优选防腐剂 由于人体皮肤特征在各年龄段有较大的差异，如《儿童化妆品申报与审评指南》要求，儿童化妆品应最大限度地减少配方所用原料的种类。选择香精、着色剂、防腐剂及表面活性剂时，应坚持有效基础上的少用、不用原则，同时应关注其可能产生的不良反应。所以在针对婴童产品的防腐剂选择时，应追求更加温和、天然、少加或不加防腐剂的原则。

5. 根据配方组分优选防腐剂 防腐剂和配方中的其他组分可能会有同时增效的作用，也有可能会有钝化防腐效能的作用，因此在设计防腐体系优选防腐剂时要考虑相关因素的影响。

（1）当水性体系中乙醇含量（体积比）高于 20% 时，一般认为微生物的生长和繁殖就会受到抑制作用，可以适当的减少或降低配方中的防腐剂含量。当配方中其他多元醇含量超过一定的含量时，同样也有这种增效作用的发生。

（2）当配方中有粉类（淀粉、滑石粉等）、金属氧化物、金属离子、高浓度蛋白等存在时会吸附防腐剂，形成保护膜，产生拮抗络合或者螯合物，影响防腐剂的活性功效，在设计配方时要特别注意。

（3）当配方中有其他抑菌或防腐作用的物质时，如含有过氧化氢时，根据文献记载和经验得知，也会降低配方感染微生物的风险。

6. 根据包装材料优选防腐剂 产品的包装形式对产品使用过程中的二次污染起着防护的作用，可以避免开封使用后的生物污染，提高产品的防腐效能。包装形式有真空泵头瓶、火焰安瓿、一次成型次抛、铝罐压缩瓶或其他材质（压缩空气或其他气体）。

7. 根据产品生产和灌装条件优选防腐剂 无菌的生产或一次成型的生产条件可以降低微生物对产品的污染风险。例如，超过 65℃ 时，会导致产品中微生物负荷的热钝化（但是芽孢处在休眠期），此温度条件下若持续 10 分钟以上，大部分的细菌细胞会由于细胞蛋白的退化或脱水而死亡。但是如果在较高的温度条件下灌装，如超过 65℃ 以上，由于乳状液灌装至包装材料以后，在相对条件下内料还具有一定温度，会在密封的包装内部形成聚集的凝结水，在温度恢复降到一定条件下或者凝结水水珠过大，会促使凝结水滴落在乳状液的表面，导致乳状液接触点的体系中的防腐剂 MIC 值降低，此时由于温度、湿度等适宜微生物生长繁殖条件的产生，会使产品感染微生物而引发产品的污染甚至变质等产品质量安全事故，此现象在产品包装中也被称为灌顶效应。

8. 低微生物风险化妆品的防腐剂优选　低微生物风险化妆品，是指不能够为微生物的生长和存活提供物理或化学条件的化妆品（配方中含有防腐剂或其他杀菌/抗菌成分的化妆品则不属于低微生物感染风险化妆品），其具有的特定理化因子单独或共同作用可以形成抑制微生物存活或生长的环境。可通过产品成分对微生物的抑制性能、生产条件、包装及复合因素综合进行低微生物风险评估。其中产品成分微生物风险评估主要有水活度、pH、醇含量、具有抗抑菌功效的特殊原材料等。经风险评估后，鉴定为低微生物风险产品，并非在货架期和使用过程中可以确保无微生物感染风险，在模拟考察和实际考察后，针对可能染菌种类，酌情添加防腐剂。

（二）防腐剂的复配

若想选择合适的防腐剂组方，需要了解防腐剂的性质，并借鉴上游原料供应商的技术服务包括相近配方体系、历史应用数据等，通过一系列防腐实验确定防腐剂的复配比例。

1. 初步组合　根据目标配方设计的要求，对筛选的防腐剂进行初步组合。组合时要参考防腐剂搭配的合理原则，注意防腐剂和防腐剂之间、防腐剂和组分之间的增效和拮抗作用；另一方面要参考产品的使用人群特性以及包装要求选取具有低毒、无刺激的防腐剂组合物。

2. 组合优选　待目标配方设计完成和防腐剂筛选完成后，要根据自身研发经验和上游原料供应商以及行业使用情况或过往数据，并结合实际生产、储存、包装和使用情况，确定产品在环境模拟下目标设计产品的防腐能力。

3. 配方稳定性考查　在进行防腐效果测试的同时，还需要考查防腐剂与其他组分及包材的兼容性，以及目标配方本身的性能稳定性。

（三）防腐剂的优化

配方中防腐剂用量的确定，可以通过正交实验、防腐挑战实验、人体感官评测和防腐组合最小的原则确定配方中防腐剂的最优组合。

四、防腐体系设计效果的评价

（一）感官效果评价法

微生物污染的化妆品表现出各种不同的现象，见表 5 - 9。一般霉菌能在化妆品的表面繁殖而导致化妆品发霉，而细菌可在化妆品内外各部分繁殖导致化妆品腐败。

表 5 - 9　微生物污染的化妆品呈现的表象

现象	原因
化妆品内外都变色	细菌产生色素
化妆品表面形成红、黑、绿等颜色霉斑	霉菌产生不同色素
化妆品发生气胀现象	酵母菌产生气体或难闻气味
酸败	微生物分解有机物产生酸
乳化体被破坏，出现分层、黏度变化	细菌、霉菌分解膏体内的有机营养物

如果产品出现了上述现象的一种或多种同时发生，可以初步判定产品已经因感染了微生物而发生变质，也说明配方设计的防腐体系不合理，或防腐剂的选择、复配、兼容性出现问题，需要重新设计防腐体系。

（二）菌落总数检验法

菌落总数（aerobicbacterial count）是指化妆品检样经过处理，在一定条件下培养后（如培养基成分、培养温度、培养时间、pH、需氧性质等），1g（1ml）检样中所含菌落的总数。

（三）防腐挑战试验

国内外配方设计时普遍采用防腐挑战性试验评价防腐剂的有效性。防腐挑战性试验更接近实际应用。该方法能够模拟化妆品生产和使用过程中受到高强度微生物污染的潜在可能性和自然界中微生物生长的最适宜条件，从而避免由微生物污染造成的损失和为消费者健康提供可靠的保证。

思考题

1. 理想的防腐剂应具备哪些条件？
2. 防腐剂的筛选需考虑哪些因素？

第六节　功效体系设计

知识要求

1. **掌握**　化妆品功效体系设计方法。
2. **熟悉**　化妆品功效体系优化。
3. **了解**　化妆品功效体系的设计原则及相关功效评价方法。

功效体系是在化妆品配方中起功效作用的一种或多种原料所组成的体系。根据不同的要求，设计特定功效体系，完成功效化妆品配方设计。一般配方工程师只是在化妆品基础配方上，添加一种或几种功效原料，即为完成功效化妆品的设计。也有些配方工程师认为功效原料添加量越大，其功效越明显。这些观点都具有片面性。

化妆品功效体系的设计是功效化妆品设计的核心，是实现产品总体设计的有力保障。化妆品功效体系的设计需在设计基本原则的指导下，落实设计步骤并进行评价，方能实现产品的设计目标。

一、功效体系的设计原则

1. 安全性原则　功效化妆品强调的是产品的功效，要实现产品的功效，一般要求添加功效原料，而功效原料的很多品种具有一定的刺激性，这些对皮肤有不同刺激作用的物质有可能给皮肤健康产生影响。例如：染发剂用量过大，可能会引发致癌的危险。

配方工程师设计化妆品的目的是给消费者带来美的享受，而不是将对皮肤有危险的化妆品带给消费者，所以设计的功效化妆品必须要强调安全。只有在化妆品安全的前提下，消费者才能感受使用化妆品的快乐。

国内外政府管理部门都对功效化妆品进行了加强管理，包括使用的原料、生产工艺和产品检测，从多方面来确保产品的安全，杜绝有质量问题的产品上市，防止消费者在使用过程中受到伤害。因此，安全性原则是设计化妆品功效体系的必要原则。

2. 针对性原则 一方面，从前面的功效化妆品分类可以看出，功效化妆品品种很多，而且诉求点的差异比较大，所以不同的诉求在功效体系设计时选用的原料各不相同，设计功效体系必须要有针对性。

另一方面，设计一款产品不可能包括所有功能，即使添加各种功效原料，因原料性质各有不同，功效原料之间也可能存在相互作用或相互抵消作用效果，导致其功效也不能体现出来，且功效原料一般比较贵，一个配方中添加品种过多的功效原料，会因增加成本而降低推向市场的可能性。因此想在一个化妆品产品中体现多种功效是不太现实的。

综合上述两点，设计化妆品功效体系要遵守针对性原则。

3. 全面性原则 在设计化妆品功效体系时，必须先弄清发挥功效的机制，在此基础上，再进行优选原料。一方面，发挥功效作用的机制往往不只一个，而每个机制过程中，往往包括多个步骤，不同机制和不同机制中的不同步骤，都是帮助功效实现的不同途径；另一方面，一种功效原料有可能只在机制的某个过程中发挥作用，例如，熊果苷在实现美白功效时，只对一种美白机制中的一个步骤起作用（对酪氨酸酶活性有抑制作用）。所以，设计化妆品功效体系要全面考虑。

在保证所设计化妆品功效更明显、更持久的同时，配方工程师还应考虑肌肤的调理、修复和预防肌肤再次发生问题等。这些都说明在化妆品配方功效体系的设计过程中，一定要坚持全面性原则。

4. 经济性原则 化妆品是市场化的产品，在产品的设计过程中必须考虑市场价值。要保证产品能在市场上有竞争力，则必须在保证产品功效质量的前提下，选择性价比高的原料。经济性原则是功效体系设计的基本原则之一。

二、功效体系设计的步骤

要设计符合市场、作用明显的功效化妆品，就要完成和落实以下工作。

1. 确定设计目标

（1）产品定位 主要指价格定位。设计的化妆品销售价格定位将决定成本的高低，而功效体系成本对产品的成本影响较大，所以在设计前必须确定产品定位。

（2）目标人群 不同的人群肌肤特质不同，肌肤所产生问题原因也各不同。要使设计产品有针对性，将使用效果充分展现给消费者，因此目标消费人群必须明确。

（3）销售区域 由于我国的疆土辽阔，南北气候相差大，对人体皮肤的影响各异，所以对功效体系要求也不相同。因此设计时要考虑目标销售区域。

（4）感观要求 化妆品的剂型、色泽、香气都属于感观。有些功效体系原料对感观影响比较大，所以在设计前必须重点考虑。

2. 明确实现目标的机制 要保证所设计功效产品实现预期功效，就要清楚掌握肌肤问题产生机制和功效体系原料的作用机制。

肌肤问题产生机制是指皮肤代谢过程中，内在因素或外在因素促使问题肌肤产生的原因。不同问题肌肤产生的机制不同，随着科学技术的发展，对问题肌肤产生机制的认识也在逐渐发展。同一问题肌肤产生机制也可能有多个。只有对问题肌肤产生的机制充分掌握，才能找到问题的根源，以便找到对应的措施来解决皮肤问题。

功效原料作用机制是指功效原料发挥作用的生理、物理或化学过程。功效原料的筛选可通过分析对比原料资料中相关实验数据，并结合相关检测方法进行评价验证，得到作用机制明确可靠的功效原料。

在明确肌肤问题产生机制和相应功效原料作用机制后，即可构建解决肌肤问题的功能体系，从而实现配方功能目标的实现方案。

3. 找到解决问题的途径 产生肌肤问题的机制一般由物理反应和一个或多个化学反应构成，要抑制这个反应的进行，可以通过采取以下几方面的措施。

（1）通过物理作用来抑制物理反应的进行。例如：用油脂膜来防止水分的挥发，从而达到保湿的作用。

（2）通过催化剂（酶）抑制反应的进行。例如：通过添加物质抑制酪氨酸酶的活性，来抑制黑色素的生成，实现美白功效。

（3）通过反应竞争抑制反应进行。例如：通过防止自由基产生和对自由基的捕获，减弱自由基进一步反应，防止衰老反应的进行。

（4）对已经发生的反应物进行分解，以减弱肌肤问题的显现。例如：通过添加营养成分，对受损肌肤进行修复。

4. 功效原料的选配

（1）基础调理性作用原料 主要是起对肌肤进行护理和调理的作用，使肌肤保持健康状态，使功效成分更好发挥作用。这类原料包括油脂、基础保湿剂等。

（2）功效性作用原料 主要是发挥产品功效的原料，能对肌肤问题产生的机制反应起到减弱或消除作用。这类原料包括美白剂、抗衰老添加剂等。

（3）预防性作用原料 主要是对问题肌肤产生机制反应有预防作用。这类原料包括防晒剂（在美白或抗衰老的产品中）、抗氧化剂等。

（4）增效剂作用原料 对问题肌肤的产生机制反应没有任何作用，但能对功效作用原料渗透和吸收起到促进作用。这类原料包括渗透促进剂等。

5. 设计功效体系 对功效体系进行设计时，必须在以上四个原则基础上，对问题肌肤产生机制和功效原料作用机制充分掌握，找到解决途径和方法，再对功效体系原料进行配选，从而设计出具有功效的体系。设计流程见图 5-8。

经过上述流程，方能完成功效体系的设计。在完成设计后，还要对配方进行优化，找出最佳功效体系的设计方案。

6. 优化功效体系 对设计体系进行优化是功效体系设计的一个重要工作。优化主要包括：原料品种的优化、原料使用量的优化、原料间复配的优化、生产工艺的优化、成本的优化五个方面。

（1）原料品种的优化 实现同一功效的不同原料在功效作用的机制方面会有所不同，即使是同系列原料，其功效性强度也会有所不同，所以对原料的品种要进行优化。优化品

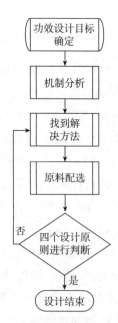

图 5-8 功效体系设计流程

种的方法是基于对原料作用机制、功效强度及原料其他功能的对比和试验测试效果，再结合使用经验进行综合分析，优选出高品质的原料。

（2）原料使用量的优化 功效原料使用量越大并不代表其功效一定越明显。这与皮肤的吸收等多种因素有关。而对于不同剂型的化妆品，皮肤的吸收量也会有所不同。例如：皮肤对水剂产品的吸收比对膏霜的吸收好。所以，功效原料添加量的选择必须具有合理性。对功效原料使用量的优选一般由试验结果、原料供应商推荐用量和使用经验共同决定。

（3）原料间复配的优化 在对功效原料进行配选时，必须重点考虑原料之间复配优化。针对上述基础调理性作用原料、功效性作用原料、预防性作用原料、增效剂作用原料这 4 种原料，考虑以下几方面内容：①作用原料并不仅仅是一种原料，可能选用几种，当多种原料共存时，就存在复配问题；②不同作用机制原料间的复配问题；③功效体系原料与产品其他体系原料的配伍性。

复配优化最主要的目的是保证原料间的协同增效和产品的稳定性。需根据理论分析判断、试验结果评价和使用经验综合来确定优化设计。

（4）生产工艺的优化 功效体系设计完成后，要实现功效，生产工艺也十分重要。如有些功效原料对温度、pH 等多种因素都比较敏感，对此类功效成分要注意加入时的工艺条件等。

生产工艺条件设计优化的主要目的是保证功效体系原料的功能不受影响和产品体系稳定。优化的措施是基于理论分析判断、试验结果评价、试生产结果和使用经验综合来确定的。

（5）成本的优化 随着化妆品的技术发展，原料也不断推陈出新，同种功效原料的价格也相差甚远。在设计功效体系时，配方工程师一方面不能只追求使用新原料而认为新原料效果一定比老原料效果好；另一方面，也不能只用价格高的原料而认为价格高的原料效果就好。配方工程师设计功效体系时一定要考虑原料的性价比，选用高性价比的功效体系才有市场价值，开发的产品在市场才具有竞争力。

成本优化的主要目的是优选高性价比的功效体系原料。优化的措施是基于理论分析判断、试验结果评价、使用经验和成本核算综合来确定的。

三、功效体系的评价

化妆品功效体系评价是对所设计的功效体系调制成配方后，通过仪器或其他各种试验，得到对所设计体系的一个评价，它能反映功效体系的设计成功与否。

1. 化妆品功效评价的意义 化妆品功效评价在化妆品研发、销售及监管各个环节中均具有重要的意义。

（1）研究开发的需要 功效产品强调的是产品的功能效果，开发是否成功，必须在开发过程中得到确认，确认必须通过功效评价来实现。功效评价能修正开发思路，帮助开发的产品达到要求。

（2）市场销售的需要 对产品客观的功效评价有利于增强销售人员的信心，也有利于增加消费者的购买动力，给消费者信心保证。目前，在产品的销售过程中，利用功效评价进行宣传的企业并不多，所以加强功效评价的建立与完善将给企业带来更多的机会。

（3）监管的需要 为了更好地维护消费者的利益，防止生产企业夸大宣传，监管部门需要加强功效评价管理，让消费者放心，保证化妆品行业健康发展。

目前化妆品的功效评价可为体外评价（in vitro）和人体评价（in vivo）。体外评价是采用减量法、生物酶法、3D皮肤模型法、细胞法、DPPH自由基清除、超氧阴离子或羟自由基清除等方法开展保湿、美白、抗衰老等相关功效研究。人体评价则主要通过招募特定条件的志愿者，按要求使用一定周期后，对受试部位进行皮肤色度、湿度、酸碱度、光泽度、粗糙度、油脂分泌量、含水量、弹性、皮肤和皮脂厚度、皱纹数量、长短及深浅等部分或全部指标的测试分析，客观分析使用周期内志愿者皮肤状况变化情况，以此评价受测化妆品的功效。

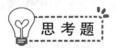

思考题

1. 功效化妆品配方设计的原则是什么？
2. 功效化妆品配方设计的基本步骤是什么？
3. 优化功效化妆品配方需要考虑哪些因素？

第七节 感官修饰体系设计

知识要求

1. **掌握** 化妆品赋香、肤感调节及颜色修饰的方法。
2. **熟悉** 化妆品感官修饰体系的评价方法。
3. **了解** 化妆品感官修饰的途径。

感官修饰体系设计是化妆品配方设计的重要组成部分之一。在化妆品配方调制中，这个体系直接给使用者第一感官体验。化妆品内容物的感官修饰包括赋香、肤感调节及颜色修饰。

一、赋香

化妆品香型是重要的感观评价指标。化妆品种类繁多，各类产品和剂型的基质的物理化学性能也各异，即使同一类型的基质，由于其所含组分，特别是活性组分，也有很大的差别，另外，加香的工艺条件不同，对香精的要求也有区别。产品的赋香从香型选择开始，到加香配制出顾客满意畅销的产品，是产品开发计划的重要组成部分。

化妆品赋香体系可掩盖配方中其他原料的特征气味，提升产品使用过程中的愉悦感。赋香体系搭建有3个途径：①添加特征气味原料，如栀子花、薄荷等提取物；②添加精油，如玫瑰精油、薰衣草精油等；③添加香精。

1. 化妆品调香准备 香精作为调香师的艺术作品，是具有艺术属性的，不同时期有不同的潮流，存在不同的流派。调香师的责任是配制出顾客满意、符合潮流、畅销的香精产品。这不仅是配方技术的问题，而且涉及美学、心理学和市场经济等方面的因素。在香精配方设计前，必须收集足够的使用和应用方面的有关信息。这些基本信息主要包括以下方面。

（1）香精用于何类产品 各类产品对香精的要求不同，调香师应了解产品的配方，以正确地平衡其头香、体香和基香，并注意与产品基质的配伍问题。

（2）香精产品的目标人群 种族、地域、年龄、性别等因素，都对香型喜好有重要影响。调香前需充分了解目标人群信息，并通过市场调研、消费者调研及相关数据库，确定香型类型。

（3）香精配方成本的限制和约束　香精往往是产品中较昂贵的原料，香精的价值在整个产品成本中所占的份额随产品的种类和使用香精的级别而改变。选择合适的香精，有助于得到目标人群的认可，并提升产品市场竞争力。

（4）产品的市场形象　这方面的信息提供了产品的功能和表现感情色彩的形象。香型必须与市场概念和产品品牌的形象相配合。

（5）产品设定的产品寿命　包括在货架期和开盖后使用期限。

（6）最终产品使用的包装类型　调制或使用香精的类型必须与产品颜色、外观及包装图案相协调。

（7）最终产品使用的频度　产品经常暴露于氧气中，不同的包装暴露的情况也有所不同。要求使用的香精有一定耐氧化的能力。

2. 化妆品调香途径　在国内，化妆品企业比较多，规模相差比较大，在选用和配选化妆品产品香精香料方面的途径也各不相同，一般有以下两种途径。

（1）提出要求，委托香精香料公司为产品配香，调香师与化妆品配方工程师共同合作完成最终产品的调香工作。这是一些大的化妆品公司和名牌产品采用的途径，能充分地发挥调香师和化妆品配方工程师的专长及合作精神，能高质量地完成配香工作，但历时长、成本较高。

（2）按照产品的要求，选定香精香料公司已定型销售的香精进行配伍试验，或选用香精公司提供的香基进一步修饰，进行配伍试验。这种途径省时、成本低，只要认真筛选也可获得满意的结果，但香型受到一定程度的限制，要创造出有新创意的产品存在困难，大多数中、小型化妆品公司采用这种途径。由于香精生产专业化程度的提高，香精生产公司可售出各种各样专用香精供化妆品配方工程师选用。国内绝大多数化妆品厂都采取这种途径。

3. 化妆品调香步骤　化妆品调香可按以下 3 个步骤进行。

（1）香型选定。

（2）小样香精的加香试验，加香产品的香气类型、香韵、持久香、稳定性和安全性的初步评估。

（3）试配香精大样，做加香产品的大样应用试验。

调香后的样品，需进行物理化学性质评估、感观评估和一定范围目标消费者试用评估。

每一阶段工作基本达到要求后才可进入下一阶段的工作。根据评估和反馈的信息改进产品的质量，这几个阶段可能需要反复多次进行。一般香水类产品香精添加量为 2% ~ 30%；膏霜和乳液类产品香精添加量为 0.1% ~ 0.5%，加香温度50℃以下；香波、沐浴露和清洁类产品香精添加量为 0.5% ~ 2.0%；粉类产品香精添加量为 0.2% ~ 2.0%；口腔清洁类产品香精添加量为 0.5% ~ 2%。

二、肤感调节

肤感评价包括：①首次接触：挑出度、拉丝感、厚实度。②应用时：铺展性、融化性、黏腻感、把玩时间、黏腻感、光亮度、柔软度、吸收性。③涂抹后：残留膜，用后黏腻感，用后油腻感，用后柔软度、光亮度。

常用的肤感调节剂有挥发性成分（酒精、环硅氧烷等）、低黏度硅油、硅弹性体、无机矿粉（云母粉、滑石粉、氮化硼等）、高分子材料（尼龙粉、聚甲基丙烯酸甲酯等）及改性淀粉等。根据配方体系特点，可酌情组合使用，使配方呈现不同肤感体验。

三、颜色修饰

化妆品色泽与化妆品消费心理和美学心理密切相关。合适的色泽具有很多神奇的作用，能引导消费者对化妆品的功效和作用产生联想；给化妆品赋予时尚和美丽；给消费者视觉享受和促进消费者购买化妆品。

颜色是物质的一种性质，它是不能用一个简单的概念加以描述的。颜色科学已成为科学色度（colorimetry），它涉及物理光学、视觉生理、视觉心理等交叉研究领域。

颜色分为非彩色和彩色两类。非彩色是指白色、黑色和各种深浅不同的灰色。它们可排列成一系列由白色渐渐到浅灰，再到中灰，再到深灰，直到黑色，叫作白黑系列；彩色是指白黑系列以外的各种颜色。在这绚丽多彩的世界中，彩色的种类看起来是无穷尽的，大致可分为红、橙、黄、绿、蓝、紫等色。彩色具有三种特性，即明度、色调、饱和度。要明确描述彩色，就可通过这三个特征值来表征。

化妆品调色是指在化妆品基质中，按一定比例量添加一种或一种以上色彩原料，以使化妆品显示不同颜色或涂于皮肤上使皮肤的色泽得到改变。一般有以下几个途径：①通过添加不同颜色成分或色素进行颜色修饰；②通过添加不同色效包裹颗粒物对内容物进行外观修饰；③通过添加氮化硼、表面改性粉体，增加内容物亮度，改善使用后即时体验感。

对于彩妆化妆品主要能赋予皮肤一定颜色，以达到修饰皮肤的目的。调色对这类产品极其重要。能给予消费者时尚、健康和舒适的感受，带有时代和艺术的特征。

对于一般化妆品调色的作用能突出产品概念、卖点及视觉效果，要求调色赋予良好的视觉冲击力和时尚美感。例如，以植物为卖点的产品，经常调为淡绿色；以水果提取物为卖点的产品，常调色为对应的成熟水果颜色，如樱桃产品调为鲜红色。

颜色的测量与评价一般通过目视法和仪器测量法来实现。目视法是通过目测对比样品，确定颜色的差距。一般要求有标准品，然后用检测样品与标准品进行对照，通过目视比较来完成。这是目前化妆品开发和生产普遍采用的方法。仪器测量是利用色度计求得亮度因素 Y 和色坐标 x、y，根据这些参数，利用图册中有关的图和表，可将颜色样品的孟塞尔标号求出。

此外，人眼有较高的敏锐性，训练有素的观测者，对色差感觉较敏锐，可直接用于色度的比较测量。目视法可补充仪器测量法的不足，因此，目视法仍有一定的保留价值，仍然较广泛地使用于化妆品颜色测量工作和配方设计中。

四、感官修饰评价

感官评价方法由差异性测试、喜好性测试、定量描述分析三类分析方法组成，应依据感官评价的目的进行方法的选择，差异性测试一般用于两者对比，如配方原料替换后的差异对比；喜好性测试则是评价消费者对于产品的接受度；定量描述分析则可以通过各种分析指标来表征产品的突出特点。感官修饰评价方法主要有触觉、嗅觉、视觉等感觉受体和生物功效仪器测试大脑行动等。通过不同方法的选择用于评价对受试物的喜欢与不喜欢，进行肤感、外观等原材料的筛选，也可以对不同配方进行对比和与竞品对照，提升产品的体验感，提升消费者接受度。

分析型测试法：10～30 位接受过培训的专门小组人员，描述和辨别分析确定感官剖析图，特点是快速、精确，具有重演性。主观型评定：10～300 位没有接受过培训的评估人员，对消费者进行测试，评估产品的可接受度和消费者喜好度。偏好地图，把质感剖析结果和消费者喜好连接起来。了解市场偏好，储备不同感官基质配方，研究不同原料对感官指标影响，获得内部质感数据库。专用方案，标准流程：在恒温恒湿专用感官评价实验室，组织 8~12 位接受过专业感官评价的测试人员，对受试物进行基于视觉和触感的专业描述与评价，结合专业组人员评价，综合进行差异性、喜好性及定量感官分析。

思考题

1. 化妆品感官修饰包含哪几方面？
2. 有哪几类原料可用于为化妆品赋香？
3. 肤感评价包含哪些指标？

PPT

第六章 化妆品液体制剂

知识要求

1. **掌握** 化妆品液体制剂定义；护肤水、润肤油、香水、护肤乳、粉底液、沐浴液、洗发液的重要原料、制备工艺等。
2. **熟悉** 化妆品液体制剂的分类，每种类型的特点及质量控制。
3. **了解** 卸妆水、卸妆油、防晒油、防晒乳、浴油、洗手液等的定义与特点。

化妆品液体制剂（cosmetics liquid preparations）即常温下为液体形态的化妆品，系指分散物质（功效物质和附加组分）溶解或分散在适宜的介质中形成的液态体系。化妆品液体制剂是从物质宏观物理状态（液态、半固态、固态）来区分化妆品的，此分类法对于产品的配方设计、制备工艺、包装使用等均有一定的指导意义。

化妆品液体制剂通常是将分散物质以不同的分散方法和程度分散在适宜的分散介质中制得。液体制剂的理化性质、稳定性、功效甚至不良反应等常与分散物质粒子大小有密切关系。从分散物质的粒子大小角度进行分类，化妆品液体制剂可分为均相液体制剂（单相液态体系）和非均相液体制剂（多相液态体系）。

1. 均相液体制剂 分散物质以分子或离子状态分散在介质中形成的澄明溶液，系单相分散体系，热力学稳定。包括以下几种：①低分子溶液剂：由低分子分散物质形成的液体制剂，也称溶液剂，如爽肤水。②高分子溶液剂：由高分子化合物形成的液体制剂，也称亲水胶体溶液，如啫喱水。

2. 非均相液体制剂 分散物质以微粒状态分散在分散介质中形成的液体制剂，系多相分散体系，热力学不稳定。包括以下几种：①溶胶剂：不溶性物质以纳米粒（<100nm）分散的液体制剂，又称疏水胶体溶液，如纳米金啫喱水。②乳剂：由不溶性液体物质以乳滴分散在分散介质中制成的液体制剂，如保湿乳。③混悬剂：由不溶性固体物质以微粒分散在分散介质中形成的液体制剂，如防晒霜。

第一节 溶液型化妆品

溶液型化妆品是分散物质以分子或离子状态溶解在溶剂（水、醇、油）中的分散体系，其在室温下，在给定的比例范围内完全溶解或互溶，为透明液体。根据溶剂极性不同，溶液型化妆品可分为水剂、醇剂、油剂。水剂是指以水或水/乙醇液为溶剂的液体制剂，化妆品中常见的水剂有洁肤水、爽肤水、柔肤水、须后水、精华水等。醇剂主要是乙醇为溶剂的化妆品，多是一些芳香类化妆品，常见的有香水、古龙水、花露水等。油剂是以液态油脂或油溶性成分为溶剂的液体制剂，化妆品中常见的油剂有润肤油、卸妆油、防晒油、按摩精油、发油等。

一、水剂类化妆品

(一) 概述

水剂类化妆品主要是指各种类型的化妆水。化妆水通常在洁面后使用，给皮肤角质层补水及保湿，具有清洁、柔软、收敛、调整皮肤生理作用的功能。化妆水一般要求产品的性质符合皮肤生理，使用时有清爽感，并具有优异保湿效果，透明的美好外观。化妆水最基本的性能是保湿，同时具有良好的肤感，包括一定的滋润性、易铺展性等。化妆水中加入一定的功效成分，可达到润肤收敛、嫩肤除皱、美白祛斑、控油祛痘、防晒舒敏等附加功效，但由于其是水剂体系，很多油溶性物质难以混合，所以化妆水附加功效有一定的局限性。

化妆水一般是外观透明的液体，一些不易溶于水或水/乙醇液的物质，可以通过增溶剂使之溶解，形成热力学稳定、外观透明的液态制品。近年来，由于消费者对产品性能要求越来越高，除透明化妆水外，还出现了其他剂型的化妆水，如微乳液、脂质体纳米粒、多层化妆水，含高分子的透明黏稠状化妆水等。

化妆水种类繁多，一般根据使用目的不同，常见的有以下 5 种。①洁肤水：用于清除淡妆，或作为洁面剂使用，配方中含有较多表面活性剂、保湿剂和乙醇，增加对皮肤的清洁作用。②柔肤水：以保持皮肤柔软、润湿为目的，可为皮肤角质层补充水分，使皮肤柔软，保持舒适和润滑肤感。③收敛水：保湿皮肤的同时，可抑制皮脂过度分泌，收敛而调整皮肤，具有清爽的使用感，防止化妆不均匀。④须后水：具有收敛、镇静和爽肤作用，可收缩毛孔，抑制剃须后的刺激，带给脸部舒适感。⑤精华水：富含多种功效成分且浓度较高，根据功效成分不同，可以分为抗衰老、抗皱、保湿、美白、祛痘等功效。

(二) 主要原料

1. 水　是化妆品液体制剂的重要原料，具有为皮肤补充水分、柔化角质层、保湿等功效。同时它也是溶解、分散其他原料的基质，能与乙醇、丙二醇、丙三醇、丁二醇等以任意比例混合。但有些营养物质或功效成分在水中不稳定，易霉变，配制过程一定要加防腐剂。化妆品对水质要求较高，一般采用去离子水和纯化水。

2. 保湿剂　给皮肤补充水分防止干燥为目的的高吸湿性水溶性物质，称为保湿剂。水分靠保湿剂以结合水的方式被角质层吸收，因此保湿剂不仅是化妆品的必备原料，其能否被角质层吸收也是评价化妆品优劣的关键因素。保湿剂除了可以保持皮肤角质层的水分含量，还可降低产品的冻点，改善其他原料在水中的溶解性。常用的保湿剂有以下几类。

(1) 多元醇类保湿剂　甘油（丙三醇）、丙二醇、1,3-丁二醇等是化妆品中常用的保湿剂，是无色、无臭、黏稠的吸湿性液体，具有吸收湿气、延迟挥发、降低凝固点的作用，在化妆品中的用量一般为 2%~10%。山梨醇是以葡萄糖为原料制得的，为白色结晶粉末，略带甜味。山梨醇具有良好的吸湿性，安全、化学稳定性好，在化妆品中的用量一般为1%~10%。

(2) 透明质酸　又称为玻尿酸，是人类皮肤中固有的保湿成分，属于天然保湿剂，有较强的保湿性，安全无毒，对人体皮肤无任何刺激性。而且透明质酸可渗透于皮肤真皮层等组织，分布在细胞间质中，对细胞器官本身可起到润滑与滋养作用，同时为细胞提供代谢的微环境。透明质酸是目前化妆品中性能优异的保湿剂品种之一。

（3）神经酰胺　神经酰胺是天然存在于皮肤中的脂质，由长链的鞘氨醇碱基和一个脂肪酸组成，由于本身来源于皮肤，神经酰胺很容易渗透进皮肤，与角质层中的水分结合，形成网状结构，能够牢牢锁住肌肤水分，保湿效果极佳。除了强大的保湿锁水功效，神经酰胺对修复受损肌肤、保护皮肤屏障也有很好的作用，是目前备受关注的化妆品原料之一。可应用于化妆品中的神经酰胺有9大类，常用的是神经酰胺（Ⅱ）、神经酰胺（Ⅲ）。

（4）吡咯烷酮羧酸钠　简写为PCA-Na，是表皮颗粒层丝质蛋白聚集体的分解产物，是人类皮肤的天然保湿成分。其可使皮肤具有很强的湿润感及光滑柔软感，起到抗皱嫩肤作用。

（5）乳酸和乳酸钠　乳酸是人体表皮天然保湿因子中的主要水溶性酸类，可使皮肤柔软、增加皮肤弹性，是护肤品中常用的酸化剂。乳酸钠有很强的保湿作用，其保湿效果优于甘油。乳酸与乳酸钠可组成缓冲液，用于调节皮肤的pH并影响细菌的繁殖。

（6）壳聚糖及其衍生物　壳聚糖是利用甲壳素化学合成制得，属于多糖类保湿剂，保湿性能好，效果与透明质酸接近，可作为透明质酸代用品用于护肤品中。

（7）水解胶原蛋白　水解胶原蛋白的作用主要体现在保湿性、亲和性、延缓衰老等方面。因水解胶原蛋白的多肽链中含有氨基、羧基和羟基等亲水基团，与构成皮肤角质层的物质结构相近，能快速渗透进入皮肤，并与角质层中的水结合，形成一种网状结构，发挥强力水合作用，锁住水分，并可从外界环境吸水，动态维持皮肤水平衡，表现出对皮肤良好的保湿性。

3. 增溶剂　化妆品液体制剂的增溶剂主要是增加油溶性成分在水中的溶解。以前常用乙醇增溶，由于部分过敏性皮肤者不适合用乙醇，现在已较少使用。现在常用一些短碳链脂肪醇和亲水性强的非离子表面活性剂作为增溶剂，常用的增溶剂有丙二醇、丁二醇、聚氧乙烯（20）油醇醚、聚氧乙烯（40）氢化蓖麻油、聚氧乙烯（60）氢化蓖麻油等。增溶剂在提高油溶性成分的溶解度时，也可以改善化妆品在皮肤上的保湿性和铺展性。

4. 润肤剂　水溶性植物油应用于化妆水中，具有一定的润肤作用和丰富的肤感。常用于化妆水中的水溶性油脂包括水溶性硅油类、水溶性霍霍巴油类及其他。如双-PEG-18甲基醚二甲基硅烷、双-PEG-15甲基醚聚二甲基硅氧烷、PEG-7甘油椰油酸酯、PEG-75羊毛脂、琥珀酸二乙氧基乙酯、巴巴苏籽油甘油聚醚-8酯类、霍霍巴蜡PEG-80酯类、霍霍巴蜡PEG-120酯类、PEG-10向日葵油甘油酯类、霍霍巴油PEG-150酯类、PEG-16澳洲坚果甘油酯类、PEG-50牛油树脂、聚甘油-10二十碳二酸酯/十四碳二酸酯、双-乙氧基二甘醇环己烷-1,4-二羧酸酯。水溶性油脂应用于水剂透明体系中，其乙氧基（PEG）数决定了其水溶性，PEG数越大，水溶性越强，可以形成完全透明的产品；而PEG数较小时，可能会形成透明的、泛蓝光的体系。

5. 防腐剂　化妆品液体制剂特别是水剂体系中防腐剂的选择非常重要。但是化妆品中防腐剂大部分是油溶性的，在水剂体系中溶解性不好，会大大影响防腐剂的防腐效能，目前，对水剂体系防腐剂应尽可能选用水溶性、醇溶性的防腐剂，借助醇类化合物来增溶。常用的水剂体系的防腐剂有1,2-己二醇、1,2-戊二醇、辛甘醇、苯氧乙醇、乙基己基甘油、氯苯甘醚、尼泊金甲酯等。

6. 流变调节剂　对化妆品流变学性质的调节主要是调节产品的黏度和稠度，一般有降黏剂与增黏剂。液体化妆品常用的流变调节剂主要有以下几种：①有机天然水溶性聚合物，常用的有阿拉伯胶、琼脂、果胶、瓜尔胶、汉生胶和海藻酸盐等。②有机半合成水溶性聚合物，主要有两大类：改性纤维素和改性淀粉。③有机合成水溶性聚合物，常用的有聚丙烯酸、聚甲基丙烯酸和聚丙烯酰胺的衍生物。④无机水溶性聚合物，常见的有硅酸铝镁、水辉石、膨润土等。⑤电解质增黏剂，主要用于洗涤类液体制剂中，如氯化钠、氯化铵、乙醇胺氯化物、磷酸钠等。

7. 活性物质　化妆品中常需加入美白祛斑、嫩肤除皱、控油祛痘等功效活性物质，以发挥其特定效能。根据活性物质的来源不同，常分为植物活性物质、动物活性物质、生化活性物质等。植物活性物质主要是指各种植物体中提取出的营养成分及功效物质，如人参提取液、芦荟提取物、熊果苷、海藻萃取物、红景天素、马齿苋提取物等。动物活性物质主要是指从动物体中提取的具有生理活性的物质，如胎盘提取液、蜂王浆、羊胎素、海洋肽、蜗牛原液等。生化活性物质是指能参与生物代谢或生殖作用的物质。这些物质对人体生命活动起着很重要的生理作用，能通过食物等吸收，也可添加到化妆品中通过皮肤渗入吸收，发挥保湿、润肤、抑菌、再生及清除皮肤过量的氧自由基等功效，起到抗衰老的作用。常用的生化活性物质有各种维生素、胶原蛋白、酶、果酸等。

8. 芳香剂　香精和香料的统称。芳香剂虽在配方中所占比例很小，但其影响产品的感官特性，直接影响消费者对产品的接受程度，在配方中具有重要意义。在选择香精时必须考虑香精的溶解度和与产品的配伍性（即不影响产品的黏度和稳定性）。

9. 着色剂　为了改善产品的外观颜色，增加其愉悦感而添加的有色物质。选择色素必须符合化妆品相关法律法规，同时在使用时要注意色素与产品其他组分的配伍性。

10. 其他附加剂　pH调节剂、金属离子络合剂、抗氧剂等。

（三）配方示例与制备工艺

水剂类化妆品常见有洁肤水、爽肤水、柔肤水、须后水、精华水等种类，其配方设计与制备工艺基本相同，且较简单。一般以各物料的混合配制为主，常采用冷配料制备工艺，有时为了加快高分子物质的溶解可以适当加热。其生产过程包括溶解、混合、定容、过滤、陈化及灌装等（表6-1）。

表6-1　水剂类化妆品的配方组成

成分	主要功能	代表性原料
水	溶剂，补充角质层水分	去离子水、纯化水
保湿剂	保湿、改善肤感、增溶	多元醇类（甘油、丙二醇、丁二醇等）、聚乙二醇、多糖、透明质酸
润肤剂（柔软剂）	滋润皮肤、保湿软化皮肤、改善肤感	水溶性植物油脂、水溶性硅油
增溶剂	油溶性成分增溶	短碳链醇或非离子表面活性剂
流变调节剂	改变流变性、增加稳定性、改善肤感	水溶性聚合物，如汉生胶、羟乙基纤维素、卡波姆等
香精	提供香气	天然香精、合成香料
防腐剂	抑制微生物的生长繁殖	尽可能选择水溶性防腐剂
缓冲剂	调节产品pH	柠檬酸/柠檬酸钠、乳酸/乳酸钠
螯合剂	螯合金属离子	EDTA-2Na、植酸钠
其他功效成分	紧肤收敛、调理滋润、营养皮肤	收敛剂、提取物、维生素、水解胶原蛋白和氨基酸衍生物等

1. 柔肤水　柔肤水是指使用后可使皮肤变得柔软细嫩的一类化妆水。其主要成分为水，

在产品的配方中一般占90%左右。保湿是柔肤化妆水最重要的指标，合适用量的甘油、丁二醇可以增加皮肤的保湿性，但是如果添加量过多却会产生一定的黏腻感，影响使用感，一般在5%~10%即可；芦荟提取物有助于改变皮脂的组成，减少油光并增加皮肤的柔润程度；水溶性的霍霍巴油容易被皮肤吸收，使皮肤有柔软弹性感，少量的添加即可产生明显的嫩肤效果。产品一般呈弱酸性，需要添加一定量的柠檬酸或乳酸调节产品的 pH。柔肤水的配方示例见表6-2。

表6-2 柔肤水配方

组相	组分	质量分数（%）
A 相	水	加至 100
	透明质酸钠	0.1
	甘油	5.0
	丁二醇	5.0
	尿囊素	0.2
B 相	吡咯烷酮羧酸钠	1.0
	芦荟提取物	1.0
	EDTA-2Na	0.05
C 相	水溶霍霍巴油	0.2
	防腐剂	适量
	柠檬酸	适量
	香精	适量

制备方法：

（1）A 相各原料，升温至80~85℃，搅拌溶解混匀，保温10分钟。

（2）A 相降温至50℃以下，加入 B 相各组分，搅拌溶解混匀。

（3）先将 C 相各组分进行预混合，如果溶解性不好，可适当添加少量乙醇助溶，再将其滴加至 AB 混合相中。

（4）搅拌混匀，降温至室温，选取400目以上滤布过滤即得产品。

2. 保湿水　保湿水以补水、保湿为主要功效，肤感一般要求清爽易吸收不黏腻。多元醇类不需要太多，否则易产生黏腻感。本配方所选保湿剂组分中，甘油的添加量为5%，复配0.5%的吡咯烷酮羧酸钠既可增加配方的补水能力，同时又不至于降低配方的使用感。另外，透明质酸钠和神经酰胺具有良好的锁水保湿能力，在配方中适量的使用，可以增加保湿效果；DL-泛醇是一种具有强效保湿效果却不黏腻的保湿成分，少量的添加可提高产品的保湿性。保湿水配方示例见表6-3。

表6-3 保湿水配方

组相	组分	质量分数（%）
A相	水	加至 100
	透明质酸钠	0.1
	神经酰胺（Ⅱ）	0.1
	甘油	5.0
	银耳提取物	1.0
	芦荟提取物	1.0

组相	组分	质量分数（%）
B 相	吡咯烷酮羧酸钠	0.5
	DL-泛醇	1.0
	EDTA-2Na	0.05
C 相	防腐剂	适量
	柠檬酸	适量
	香精	适量

制备方法：

（1）将 A 相各原料，升温至 80~85℃，搅拌溶解混匀，保温 10 分钟，备用。

（2）A 相降温至 50℃以下，加入 B 相各组分，搅拌溶解混匀。

（3）预混合 C 相各组分，可加少量乙醇助溶，滴加至 AB 混合相中。

（4）搅拌混匀，降温至室温，400 目以上滤布过滤即得产品。

3. 洁肤水 洁肤水要求具有一定的清洁作用。由于洁肤水为免冲洗产品，在皮肤停留时间长，建议不直接使用发泡型表面活性剂，而是采用 50% 乙醇作为清洁剂，这样可以避免皮肤角质层的加速损耗。同时，添加 0.2% 的乳酸性能比较温和，且对老化的角质层有一定的剥脱效果；PEG-25 氢化蓖麻油可作乳化剂和增溶剂使用，可溶于水，用于洁肤水中可以乳化皮肤分泌的过多油脂，达到洁肤的作用；添加薄荷醇具有清凉作用，洁肤后可以带来清爽的使用感。其配方示例见表 6-4。

表 6-4 洁肤水配方

组相	组分	质量分数（%）
A 相	水	加至 100
	乳酸	0.2
	PEG-25 蓖麻油	5.0
	丙二醇	0.6
B 相	乙醇	50.0
	薄荷醇	0.2
C 相	防腐剂	适量
	香精	适量

制备方法：

（1）将 A 相各原料，升温至 80~85℃，搅拌溶解混匀，保温 10 分钟。

（2）B 相各原料，搅拌溶解混匀，B 相缓缓加入 A 相，搅拌混匀。

（3）预混合 C 相各组分，可加少量乙醇助溶，滴加至 AB 混合相中。

（4）搅拌混匀，降温至室温，400 目以上滤布过滤即得产品。

4. 收敛水 一般地，通过添加一些植物来源的收敛成分达到温和的收敛效果。如可选用金缕梅提取物和洋蔷薇花提取液复配使用，是比较常用的收敛搭配成分；磺基苯酚锌盐有抑汗、杀菌作用，在化妆水中可作收敛剂使用，适量添加即可；双丙甘醇是一种高纯度产品，可以替代甘油、丙二醇等多元醇起保湿作用，减少黏腻感。收敛水的配方示例见表 6-5。

表 6 – 5　收敛水配方

组相	组分	质量分数（%）
A 相	水	加至 100
	双丙甘醇	1.0
	山梨醇	1.0
	油醇聚醚-20	1.0
	磺基苯酚锌盐	0.2
B 相	金缕梅提取物	3.0
	洋蔷薇花提取液	5.0
	EDTA–2Na	0.05
C 相	防腐剂	适量
	柠檬酸	适量
	香精	适量

制备方法：

（1）将 A 相各原料，升温至 80～85℃，搅拌溶解混匀，保温 10 分钟。

（2）A 相降温至 50℃以下，加入 B 相各组分，搅拌溶解混匀。

（3）预混合 C 相各组分，可加少量乙醇助溶，滴加至 AB 混合相中。

（4）搅拌混匀，降温至室温，400 目以上滤布过滤即得产品。

5. 须后水　须后水要求具有舒缓、镇静并兼具保湿功效。配方中添加了 20% 的变性乙醇，可起到清凉镇静肌肤的作用；甘草酸二钾为甘草中的有效成分，具有抗炎、抗敏等作用，同时可以调节皮脂，适合用于须后水化妆品。须后水的配方示例见表 6 – 6。

表 6 – 6　须后水配方

组相	组分	质量分数（%）
A 相	水	加至 100
	甘油	5.0
	变性乙醇	20
B 相	甘草酸二钾	0.2
	苯氧乙醇	0.2
	香精	适量

制备方法：

（1）将 A 相各组分，搅拌混匀。

（2）加入 B 相各组分，搅拌溶解混匀。

（3）400 目以上滤布，过滤即得。

（四）质量控制

水剂类化妆品在外观上应是澄清透明的溶液，无发霉变质、无沉淀、无分层现象。其质量控制应参考化妆品行业产品检验标准，一般从感官指标、理化指标、卫生指标三个方面进行评价，具体参见 QB/T 2660 – 2004 化妆水。

二、醇剂类化妆品

（一）概述

醇剂类化妆品主要是指液态芳香类化妆品。芳香类化妆品能散发出宜人的芬芳，具有增添魅力、赋香抑臭、醒脑提神、营造氛围等作用。芳香类化妆品的主要成分是香精、乙醇和水，其中香精的含量相对较高，一般为2%～30%（质量分数），而在一般化妆品中香精含量仅为0.2%～1.2%（质量分数）。芳香类化妆品的剂型包括液态、固态和半固态，最主要的剂型是液态芳香产品，主要包括香水、古龙水和花露水等。

1. 香水 香水（perfume）是最重要的芳香化妆品，其品质的高低与香精的用量、质量、调配及乙醇的纯度等密切相关，香水配制中香精和乙醇必须经过预处理才能使用。香水中香精的含量相对较高，一般用量在15%～25%，有时根据需要还需加入少量的色素、螯合剂、抗氧剂、表面活性剂等以增加其稳定性。香水有不同的香型，根据香调可将香水分为花香型和幻想型两种。花香型香水是模拟天然植物花香为主，如玫瑰、栀子、茉莉、玉兰、薰衣草香水等。幻想型香水是基于调香师的灵感和想象创意出来的香型，这种香水充满艺术想象，命名也充满特色，如香奈儿5号、夜巴黎、小马车、欢乐等。

2. 古龙水 古龙水（cologne water）又称科隆水，最早是在德国科隆由意大利人配制的芳香制品。古龙水香味较淡，香气保持不久，是现代男用香水的先导。古龙水与一般香水比较，最主要的不同之处在于香精含量较低，一般用量为3%～8%，乙醇浓度为80%～85%。古龙水的香型多为柑橘、柠檬、龙涎、甜橙等，多由香柠檬油、甜橙油、橙花油、迷迭香、薰衣草、岩兰草等调配，具有清爽舒适、提神醒脑的功效，深受男士喜爱。

3. 花露水 花露水（floral water）是一种赋香率较低的芳香类化妆品，其香精含量一般为2%～5%，乙醇浓度为70%～75%。乙醇在此浓度范围内，最易深入细菌的细胞膜，使细胞蛋白质凝固，因此具有杀菌作用。花露水多在沐浴后使用，具有杀菌消毒、止痒除痱、提神醒脑、清凉防蚊等功效，是人们喜爱的夏季卫生用品。花露水的香型多采用幻想香型，常使用薰衣草型、东方香型、素心兰型、玫瑰麝香型等香精，花露水中还常添加微量色素，一般以绿色、黄色、蓝色为主。

（二）主要原料

1. 香精 香精又称调和香料，是由多种香料（天然香料和合成香料）通过一定的调香技术调配而成的。使化妆品带上香气称为赋香，在调配赋香产品时很少单独使用天然香料或合成香料，大多情况是根据香型和香韵的不同，对香料进行调配，使用经调香后的调和香料。

（1）天然香料 从天然存在的有香气的植物、动物中，经过蒸馏、抽取和压榨等分离操作而提取得到的散发香味的物质称为天然香料。天然香料分为植物性和动物性两类，从植物的花、叶、枝、皮、果、根等提取到的为植物性香料，植物性香料种类很多，有千余种。从动物的组织、分泌腺等采集到的为动物性香料。动物性香料主要有麝香、灵猫香、海狸香和龙涎香4种，其中麝香是极神秘和贵重的香料。

（2）合成香料 随着香料需求的增加及土地和劳动力费用的上涨，使天然香料的价格飞涨，产量明显不足，天然香料已经不能满足需求，因此合成香料不断出现。在合成香料中，有从天然香料中提取其有效成分经精馏、结晶和简单化学方法处理后得到的单离香料，以及用有机合成反应制造的纯合成香料。常用的合成香料有以下化合物：①醇类：香叶醇、香茅醇等；②醛类：新铃兰醛和铃兰醛等；③酮类：大马酮、甲基紫罗兰酮、紫罗兰酮和茴香酮等；④酯类：乙酸苄酯、二氢茉莉酮酸甲酯和二氢茉莉酮酸酯等；⑤内酯：茉莉内酯和十五内酯等。目前，全世界合成香料已有6000种以上，调香中常使用的也有500～600种。

化妆品中所用香精的香型是多种多样的，有花香型、果香型、醛香型、清香型、皮革香型等。应用于香水的香精，当加入到介质中制成产品后，从香气性质上说，总的要求应是：香气幽雅，既要有好的扩散性，又要在肌肤或织物上有一定的留香能力。

2. 乙醇 乙醇又称酒精。乙醇为无色透明液体，易燃、易挥发，具有酒的香味。乙醇是配制香水类制品的主要原料之一，主要作为香精的溶剂。

乙醇质量的好坏对产品质量的影响很大。用于香水类制品的乙醇应不含低沸点的乙醛、丙醛及较高沸点的戊醇、杂醇油杂质。用葡萄为原料发酵制得的酒精，质量最好，无杂味，但成本高，适用于制造高档香水；采用甜菜糖和谷物等经发酵制得的酒精，适合于制造中高档香水；而用山芋、土豆等经过发酵制得的酒精中含有一定量的杂醇油，气味不及前两种酒精，不能直接使用，必须经过加工精制才能使用。

水质的优劣会影响香水的质量和香气，配制香水应使用新鲜蒸馏水或经灭菌处理的去离子水，水中不允许有微生物，或铁、铜及其他金属离子。

为保证香水类产品质量，香水配方中可添加适量抗氧剂和金属离子螯合剂，通常不使用着色剂，必要时应注意着色处理。

（三）配方示例与制备工艺

香水类化妆品主要由香精、乙醇和水组成，有时为了延长留香时间或增溶，还在其中添加一些酯类物质，其配方组成见表6-7～表6-8。

表6-7 香水类化妆品的配方组成

成分	主要功能	代表性原料
香精	赋香	天然香料和合成香料混合的调配香料，薰衣草油、迷迭香油、玫瑰花精油、茉莉花精油、灵猫香膏、龙涎香等
乙醇	溶解香精	乙醇或变性乙醇
精制水	溶剂	新鲜蒸馏水或灭菌去离子水
酯类	使留香持久	肉豆蔻酸异丙酯、异构脂肪醇苯甲酸酯
螯合剂	螯合金属离子	EDTA-2Na
抗氧剂	防止氧化	二叔丁基对甲酚

表6-8（1） 东方女士香水配方

组相	组分	质量分数（%）
A相	玫瑰花油	5.0
	香柠檬油	4.5
	香根油	1.5
	胡荽油	0.5
	黄樟油	0.5
	广藿香油	3.0

组相	组分	质量分数（%）
A 相	檀香油	3.0
	麝香酮	0.5
	洋茉莉醛	0.5
	二甲苯麝香	2.0
	异丁子香酚	0.5
	对甲酚异丁醚	0.1
	抗氧剂	适量
	变性乙醇（80%～90%）	60
	柠檬酸	适量
B 组	精制水	加至100

制备方法：

（1）A 相各组分在乙醇中搅拌溶解混匀。

（2）将柠檬酸用少量水溶解，在不断搅拌下，缓缓加至 A 相中。

（3）冷却至4℃，过滤即得。

表 6 - 8 （2）　男士古龙水配方

组相	组分	质量分数（%）
A 相	香柠檬油	1.5
	苦橙花油	0.5
	龙涎香酊	0.5
	迷迭香油	0.1
	薰衣草油	0.1
	檀香油	0.1
	变性乙醇（80%～90%）	60
B 相	精制水	加至100

制备方法：

（1）A 相各组分在乙醇中搅拌溶解混匀。

（2）B 相在不断搅拌下，缓缓加至 A 相中。

（3）冷却至4℃，过滤即得。

表 6 - 8 （3）　药物花露水配方

组相	组分	质量分数（%）
A 相	龙脑	0.3
	龙脑异龙脑酯	0.15
	桂皮油	0.2
	苯乙醇	0.3
	玫瑰醇	1.0
	水杨酸戊酯	0.4
	香叶油	0.3
	丁香罗勒油	0.3

续表

组相	组分	质量分数（%）
A 相	麝香草酚	0.05
	柠檬醛	0.1
	香兰素	0.05
	乙醇（95%）	75
B 相	精制水	加至 100

制备方法：

（1）A 相各组分在乙醇中搅拌溶解混匀。

（2）B 相在不断搅拌下，缓缓加至 A 相中。

（3）冷却至 4℃，过滤即得。

（四）质量控制

醇剂类化妆品在外观上多是澄清透明溶液，无发霉变质、无沉淀、无分层。产品质量控制应参考化妆品行业产品检验标准，香水、古龙水质量控制参见 QB/T 1858-2004，花露水质量控制参见 QB/T 1858.1-2006。

三、油剂类化妆品

（一）概述

油剂类化妆品主要是指各种类型的润肤油。润肤油又称护肤油，包括各种精华油、美容油、保养油等，是一种纯油基体系，在皮肤护理过程中起到补充油脂的作用。目前，很多护肤品非常关注皮肤的保湿，但却很少关注皮肤的赋脂。事实上，油脂对皮肤的护理也有着不可忽略的作用。油脂可以滋养肌肤、保湿抗皱、滋润修护。赋脂与保湿同样重要。润肤油按其组成可以分为Ⅰ型、Ⅱ型。其中Ⅰ型以矿物油为主；而Ⅱ型以合成油脂或某些天然油脂为基质，复配一定量的其他天然植物油脂、精油，除了具有一定的补充油脂作用，还增添了舒缓、助睡眠、祛痘等功效。

油脂是各类化妆品的重要组成成分，化妆品用油脂有天然植物性油脂、合成酯、羊毛脂类化合物、长链脂肪醇类、石油蜡与微晶蜡等。一般认为，油脂在化妆品配方中可以起到以下作用：①油脂成分可在皮肤表面形成疏水性薄膜，赋予皮肤柔软、润滑和光泽性，同时防止外部有害物质的侵入和防御来自自然界因素的侵蚀；②寒冷时，抑制皮肤表面水分的蒸发，防止皮肤干裂；③作为特殊成分的溶剂，促进皮肤吸收药物或有效活性成分；④作为赋脂剂补充皮肤必要的脂质，起到护理皮肤的作用；⑤按摩皮肤时起润滑作用，减少摩擦作用；⑥通过其油溶性溶剂作用而使皮肤表面清洁。

天然油脂尤其是植物油脂中含有许多人体必需的脂肪酸，且大部分都可作为化妆品的天然原料加以应用。例如，共轭亚油酸具有清除自由基的特性，能延缓皮肤衰老，提高胶原蛋白含量，修复损伤性皮肤；抑制酪氨酸酶活性，美白保湿肌肤，还有抗炎、防晒和祛屑护发等作用。

（二）主要原料

1. 基础油　基础油主要是作为产品的基质，一般为矿物油脂或合成油脂，常用的基础油主要包括棕榈酸乙基己酯、辛酸/癸酸甘油三酯、甘油三（乙基己酸）酯等或某一种天然植物油脂（如霍霍巴油等）。

2. 天然油脂　常用于护肤油中的天然油脂主要包括以下几种。

（1）橄榄油　橄榄油含有不饱和脂肪酸，并富含维生素 A、维生素 D、维生素 B、维生素 E 和维生素 K，易被皮肤吸收，具有促进皮肤细胞及毛囊新陈代谢的作用，是一种优良的润肤养肤油脂。

（2）杏仁油　杏仁油凝固点稍低，常作为橄榄油代用品，在化妆品中常用作按摩油、发油、膏霜中的油性成分。

（3）霍霍巴油　霍霍巴油是将霍霍巴种子压榨后，再用有机溶剂萃取的方法精制而得的，常为黄色或无色、无味、透明的油状液体，有较好的透皮性能。广泛应用于化妆品中。

（4）茶籽油　茶籽油不溶于水，可溶于乙醇、氯仿，热稳定性好。茶籽油中含有一定的氨基酸、维生素和杀菌（解毒）成分，可用于膏霜、乳液中起油基原料的作用，也可用于洗发水中起滋润、护发、营养、杀菌、止痒的作用。

（5）椰子油　椰子油是从椰子的果肉制得的，具有椰子的特殊芬芳，为白色或淡黄色半固体油脂，不溶于水，可溶于乙醚、苯二硫化碳，在空气中极易被氧化。

（6）鳄梨油　鳄梨油是从一种叫鳄梨树（主要产地是以色列、南美、美国等）的鳄梨果肉脱水后用压榨法或溶剂萃取法而制得的。由于鳄梨油含有各种维生素、卵磷脂等有效成分，对皮肤无毒、无刺激，对眼睛也无害，具有较好的润滑性、乳化性和稳定性，对皮肤的渗透力强，广泛应用于乳液、膏霜、香波及香皂等。

（7）米糠油　米糠油是从米糠中精制提炼而得到的一种淡黄色油状液体。米糠油含有维生素 E、矿物质和蛋白酶，它可营养皮肤，使肌体柔软有弹性，可以防止皱纹过早出现。米糠油可与其他油脂及普通溶剂相混合，在化妆品中应用到膏霜、乳液及防晒化妆品中。

（8）杏核油　杏核油亦称桃仁油，取自杏树的干果仁，为淡黄色油状液体，不溶于水。脂肪酸组成：油酸 60%~79%，亚油酸 18%~32%，饱和脂肪酸 2%~7%，亚麻酸和其他高度不饱和脂肪酸约 3.5%。杏核油被广泛应用于护肤制品，有助于赋予皮肤弹性和柔度。它的熔点低，寒冷气候下稳定性好，制品能保持透明。它是优质润肤剂，相对较干，没有油腻感，很润滑，有润湿作用，可以阻止水分通过表皮过分损失。它的维生素 E 含量较高，可保护细胞膜，有延长循环系统中血液红细胞生存的功能，有助于人体充分利用维生素 A，对保持皮肤洁净、健康和抵抗疾病传染起到重要作用。

（9）山茶油　山茶油是由山茶的种子经压榨制备的脂肪油。脂肪酸构成中以油酸为最多（82%~88%），其他为棕榈酸等饱和酸（8%~10%）、亚油酸（1%~4%）。山茶油的性状和橄榄油相似，在膏霜和乳液制品中使用。

（10）小麦胚芽油　小麦胚芽油属亚油酸油种，由天然植物油经提纯精制而成，为微黄色透明油状液体，富含维生素 E（生育酚），生育酚的总含量达 0.40%~0.45%。还含有另一种抗氧化物质二羟-β-阿魏酸谷甾醇酯，是理想的抗氧化剂。因含有多种氨基酸及多种不饱和脂肪酸、维生素 E 等多种营养成分，故可用作皮肤及发用化妆品的油性原料，能护肤并防止皮肤、头发衰老，还可作为天然抗氧化剂。

（11）月见草油　月见草油为天然植物油经过提纯精制而成，属亚麻油种，为黄色无味透明油状液体。月见草油富含 γ-亚麻酸，对人体有重要的生理活性。常用作减肥膏的添加剂。

（12）玉米胚芽油　玉米胚芽油属亚油酸油种，室温下为黄色透明油状液体，无味。内含丰富的天然脂肪酸、维生素 E 和二羟-β-阿魏酸谷甾醇酯，是优良的天然抗氧化剂和抗衰老剂。可作为化妆品的油性原料用于护肤及护发等多种化妆品中，使头发、皮肤润泽，防止衰老。

（13）澳洲坚果油　澳洲坚果油取自澳洲坚果核，主产于夏威夷和澳大利亚东部，是淡黄色油状液体，略有油脂芬芳气味。澳洲坚果油是唯一含有大量棕榈油酸的天然植物油，其脂肪酸与人体皮肤皮脂相似，可用作皮肤棕榈油酸的来源，使老化的皮肤复原。由于澳洲坚果油含有棕榈油酸，在化妆品中可起着保护细胞膜的作用，从而延缓脂质的过氧化作用，特别是对受紫外线伤害的皮肤更为重要。它容易乳化，溶于大多数化妆品用的油类，具有高的分散系数，对皮肤的渗透性好。它无毒安全，已开始应用于面部护肤、唇膏和婴儿制品以及防晒制品中。

（14）其他植物油

1）葡萄籽油：油质清晰细致，润而不腻，无味无臭，渗透力强，有防敏感、杀菌功能，特别适合细嫩和敏感皮肤，可作面部按摩及适宜治疗时用。

2）蔷薇果油：适合细纹、疮疤和灼伤皮肤。

3）金盏花油：一种原产于埃及，提炼自金盏花瓣（calendula）的油。金盏花瓣含有胡萝卜素，恢复身体组织机能的效果极佳。对一些皮肤痛楚如手脚生冻疮、风湿性关节炎、静脉曲张等都有特别疗效。油质稳定，不易变坏。

4）芦荟油：含有丰富的维生素，能滋润及保护皮肤，是较佳的面部护理油。

3. 天然精油　精油由萜烯类、醛类、酯类、醇类等化学分子组成。因为高流动性，所以称为"油"，但是和日常所说的植物油有本质的差别。植物油的主要成分是三酸甘油酯和脂肪酸。

精油中包含很多不同的成分，有的精油，例如玫瑰精油，可由 250 种以上不同的分子结合而成。精油具有亲脂性，很容易溶在油脂中，因为精油的分子链通常比较短，使得它们极易渗透于皮肤，且借着皮下脂肪下丰富的毛细血管而进入体内。精油由一些很小的分子所组成，这些高挥发性物质可由鼻腔黏膜组织吸收进入身体，将信息直接送到脑部，通过大脑的边缘系统，调节情绪和身体的生理功能。所以在芳香疗法中，精油可强化生理和心理的功能。每一种植物精油都有一个化学结构可决定它的香味、色彩、流动性，以及它与系统运作的方式，也使得每一种植物精油各有一套特殊的功能特质。

天然精油的种类很多，按照提取部分可以分为花瓣类、叶片类、根类、青草类、树脂类、树皮类、种子类，具体见表6-9。

表6-9　天然精油的分类

类别	种类
花瓣类	玫瑰精油、龙脑精油、茉莉精油、薰衣草精油、桂花精油、牡丹精油、洋甘菊精油、依兰精油、花香类天竺葵精油、橙花精油、快乐鼠尾草精油、西洋蓍草精油、万寿菊精油、月桂精油、金银花精油、紫罗兰精油
叶片类	茶树精油、尤加利精油、薄荷精油、广藿香精油、杜松精油、丝柏精油、松针精油、留兰香精叶片类油、罗勒精油
根类	人参精油、姜精油、欧白芷精油、大蒜精油、香根精油、当归精油、蕲艾精油
青草类	迷迭香精油、马鞭草精油、香茅精油、香蜂草精油、甘松精油、茅草精油、龙蒿精油、藏茴香青草类精油、香根草精油、芥菜精油、莳萝草精油、缬草精油、鱼腥草精油、小鹿蹄草精油、岩兰草精油、龙艾精油、月见草精油

续表

类别	种类
木质类	檀香精油、香柏木精油、花梨木精油、沉香精油、桦木精油、冬青精油、樟脑精油、白千层精油、雪松精油、檫木精油
树脂类	乳香精油、没药精油、安息香精油、枞树精油、阿米香树精油、榄香脂精油
树皮类	肉桂精油、柑橘类精油、佛手柑精油、葡萄柚精油、柠檬精油、甜橙精油、莱姆精油、酸橙精油
种子类	丁香精油、杏仁精油、豆蔻精油、胡萝卜籽精油、石榴精油、花椒精油、辣椒精油、茴香精油

（三）配方示例与制备工艺

润肤油的基本功能是补充油脂，由纯油性原料混合而成，配方结构比较简单，润肤油的主要配方组成见表6-10。润肤油的制备主要是把油性原料进行混合，一般不需要加热。如果涉及一些固态原料时，可以适当进行加热溶解。

表6-10　润肤油的配方组成

成分	主要功能	代表性原料
基础油	作为精油的基质原料，辅助赋脂作用	辛酸/癸酸三甘油酯
植物油脂	补充油脂、延缓衰老	甜杏仁油、小麦胚芽油
天然精油	舒缓、助睡眠、祛痘、防晒	薰衣草精油、茶树油
抗氧化剂	避免油脂氧化变质	维生素E醋酸酯，2,6-二叔丁基-4-甲基苯酚（BHT）

1. 保湿精华油　保湿精华油配方组成见表6-11。鳄梨油营养度极高，滋润性和保湿性良好，且在皮肤上易于渗透，适合于中、干性皮肤；橄榄油很容易被皮肤吸收，可使皮肤柔软有弹性；角鲨烷与人体皮肤结构相似，能快速地与肌肤内的水分和油脂相溶，调节水油平衡；甜橙精油对皮肤内的透明质酸有增殖作用，少量的添加于保湿精华油中可以起到保湿作用。

表6-11　保湿精华油配方

组分	质量分数（%）
鳄梨油	3.0
橄榄油	2.0
角鲨烷	2.0
甜橙精油	0.5
玫瑰精油	0.3
BHT	0.05
辛酸/癸酸甘油三酯	加至100.00

2. 护肤美容油　护肤美容油配方组成见表6-12。薰衣草油可提高皮肤的屏障功能，且具有良好的抗氧化性；香叶天竺葵油对自由基有一定的消除作用，具有一定的抗氧化性；生育酚乙酸酯是维生素E的衍生物，有很好的抗氧化效果，可减少紫外线对皮肤的伤害；由于植物油脂比较容易被氧化，可添加适量的二叔丁基对甲酚用作抗氧化剂，保护植物油脂，延缓氧化的速率。

表 6 – 12　护肤美容油配方

组分	质量分数（%）
橄榄油	3.0
薰衣草油	2.0
角鲨烷	5.0
香叶天竺葵油	1.0
生育酚乙酸酯	0.5
二叔丁基对甲酚	0.05
异十六烷	10.00
异壬酸异壬酯	加至 100.00

3. 身体按摩油　身体按摩油配方组成见表 6 – 13。向日葵籽油有润滑皮肤的作用；薰衣草油可以提高皮肤的屏障能力，同时具有抗氧化、保湿的作用；橄榄油亲肤性很好，用于身体按摩油在润肤的同时还可以促进其他油溶性成分的吸收；山金车花提取物有活肤抗衰的功效，用于按摩油可以使肌肤细嫩有弹性；白桦叶提取物可抑制组胺的释放，配合使用可调理润滑皮肤。

表 6 – 13　身体按摩油配方

组分	质量分数（%）
向日葵籽油	5.0
薰衣草油	3.0
橄榄油	3.0
山金车花提取物	1.0
白桦叶提取物	1.0
生育酚乙酸酯	1.0
辛酸/癸酸甘油三酯	10.0
鲸蜡硬脂醇乙基己酸酯	加至 100

制备方法：
（1）将所需设备消毒、干燥、待用。
（2）将各原料依次加入主锅，搅拌至均匀透明无不溶物。
（3）过滤装瓶。

（四）质量控制

油剂类化妆品在外观上多是澄清透明溶液，无发霉变质、无沉淀、无分层。具体质量控制参数应参见化妆品行业产品检验标准，润肤油质量控制参见 QB/T 2990 – 2013。

第二节　乳液型化妆品

一、概述

乳剂（emulsions）系指互不相溶的两种液体混合，其中一相液体以液滴状分散于另一相液体中形成的非均匀相液体分散体系。液滴状液体称为分散相、内相或非连续相，另一液体则称为分散介质、外相或连续相。乳剂由水相（water phase，简称 W）、油相（oil phase，简称 O）和乳化剂组成，三者缺一不可。乳剂最常见的类型有两种：油以小液滴形式分散在水中的为水包油（以油/水或 O/W 表示）；水以小液滴形式分散在油中的为油包水（以水/油或 W/O 表示）。此外，还存在 W/O/W 和 O/W/O 型的多重乳剂，也称复乳。

根据乳滴的大小，可将乳剂分为普通乳、亚微乳和纳米乳。①普通乳：液滴大小一般在 1～100μm，为白色不透明乳状液；②亚微乳：粒径大小一般在 0.1～1μm，为蓝白色乳状液，有点半透明状；③纳米乳：乳滴粒径 <100nm，一般在 10～100nm 范围，为透明液体。微乳和纳米乳有其独特优点，近年来在化妆品中应用也越来越多。

乳剂型化妆品根据其黏度不同，常见的有乳霜和乳液两种。乳液型化妆品是一种液态乳剂，外观洁白如牛乳，故称为乳液。在化妆品中，乳液是一种优良的载体，具有以下优点：①补充水分，乳液中含有 10%～80% 的水，可以直接给皮肤补充水分，使皮肤保持湿润；②补充营养，由于乳液中含有油脂，可以滋润皮肤，使皮肤柔软；③可以添加活性成分，达到特定的护肤功效。

二、护肤乳液

护肤乳液又叫润肤乳或润肤蜜，黏度较低，在重力作用下可倾倒，在常温下可流动。护肤乳液较舒适滑爽，易涂抹，延展性好，无油腻感，可弥补角质层水分，尤其适合夏季使用。护肤乳液可分为 O/W 型和 W/O 型乳化体，实际产品多为含油量低的 O/W 型乳液，其含油量一般低于 15%。

质量优良的护肤乳液应具有以下特性：①外观洁白，富有光泽，质地细腻；②手感良好，体质均匀，黏度合适，易于倾出或挤出；③易于在皮肤上铺展和分散，肤感润滑；④涂抹在皮肤上具有亲和性，易于均匀分散；⑤使用后能保持一段时间持续湿润，而无黏腻感。在保质期内，能保持较好的稳定性。

（一）主要原料

护肤乳液一般选择以液态油脂为主，复配少量的固态油脂，为保证产品的稳定性、安全性和有效性，护肤乳液中常添加流变调节剂、保湿剂、防腐剂等。

1. 油相组分 护肤乳中油相组分是由各种不同熔点的油、脂、蜡等原料混合而成，赋予皮肤柔软性、润滑性、滋润感，产品涂抹于皮肤后的肤感及存在状态主要是由油相所决定的。一般认为，对皮肤的渗透来说，动物油脂较植物油脂较佳，而植物油脂又较矿物油较佳，矿物油对皮肤不显示渗透作用。护肤乳液中常用的油性原料根据其来源可分为天然动植物油性原料、矿物油性原料、合成油性原料。

（1）天然动植物油性原料 人体皮脂中含有 35% 左右的脂肪酸甘油酯，故以脂肪酸甘油酯为主要成分的天然动植物油脂和蜡是护肤乳液常用油性原料。①油脂：如橄榄油、杏仁油、鳄梨油、霍霍巴油、乳木果油、葡萄籽油、玫瑰果油、牛油树脂、可可脂、各种植物油溶性提取物等；②蜡类：如蜂蜡、鲸蜡、巴西棕榈蜡、小烛树蜡等。这些油性原料中的不饱和脂肪酸甘油酯可促进皮肤的新陈代谢，但因含有大量不饱和键，易氧化酸败，使用时需加入抗氧化剂。

（2）矿物油性原料 矿物油是石油工业提供的各种饱和碳氢化合物。常用的有白油和凡士林，它们在化学和微生物因素的作用下极其稳定。白油按碳链长短的不同，可分为不同的型号，在化妆品中应用也侧重于不同的性能。分子质量低的白油，黏度较低，洗净和润湿效果强，但柔软效果差；分子质量高的白油，黏度较高，洗净和润湿效果差，但柔软效果好。以此特性，可将白油用于各种乳液、膏霜中。白凡士林为透明状半固体，在乳液中使用较少，主要是调节乳液稠度。白油和凡士林是完全非极性的，这些物质具有非凡的滋润性和成膜性。

（3）合成油性原料 由天然动植物油脂经水解精制而得的脂肪酸、脂肪醇、脂肪酸酯类等单体原料，常用的脂肪酸类，如十二酸、十四酸、十六酸、十八酸（硬脂酸）；常用的脂肪醇类，如鲸蜡醇（十六醇）、硬脂醇（十八醇）、十六十八混合醇等；常用的脂肪酸酯类，如肉豆蔻酸异丙酯、肉豆蔻酸肉豆蔻醇酯、棕榈酸异丙酯、亚油酸异丙酯、苯甲酸十二醇酯、异硬脂酸异硬脂醇酯、脂肪酸乳酸酯、棕榈酸辛酯、硬脂酸辛酯等。

（4）硅油 如聚二甲基聚硅氧烷和混合的甲基苯基聚硅氧烷，是非极性的化学惰性物质，不像矿物油有强烈的油腻性。硅油同时具有润滑和抗水作用，在水和油的介质中都能有效地保护皮肤不受化学品的刺激。近年来硅油有较大的发展，包括挥发性硅油、聚二甲基硅油、硅凝胶、硅弹性体，对改善乳液、膏霜类产品的肤感有较大的影响。

油相组分的比例与其中油脂的类型都会影响到最终乳液的黏度，无论是 O/W 型还是 W/O 型乳液，对其黏度的影响都较大。油相也是香料、某些防腐剂和色素以及某些活性物质如维生素 A、维生素 E 等的溶剂。颜料也可分散在油相中，相对而言油相中的配伍禁忌要较水相少得多。

2. 乳化剂 化妆品中乳化剂通常为表面活性剂与高分子聚合物。乳液是否稳定，主要取决于乳化剂在油/水界面所形成界面膜的特性。作为乳化剂不但要具备优异的乳化性能，使油和水形成均匀、稳定的乳化体系，而且形成的乳化体系要有利于各组分发挥其护理性能及功效性。

由于乳化剂的化学结构和物理特性不同，其形态可从轻质油状液体、软质半固体直至坚硬的塑性物质，其溶解度从完全水溶性、水分散性直至完全油溶性。各种油性物质经乳化后敷用于皮肤上可形成亲水性油膜，也可形成疏水性油膜。水溶性或水分散性乳化剂可以减弱烷烃类油或蜡的封闭性。如果乳化剂的熔点接近皮肤温度，则留下的油膜也可以减少油腻感。因此，选择不同的乳化剂可以配制成适用于不同类型皮肤的护肤化妆品。

乳化剂的种类很多，有阴离子型、非离子型等。阴离子型乳化剂如 K_{12}、脂肪酸皂等乳化性能优良，但由于涂敷性能差、泡沫多且刺激性大，在现代膏霜中应尽量少用或不用。常用于化妆品乳化体系的非离子型乳化剂主要有以下几类。

（1）脂肪醇聚氧乙烯醚系列 脂肪醇聚氧乙烯醚系列乳化剂具有良好的性价比，其稳定性较好，乳化性能良好，可以借助于 PIT 相法制备乳液。目前常用的脂肪醇聚氧乙烯醚系列乳化剂主要由 BASF、Croda 等公司提供，部分脂肪醇聚氧乙烯醚系列乳化剂见表 6 - 14。

表 6 - 14 脂肪醇聚氧乙烯醚系列乳化剂

INCI 名	商品名	应用
鲸蜡硬脂醇聚醚-12	Emulgin® B1	O/W 型乳化剂，常与具有较高 HLB 值的乳化剂如 Emulgin® B3 等在含脂肪醇的体系中组合使用
鲸蜡硬脂醇聚醚-20	Emulgin® B2	O/W 型乳化剂

续表

INCI 名	商品名	应用
鲸蜡硬脂醇聚醚-30	Emulgin® B3	O/W 型乳化剂，常与具有较低 HLB 值的乳化剂如 Emulgin® B1 等在含脂肪醇的体系中组合使用
鲸蜡硬脂醇聚醚-6	Emulgade A6	适合各类护肤、护发产品。在某些特殊产品，如染发、烫发、脱毛、除臭（止汗）产品都能发挥其优势
山嵛醇聚醚-25	Eumulgin BA25	液晶型乳化剂，具有独特的肤感和保湿能力，乳化力强，制备的乳化体系的黏度随温度的变化很小
油醇聚醚-5/10/30	Eumulgin O5 /10/30	非离子型乳化剂，对易氧化产品具有保护作用
硬脂醇聚醚-10	BRIJ S10	无纺布面膜以及各种喷雾型乳液
月桂醇聚醚 4	BRIJ L4	浴油、油性卸妆产品，赋脂剂
油醇聚醚-3	BRIJ O3	适用于透明啫喱
硬脂醇聚醚-21	BRIJ S21	

（2）烷基糖苷系列　Seppic 公司生产的 MONTANOV 系列乳化剂是由天然植物来源的脂肪醇和葡萄糖合成的糖苷类非离子 O/W 型乳化剂，见表 6 - 15。其分子中的亲水和亲油部分由醚键连接，故具有卓越的化学稳定性和抗水解性能；与皮肤相容性好，特别是 MONTANOV 系列乳化剂可形成层状液晶，加强了皮肤类脂层的屏障作用，阻止透皮水分散失，可增进皮肤保湿的效果；液晶形成一层坚固的屏障，阻止油滴聚结，确保乳液的稳定性。采用 MONTANOV 系列乳化剂既可配制低黏度的乳液，又可配制高稠度的膏霜，且赋予制品轻盈、滋润和光滑的手感。

表 6 - 15　烷基糖苷系列乳化剂

INCI 名	商品名	应用
鲸蜡硬脂醇和鲸蜡硬脂基葡糖苷	MONTANOV 68	O/W 型乳化剂，兼具保湿性能
鲸蜡硬脂醇和椰油基葡糖苷	MONTANOV 82	O/W 型乳化剂，可乳化高油相含量产品，并在 - 25℃ 以下稳定，与防晒剂、粉质成分相容性好
花生醇、山嵛醇和花生醇葡糖苷	MONTANOV 202	O/W 型乳化剂，可用于配制手感轻盈的护肤膏霜
$C_{14} \sim C_{22}$ 烷基醇和 $C_{14} \sim C_{22}$ 烷基葡糖苷	MONTANOV L	O/W 型乳化剂，可用于配制低黏度的乳液，性质稳定
椰油醇和椰油基葡糖苷	MONTANOV S	O/W 型乳化剂，对物理和化学防晒剂有优良的分散性

（3）司盘和吐温系列　山梨醇酐脂肪酸酯（简称 Span 或司盘）及聚氧乙烯山梨醇酐脂肪酸酯（简称 Tween 或吐温）系列产品，为非离子表面活性剂。司盘是由山梨醇和各种脂肪酸经酯化而成，吐温则是司盘的环氧乙烷的加成物。其乳化、分散、发泡、湿润等性能优良，广泛用于食品、化妆品行业，化妆品中常用的司盘、吐温系列乳化剂见表 6 - 16。

表 6 - 16　司盘、吐温系列乳化剂

INCI 名	商品名	应用
单月桂酸失水山梨醇酯	Span-20	浅黄色液体，O/W 型助乳化剂，常与 Tween-20 配合使用
单棕榈酸失水山梨醇酯	Span-40	白色固体，W/O 型乳化剂
单硬脂酸失水山梨醇酯	Span-60	白色到黄色固体，W/O 型乳化剂
单油酸失水山梨醇酯	Span-80	琥珀色液体，W/O 型乳化剂

续表

INCI 名	商品名	应用
聚氧乙烯（20）单月桂酸失水山梨醇酯	Tween-20	O/W 型乳化剂，可作为增溶剂，以及温和的非离子表面活性剂
聚氧乙烯（20）单棕榈酸失水山梨醇酯	Tween-40	O/W 型乳化剂，可作为助乳化剂及粉体润湿剂
聚氧乙烯（20）单硬脂酸失水山梨醇酯	Tween-60	O/W 型乳化剂，尤其适合与 Span-60 配合
聚氧乙烯（20）单油酸失水山梨醇酯	Tween-80	O/W 型乳化剂

（4）多元醇酯型　多元醇酯是由多元醇的多个羟基与脂肪酸的憎水基相结合形成，属于非离子表面活性剂。代表性的产品有单脂肪酸甘油酯、二脂肪酸甘油酯、失水山梨醇高级脂肪酸酯和蔗糖高级脂肪酸酯等。这类表面活性剂在水中的溶解度不高，仅能达到乳化分散状态，属于亲油性表面活性剂，在配方中常与亲水性表面活性剂复配使用。这类乳化剂用途广泛，详见表 6-17。

表 6-17　多元醇酯系列乳化剂

INCI 名	商品名	应用
甘油硬脂酸酯	Cutina® GMS	O/W 型乳化剂，单酯含量约 50%，可调剂体系黏度
甘油硬脂酸酯 SE	Cutina® GMS-SE	自乳化 O/W 型乳化剂，常用于皮肤和头发护理品
蔗糖多硬脂酸酯和氢化聚异丁烯	Emulgade® Sucro	温和乳化剂，适用于敏感肌肤
聚甘油-3-二异硬脂酸酯	PLUROL® DIISOSTEAR-IQUE CG	O/W 型乳化剂，适用于婴儿系列产品
聚甘油-6-二硬脂酸酯	PLUROL® STEARIQUE	O/W 型乳化剂，适用于敏感肌、婴儿系列产品
聚甘油-6-二油酸酯	PLUROL® OLEIQUE CG	O/W 型乳化剂，适用于含较高油相的体系
季戊四醇二硬脂酸酯	Cutina PES	助乳化剂，具有较强的增稠能力和较低的熔点，脂肪醇减少膏霜泛白的现象
蔗糖二硬脂酸酯	CRODESTA F50	提供温和洗涤剂的系统，具有抗微生物性能
蔗糖多大豆油酸酯	CRODADERM S	透明黄色黏稠液体，使皮肤滋润、柔软、光滑、皮肤亲和停留性好

如果将该类表面活性剂分子中剩余的羟基加成环氧乙烷，则可以得到各种 HLB 值的非离子表面活性剂，水溶性可明显提高，具有更好的乳化力和增溶性。如聚氧乙烯失水山梨醇脂肪酸酯（吐温系列）、乙氧基化甲基葡萄糖苷硬脂酸酯等。

（5）阳离子表面活性剂　阳离子表面活性剂也可用作乳化剂，具有收敛和杀菌作用，同时阳离子乳化剂很适宜作为一种酸性覆盖物，能促使皮肤角质层膨胀和对碱类的缓冲作用，故这类制品更适用于洗涤剂洗涤织物后保护双手之用。阳离子表面活性剂也可以用作护手霜类产品，降低高含量矿物油带来的黏腻感。

（6）高分子乳化剂　高分子表面活性剂一般是指分子质量在数千以上、具有表面活性功能的高分子化合物，在其分子结构上有亲水性的基团也有疏水性的基团，可以吸附于油/水界面上起到乳化的作用，即为高分子乳化剂。常用的高分子乳化剂主要为聚丙烯酸酯类。

高分子乳化剂对提高乳液的粒径均匀性、可控性、产品稳定性及应用性能均有一定的优势，不需考虑 HLB 值和 PIT（转相温度）需求等因素。常见的高分子乳化剂见表 6 - 18。

表 6 - 18　高分子乳化剂

INCI 名	商品名	应用
丙烯酸酯类/丙烯酰胺共聚物、白矿油和吐温 85	Novemer™ EC-1 Polymer	有效增稠稳定体系，可在任意阶段加入
丙烯酸酯类/山嵛醇聚醚-25 甲基丙烯酸酯共聚物钠盐、氢化聚癸烯和月桂基葡糖苷	Novemer™ EC-1 Polymer	有效增稠稳定体系，耐离子能力强，可在任意阶段加入
丙烯酸酯类/C10-30 烷醇丙烯酸酯交联聚合物	Pemulen™ TR-1 Polymeric Emulsifier	有效增稠稳定体系，具有辅助乳化作用
丙烯酸酯类/C10-30 烷醇丙烯酸酯交联聚合物	Pemulen™ TR-2 Polymeric Emulsifier	有效增稠稳定体系，具有辅助乳化作用
丙烯酸羟乙酯/丙烯酰二甲基牛磺酸钠共聚物	SEPINOV™ EMT10	可作为乳化剂、增稠剂等，具有优异的稳定特性
丙烯酸羟乙酯/丙烯酰二甲基牛磺酸钠共聚物	SEPINOV™ WEO	优异的稳定性，耐电解质，适用于不含环氧乙烷的配方
丙烯酰二甲基牛磺酸铵/VP 共聚物	Aristoflex AVC	用于稳定透明体系的凝胶剂以及 O/W 型乳液

3. 水相组分　在乳液体系的化妆品中，水相是许多有效成分的载体。水相组分主要包括保湿剂、流变调节剂、电解质、水溶性防腐剂及杀菌剂等。此外还有一些活性成分，如各种植物提取物、生物发酵活性成分等。当组合水相中这些成分时，要十分注意各种物质在水相中的化学相溶性，因为许多物质很容易在水溶液中相互反应，甚至失去效果，同时还需注意这些物质与其他类物质的配伍性。有些物质在水相中，由于光和空气的影响，也容易逐渐变质。

（1）保湿剂　皮肤保湿是化妆品的重要功能之一，因此在化妆品中需添加保湿剂。保湿剂在化妆品中有三方面的作用：对化妆品本身水分起保留剂的作用，以免化妆品干燥、开裂；对化妆品膏体有一定的防冻作用；涂敷于皮肤后，可保持皮肤适宜水分含量，使皮肤湿润、柔软等。保湿剂主要有甘油、丙二醇、山梨醇、乳酸钠、吡咯烷酮羧酸盐、透明质酸钠、海藻糖、甜菜碱、神经酰胺等。

（2）流变调节剂　适宜的黏度是保证乳化体稳定并具有良好使用性能的主要因素之一。特别是乳液类制品，通常黏度越高（特别是连续相的黏度），乳液越稳定，但黏度太高，不易倒出，同时也不能成为乳液；而黏度过低，使用不方便且易于分层。在现代膏霜配方中，为保证膏体的良好外观、流变性和涂敷性能，油相用量特别是固态油脂蜡用量相对减少，为保证产品适宜的黏度，通常在 O/W 型制品中加入适量水溶性高分子化合物作为流变调节剂。由于这类化合物可在水中溶胀形成凝胶，在化妆品中的主要作用是增稠、悬浮，提供有特色的使用感，提高乳化和分散作用，用于制造凝胶状制品，对含无机粉末的分散体和乳液具有稳定作用。水溶性高分子化合物包括天然的和合成的两类，主要品种有卡波树脂、羟乙基纤维素、汉生胶、羟丙基纤维素、水解胶原、聚多糖类等。

（二）配方示例与制备工艺

乳液型化妆品的制备工艺包括油相的处理、水相的处理、乳化、冷却、陈化等步骤，具体制备过程如下。

（1）油相的处理　先将油相组分在不断搅拌下加热至 80~85℃，使其完全熔化或溶解均匀，保持在 80℃左右。要避免过度或长时间加热，以防止原料成分变质。容易氧化的油性成分可在乳化前加入油相，溶解均匀后，再进行乳化。

（2）水相的处理　将水溶性成分加入去离子水中，搅拌下加热至 85~90℃。如配方中有水溶性聚合物，应单独配制，在乳化前加入水相。

（3）乳化　将油相和水相混合均匀后进行预乳化、均质乳化。一般乳化温度为 80~85℃，以比各油分的最高熔化温度高 5~10℃为宜。乳化完成后加入防腐剂，以获得在水中的最大防腐剂浓度且分布均匀。待温度降至 40~50℃时加入香精，温度高会使香精挥发，或使香味变化，颜色变深。乳化过程中油相和水相的添加方法（油相加入水相或水相加入油相）、添加的速度、搅拌条件、乳化温度和时间、乳化器的种类、均质的速度和时间等对乳化体粒子的形成及其分布都有很大的影响。

（4）冷却　乳化后对乳化体系进行搅拌，使其冷却至接近室温。冷却时的速度、剪切应力、终点温度等对乳化体系的粒子大小和分布都有影响，必须根据不同的乳化体系选择最优化的条件。

（5）陈化、检验、灌装　一般制备出的乳液要贮存一至数天陈化后，进行质量检验，合格后再灌装。

护肤乳液属于乳化体系，包括油脂、乳化剂、流变调节剂、保湿剂、防腐剂、抗氧剂、香精、螯合剂、着色剂、活性组分等，其配方组成具体见表 6-19。

表 6-19　护肤乳液主要配方组成

成分	主要功能	代表性原料
油脂	赋予皮肤柔软性、润滑性、铺展性、渗透性	各种植物油、三甘油酯、支链脂肪醇、支链脂肪酸酯、硅油等
乳化剂	形成稳定界面膜，制备稳定乳液	非离子表面活性剂、阴离子表面活性剂
流变调节剂	调节分散相黏度，增加稳定性，改善肤感	羟乙基纤维素、汉生胶、黄原胶、卡波姆等
保湿剂	角质层保湿	多元醇及透明质酸等
防腐剂	抑制微生物繁殖	尼泊金酯类、甲基异噻唑啉酮类、甲醛释放体类、苯氧乙醇类
抗氧剂	抑制或防止产品氧化变质	BHT、BHA、生育酚
着色剂	赋予产品颜色	酸性稳定的水溶性着色剂
功效活性组分	赋予特定功能（嫩肤抗皱、美白祛斑、控油祛痘等）	嫩肤抗皱、美白祛斑、控油祛痘等活性成分
香精、香料	赋香	酸性稳定的香精

1. 修护乳液　修护乳液（O/W）配方组成见表 6-20。乳木果脂富含维生素、甾醇和卵磷脂等，有良好的营养及渗透作用，适用于干燥和问题性肌肤；山茶油含有丰富维生素 E，有很好的滋润保湿、抗氧化效果；聚二甲基硅氧烷有助于消除白条；甘草酸二钾、金缕梅提取液和积雪草提取物都是很好的修护成分，可舒缓修护皮肤屏障。

表 6-20　修护乳液（O/W）配方

组相	组分	质量分数（%）
A 相	甘油硬脂酸酯	1.00
	十六烷基十八烷醇	0.50
	C14-22 醇 &C 12-20 烷基葡糖苷	2.00
	乳木果脂	5.00
	山茶油	5.00
	角鲨烷	4.00
	聚二甲基硅氧烷	2.00
B 相	甘油	3.00
	丙二醇	3.00
	透明质酸钠	0.10
	EDTA 二钠	0.03
	卡波姆	0.20
	水	加至 100.00
C 相	三乙醇胺	0.20
D 相	甘草酸二钾	0.20
	金缕梅提取液	2.00
	积雪草提取物	1.00
	防腐剂	适量
	香精	适量

制备方法：

（1）将 B 相加热搅拌溶解，加热至 85~90℃备用。

（2）A 相各组分混合均匀并加热至 85℃。

（3）将 A 相加入 B 相均质 5 分钟。

（4）均质后，继续搅拌降温，待温度至 45℃，加入 C、D 相各组分。

（5）继续搅拌冷却至室温，即得。

2. 保湿亮肤乳液　保湿亮肤乳液（O/W）配方组成见表 6-21。异壬酸异壬酯有极度柔软的肤感，延展性佳容易涂抹；角鲨烷亲肤性好，容易吸收，可有效改善肌肤的暗沉情况，恢复肌肤的柔嫩触感；向日葵籽油对酪氨酸酶的活性有一定的抑制作用，可起亮肤功效，同时是一种润滑皮肤的重要基础油；抗坏血酸葡糖苷是维生素 C 的一种形态，经皮肤吸收后可转化成维生素 C，通过将多巴醌还原为多巴，阻断黑色素生成的氧化链，抑制黑色素的形成，达到亮肤的效果；玉米仁提取物所含的营养物质可增强人体的新陈代谢，同时可提亮肤色。

表 6-21　保湿亮肤乳液（O/W）配方

组相	组分	质量分数（%）
A 相	甘油硬脂酸酯	1.00
	十六烷基十八烷醇	0.50
	异硬脂醇聚醚-20 & 山梨坦倍半油酸酯	2.00
	异壬酸异壬酯	5.00
	角鲨烷	3.00
	向日葵籽油	5.00
	辛酸/癸酸甘油三酯	4.00
	聚二甲基硅氧烷	2.00

续表

组相	组分	质量分数（%）
B 相	甘油	5.00
	丙二醇	2.00
	羟乙基脲	4.00
	透明质酸钠	0.10
	EDTA 二钠	0.03
	卡波姆	0.20
	水	加至 100.00
C 相	三乙醇胺	0.20
D 相	抗坏血酸葡糖苷	0.50
	玉米仁提取物	5.00
	防腐剂	适量
	香精	适量

制备方法：

（1）将 B 相加热搅拌溶解，加热至 85～90℃备用。

（2）A 相各组分混合均匀并加热至 85℃。

（3）将 A 相加入 B 相均质 5 分钟。

（4）均质后，继续搅拌降温，待温度至 45℃，加入 C、D 相各组分。

（5）继续搅拌冷却至室温，即得。

（三）质量控制

护肤乳液在外观上应是乳白色均匀液体，无发霉变质，无沉淀分层。质量控制参数应参考化妆品行业产品检验标准，一般均从感官指标、理化指标、卫生指标三个方面进行评价，具体可参见 GB/T 29665-2013。

第三节　混悬型化妆品

混悬剂（suspensions）系指难溶性固体物质以微粒状态分散于分散介质中形成的非均匀的液体制剂。混悬剂中的固体微粒一般在 0.1～10μm，所用的分散介质可为水、油、乳液等。化妆品中常见的有混悬型水剂、混悬型乳剂（粉底液）。

混悬剂属于热力学不稳定的粗分散体系，悬浮微粒常常会沉降、絮凝等，为提高混悬剂的稳定性常加入一些稳定剂，包括助悬剂、润湿剂、絮凝剂与反絮凝剂等。

1. 助悬剂（suspending agents） 系指能增加分散介质的黏度以降低微粒的沉降速度或增加微粒亲水性的附加剂。助悬剂包括的种类很多，其中有低分子化合物、高分子化合物，甚至有些表面活性剂也可助悬。

（1）低分子助悬剂，如甘油、丙二醇、丁二醇等。

（2）高分子助悬剂有天然高分子助悬剂，如阿拉伯胶、西黄蓍胶、桃胶、海藻酸钠、琼脂、淀粉浆等；还有合成或半合成高分子助悬剂，如甲基纤维素、羧甲纤维素钠、羟丙纤维素、卡波姆、聚维酮、葡聚糖等。此类助悬剂大多数性质稳定，受 pH 影响小，但应注意某些助悬剂与其他组分是否有配伍变化。

利用触变胶的触变性，也可以达到助悬、稳定作用。即凝胶与溶胶恒温转变的性质，静置时形成凝胶防止微粒沉降，振摇时变为溶胶有利于倒出。单硬脂酸铝溶解于植物油中可形成典型的触变胶，一些具有塑性流动和假塑性流动的高分子化合物的水溶液常具有触变性，可选择使用。

2. 润湿剂（wetting agents） 系指能增加疏水性物质被水湿润的能力的附加剂。许多疏水性物质如钛白粉、氧化锌、云母等不易被水润湿，加之微粒表面吸附有空气，给制备混悬剂带来困难，这时应加入润湿剂，润湿剂可吸附于微粒表面，增加其亲水性，产生较好的分散效果。最常用的润湿剂是 HLB 值在 7～11 的表面活性剂，如聚山梨酯类、聚氧乙烯蓖麻油类、泊洛沙姆等。

3. 絮凝剂与反絮凝剂 制备混悬剂时常需加入絮凝剂，使混悬剂处于絮凝状态以增加混悬剂的稳定性。絮凝剂和反絮凝剂的种类、性能、用量、混悬剂所带的电荷以及其他附加剂等均对絮凝剂和反絮凝剂的使用有影响，应在试验的基础上加以选择。

一、混悬型水剂

（一）概述

混悬型水剂是以水剂为基料，在体系中添加一种或一种以上的与体系不溶的成分，以悬浮分散的方式存在。所添加的不溶成分一般起到互补功效或装饰产品外观的作用等，常见的此类成分有油脂、包裹粒子、花瓣等。

（二）重要原料

混悬型水剂的配方框架通常是水剂基料加助悬剂、待悬浮的成分（油脂、包裹粒子、花瓣等），水剂基料成分、助悬剂在前面已有讲述，这里主要介绍待悬浮成分。

混悬型水剂用的油脂一般是包裹粒子，包裹层比较薄且容易剪切或涂抹开，在使用水剂产品时同时赋予了油脂的滋润作用，清爽不黏腻，且外观漂亮吸引人，是近年来比较流行的一种产品形式。

包裹粒子更是丰富了产品的外观和功效，颜色、形状、粒径、包裹物等方面可以有各种各样的状态，功效型粒子可以包裹一些容易氧化的活性成分，包裹可以更好的保存功效性；还有的粒子会包裹粉类，在使用的过程中可以改善肤感，有的还可以起到控油等作用。

花瓣类可以是玫瑰、茉莉等天然花瓣，花瓣的使用需要注意的事项比较多，如花瓣颜色的保存和处理、花瓣的安全性如农药残留和重金属是否超标等。市面上也有比较多的仿真花瓣，用于代替天然花瓣，降低配方风险。

（三）配方示例与制备工艺

玫瑰微囊喷雾的配方组成见表6-22。玫瑰微囊喷雾将水和油结合在一起，却不需要经过乳化剂的乳化作用，玫瑰精油包裹体在喷雾头剪切下快速破碎，和水分融合在一起均匀铺在肌肤上；少量的卡波姆和羟乙基纤维素可以起到悬浮的作用，但是不能加太多，否则影响雾化效果。

表 6 - 22　玫瑰微囊喷雾配方

组相	组分	质量分数（%）
A 相	水	加至 100.00
	甘油	5.00
	丙二醇	2.00
	透明质酸钠	0.05
	卡波姆	0.05
	羟乙基纤维素	0.05
B 相	三乙醇胺	0.05
C 相	海藻糖	2.00
	葡聚糖	1.00
	玫瑰精油包裹粒子	5.00
	防腐剂	适量
	香精	适量

制备方法：

（1）A 相加热至 90℃，搅拌溶解完全，并保温 10 分钟。

（2）降温至 55℃，加入 B 相搅拌均匀。

（3）降温至 45℃，加入 C 相慢速搅拌均匀。

（4）降温至室温，搅匀即得。

（四）质量控制

混悬型水剂的质量控制主要包括微粒大小、沉降容积比、絮凝度、重新分散性等，重点考察混悬型水剂的稳定性。

二、粉底液

（一）概述

粉底液是面部美容化妆品中的一种，是一种添加了粉料的乳液状化妆品。粉底液可在皮肤表面形成平滑的覆盖层，用以遮盖或掩饰一些面部瑕疵，如雀斑、粉刺、瘢痕等，调整皮肤质地、颜色和光泽，起到均匀肤色的作用，使肤色看起来自然贴切，还拥有滑嫩的感觉，具有易涂抹、分布均匀、上妆自然等特点。

粉底液质地轻薄，易涂抹，少油腻感，是当今流行的一种粉底化妆品，适合大多数肌肤，尤其是油性皮肤和夏季快速上妆修饰之用。如今，现代粉底液将美容和皮肤护理结合起来，成为多功能产品，例如加入透明质酸、神经酰胺、植物提取物、复合维生素 ACE、类黄酮、多酚等，使产品同时具有一定保湿护肤的功效。

（二）主要原料

相比于护肤乳液，粉底液主要是增加了粉质原料。应用于粉底液的粉质原料可分为无机粉体和有机粉体。

1. 无机粉体　化妆品用粉质原料因要求较高，故可用的无机粉体品种不多，一般都来自天然矿产粉末，主要有高岭土、氧化锌、钛白粉及膨润土等。

（1）高岭土　又称白土或磁土，是天然矿产的硅酸铝，为白色或淡黄色细粉，略带黏土气息，有油腻感，主要成分是含水硅酸铝（$2SiO_2 \cdot Al_2O_3 \cdot H_2O$）。高岭土不溶于水、冷稀酸及碱中，但容易分散于水或其他液体中，对皮肤的黏附性好，有抑制皮脂及吸收汗液的性能。将其制成细粉，与滑石粉配合用于香粉中，能消除滑石粉的闪光性，且有吸收汗液的作用，被广泛应用于制造香粉、粉饼、水粉、胭脂等。

（2）氧化锌　氧化锌（ZnO）为无味白色非晶形粉末，在空气中能吸收二氧化碳而生成碳酸锌，其相对密度为5.2～5.6，能溶于酸，不溶于水及醇，高温时呈黄色，冷却后恢复白色。氧化锌带有碱性，因而可与油类原料调制成乳膏，富有较强的着色力和遮盖力，此外，氧化锌对皮肤微有杀菌的作用。

（3）钛白粉　钛白粉是从钛铁矿等天然矿石用硫酸处理得到的，其纯度为98%。钛白粉的主要成分是TiO_2，为白色无味非结晶粉末，化学性质稳定，折射率高（可达2.3～2.6），不溶于水和稀酸，溶于热浓硫酸和碱。钛白粉是一种重要白色颜料，也是迄今为止世界上最白的物质，在白色颜料中其着色力和遮盖力都是最高的，着色力是锌白粉的4倍，遮盖力是锌白粉的2～3倍。钛白粉的吸油性及附着性亦佳，但其延展性差，不易与其他粉料混匀，故常与锌白粉混合使用，用量常在10%以内。

（4）膨润土　膨润土又名皂土，是黏土的一种，取自天然矿产，主要成分为Al_2O_3与SiO_2，为胶体性硅酸铝，是具有代表性的无机水溶性高分子化合物。不溶于水，但与水有较强的亲和力，遇水则膨胀到原来体积的8～10倍，加热后失去吸收的水，当pH在7以上时其悬浮液很稳定。但膨润土易受电解质影响，在酸、碱过强时，则产生凝胶。在化妆品中可用作乳液体系的悬浮剂及粉饼中的体质粉体。

2. 有机粉体　有机粉体原料，如聚苯乙烯、PMMA粉体以及PMMA粉体与其他物质形成的共聚合粉体在化妆品中广泛应用。粉体粒子的形状影响粉体的流动性、附着性、成形性等，其不仅影响化妆品的基本性能，而且对化妆品使用时的感触性、修饰和持久性也有很大影响。作为单体虽然只有少数几种，但通过粉体的形状多样化和其他粉体的复合手段可获得多种多样的保持独特功能的粉体，大大提高化妆品的附加值。

（三）配方示例与制备工艺

粉底液常用原料有合成油脂、植物油、硅油等油性原料，乙醇、甘油、丙二醇等水性原料及表面活性剂，还有钛白粉、氧化锌等粉体原料及着色剂等。粉底液的配方组成见表6-23。

表6-23　粉底液的配方组成

成分	主要功能	代表性原料
粉质原料	遮瑕美白	TiO_2、ZnO等
油脂	赋予皮肤柔软性、润滑性、铺展性、渗透性	各种植物油、三甘油酯、支链脂肪醇、支链脂肪酸酯、硅油等
乳化剂	形成稳定界面膜，制备稳定乳液	非离子表面活性剂、阴离子表面活性剂
流变调节剂	调节分散性黏度，增加稳定性，改善肤感	羟乙基纤维素、汉生胶、黄原胶、卡波姆等
保湿剂	角质层保湿	多元醇及透明质酸等
防腐剂	抑制微生物繁殖	尼泊金酯类、甲基异噻唑啉酮类、甲醛释放体类、苯氧乙醇类
抗氧剂	抑制或防止产品氧化变质	BHT、BHA、生育酚
着色剂	赋予产品颜色	氧化铁类
香精、香料	赋香	花香、木香类香精

1. 保湿遮瑕粉底液 保湿遮瑕粉底液（O/W 型）配方组成见表 6 – 24。辛基十二醇/辛基十二醇木糖苷/PEG–30 二聚羟基硬脂酸酯是一种复合乳化剂，大分子结构和小分子结构搭配使用，界面膜比较稳定；异壬酸异壬酯是一种易涂抹，有干爽和非常柔软的肤感，使用后油腻感较少，可用于清爽的水包油型粉底液；聚甲基硅倍半氧烷为不透明剂，可增强延展性和顺滑度，同时可提高粉感及柔光效果；丙烯酸羟乙酯/丙烯酰二甲基牛磺酸钠共聚物是一种良好的乳化稳定剂，同时增稠效果明显，质感柔软不黏腻。

表 6 – 24 保湿遮瑕粉底液（O/W 型）配方

组相	组分	质量分数（%）
A 相	辛基十二醇/辛基十二醇木糖苷/PEG–30 二聚羟基硬脂酸酯	2.00
	异十六烷	5.00
	异壬酸异壬酯	5.00
	聚甲基硅倍半氧烷	4.00
	氧化铁红	0.10
	氧化铁黄	0.50
	二氧化钛	5.00
B 相	水	加至 100.00
	丁二醇	6.00
	丙烯酸羟乙酯/丙烯酰二甲基牛磺酸钠共聚物	0.80
	丙烯酸羟乙酯/丙烯酰二甲基牛磺酸钠共聚物/聚异丁烯/PEG–7 三羟甲基丙基椰油醚	0.70
	甘油	6.00
C 相	防腐剂	适量
	香精	适量

制备方法：

（1）将 A 相原料搅拌均质，分散均匀后加热至 85℃。

（2）将 B 相原料混合均匀，加热至 85 ~ 90℃，搅拌溶解分散。

（3）将 A 相加入 B 相中，搅拌均质 5 分钟，搅拌降温。

（4）降温至 45℃，加入 C 相搅拌均匀即可。

2. 遮瑕粉底液 遮瑕粉底液配方组成见表 6 – 25。二氧化钛/甲基三乙氧基硅烷是一种硅烷处理的钛白粉，与硅油相容性较好，所以配方的油脂体系以硅油类为主，辅助少量的烷烃类可以增加滋润度。季戊四醇四异硬脂酸酯是一种不溶于水但油溶性较好的支链油脂，具有较好的润肤性，能提供皮肤更柔软的肤感，且透气性较好。鲸蜡基 PEG/PPG–10/1 聚二甲基硅氧烷和 PEG–10 聚二甲基硅氧烷都是比较常用的 W/O 型乳化剂，复配在一起使用，使配方的适用范围比较广；水辉石作黏度调节剂使用，有悬浮、增稠、稳定的作用。

表 6 – 25 遮瑕粉底液配方

组相	组分	质量分数（%）
A 相	氧化铁黄	0.30
	氧化铁红	0.10
	氧化铁黑	0.02
	二氧化钛/甲基三乙氧基硅烷	7.00

续表

组相	组分	质量分数（%）
A 相	环五聚二甲基硅氧烷-环己聚二甲基硅氧烷	8.00
	角鲨烷	2.50
	季戊四醇四异硬脂酸酯	3.00
	辛基聚三甲基硅氧烷	5.00
B 相	鲸蜡基 PEG/PPG-10/1 聚二甲基硅氧烷	1.50
	PEG-10 聚二甲基硅氧烷	1.20
	水辉石	2.00
C 相	水	加至 100.00
	甘油	12.00
	丙二醇	6.00
	氯化钠	1.00
	柠檬酸钠	0.20
D 相	防腐剂	适量
	香精	适量

制备方法：

（1）将 A 相混合均匀后，充分分散好色粉和钛白粉后，加入 B 相均质分散均匀，搅拌加热至 80~85℃。

（2）将 C 混合均匀后，加热至 85~90℃。

（3）等 A 相加热分散好后，将 C 相缓慢倒入 A 相，均质 5 分钟，保温搅拌 20 分钟，然后搅拌降温，待温度降至 45℃时候加入 D 相，搅拌均匀即可。

3. 气垫霜粉底液　气垫霜粉底液配方示例见表 6-26。丁二醇二辛酸/二癸酸酯对二氧化钛有很好的分散性和铺展性，用于气垫上妆时粉质更均匀。二氧化钛-氧化铁类是一种已经用色粉处理过的钛白粉，使用方便，不需要额外调色。鲸蜡基 PEG/PPG-10/1 聚二甲基硅氧烷和 PEG-10 聚二甲基硅氧烷都是比较常用的 W/O 型乳化剂，复配使用配方的适用范围比较广；环五聚二甲基硅氧烷-环己硅氧烷是挥发性比较好的硅油，上妆时比较轻薄。

表 6-26　气垫霜粉底液配方

组相	组分	质量分数（%）
A 相	丁二醇二辛酸/二癸酸酯	3.00
	辛基三甲基硅氧烷	5.00
	环五聚二甲基硅氧烷-环己硅氧烷	15.00
	二氧化钛-氧化铁类	5.00
	PEG-10 聚二甲基硅氧烷	2.00
	鲸蜡基 PEG/PPG-10/1 聚二甲基硅氧烷	0.50
	水辉石	1.00
B 相	甘油	10.00
	水	加至 100.00
	氯化钠	1.00
C 相	防腐剂	适量
	香精	适量

制备方法:

(1) 将 A 相混合并碾磨或均质均匀,加热至 80 ~ 85℃。

(2) 将 B 相混合并搅拌均匀,加热至 85 ~ 90℃。

(3) 在缓慢搅拌的条件下,把 B 相缓慢滴加到 A 相中,搅拌均质 5 分钟,保温搅拌 20 分钟,然后降温至 45℃后加入 C 相搅拌均匀。

(4) 搅拌降温至室温即可。

(四) 质量控制

粉底液含有的粉体原料较多,可能堵塞毛孔、汗腺。矿物粉料和无机颜料如果质量差会使铅汞砷等有害物质超标,致使人体重金属中毒,所以粉底液要控制其粉体粒径和杂质含量。粉底液要求质地轻薄,易涂抹,少油腻感,但目前国家标准、行业标准、地方标准中均未见有粉底液的标准,其质量控制各个厂家应结合产品自行制定标准。

第四节　黏性液体化妆品

以各类表面活性剂为主要成分混合制备的黏稠状均匀液体,是液体化妆品中的一大类。这些产品一般为表面活性剂型的清洁产品,具有发泡性、去污性,常见的品种有沐浴液、香波等。

表面活性剂型的清洁产品,产品的稠度、稳定性和泡沫等参数非常重要。

1. 稠度　液洗产品的稠度是一个重要指标,对于消费者来说稠度适中的产品容易控制用量,产生好的使用感觉,但是如果稠度过大的话,则会带来使用不便的问题。总体而言,在表面活性剂体系中,稠度是由两个方面来实现和控制的。一方面与胶束的形状紧密相关,表面活性剂胶束浓度的增加,胶束按球状、棒状、六方、立方、层状的顺序递增,稠度逐渐增加,有时中间某个环节由于不规则胶束的形成,还可以形成蠕虫胶束。另一方面添加聚合物,通过聚合物在水相中形成三维水化网络,将表面活性剂胶束包裹进去,从而达到增稠的目的。用聚合物增稠的体系,热力学稳定性较好,但是触变性有待提高。更常用的方法是从调整体系表面活性剂的临界胶束浓度入手,调节胶束的状态,以达到增稠或降低稠度的目的。体系中无机盐的添加就是常用的方法之一,由于离子对水的极化作用,促进了表面活性剂胶束尺寸的增加,运动阻力增大,体现为稠度上升。但该方法受温度影响明显,当温度上升时,胶束溶解度变大,稠度会有明显降低。

2. 稳定性　对于二合一产品,包括沐浴液、香波等,除了表面活性剂外,体系中还有阳离子、硅油、珠光剂等各种成分,提高产品的稳定性是十分必要的。例如,当体系中油分过高时,油相易絮结上浮;温度变化时,表面活性剂的亲水性受到影响,使一些物质产生液-固变化,体系稠度和屈服值不足时,也会造成体系不稳定等。

3. 泡沫　对泡沫指标的控制相对比较容易。阴离子表面活性剂形成大而粗的泡沫,表面张力大,泡沫也容易破裂。非离子表面活性剂形成的气泡界面厚,最为稳定,而两性离子表面活性剂形成的泡沫通常趋于中间值。无论是泡沫大小还是稳定性方面,调节各种表面活性剂,令其泡沫既丰富,又相对稳定即可。沐浴液要求泡沫大而丰富;家庭用香波泡沫适中即可;发廊用香波对泡沫稳定性要求甚高。

一、沐浴液

（一）概述

沐浴液又称沐浴露、沐浴乳等，是洗澡时使用的一种液体清洗剂，具有使用方便、易清洗、抗硬水、泡沫丰富、用后皮肤润滑感好等特点，其主要功效如下。

（1）清洁皮肤　通过软化皮肤角质层，溶解并除去皮肤表面的皮屑，洗净皮脂和污垢并去除身体的气味，同时不会对皮肤产生刺激。

（2）保湿和护肤　通过加入润肤作用和其他活性作用的物质，促进血液循环和末梢循环，提高新陈代谢，加速体内废弃物的排泄。

（3）对皮肤疾患的治疗　通过加入疗效性的物质，沐浴时起到抑菌、软化角质层等作用，对角化异常症、干癣及其他慢性皮肤病产生疗效。

（4）放松神经、缓解疲劳　通过芳香剂以及色素等的加入，使沐浴者心情舒畅、精神安宁。

沐浴液中常加入对皮肤具有滋润、保湿和清凉止痒作用的添加剂成分，也可以添加美白、嫩肤和去角质成分使之成为功能性沐浴护肤用品。沐浴液与洗发液相比，其所含表面活性剂的量低，这是因为皮肤比头发易清洗。此外，沐浴液对泡沫性要求更高，无论是起泡性、泡沫稳定性，还是泡沫量和泡沫质量（如奶油样的润滑泡质）等要求较高。

沐浴液依据其配方所用主表面活性剂的性质可分为两类，即皂基型及非皂基型表面活性剂；从外观上沐浴液分为透明型和不透明型（含珠光效果）；从洗涤方式上可分淋浴和盆浴两种。不同种类的沐浴液，由于主表面活性剂等成分的不同，使用肤感有较大差异。皂基型沐浴液去污力强，易清洗，感觉清爽；非皂基型表面活性剂沐浴液冲洗感较滑，较滋润。

一般而言，皂基型沐浴液配方设计难度较大，制备工艺相对复杂，总体成本较高，而非皂基型表面活性剂沐浴液因成本和制备工艺的优势，且具有较好的使用肤感，具有较大的市场份额。

（二）主要原料

1. 表面活性剂　表面活性剂是沐浴液的主要成分，它的基本性能是去除皮肤上的油污并产生泡沫，润滑皮肤。皂基型沐浴液是以脂肪酸及碱盐为主要表面活性剂，大多配以少量的非皂基型表面活性剂作为辅助表面活性剂，起到增加黏度、改善肤感及减少对皮肤刺激性的作用。常用的脂肪酸有月桂酸（十二酸）、肉豆蔻酸（十四酸）、棕榈酸（十六酸）、硬脂酸（十八酸）、油酸（十八烯酸）、椰子油酸等，而碱剂则以氢氧化钾、氢氧化钠、三乙醇胺为主。非皂基型表面活性剂沐浴液是以合成的表面活性剂为主要表面活性剂（大多是阴离子表面活性剂），配以适量的两性离子表面活性剂、非离子表面活性剂，以调节黏度、改善肤感及减少对皮肤的刺激性。

化妆品中，不同原料对皮肤的刺激性差别很大。对于沐浴液而言，刺激性主要来自表面活性剂，而不同表面活性剂对皮肤的刺激性相差很大。皮肤斑贴试验表明，表面活性剂的刺激性一般是阳离子表面活性剂＞阴离子表面活性剂＞两性离子表面活性剂≈非离子表面活性剂，沐浴液中用量最大的是阴离子表面活性剂，其刺激性大小顺序为：烷基硫酸盐＞α-烯基磺酸盐＞脂肪醇聚氧乙烯醚硫酸盐；皂基型产品中，不同脂肪酸的刺激性大小则是月桂酸＞肉豆蔻酸＞硬脂酸。实际设计配方时，常常采用不同品种的表面活性剂复配，并针对性地添加聚合物或赋脂剂，以降低表面活性剂的刺激性。另外，皮肤的紧绷感与阴离子表面活性剂在皮肤上的沉积和吸附量，以及皮肤表皮层油脂的量有关。阴离子表面活性剂对皮肤紧绷感排序是：月桂基硫酸钠（SLS）＞月桂醚硫酸钠（SLES-2）＞肉豆蔻酸皂（C14 soap）＞烷基磷酸盐（alkyl phosphate）。

（1）阴离子表面活性剂　常用 AES、SAS、AS、AOS 等普通阴离子表面活性剂，亦用单十二烷基磷酸酯盐、月桂醇聚醚磺基琥珀酸酯二钠以及月桂醇磺基琥珀酸酯二钠、N-酰基氨基酸盐等性质温和的表面活性剂。若将它们与非离子或两性离子表面活性剂如 APG、烷基醇酰胺、烷基酰胺丙基甜菜碱、氧化胺等复配后，其性能可大为改进。

1）AS：AS 全称即脂肪醇硫酸盐，AS 能产生丰富的泡沫，耐硬水，易溶于水但在水中的溶解度较低。常用的有月桂醇硫酸酯钠（SLS 或 K_{12}）和月桂醇硫酸铵（ALS）。月桂醇硫酸铵具有月桂醇硫酸钠的优点，且刺激性较低，溶解度较大。在使用铵盐时 pH 须控制在6.5 以下，否则会释放氨气，尤其在炎热的夏季。月桂醇硫酸酯盐对皮肤刺激性大，一般不单独作为主表面活性剂使用。

2）AES：AES 全称即脂肪醇聚氧乙烯醚硫酸钠盐，为淡黄色的黏稠液体，由于 AES 中加成了 EO，增加了其亲水基，使其性能比 AS 优越，它还具有非离子表面活性剂性质，在硬水中仍有较好的去污力，且不受水的硬度的影响。AES 通常比 AS 的溶解大，其耐热性也比 AS 的好，刺激性远低于 AS。AES 的透明点比 AS 的低，且随加成 EO 数的增加而降低。另外，AES 具有良好的与其他阴离子表面活性剂、非离子表面活性剂的配伍性。产品的活性物含量为 70%±2%，pH 为 7~9。AES 在一般 pH 范围内是稳定的，但在强酸或强碱的条件下，会发生水解。AES 的发泡密度和体积略低于 AS，当与烷基醇酰胺和甜菜碱等表面活性剂复配时，对最终产品的黏度和泡沫都会有协同效果。

目前常用的 AES 是月桂醇醚硫酸盐，一般含有 2~3mol 的环氧乙烷。月桂醇醚硫酸盐具有良好的清洁和起泡性能，水溶性好，刺激性低于月桂醇硫酸盐，与其他表面活性剂和添加剂具有良好的配伍性。它可单独或与月桂醇硫酸盐复配为洗发水的主表面活性剂，两者复配使用时，前者的比例越高，则体系的温和性越高，增稠性能越好，但泡沫性能越差；反之，则体系的刺激性稍高，增稠性稍差，但泡沫更丰富。

3）AOS：AOS 全称即烯基磺酸盐，AOS 是由 α-烯烃磺化反应制得的以 C_{14}~C_{16} 为主的阴离子表面活性剂，主要由 70% 左右的烯基磺酸盐、约 30% 的羟烷基磺酸盐和 0~5% 的烯基二磺酸组成。AOS 具有良好的乳化能力，生物降解性好，对皮肤的刺激小，与其他阴离子表面活性剂有良好的配伍性。它的不足之处在于其产品是很复杂的混合物，产品质量不易控制。AOS 在洗涤剂工业中有广泛的应用，在化妆品中可用于香波、浴液、洗手液等制品。

4）N-酰基氨基酸盐：N-酰基氨基酸盐是氨基酸型阴离子表面活性剂。一般由中性或酸性氨基酸的 α-氨基与脂肪酰基通过缩合反应得到。在香波、沐浴露和洗手液中表现出良好的洗涤力、发泡力，能产生丰富且稳定的泡沫。对硬水稳定，不刺激皮肤和眼睛，特别适合应用于敏感肌及婴儿清洁产品。常用的有 N-酰基谷氨酸盐和 N-月桂酰肌氨酸钠。两者均有温和的杀菌和抑菌性能；N-月桂酰肌氨酸钠配伍性好，能与阳离子表面活性剂形成透明溶液。

（2）两性离子表面活性剂　两性离子表面活性剂广义地讲是指在同一分子中兼有阴离

子性和阳离子性，其分子中既含有阴离子亲水基又含有阳离子亲水基，随溶液 pH 的变化，呈现出不同的性质。溶液 pH 高于等电点时，显示阴离子表面活性剂；低于等电点时呈阳离子表面活性剂；处于等电点时显示两性，此时在水中的溶解度较小，泡沫、去污、润湿性能差。两性离子表面活性剂的毒性小，具有良好的杀菌作用，耐硬水性好，与各种表面活性剂的配伍性良好，且产生增效作用。此外还具有抗静电、柔软性。

两性离子表面活性剂种类很多，它的阳离子部分可以是胺盐、季铵盐或咪唑啉类，阴离子部分则为羧酸盐、硫酸盐、磷酸盐或磺酸盐。因而可分为羧酸型、磺酸型、硫酸型、磷酸型。其中以羧酸型最为重要。它又分为咪唑型、甜菜碱型、氨基酸型。

1）咪唑啉化合物：两性咪唑啉是一种优良的表面活性剂，具有较强的抗硬水能力，具有钙皂分散能力和润湿性，生物降解性良好，可用作抗静电剂、柔软剂、调理剂、消毒杀菌剂。两性咪唑啉在强酸强碱条件下会发生水解，但在较温和条件下的日化产品中使用稳定。

两性咪唑啉表面活性剂对皮肤和眼睛刺激性很小，几乎无过敏性反应，因而可用于婴儿香波和沐浴用品中。

2）甜菜碱及其衍生物：烷基甜菜碱类表面活性剂一般很少单独作为主表面活性剂使用，但是将烷基甜菜碱与阴离子表面活性剂复配则具有良好的泡沫性、润湿性和清洗性能。烷基甜菜碱在偏酸性的环境里显示阳离子表面活性剂的性质，吸附在带负电荷的头发、纤维表面，起到抗静电和柔软的功效。应用在洗发香波中，能显示良好的头发调理性质，而应用于沐浴液和洗手液则具有对皮肤温和以及无刺激的特点。最具有代表性的是十二烷基甜菜碱（BS–12）和椰油酰胺丙基甜菜碱（CAB）。

3）氨基酸及其衍生物：氨基酸型表面活性剂是一类性质温和的两性离子表面活性剂。氨基酸型两性离子表面活性剂本身是电中性的，在分子结构中没有带电荷的离子。在偏酸性的溶液中呈现如同季铵盐阳离子的特性，而在偏碱性的溶液中，它表现脂肪酸盐阴离子表面活性剂的特性。

由于在酸碱性溶液中都具有亲水基团，而且亲水基团分别与典型的阳离子表面活性剂或阴离子表面活性剂相同，所以氨基酸型两性离子表面活性剂与其他类型的表面活性剂有良好的相容性，可以方便地复配使用。

氨基酸型两性离子表面活性剂在很宽的 pH 范围内都可以使用，它们在酸性环境中具有抗静电剂和杀菌剂的作用，显示最佳的头发梳理性；而在弱碱性环境才达到最佳泡沫性能。

（3）非离子表面活性剂

1）烷基醇酰胺：烷基醇酰胺是由脂肪酸和烷基酰胺（单乙醇胺、二乙醇胺、三乙醇胺等）缩合制得。它的性能取决于组成的脂肪酸和烷基酰胺的种类、两者之间的比例和制备方法。常见的有烷基单乙醇酰胺和烷基二乙醇酰胺两种。

烷基醇酰胺有许多特殊性质，与其他聚氧乙烯型非离子表面活性剂不同，它没有浊点，其水溶性是依靠过量的二乙醇胺加溶作用，单乙酰胺和 1∶1 型二乙醇酰胺的水溶性较差，但能溶于表面活性剂水溶液中。烷基醇酰胺具有使水溶液和一些表面活性剂体系增稠的特性，它具有良好增泡、稳泡、抗沉积和脱脂能力，因此在脂肪酸相同的情况下，二乙醇胺的比例越高，则产品的水溶性越好；脂肪酸的碳链越长饱和度越高，产品的增稠效果越好，但水溶性越低。一般与阴离子表面活性剂复配（阴离子表面活性剂∶烷基醇酰胺 =4∶1），用于香波、泡沫浴剂、液体皂等，可起增稠、稳泡、润滑作用，使产品有良好用后感。

2）氧化胺：氧化胺应用在洗发香波和护发素中具有调理作用，可减少或消除头发表面的静电荷，改善头发的湿梳性和干梳性。氧化胺与头发角质的羧基相作用，能使头发定型而不显蓬乱。当 pH > 9 时，氧化胺不再具有抗静电作用，失去调理性。

氧化胺具有优良的起泡性和稳定性，适合配制泡沫浴剂，与 AES、AOS 复配而成的泡沫浴剂能产生大量稳定的泡沫，使洗涤力增强。但与 LAS 复配时，却使洗涤力降低。

氧化胺是非常有效的增稠剂，刺激性小、有抗静电、调理作用。氧化胺与阴离子表面活性剂复配时，可降低阴离子表面活性剂对皮肤的刺激，适宜在沐浴液、洗面奶、洗发香波、护发素中使用。

3）烷基糖苷：烷基糖苷（APG）是由葡萄糖的半缩醛羟基和脂肪醇羟基合成而得的混合产物，通常烷基链长为 $C_8 \sim C_{16}$。从结构上来分类，APG 属于非离子表面活性剂，但是分子中没有聚氧乙烯链，无浊点，在水中稀释后无凝胶现象。APG 兼有非离子表面活性剂与阴离子表面活性剂的特点，表面张力低、活性高、去污力强、具有优良的发泡性能，泡沫丰富细腻且稳定。APG 安全无毒，对人体皮肤、眼睛刺激性极小，具有优良的生物降解性，是新一代环保型绿色表面活性剂。APG 配伍性良好，与任何类型表面活性剂复配时，均可产生协同效应，提高表面活性，降低其他表面活性剂的刺激性。

纯 APG 为白色粉末，多制成 50% ~ 70% 的水溶液。通常按碳链长短有 $C_{8 \sim 10}$、$C_{8 \sim 14}$、$C_{12 \sim 14}$、$C_{8 \sim 16}$、$C_{16 \sim 18}$ 等型号。同一聚合度下，烷基碳链越短，APG 的发泡力越好，润湿力越强；烷基链越长，则乳化能力越好。APG 具有广谱的抗菌活性，并随烷基碳原子数增加抗菌活性增加，可作卫生清洗剂。

2. 肤感调理剂 沐浴露的肤感调理剂包括保湿剂、赋脂剂、调理聚合物等。常用的保湿剂有多元醇、氨基酸和多糖类，如甘油、丙二醇、聚乙二醇、甘氨酸、丝氨酸、银耳多糖、生物糖胶等。赋脂剂多指脂肪酸、高级脂肪醇、羊毛脂及其衍生物、天然油脂及其衍生物等。脂肪酸，如月桂酸、肉豆蔻酸、硬脂酸等；高级脂肪醇，如鲸蜡醇、鲸蜡硬脂醇、山嵛醇等。天然油脂衍生物是由天然油脂与环氧乙烷制得的亲水性润肤脂，例如：PEG-7 甘油椰油酸酯、PEG-50 牛油树脂、霍霍巴蜡 PEG-120 酯类等。常用的调理聚合物有聚二甲基硅氧烷及其衍生物、聚季铵盐类。聚季铵盐，如瓜尔胶羟丙基三甲基氯化铵、聚季铵盐-7、聚季铵盐-10 等。

（三）配方示例与制备工艺

沐浴液的配方设计关键是选择合适的表面活性剂、肤感调理剂及功能添加剂。主、辅表面活性剂仅赋予沐浴液最基本的清洁功能；肤感调理剂是为了改善过度脱脂引起的皮肤干燥、瘙痒等不适感。功能添加剂赋予沐浴剂除基本清洁外的其他护理功效。所以沐浴产品的肤感和功能性是消费者选择的重要指标之一，功能性沐浴液的制备主要有赖于肤感调节剂及功能添加剂的应用。根据我国沐浴剂执行标准 GB/T 34857 - 2017，沐浴露分为普通型与浓缩型。普通型沐浴露可以直接使用，浓缩型沐浴露需要用水按一定比例稀释后使用。成人普通型沐浴露有效物含量不得低于 7%，浓缩型有效物含量不低于 14%；儿童普通型沐浴露有效物含量不低于 5%，浓缩型有效物含量不低于 10%。表 6 - 27 列出了沐浴液的配方组成，具体示例详见表 6 - 28（1）、表 6 - 28（2）。

表 6－27　沐浴液的配方组成

组分	作用特点	代表性原料
主表面活性剂	良好的起泡性、去污性	皂基型：C12～C18 酸（月桂酸、肉豆蔻酸、棕榈酸、硬脂酸）及氢氧化钾、三乙醇胺的皂盐； 非皂基型：AES、AESA、K12、K12A、月桂醇磷酸酯钠/钾
助表面活性剂	增泡、稳泡、降低刺激性、改善黏度	烷基甜菜碱、咪唑啉、氧化胺、葡萄糖苷及其衍生物等
赋脂剂	赋予皮肤脂质，使皮肤润滑、具有光泽	棕榈酸、PEG-75 羊毛脂、PEG-7 甘油椰油酸酯、卵磷脂、神经酰胺、水溶性霍霍巴酯、油橄榄果油
保湿剂	保持皮肤水分	甘油、丙二醇、山梨醇、羟乙基脲、透明质酸钠等
聚合物调理剂	使皮肤光滑、滋润	聚二甲基硅氧烷及其衍生物、聚季铵盐-10、聚季铵盐-7
流变调节剂	调节黏度、稠度	氯化钠、羟乙基纤维素、卡波树脂等
酸度调节剂	调节 pH	柠檬酸、乳酸
珠光剂/遮光剂	赋予珠光光泽或乳白外观	乙二醇硬脂酸酯、乙二醇二硬脂酸酯、苯乙烯/丙烯酸（酯）类共聚物
香精	赋香	香精及香料
防腐剂	防止微生物生长繁殖	尼泊金酯类、卡松、咪唑烷基脲等
螯合剂	螯合金属离子 Ca^{2+}、Mg^{2+} 等，抗硬水	EDTA 二钠、EDTA 四钠、磷酸盐等
功能添加剂	亮肤、滋养、保湿、清凉止痒等	稻米发酵产物滤液、海藻提取物、薄荷醇乳酸酯、茶树提取物、水解蛋白、D-泛醇、维生素 B_3 等

表 6－28（1）　脂肪醇聚氧乙烯醚硫酸酯钠体系沐浴液

组相	组分	质量分数（%）
A 相	月桂醇聚氧乙烯醚硫酸酯钠（70%）	13.00
	月桂醇硫酸酯钠	2.00
	椰油酰胺 DEA	2.00
	去离子水	加至 100.00
B 相	椰油酰胺丙基甜菜碱（30%）	5.00
	丙二醇	2.00
C 相	柠檬酸	适量
	DMDM 乙内酰脲	0.30
	0.2% 柠檬黄	0.18
	香精	适量
	氯化钠	0.40～0.60

制备方法：

（1）将 A 相混合，搅拌加热至 75～80℃，保温溶解至完全。

（2）搅拌冷却至 60℃，加入 B 相组分，搅拌至完全溶解均匀。

（3）搅拌冷却至 45℃，分别加入 C 相各组分，搅拌均匀即可。用柠檬酸调节 pH 至 6.0～6.5。用氯化钠调节至所需黏度。

表 6-28（2）　复合氨基酸体系沐浴液

组相	组分	质量分数（%）
A 相	月桂醇聚醚硫酸酯钠（70%）	8.00
	甘油	2.00
	去离子水	加至 100.00
B 相	椰油酰谷氨酸二钠（30%）	7.00
	椰油酰胺丙基甜菜碱（30%）	8.00
	椰油酰胺 DEA	2.00
C 相	PEG-7 聚甘油椰油酸酯	2.00
	月桂醇聚醚-2	2.00
	聚季铵盐-7	1.00
D 相	柠檬酸	适量
	防腐剂	适量
	香精	适量
	氯化钠	适量

制备方法：

（1）将 A 相混合，搅拌加热至 75～80℃，保温溶解至完全。

（2）搅拌冷却至 60℃，加入 B 相组分，搅拌至完全溶解均匀。

（3）搅拌冷却至 45℃，分别加入 C、D 相各组分，搅拌均匀即可。用柠檬酸调节 pH 至 6.0～6.5。用氯化钠调节至所需黏度。

（四）质量控制

对于沐浴液而言，外观（色泽、黏度）、香气、使用感觉（发泡力、起泡速度、冲洗感、浴后肤感）、安全性、稳定性等都是重要的考察指标，其质量控制可参考 GB/T 34857-2017 沐浴剂。

二、香波

（一）概述

香波，又称洗发液、洗发水、洗发露，英文名称为 shampoo。香波主要功能是用于清洁头发、调理头发、养护头发。香波主要是以各种表面活性剂和添加剂复配而成的黏稠液体制剂。

香波根据其发展历程大致可分为五类。①透明香波：最早期的香波，配方简单，主要为清洁作用。②珠光香波：珠光香波是在透明香波的基础上加了珠光剂，该产品对透明度没有要求。③调理香波：是目前使用最多的香波，结合洗发和护发为一体，又称二合一洗发水。调理香波是在普通香波的基础上加上各种调理剂，以达到期望的功效。④去屑香波：头皮屑是由头皮功能失调引起的，如细菌滋生、溢脂性皮炎、胶质细胞异常增生等。而头皮屑过多又会滋生更多的细菌，引起头皮发痒等症状。因此常在香波中添加祛屑止痒剂来有效控制头皮屑。⑤防晒香波：头发长期暴露于日光中，紫外线会对头发的物理和化学性能有很大的影响，可在香波中添加一些防晒剂，以适当降低紫外线对头发的损伤。

理想的香波应具有以下功能：①适度的清洁能力，可除去头发上的沉积物和头皮屑，但又不会过度脱脂和造成发涩；②洗发过程中可产生丰富细密的泡沫，且泡沫稳定性好，即使在头皮屑和污垢都存在的情况下，也能产生致密和丰富的泡沫；③容易从头发上冲洗干净；④对眼睛和头皮刺激性低、无毒，可安全使用；⑤湿梳理性好、有光泽，无不愉快气味；⑥各种调理剂和添加剂的沉积适度，长期重复使用不会造成过度沉积；⑦产品本身及在使用中和使用后具有悦人的香气。

（二）主要原料

1. 主表面活性剂　香波中主表面活性剂主要起清洁和起泡作用，这类表面活性剂种类较多，常用的表面活性剂是一些阴离子表面活性剂。目前应用较广的是脂肪醇硫酸酯盐（钠盐或铵盐，简称 AS 或 SLS）和脂肪醇聚氧乙烯醚硫酸酯盐（钠盐或铵盐，简称 AES 或 SLES）。

2. 辅助表面活性剂　辅助表面活性剂能增强主表面活性剂的去污力和泡沫稳定性，改善洗发产品的洗涤性和调理性，也可增加产品黏度。辅助表面活性剂包括非离子型如多元醇酯型、烷基醇酰胺等；两性离子型如甜菜碱型、咪唑啉型、氧化胺和氨基酸型等；阴离子型如 N-酰谷氨酸盐、N-酰肌氨酸盐、酰胺型磺基琥珀酸酯盐等。

3. 调理剂　从对头发保护目的及美容效果考虑，香波中应添加调理剂，使头发光滑、柔软、易于梳理。调理剂应具有的功能特性：①容易梳理，不使头发缠结；②使头发经常保持湿润、柔软及对卷发有良好的保持性；③使头发外观富有光泽；④增强头发弹性。为了产生这些效果，必须使添加成分以某种形式吸附于头发上。常用的调理剂主要有阳离子聚合物及硅油等。

常用于香波中的阳离子聚合物主要包括季铵化羟乙基纤维素（如 JR-400）、季铵化羟丙基瓜尔胶（Jaguar C-13S、C-162）、丙烯酸/二甲基二丙烯基氯化铵共聚物（polyquaterium-22）、乙烯吡咯烷酮/二甲基乙基氨基丙烯酸-硫酸二乙酯季铵盐共聚物（polyquaterium-11）、丙烯酰胺/N,N-二甲基–2-丙烯基–1-氯化铵共聚物（polyquaterium-7）、季铵化二甲基硅氧烷（silicone quaterium-3 或 4）、季铵化水解胶原（crotein Q）、季铵化水解角蛋白（croquat WKP）、季铵化水解豆蛋白（croquat Soya）、季铵化丝氨酸（crosilkquat）等。

硅油是目前应用较广泛的一类调理剂，一般会制成乳液。它可在头发上形成有效的保护膜，显著改善头发的干、湿梳理性，赋予头发润滑、柔顺和光泽等；硅油的使用，可极大地改善发丝的梳理性及赋予发丝特殊的滑爽、光亮及防尘抗静电性能；长期使用不会在头发上积聚，同时能降低阴离子表面活性剂对眼睛的刺激性。硅油一般分为普通硅油与改性硅油，已开发成功用于化妆品的有机硅产品有：二甲基聚硅氧烷、甲基苯基聚硅氧烷、甲基含氢硅油、聚醚改性硅油、长链烷基改性硅油、环状聚硅氧烷、氨基改性硅油、羧基改性硅油、甲基聚硅氧烷乳液、有机硅蜡、硅树脂、有机硅处理的粉体等系列。

4. 黏度调节剂　黏度调节剂主要是调节产品的黏度与稠度，一般有降黏剂与增黏剂两种。用于黏度调节剂的物质主要有：无机盐电解质、有机天然水溶性聚合物、有机半合成水溶性聚合物、有机合成类水溶性聚合物及无机聚合物等。

无机盐电解质主要起到黏度调节作用，即增稠作用，其他黏度调节剂对体系黏度或稠度的影响只是其中的一种作用，同时可以影响产品的流变性能。通过改变产品的流变行为，可以使产品具有假塑性、触变性、凝胶结构、短流或纤细的长流结构，影响到产品的货架稳定性。通过黏度调节剂形成立体网格结构，改善乳状液的稳定性，使活性物均匀分散，防止凝块的生成。

香波需要保持适当的黏度，黏度太低，产品稳定性较差；黏度太高，在使用中不易均匀地涂抹在头发上。在香波中黏度调节剂的作用主要是提高洗发水的稠度，改善其稳定性，并赋予产品良好的流变性及使用性能。以下是几种用于洗发水的黏度调节剂。

（1）电解质增黏剂　一些无机盐可用于香波作增黏剂，如氯化钠、氯化铵、硫酸钠等。氯化钠和氯化铵是最常用的电解质增黏剂。当使用无机盐作增黏剂时，必须注意无机盐的加入会引起体系浊点的升高，此外，有时只要添加少量盐类，黏度就会产生急剧的变化。随着盐浓度的增加，黏度急剧增加，达到一个峰值后，随着盐浓度的继续增加，黏度又急剧下降。峰值时盐的浓度与表面活性剂浓度及其本身含盐量、两性表面活性剂浓度等因素有关。黏度的增加是由于添加电解质后，表面活性剂胶束增大，表现为黏度的增加，到达最高点以后，表面活性剂开始发生盐析，从体系中析出，使黏度逐渐下降。无机盐增稠体系的黏度对温度变化十分敏感，即低温时黏度较高，而高温时黏度又很低。

氯化铵是更有效的增稠剂，它不存在使用氯化钠时遇到的浊点升高问题，然而，使用氯化铵的增稠体系最终产品的 pH 必须低于7。

（2）有机天然水溶性聚合物　有机天然聚合物以植物或动物为原料，通过物理过程或物理化学方法提取而得，这类产品常见的有胶原（蛋白）类和聚多糖类聚合物。胶原（蛋白）类包括明胶、水解胶原、角蛋白、弹性蛋白、植物蛋白、网状硬蛋白和季铵化蛋白等，是由哺乳动物的皮制得的胶原和植物蛋白经过水解、分离纯化制成的。聚多糖类聚合物包括阿拉伯胶、琼脂、角叉菜胶、果胶、瓜尔胶、汉生胶和海藻酸盐等，是由树木和壳渗出液、种子、海藻和树木提取物经精制提炼而得的。用于香波中的有机天然水溶性聚合物主要包括汉生胶、瓜尔胶。

1）汉生胶：汉生胶是一种相对分子质量很高的天然碳水化合物，有三种不同的糖组分：β-D-葡萄糖、β-D-甘露糖和 β-D-葡萄糖醛酸（混合的钾盐、钠盐和钙盐）。在很多盐类存在时，汉生胶溶液有良好的配伍性和稳定性；汉生胶水溶液对与水混溶的溶剂的容忍度达到50%~60%（如乙醇、甲醇、异丙醇或丙酮），高乙醇浓度会使汉生胶溶液凝胶或沉淀；质量分数小于20%的非离子表面活性剂可与汉生胶很好的配伍；汉生胶可与大多数防腐剂配伍，但不与季铵盐配伍。

2）瓜尔胶：瓜尔胶是一种冷水溶胀高聚物。瓜尔胶不溶于有机溶剂，但在一定范围内溶于与水混溶的溶剂。在化妆品中应用较广的是羟丙基瓜尔胶和瓜尔胶羟丙基三甲基氯化铵。羟丙基瓜尔胶除具有瓜尔胶的一般特性外，其水溶解度和溶液的透明度以及乙醇的忍耐度都有很大改进，电解质配伍性也有所提高。瓜尔胶羟丙基三甲基氯化铵是阳离子型瓜尔胶，它完全溶于水，呈半透明至透明的溶液。加热瓜尔胶溶液可以缩短达到它的最高黏度所需的时间，水是瓜尔胶唯一的通用溶剂。瓜尔胶可以以有限的浓度溶解于与水混溶的溶剂中。

（3）有机半合成水溶性聚合物　有机半合成水溶性聚合物是由天然物质经化学改性而制得，主要有两大类：改性纤维素和改性淀粉。常见的品种有羧甲基纤维素钠（CMC）、乙基纤维素（EC）、羟乙基纤维素（HEC）、羟丙基纤维素（HPC）、甲基羟乙基纤维素（MHEC）和甲基羟丙基纤维素（MHPC）等纤维素醚，玉米淀粉、辛基淀粉琥珀酸铝等改性淀粉。用于个人护理用品中增黏的主要是纤维素类聚合物，如羧甲基纤维素钠与羟乙基纤维素。CMC 的醚化基团是氯乙酸钠，HEC 的醚化基团是环氧乙烷。

（4）无机水溶性聚合物　无机水溶性聚合物主要包括一些在水或水-油体系中可分散形成胶体或凝胶的天然或合成的复合硅酸盐，最常见的有硅酸铝镁、水辉石和合成水辉石、膨润土；非水相流变调节剂有季铵化膨润土、季铵化水辉石。它们有很好的悬浮功能、特有的流变性、良好的定性以及很大的比表面积。

1）硅酸镁钠：硅酸镁钠可容易地分散于冷水和热水中，但在热水中必须有效地混合，防止部分已水合的粒子结团；它可与大多数含水体系使用的增稠剂配伍，与 CMC 复配有明显协同增效作用。水的硬度对硅酸镁钠凝胶的形成有一定的影响，主要影响凝胶形成的时间。与其他有机增稠剂比较，硅酸镁钠的剪切变稀性能最突出，即触变性更强。

2）硅酸铝镁：硅酸铝镁是由天然绿土矿经专门工艺过程精制得到的复合层型，它不溶于水，在水中形成胶体分散溶液，其水合作用过程类似于硅酸镁钠。硅酸铝镁在水合过程中，分散液停止搅拌，静置后，形成"纸盒式间格"结构。开始时过程进展较快，分散液黏度迅速增加，随着过程进行，未缔合的晶片找到其合适的位置较困难，黏度的增加速度较慢。硅酸铝镁增稠体系，具有假塑性流体的流变特性，有明显触变性。硅酸铝镁水分散液在 pH3~11 范围内均稳定，但电解质会使硅酸铝镁分散液增稠或絮凝，从而影响其稳定性。

硅酸铝镁与有机增稠剂复配时有协同增效作用，一般情况，硅酸铝镁最常与阴离子聚合物胶类复配，与非离子增稠剂复配会发生聚凝；硅酸铝镁分散液可与水相混溶的有机溶剂相混合。

此外，还有膨润土和季铵-膨润土、锂蒙脱土和季铵锂蒙脱土及二氧化硅等，它们有很好的悬浮功能、特别的流变性质、良好的温度稳定性、很大的比表面，对电解质的容忍度也较高，但较少应用于香波产品中。

5. 珠光剂　乳白或珠光状香波可增加产品的美感，此外，有时有些原料不能配制成透明香波，需要制成珠光香波，使产品外观更能被消费者所喜爱。添加少量细小白色聚合物分散液可使香波呈乳白状，如聚丙烯/丙烯酸酯共聚物，也有很多其他复合的混合物。使用不同浓度或不同种类的珠光剂，达到的珠光效果是不同的。为了使制备过程易于进行，建议把珠光剂稀释至质量分数为 10% 溶液后，再添加至香波的基质中。大多数珠光香波是依赖于各种硬脂酸酯晶片在液体基质的悬浮作用，晶片反射光线，产生乳白色或珠光，不同的硬脂酸酯有不同的效应，乙二醇硬脂酸双酯比乙二醇硬脂酸单酯产生更美丽、更乳白的珠光，后者乳白程度较低但更闪光。珠光效应取决于晶片大小、形状、分布和乳白晶片的反射作用。

常用的珠光剂主要有乙二醇硬脂酸单酯和双酯、脂肪酸金属盐、单硬脂酸和棕榈酸丙二醇酯及甘油酯、高级脂肪酸（硬脂酸、二十二烷酸）烷基醇酰胺、脂肪醇（十六和十八醇）、聚乙烯聚合物和乳胶、硬脂酸锌和硬脂酸镁微细分散的氧化锌和二氧化钛、硅酸镁等。目前普遍使用的是乙二醇单硬脂酸酯和乙二醇双硬脂酸酯。

在珠光产品中，产品必须有足够的稠度，确保珠光晶片不沉降。产生珠光效应的方法主要有以下几条途径。

（1）直接将浓缩的珠光浆产品在室温下添加于体系中，搅拌均匀即可。

（2）将选定的珠光剂［最常用乙二醇单（双）硬脂酸酯］加于温度约为 75℃ 的热混合物或基质中，在适当的冷却过程中及搅拌速度下珠光剂重新结晶出来，产生珠光效果。

（3）高浓度的液态或半固态的珠光剂，在室温下加于基质，混合制成最终产品。

利用（2）方法制备珠光浆时，影响珠光外观的主要因素有：硬脂酸酯的组成、烷基醇酰胺和其他组分的存在及含量、冷却速度、搅拌剪切速度、基质组成等。如利用高速剪切混合，所制得的珠光浆呈高度乳白状，闪光低；若使用低速剪切混合则相反。快速冷却有利于乳白状形成而慢速冷却有利于闪光形成，即任何有利于大晶体生长的条件会增加闪光，而降低乳白作用。改变烷基醇酰胺组分也对珠光效应有影响，椰油基二乙醇酰胺能产生较弱的闪光，月桂基单异丙醇酰胺则产生较强的闪光。市售的珠光浆多数是以月桂醇醚硫酸酯钠盐为基质，但也有以两性离子表面活性剂或非离子表面活性剂为基质的。

6. 螯合剂   螯合剂的作用是络合或螯合碱土金属离子或重金属离子，避免香波中阴离子表面活性剂遇到 Ca^{2+} 和 Mg^{2+} 发生反应而沉淀。重金属离子被整合后，可防止重金属离子使防腐剂、酶、蛋白质等活性物失活或使着色剂变色。常用的螯合剂有 EDTA 及其盐类，如 EDTA-Na$_2$、EDTA-Na$_3$ 和 EDTA-Na$_4$，其用量一般为 0.05% ~ 0.10%。另外，还有柠檬酸、酒石酸等。EDTA 对钙离子、镁离子较有效，而柠檬酸和酒石酸对铁离子有一定的效果。EDTA 及其盐类添加对一些水溶性聚合物的黏度有些影响，使用时应注意。

7. 酸度调节剂   微酸性对头发护理、减少刺激有利，有时配方中有些组分需在一定的pH 条件下才能稳定或发挥其特定的作用，如铵盐体系必须将 pH 控制在微酸性，烷醇酰胺应用于表面活性剂溶液体系中时，会使 pH 升高。当使用铵盐表面活性剂时，为了避免挥发性氨形成，pH 应调节至低于7；在配制调理香波时，或使用甜菜碱、两性表面活性剂、季铵化聚合物时，pH 低于6 可获得最好的调理性，用无机盐作增黏剂时，微酸性会使增稠效果变好；有些防腐剂也要求在一定的 pH 范围内才能达到较好的效果。因此，在很多情况下需要调节体系的 pH 在 7 以下，略偏酸性。常用的酸度调节剂有柠檬酸、乳酸、磷酸等。

8. 防腐剂   防腐剂是防止香波受霉菌或细菌等微生物的污染而致变质的物质。很多表面活性剂在出厂前已经添加了防腐剂，这部分防腐剂的作用在配方时应加以考虑。有些大的生产商，在订购原料时会让供应商指定使用某种防腐剂。一些香波组分，例如蛋白质和中草药提取物都添加特定的防腐剂。香波体系防腐剂的选择必须依据各国的法规和香波组分的配伍性。甲醛或会释放出甲醛的防腐剂不可应用于含蛋白质的香波体系，甲醛会与自由氨基反应缩合，使蛋白质失活。选用防腐剂时应注意基质的 pH 和某些组分的不配伍性问题。常用的防腐剂有二羟甲基二甲基乙内酰脲（DMDMH）、凯松、尼泊金酯类、杰马系列等。另外，螯合剂的加入会提高防腐剂的防腐效果。

9. 香精和色素   香精虽在配方中所占的比例很小，但影响香波的感官特性，直接影响到消费者的接受程度，其意义已显得越来越重要。香精的香型带有流行性，随潮流变化，与民族习惯、职业、性别和个人爱好有关。自然香气一直还是较流行的，如草香、果香和花香。

在选择香精时要考虑其在产品中的稳定性、香气、洗发时和洗后的香味，还要考虑香气和品牌定位的吻合。从配方基本技术要求考虑，香波香精的选用必须考虑香精的溶解度和配伍性，它不会引起产品变色，不引起对皮肤和眼睛的刺激。溶解度的问题可通过添加增溶剂来解决，如壬基酚醚-9 和 PEG-40 氢化蓖麻油等。一些含醇类较多的香精对黏度影响较大。香波中的调理剂、防腐剂和其他活性物可能会与香精中的某些组分反应，使香精气味改变。

色素可赋予产品鲜艳、悦目的外观，但选择的色素必须符合化妆品卫生标准。同时，在采用透明包装时，应考察其稳定性以及与香波其他组分的配伍性。使用着色剂时，应主要考虑产品的 pH 及光照对其稳定性的影响，以及对某些重金属离子敏感性，因为着色剂的褪色或变色主要与这些因素有关。添加少量水溶性的紫外线吸收剂，如二苯（甲）酮-4 和二苯（甲）酮-2，可防止光照褪色，其一般用量质量分数为 0.05%~0.10%。pH 的控制可通过酸度调节剂和缓冲溶液来解决。添加螯合剂如 EDTA-Na$_2$，可使重金属离子络合。由于着色剂的添加量很少，一般不将着色剂直接添加于产品中，而是稀释溶解或配成稀色料后再加入产品中，这样可以尽量避免着色的不均匀。

10. 祛屑止痒剂　目前常用的祛屑止痒剂有吡啶硫酮锌（ZPT）、吡啶酮乙醇胺盐（octopirox）、甘宝素（climbazole）、十一碳烯酸衍生物等。

（1）吡啶硫酮锌（ZPT）　又称锌吡啶硫酮，其化学名称为双（2-硫代-1-氧化吡啶）锌，分子式为 C$_{10}$H$_8$N$_2$O$_2$S$_2$Zn。ZPT 为高效安全的祛屑止痒剂和广谱杀菌剂，可以延缓头发衰老，减少脱发和白发。其应用于香波配方中，经常会出现沉降，偶尔操作不慎也会出现变色现象，遇铁离子易变色，因此，配方中必须加入悬浮剂和稳定剂。它与 EDTA 不配伍，加入少量硫酸锌或氧化锌可减缓变色。ZPT 对光不稳定，会遮盖香波的珠光。

（2）吡啶酮乙醇胺盐（octopirox）　简称 OCT。化学名为 1-羟基-4-甲基-6-（2,4,4-三甲基戊基）-2（^{1}H）-吡啶酮-2-氨基乙醇盐。OCT 主要性能：具有广谱的杀菌、抑菌性能；溶解性和复配性能好，可制成透明香波；刺激性小，性能温和，可用于免洗产品中；可明显增加体系的黏度；遇铁离子、铜离子易变黄，价格较高。

OCT 和 ZPT 是目前国际上使用最普遍的两种祛屑剂，但由于 OCT 有很好的溶解性和复配性，能溶于表面活性剂体系，在 pH3~9 的范围内可以稳定存在，并且有很好的热稳定性，使其应用领域较 ZPT 更为广泛，制备工艺较 ZPT 更为简便。OCT 的祛屑机制是通过杀菌、抑菌、抗氧化作用和分解氧化物等方法，从根本上阻断头屑产生的外部因素，有效地根治头屑、祛头痒。OCT 在冲洗型发用产品中，建议加入量一般为 0.3%~0.5%；对于"酒精挥发免洗类"发用产品如喷发胶等，建议加入量一般为 0.05%~0.20%。

OCT 增稠作用相当明显，在使用 OCT 后，香波体系中可以不加或少加黏度剂，这不仅简化了制备工艺，还增加了产品（尤其是珠光或铵盐体系香波）的稳定性。

OCT 具有广谱杀菌抑菌性质，不仅能有效地杀死产生头屑的两种主要细菌：瓶形酵母菌和正圆形酵母菌，同时还能有效地抑制革兰阳性菌、革兰阴性菌以及各种真菌和霉菌。

（3）甘宝素　又称氯咪巴唑，化学名称为二唑酮，分子式为 C$_{15}$H$_{17}$O$_2$N$_2$Cl。

活性甘宝素为白色或灰白色结晶状，略有气味，无吸湿性，对光和热均稳定，熔点 95~97℃。其性能是对光热和重金属离子稳定，不变色，易制得透明香波。

甘宝素具有独特的抗真菌性能，对能引起人体头皮屑的卵状芽孢菌属或卵状抗真菌属以及白色念珠菌、发癣菌有抑制作用。其祛屑止痒机制是通过杀菌和抑菌来消除产生头屑的外部因素，以达到祛屑止痒效果，它不同于单纯地通过脱脂方式暂时消除头屑。甘宝素与吡啶硫酮锌合用时对祛屑具有明显协同效应。

（4）十一碳烯酸衍生物　是十一碳烯酸衍生物产品中常用的一种，由十一烯酸单乙醇酰胺与马来酸酐发生酯化，再经 Na$_2$SO$_3$ 磺化而制得的。

十一烯酸单乙醇酰胺酯二钠盐对人体皮肤和头发的刺激性小，具有良好的配伍性、水溶性、稳定性和抗脂溢性，与头发角朊有牢固的亲和性。其治疗皮屑的机制在于抑制表皮细胞的分离，延长细胞变换率，达到减少老化细胞产生和积存现象，使用后还会减少脂溢性皮肤病的产生。用量一般为 2% 时效果比较明显。十一烯酸单乙醇酰胺酯二钠盐主要性能为具有广谱抗菌性能，是温和的表面活性剂，水溶性好，价格低廉，对热不稳定，祛屑效果不如 ZPT、OCT。

（5）其他类 祛屑止痒剂水杨酸实际是 β-羟基酸，具有剥落角质和杀菌抗炎的作用，在一定量的范围内在香波中可以安全使用。

香波中另一类具有极大潜在应用价值的祛屑剂是天然植物提取物。天然提取物一般富含有多种活性成分，具有抗菌消炎、提供营养、改善毛细血管血液循环等功效，而且作用温和持久，刺激性小，对于祛屑、防脱和改善发质有优良的效果，具有较好的发展前景。这类天然提取物主要有胡桃油、防风、山茶、木瓜、积雪草、花皂素、甘草、头花千金藤等。

（三）配方示例与制备工艺

香波制品的配方设计以表面活性剂为主体，一般以阴离子表面活性剂为主，非离子表面活性剂、两性离子表面活性剂和阳离子表面活性剂为辅复配。通常洗发香波的有效物含量为 10% ~ 20%。根据我国洗发液执行标准 GB/T 29679 - 2013，婴儿香波的有效物含量不得低于 8%，相对于成人香波制品最低有效物含量 10% 有所减少。

1. 透明香波 透明香波是出现最早的洗发产品。随着化妆品配方水平的提高和原料的发展，透明香波已不再是以前的单一清洁功能，它同样可提供调理祛屑等功能。这类香波在选用原料时必须使用一些溶解度较高的原料，使产品在低温时仍具有很好的透明度。透明香波配方示例见表 6-29。

表 6-29（1） 透明香波配方（一）

组相	组分	质量分数（%）
A 相	去离子水	加至 100.0
	EDTA-Na$_2$	0.10
B 相	月桂醇聚醚硫酸酯钠（质量分数28%）	36.00
	月桂醇硫酸酯铵（质量分数28%）	15.00
	椰油酰胺丙基甜菜碱（质量分数30%）	6.00
	椰油酰胺 MEA	2.00
C 相	DMDM 乙内酰脲	0.30
D 相	香精	适量
E 相	柠檬酸	适量
F 相	氯化钠水溶液（质量分数20%）	适量

制备方法：

（1）将 A 相混合，搅拌加热至 75 ~ 80℃。

（2）将 B 相组分依次加入，搅拌均匀。

（3）搅拌冷却至 45℃，加入 C、D、E、F 相搅拌均匀。

用 E 相调节 pH 至 6.0 ±0.2，用 F 相调节至所需黏度。由于该配方的表面活性剂是预溶好的低黏度液体，可选择冷配工艺。

表 6-29（2） 透明香波配方（二）

组相	组分	质量分数（%）
A 相	去离子水	加至 100.00
	EDTA 二钠	0.10
	聚季铵盐-10	0.30
	PEG-120 甲基葡糖三异硬脂酸酯	2.00

续表

组相	组分	质量分数（%）
B 相	瓜儿胶羟丙基三甲基氯化铵	0.20
	甘油	2.00
C 相	月桂醇聚醚硫酸酯钠（质量分数70%）	12.00
	月桂醇硫酸酯钠	3.00
D 相	椰油酰胺丙基甜菜碱（质量分数30%）	6.00
	月桂酰肌氨酸钠（质量分数30%）	4.00
E 相	柠檬酸	适量
	DMDM 乙内酰脲	0.30
	香精	适量

制备方法：

（1）将 A 相混合，搅拌加热至 75~80℃，溶解均匀。

（2）将 B 相组分预先分散，加入适量柠檬酸水溶液，使混合液变透明，加入 A 相搅拌溶解完全。

（3）75~80℃ 保温，依次加入 C 相组分，搅拌至溶解完全。

（4）搅拌降温至 60℃，依次加入 D 相组分，混合均匀。

（5）搅拌降温至 45℃，依次加入 E 相，搅拌均匀。

用柠檬酸调节 pH 至 6.0±0.2。

2. 珠光香波 珠光香波即在透明香波的基础上加入珠光剂，由于该类香波对产品的透明度没有要求，所以选择原料的限制就大大低于透明配方。目前在香波中使用珠光剂有两种方式，一种方式是直接使用珠光剂，另一种方式是使用珠光浆。使用珠光剂，首先要保证珠光剂在 70~75℃ 时完全溶于表面活性剂溶液中；其次必须严格控制冷却过程中的冷却速度和搅拌速度，使珠光剂结晶增大，否则难以产生均一闪亮的光泽。使用珠光浆，这种方法比较简单，直接在室温下加入即可，既简化了香波的制备工艺，同时又可保证每批产品珠光的一致性。乙二醇双硬脂酸酯和乙二醇单硬脂酸酯的比例会影响产品的珠光，前者易产生细腻的珠光，而后者产生的珠光较明显，但比较粗。两者复配使用，可以获得理想的珠光效果。从经济角度而言，使用珠光剂较珠光浆便宜。珠光香波的稠度对珠光效果有一定的影响，一般稠度越大，珠光效果越好；稠度过小，珠光难以显现。随着放置时间增长，体系的珠光会逐渐絮凝，沉降，产生分层现象。虽然这种现象的出现不影响产品质量，但是为了产品外观的稳定性，非乳化型珠光香波需要加入悬浮稳定剂，如二（氢化牛脂基）邻苯二甲酸酰胺、硅酸铝镁、丙烯酸（酯）类共聚物等。珠光香波配方示例见表 6-30。

表 6-30 珠光香波配方

组相	组分	质量分数（%）	
		配方1	配方2
A 相	去离子水	加至 100.00	
	EDTA 二钠	0.10	0.10
	聚季铵盐-10	0.30	0.30
	PEG-120 甲基葡糖三异硬脂酸酯	2.00	2.00

续表

组相	组分	质量分数（%）	
		配方1	配方2
B 相	瓜儿胶羟丙基三甲基氯化铵	0.20	0.20
	甘油	2.00	2.00
C 相	月桂醇聚醚硫酸酯钠（质量分数70%）	12.00	12.00
	月桂醇硫酸酯钠	3.00	3.00
	二（氢化牛脂基）邻苯二甲酸酰胺	1.00	1.00
D 相	乙二醇二硬脂酸酯	–	1.00
	乙二醇单硬脂酸酯	–	0.60
E 相	椰油酰胺丙基甜菜碱（质量分数30%）	6.00	6.00
	月桂酰肌氨酸钠（质量分数30%）	4.00	4.00
F 相	珠光浆	4.00	–
	柠檬酸	适量	
	DMDM 乙内酰脲	0.30	0.30
	香精	适量	

制备方法：

（1）将 A 相混合，搅拌加热至75~80℃，溶解均匀。

（2）将 B 相组分预先分散，加入适量柠檬酸水溶液，使混合液变透明，加入 A 相搅拌溶解完全。

（3）75~80℃保温，依次加入 C、D 相组分，搅拌至溶解完全。

（4）搅拌降温至60℃，依次加入 E 相组分，混合均匀。

（5）搅拌降温至45℃，依次加入 F 相，搅拌均匀。

用柠檬酸调节 pH 至6.0±0.2。

3. 调理香波 调理香波是目前最受消费者欢迎的一类香波，人们熟悉的二合一香波即是其中的一种，集洗发护发一次完成。调理香波是在普通香波的基础上加入各种调理剂如各种阳离子表面活性剂、阳离子聚合物、硅油等。但在选择调理剂时必须考虑其与体系中其他组分的相容性，如阳离子表面活性剂与阴离子表面活性剂的相容性，硅油或其他油类对产品泡沫的影响等；同时我们还应考虑调理剂在头发上的积聚，尤其是多次重复洗涤。目前市面上所见到的飘柔、潘婷、力士、阿道夫等均属于此类产品。调理营养香波的配方见表6-31。

表6-31 调理营养香波配方

组相	组分	质量分数（%）
A 相	去离子水	加至100.00
	聚季铵盐-10	0.30
	EDTA 二钠	0.10
	D-泛醇	0.50
B 相	月桂醇聚醚硫酸酯铵（质量分数70%）	12.00
	月桂醇硫酸酯铵（质量分数70%）	4.00
	二（氢化牛脂基）邻苯二甲酸酰胺	1.00

续表

组相	组分	质量分数（%）
C 相	椰油酰胺丙基甜菜碱（质量分数30%）	4.00
	椰油酰胺 DEA	2.00
D 相	珠光浆	3.00
E 相	乳化硅油	3.00
	聚季铵盐-47	2.00
	水解角蛋白	0.50
F 相	柠檬酸	适量
	DMDM 乙内酰脲	0.30
	香精	适量
	氯化钠	0.20

制备方法：

（1）将 A 相混合，搅拌加热至 75～80℃。

（2）75～80℃保温，将 B 相组分依次加入，溶解完全。

（3）搅拌冷却至 60℃，加入 C 相搅拌均匀。

（4）搅拌冷却至 45℃，分别加入 D、E、F 相搅拌均匀。

调整 pH 应控制在 6.5 以下。

4. 祛屑香波 头皮屑是由于头皮功能失调引起的，它与头发的物理和化学性质无直接关系。引起头皮屑可能的因素包括：污垢和头皮分泌的皮脂混在一起干后成为皮屑；细菌滋生，产生脂溢性皮炎；角质细胞异常增生；新陈代谢旺盛、神经系统紧张、药物和化妆品引起的炎症等。近年来的研究表明，头屑过多和头皮发痒与卵糠秕孢子菌的异常繁殖有密切的关系。因此在香波中添加一些具有抑菌和杀菌功能的活性物可减少头皮微生物的生长，有效控制头皮屑。

常用的祛头皮屑剂有 ZPT、OCT、甘宝素、十一碳烯衍生物等。ZPT 具有很好的祛屑止痒效果。ZPT 在水中溶解性极差，难以被稳定悬浮在香波体系中，需要加入悬浮剂，使其以微小粒径悬浮分散于香波中，否则容易分层；而且含 ZPT 配方对设备和配伍原料的要求较高，少量重金属离子就会使产品变色。我国《化妆品安全技术规范》（2015 年版）规定 ZPT 化妆品最大允许使用浓度：祛头屑淋洗类发用产品为 1.5%，驻留类发用产品为 0.1%。作为防腐剂只能用于淋洗类产品，最大使用量为 0.5%。OCT 是目前最温和的祛屑止痒剂。OCT 微溶于水，可溶于含表面活性剂的水溶液，由于 OTC 溶解性能，复配性能优良，使用 OCT，可配制成透明香波。OCT 对香波有一定的增稠作用，增稠剂可以少加或不加。OCT 遇金属离子同样易变色，且价格较高。我国《化妆品安全技术规范》（2015 年版）规定 OCT 作为准用防腐剂，用于淋洗类产品，最大使用量为 1%，用于其他产品，最大使用量为 0.5%。甘宝素的祛屑止痒效果不是很明显，但其在配方中不变色，稳定性好；十一碳烯衍生物作用温和，水溶性好，但要注意和配方中一些阳离子调理剂的配伍，以防出现沉淀；我国《化妆品安全技术规范》（2015 年版）规定甘宝素作为准用防腐剂，最大允许使用浓度是 0.5%。

香波中另一类具有潜在应用价值的祛屑剂是天然植物提取物。天然植物提取物富含各种活性成分，具有抗菌消炎、提供营养、改善毛细血管血液循环等功效，而且作用温和持久。但目前天然植物提取物的价格较高，使其应用受到了极大的限制。典型的祛屑香波配方见表 6－32。

表 6 – 32　祛屑香波配方

组相	组分	质量分数（%）	
		配方 1	配方 2
A 相	去离子水	至 100.00	至 100.00
	EDTA-Na₂	0.10	0.10
	甘油	2.00	2.00
	丙烯酸（酯）类共聚物（Aculyn 33）	1.50	–
	聚季铵盐-10	0.30	0.30
B 相	月桂醇聚醚硫酸酯钠（质量分数70%）	12.0	12.0
	月桂醇硫酸酯钠	3.50	3.50
C 相	椰油酰胺丙基甜菜碱（质量分数30%）	5.00	5.00
D 相	OCT	–	0.30
	吡啶硫铜锌（ZPT，50%）	2.00	–
E 相	乳化硅油	3.00	3.50
	珠光浆	4.00	3.50
	DMDM 乙内酰脲	0.30	0.30
	柠檬酸	适量	适量
	氯化钠	适量	适量
	香精	适量	适量

制备方法：

（1）将 A 相混合，搅拌加热至 75～80℃，溶解均匀。

（2）将 B 相组分依次加入 A 相中，75～80℃保温，搅拌至溶解完全。

（3）搅拌降温至 60℃，加入 C 相组分，混合均匀。

（4）搅拌降温至 45℃，加入 D 相，搅拌均匀，再分别加入 E 相组分，搅拌均匀。

用柠檬酸调节 pH 至 6.0±0.2，用氯化钠调节至所需黏度。

5. 防晒香波　头发长期暴露于紫外线中，会发生一些光化学反应，对头发的物理和化学性能有很大的影响。其危害主要表现在以下几点：①头发褪色；②吸着特性发生变化，在碱中溶解度增大，头发中胱氨酸含量减少，半胱氨酸含量增加；③头发的拉伸强度下降。

适用于头发防晒保护的防晒剂包括：二苯甲酰甲烷衍生物、二甲基对氨基苯甲酸辛酯、甲氧基肉桂酸辛酯、樟脑亚苄基硫酸铵、5-苯甲酰-4-羟基-2-甲氧基苯磺酸基异苯甲酮等。化妆品防晒剂的选用及使用条件参考我国《化妆品安全技术规范》（2015 年版）。防晒香波配方见表 6 – 33。

表 6 – 33　防晒香波配方

组相	组分	质量分数（%）
A 相	去离子水	加至 100.00
	聚季铵盐-10	0.30
	EDTA 二钠	0.10
B 相	月桂醇聚醚硫酸酯铵（质量分数70%）	12.00
	月桂醇硫酸酯铵（质量分数70%）	6.00
	二（氢化牛脂基）邻苯二甲酸酰胺	1.00

续表

组相	组分	质量分数（%）
C 相	椰油酰胺丙基甜菜碱（质量分数30%）	6.00
	椰油酰胺 DEA	2.00
D 相	二甲基对氨基苯甲酸辛酯	0.50
	二苯（甲）酮-4	0.30
E 相	乳化硅油	2.50
	柠檬酸	适量
	甲基氯异噻唑啉酮/甲基异噻唑啉酮	0.15
	香精	适量

制备方法：

（1）将 A 相混合，搅拌加热至 75～80℃。

（2）75～80℃保温，将 B 相组分依次加入，搅拌溶解完全。

（3）搅拌冷却至 60℃，加入 C 相搅拌均匀。

（4）搅拌冷却至 45℃，分别加入 D、E 相搅拌均匀。调整 pH 在 6.5 以下。

（四）质量控制

洗发液在外观上应是黏稠状液体，无发霉变质，无沉淀分层。具体应参见国家标准 GB/T 29679-2013 洗发液、洗发膏，一般从感官指标、理化指标、卫生指标三个方面进行评价。

第五节　其他液体化妆品

1. 卸妆水、油、乳　卸妆水是用于卸除淡妆的水剂化妆用品，通常配方中含有较多的表面活性剂、保湿剂和乙醇，增加对皮肤的清洁作用。

卸妆水主要用于卸除面部彩妆，也有一定保湿作用，比较适用于敏感肌肤、油性肌肤、混合性肌肤。卸妆水相比于其他卸妆产品的优点是更加清爽，但由于卸妆水中油分较少，且含有较多的表面活性剂和醇类，需要配合化妆棉一起使用。

卸妆油适用于中性或者干性皮肤，油性肤质不建议使用；因为卸妆油是"以油溶油"的原理设计，成分为含乳化剂的油脂。卸妆油可以轻易与脸上的彩妆油污融合，然后通过以水乳化的方式溶解彩妆，乳化后一起把污垢随水给带走，能轻松卸妆。卸妆油清洁起来相对更彻底更干净，用量比较少。

卸妆乳是一种油包水的产品，含有丰富的油脂。油脂分子将水分子包容在一起，而水分子中又含有一些护肤成分。所以在卸妆时外层的油脂分子会将彩妆油脂溶解，然后水分子会将一些保湿护肤成分均匀的涂抹在肌肤之上。卸妆能力一般比卸妆油要弱一点，但是也能去除大部分的妆容，所以一般卸妆乳主要用于卸淡妆。

卸妆水、卸妆油、卸妆乳具体配方分别见表 6-34、表 6-35、表 6-36。

表 6 – 34　卸妆水配方

组相	组分	质量分数（%）
A 相	蔗糖月桂酸酯	2.00
B 相	丙二醇	10.00
	EDTA-2Na	0.02
	去离子水	加至 100.00
C 相	DMDM 乙内酰脲	0.20
	香精	适量

制备方法：将 B 相混合，溶解均匀后，加入 A、C 相搅拌均匀即可。

表 6 – 35　卸妆油配方

组相	组分	质量分数（%）
A 相	PEG-20 甘油三异硬脂酸酯	10.00
	鲸蜡醇乙基己酸酯	40.00
	棕榈酸乙基己酯	40.00
	橄榄油	10.00

制备方法：将 A 相混合搅拌均匀即可。

表 6 – 36　卸妆乳配方

组相	组分	质量分数（%）
A 相	聚甘油-10 二十碳二酸酯/十四碳二酸酯类	3.00
	辛酸/癸酸甘油酯类聚甘油-10 酯类	4.00
	十六烷基十八烷醇	1.50
	油酸癸酯	5.00
B 相	丙二醇	5.00
	丙烯酸（酯）类/C10～30 烷醇丙烯酸酯交联聚合物	0.20
	去离子水	加至 100.00
C 相	三乙醇胺	0.20
D 相	防腐剂	适量
	香精	适量

制备方法：

（1）将 A 相混合，搅拌加热至 80～85℃。

（2）将 B 相加热至 80～85℃搅拌溶解完全。

（3）80～85℃保温，将 B 相加入 A 相，搅拌均质 3 分钟。

（4）搅拌冷却至 55℃，加入 C 相搅拌均匀。

（5）搅拌冷却至 45℃，分别加入 D 相搅拌均匀。

2. 洗手液　洗手液是一种清洁手部为主的护肤清洁液，通过以机械摩擦和表面活性剂的作用，配合水流来清除手上的污垢和附着的细菌。洗手液中的化学物质可能会刺激手部皮肤，对皮肤容易过敏的人不适合使用。洗手液具体配方示例见表 6 – 37。

表6-37　洗手液配方

组相	组分	质量分数（%）
A相	月桂醇聚氧乙烯醚硫酸酯钠（70%）	12.00
	椰油酰胺DEA	2.00
	C12~16烷基葡糖苷	2.00
	去离子水	加至100.00
B相	椰油酰胺丙基甜菜碱（30%）	4.00
	甘油	2.00
C相	柠檬酸	适量
	DMDM乙内酰脲	0.30
	色素	适量
	香精	适量
	氯化钠	0.60~1.00

制备方法：

（1）将A相混合，搅拌加热至75~80℃，保温溶解至完全。

（2）搅拌冷却至60℃，加入B相组分，搅拌至完全溶解均匀。

（3）搅拌冷却至45℃，分别加入C相各组分，搅拌均匀即可。用柠檬酸调节pH至6.0~6.5。用氯化钠调节至所需黏度。

3. 防晒乳、油　防晒乳是由利用防晒原理制成的保护皮肤免受紫外线伤害，从而避免黑色素的产生与积累的护肤乳。防晒乳与防晒霜的主要区别在于物理性状，霜剂一般的含水量在60%左右，看上去比较"稠"，呈膏状；而乳液，含水量在70%以上，看上去比较稀，有流动性。防晒油是一种油状液体，其中添加油溶性紫外线吸收剂，对皮肤的黏附性好，有较好的防水效果，其防晒效果比防晒乳低。防晒乳配方示例见表6-38。

表6-38　防晒乳配方

组相	组分	质量分数（%）
A相	吐温60	2.50
	司盘60	0.80
	十六烷基十八烷醇	0.50
	甲氧基肉桂酸乙基己酯	6.00
	奥克立林	6.00
	水杨酸乙基己酯	2.00
	辛酸/癸酸甘油三酯	1.00
	异壬酸异壬酯	2.50
B相	甘油	1.00
	丙二醇	1.00
	卡波姆钠	0.60
	EDTA-2Na	0.10
	去离子水	加至100.00
C相	防腐剂	适量
	香精	适量

制备方法：

（1）将 A 相混合，搅拌加热至 80~85℃。

（2）将 B 相加热至 80~85℃搅拌溶解至完全。

（3）80~85℃保温，将 B 相加入 A 相，搅拌均质 5 分钟。

（4）搅拌冷却至 45℃，分别加入 C 相搅拌均匀。

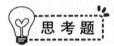 思考题

1. 水剂、油剂、乳剂化妆品各有什么特点？

2. 沐浴液和洗发液有何异同点？

3. 简要说明乳化剂选择的原则和方法。

4. 影响乳化体稳定性的因素有哪些？

第七章　化妆品半固体制剂

PPT

化妆品半固体制剂，一般又称为膏剂化妆品，是指有效成分与适宜基质均匀混合制成的、具有适当稠度的膏状制剂。常见的化妆品半固体制剂包括乳膏化妆品、油膏化妆品、水凝胶化妆品，其他如护发素及牙膏也可归纳到化妆品半固体制剂的范畴。

第一节　乳膏化妆品

一、概述

乳膏化妆品和乳液类似，是指一种或多种液体以液珠形式分散在与它互不相溶的液体中构成的分散体系，以液珠形式存在的为内相，也称为分散相；另一相连成一片，称为外相或分散介质。与乳液相比，乳膏化妆品的油分相对较多，一般在15%~40%的比例范围，可根据不同肤质的需求调整油分的比例和组成搭配，在设计配方时灵活性比较大；乳膏化妆品黏度较高，即使在重力作用下也不易倾倒。

从乳化体的类型看，主要有O/W型和W/O型两种，此外多重乳液W/O/W型或O/W/O型也有采用。O/W型乳膏相对比较清爽、水润感比较明显，W/O型乳膏则相对滋润、防水能力较好，复合型乳膏则体验感更加丰富多层次。

乳膏化妆品按照使用部位可分为面霜、手霜、体霜、眼霜等；按照产品的功效性可分为保湿霜、滋润霜、美白霜、抗皱霜、防晒霜、粉底霜等。

二、乳膏化妆品的主要原料

乳膏化妆品与乳液化妆品所需原料基本相同，通常包含油脂、水、乳化剂及其他辅助原料。

（一）乳化剂

在乳膏化妆品的配方组成中，乳化剂是一种重要的组成成分，它对产品的外观、理化性质及用途和贮存条件具有很大的影响。乳化剂包括表面活性剂、高分子材料和固体粉末三大类，其中表面活性剂是最常使用的乳化剂。

1. 表面活性剂类乳化剂　用于乳膏化妆品的表面活性剂类乳化剂一般有阴离子表面活性剂和非离子表面活性剂。阴离子表面活性剂起表面活性作用的是其阴离子部分，带有负电荷，如肥皂类、长链烃基的硫酸化物及磺酸化物等；非离子表面活性剂在水溶液中不解离，特点是温和、具有良好的乳化性能和稳定性高，是在乳膏化妆品中广泛使用的一类乳化剂，如脂肪醇聚氧乙烯醚系列、烷基糖苷系列、司盘和吐温系列、多元醇酯型等。

2. 高分子材料类乳化剂 亲水性较强，能形成 O/W 型乳剂，多数有较大的黏度，易形成高分子乳化膜，增加乳剂的稳定性。高分子材料类乳化剂分为天然来源与合成来源两大类，天然来源的如汉生胶、阿拉伯胶、海藻酸钠、卵磷脂等，都是 O/W 型乳膏常用的乳化剂，其水溶液一般都有较好的增稠能力，有助于增加乳化体系的稳定性；合成高分子乳化剂近年来发展比较迅速，其卓越的增稠能力、稳定性以及丰富的肤感类型大大地拓展了使用范围，常用的有聚丙烯酸酯类。

3. 固体粉末类乳化剂 一些溶解度小、颗粒细微的固体粉末，乳化时可被吸附在油水界面，形成固体粉末乳化膜，且不受电解质影响。一般接触角小、易被水润湿的固体粉末可作为 O/W 型乳化剂，如氢氧化镁、氢氧化铝、二氧化硅、皂土等；接触角大、易被油润湿的可作为 W/O 型乳化剂，如氢氧化钙、氢氧化锌、硬脂酸镁等。

（二）油相组分

乳膏化妆品的油相组分一般有天然、半天然及合成类油、脂和蜡等，按常温状态又可以分为液体类、半固体类、固体类。

1. 液体类油相组分 主要作用是赋予皮肤柔软性、润滑性；促进透皮吸收；形成疏水膜、润肤；减少摩擦，增加光泽。常用的有橄榄油、杏仁油、小麦胚芽油、山茶油、鳄梨油、角鲨烷、液体石蜡、支链脂肪醇、辛酸/癸酸甘油三酯等。

2. 半固体类油相组分 主要作用是赋予皮肤柔软性、润滑性；促进透皮吸收；形成疏水膜、润肤；减少摩擦，增加光泽。常用的有可可脂、牛油树脂、羊毛脂及其衍生物、凡士林等。

3. 固体类油相组分 主要作用是作为固化剂提高产品稳定性；赋予产品触变性；改善肤感，形成疏水膜；赋予产品光泽。常用的有蜂蜡及其衍生物、鲸蜡、小烛树蜡、鲸蜡醇、硬脂醇、硬脂酸、纯羊毛脂、微晶蜡、固体石蜡等。

（三）保湿剂

保湿剂是一类在产品中可在宽广相对湿度范围变化和较长时期内增加或保持皮肤上层水分的化合物，这类化合物有低的挥发性，可吸留在皮肤表面。一般来说，保湿剂可分为三类：无机、有机和金属-有机保湿剂。化妆品中使用的主要是有机型保湿剂，包括多元醇类、氨基酸类和多糖类等。

理想的保湿剂应具备以下一些性质：

（1）理想的保湿剂应能显著地从周围环境中吸收水分，在一般的湿度条件下保持水分。

（2）吸收的水分随相对湿度变化较少。

（3）可与配方中其他原料配伍。

（4）无味、无毒、无刺激性，使用安全。

（5）化学性质稳定，不容易发生反应等。

（四）流变调节剂

乳膏化妆品中的流变调节剂主要是起增稠、稳定、悬浮或助乳化等作用，O/W 型和 W/O 型乳膏化妆品用到的流变调节剂略有差别。

1. O/W 型乳膏化妆品 使用的流变调节剂主要为一些亲水型的高分子聚合物，如卡波姆系列，市面上使用的卡波姆系列有多种型号可对应不同的配方需求，有耐离子的、触变性强的、悬浮效果好的、增稠效果好的、肤感清爽的等；生物胶系列，如黄原胶、卡拉胶、长角豆胶、瓜尔豆胶、阿拉伯胶、刺云豆胶等，近年来受到绿色消费观念的影响，这类天然来源的流变调节剂比较受欢迎；无机型流变调节剂，如硅酸铝镁、硅酸镁钠锂、水辉石等。

2. W/O 型乳膏化妆品 使用的流变调节剂种类相对会少一点，可分为亲水型和亲油型，亲油型的相对使用得比较多。亲水型的一般有无机盐类如硫酸镁、氯化钠，卡波姆类偶尔也会用到；亲油型的有如膨润土、氢氧化铝、硬脂酸镁、蜂蜡、地蜡等。

（五）其他功效成分

其他功效成分主要是为了赋予乳膏化妆品不同功效和用途而添加的，市面上的功效成分种类繁杂，质量更是良莠不齐，所以正确的筛选出安全、温和、有效、性价比高的功效成分是提高配方竞争力的重要途径之一。

三、乳膏化妆品的配方示例

1. 润肤霜配方示例 甘油硬脂酸酯柠檬酸酯是一种不含乙氧基的乳化剂，是高效的阴离子表面活性剂，同时具有优异的肤感和润湿性能；鲸蜡醇属于脂肪醇，可作为柔润剂和乳化稳定剂；椰油酸乙基己酯肤感清爽，可减少乳膏的黏腻感；棕榈酸异丙酯可以增加膏体的延展性，易于涂抹且黏腻感较低；角鲨烷是一种卓越的润肤油脂，提取自橄榄油中，能快速地与肌肤内的水分、油脂相溶，有助于调整肌肤的水油平衡，使肌肤恢复原本的柔嫩触感；聚二甲基硅氧烷的添加可以减少膏体在涂抹过程中出现的"泛白"现象；β-葡聚糖为天然植物胶聚糖，在配方中可作为皮肤调理剂和保湿剂使用，同时可以减少紫外线对皮肤的伤害，提高皮肤抵御外界伤害的能力；库拉索芦荟提取物有很好的活肤作用，也能促进胆甾醇的合成，有助于减少油光和增加皮肤的柔润程度。润肤霜配方示例见表7-1。

表 7-1 润肤霜（O/W）配方组成

组相	原料名称	质量分数（%）
A 相	十六烷基十八烷醇	2.00
	鲸蜡醇	1.00
	甘油硬脂酸酯柠檬酸酯	2.00
	椰油酸乙基己酯	5.00
	棕榈酸异丙酯	3.00
	角鲨烷	10.00
	肉豆蔻醇肉豆蔻酸酯	2.00
	维生素 E	1.00
	聚二甲基硅氧烷	2.00
B 相	甘油	5.00
	丙二醇	5.00
	甘油葡糖苷	2.00
	透明质酸钠	0.10
	卡波 940	0.20

续表

组相	原料名称	质量分数（%）
B 相	EDTA 二钠	0.03
	水	加至 100.00
C 相	三乙醇胺	0.20
D 相	β-葡聚糖	1.00
	库拉索芦荟提取物	2.00
	海藻糖	1.00
	防腐剂	适量
	香精	适量

制备工艺：

（1）将 A 相加热搅拌溶解，加热至 85℃备用。

（2）将 B 相加热搅拌溶解，加热至 85～90℃备用。

（3）A 相加入 B 相中，搅拌均质 5 分钟。

（4）继续搅拌降温至 55℃，加入 C 相充分搅拌均匀。

（5）继续搅拌降温至 45℃，加入 D 相充分搅拌均匀。

（6）继续搅拌降温至室温，即得。

2. 护手霜配方示例 鲸蜡硬脂醇/鲸蜡硬脂基葡糖苷是乳化性能和稳定性都很好的糖苷类乳化剂，对多种类型的油脂都具有很好的配伍性，同时还能降低皮肤的失水；甘油硬脂酸酯/PEG-100 硬脂酸酯在配方中起助乳化作用；纯度高的白油刺激性较低，在护手霜配方中可作溶剂和柔润剂使用；凡士林又称矿脂，可以防止皮肤水分的蒸发；乳木果油对皮肤安全性高，含有丰富的维生素和卵磷脂，有良好的营养及渗透作用，有助于改善手部肌肤的干燥感。润肤霜配方示例见表 7-2。

表 7-2 护手霜配方组成

组相	原料名称	质量分数（%）
A 相	十六烷基十八烷醇	2.00
	甘油硬脂酸酯/PEG-100 硬脂酸酯	1.00
	鲸蜡硬脂醇/鲸蜡硬脂基葡糖苷	3.00
	白油	8.00
	凡士林	5.00
	乳木果油	5.00
	聚二甲基硅氧烷	2.00
B 相	甘油	5.00
	透明质酸钠	0.05
	卡波 940	0.20
	EDTA 二钠	0.03
	去离子水	加至 100.00
C 相	三乙醇胺	0.20
D 相	防腐剂	适量
	香精	适量

制备工艺：

（1）将 A 相加热搅拌溶解，加热至 85℃备用。

（2）将 B 相加热搅拌溶解，加热至 85~90℃备用。

（3）A 相加入 B 相中，搅拌均质 5 分钟。

（4）继续搅拌降温至 55℃，加入 C 相充分搅拌均匀。

（5）继续搅拌降温至 45℃，加入 D 相充分搅拌均匀。

（6）继续搅拌降温至室温，即得。

3. 眼霜配方示例 聚山梨醇酯-20 属于脂肪酸衍生物，在眼霜中作乳化剂使用，可以增加产品的顺滑度，一定程度上减少涂抹眼霜时对眼周肌肤造成的摩擦损伤；蔗糖硬脂酸酯从植物中获取，可减少表层肌肤脱水，具有润肤乳化的功效，达到调理肌肤的效果；糖基海藻糖能在皮肤表面形成保护膜，有助于肌肤抵抗衰老、保持活力，增加肌肤光滑性，赋予柔软细嫩感，同时可以一定程度上保护受紫外线照射的细胞；二肽-2 能改善眼部水肿，是有效的血管紧张素转换酶抑制剂，可改善血液循环，用于眼霜中对水肿型眼袋和黑眼圈均有一定的效果；橙皮苷甲基查尔酮具有维持血管正常通透性、提高毛细血管抵抗力、增强毛细血管弹性的作用，对血管紧张收缩造成的黑眼圈有一定的改善作用；棕榈酰寡肽能促进胶原蛋白的合成，使皮肤更显年轻，同时还能局部阻断神经传递，使皮肤肌肉放松达到淡化细纹的效果。眼霜配方示例见表 7-3。

表 7-3 眼霜配方组成

组相	原料名称	质量分数（%）
A 相	聚山梨醇酯-20	0.50
	蔗糖硬脂酸酯	1.00
	角鲨烷	5.00
	维生素 E	1.00
B 相	甘油	5.00
	羟乙基脲	5.00
	透明质酸钠	0.10
	糖基海藻糖	2.00
	EDTA 二钠	0.03
	卡波姆 940	0.10
	去离子水	加至 100.00
C 相	三乙醇胺	0.10
D 相	二肽-2	0.50
	橙皮苷甲基查尔酮	0.50
	棕榈酰寡肽	1.00
	防腐剂	适量
	香精	适量

制备工艺：

（1）将 A 相加热搅拌溶解，加热至 85℃备用。

（2）将 B 相加热搅拌溶解，加热至 85~90℃备用。

（3）A 相加入 B 相中，搅拌均质 5 分钟。

（4）继续搅拌降温至55℃，加入C相充分搅拌均匀。

（5）继续搅拌降温至45℃，加入D相充分搅拌均匀。

（6）继续搅拌降温至室温，即得。

4. 美白霜配方示例 聚甘油-3-甲基葡糖二硬脂酸酯是一种用来制备与活性成分具有高度相容性的水包油型乳膏的乳化剂，能够使产品油水相更好的相溶；鲸蜡硬脂醇在配方中作为柔润剂、乳化剂和增稠剂使用；霍霍巴籽油不易被氧化，可使皮肤柔软、有弹性，是出色的滋润成分；抗坏血酸四异棕榈酸酯是维生素C衍生物，稳定性比维生素C好，在皮肤中分解成游离维生素C实现生理功能；光果甘草根、根状茎组织细胞内的主要功效成分为光果甘草素和光果甘草定，具有很强的抗氧活性，有淡化色斑的作用；神经酰胺-3和构成皮肤角质层的物质结构相近，渗透性好，能增强皮肤屏障、减少外部环境的影响；甘草酸二钾为甘草中的有效成分，具有抗炎、抗过敏的作用，用在美白产品中还可以发挥协助美白的功效。美白霜配方示例见表7-4。

表7-4 美白霜配方组成

组相	原料名称	质量分数（%）
A相	聚甘油-3-甲基葡糖二硬脂酸酯	2.00
	鲸蜡硬脂醇	1.00
	霍霍巴籽油	10.00
	角鲨烷	5.00
	辛酸/癸酸甘油三酯	5.00
	聚二甲基硅氧烷	2.00
	抗坏血酸四异棕榈酸酯	0.20
	维生素E	1.00
B相	甘油	5.00
	丙二醇	2.00
	透明质酸钠	0.10
	丁二醇	4.00
	尿囊素	0.10
	汉生胶	0.30
	卡波姆	0.20
	EDTA二钠	0.03
	去离子水	加至100.00
C相	三乙醇胺	0.20
D相	光果甘草根提取物	0.20
	神经酰胺-3	0.50
	甘草酸二钾	0.20
	防腐剂	适量
	香精	适量

制备工艺：

（1）将A相加热搅拌溶解，加热至85℃备用。

（2）将B相加热搅拌溶解，加热至85~90℃备用。

（3）A相加入B相中，搅拌均质5分钟。

（4）继续搅拌降温至55℃，加入 C 相充分搅拌均匀。

（5）继续搅拌降温至45℃，加入 D 相充分搅拌均匀。

（6）继续搅拌降温至室温，即得。

5. 防晒霜配方示例 山梨坦橄榄油酸酯属于非离子型的亲油乳化剂，肤感轻薄、光滑，稳定性佳；C12~15 醇苯甲酸酯是一种柔润剂，容易乳化，同时肤感清爽不黏腻；丁二醇二辛酸/二癸酸酯是一种极性润肤油，对色粉有卓越的分散能力；水杨酸乙基己酯是 UVB 吸收剂，属于化学防晒剂的一种；硅石在防晒霜中，可以增加滑顺度，同时有轻微的遮瑕力。防晒霜配方示例见表 7-5。

表 7-5 防晒霜配方组成

组相	原料名称	质量分数（%）
A 相	甘油硬脂酸酯/PEG-100 硬脂酸酯	1.00
	鲸蜡硬脂醇	2.00
	山梨坦橄榄油酸酯	0.50
	聚山梨醇酯-60	2.00
	山梨坦硬脂酸酯	0.20
	C12~15 醇苯甲酸酯	5.00
	异壬酸异壬酯	10.00
	丁二醇二辛酸/二癸酸酯	3.00
	水杨酸乙基己酯	3.00
	二氧化钛	10.00
	硅石	2.00
B 相	甘油	5.00
	丙二醇	3.00
	透明质酸钠	0.10
	汉生胶	0.30
	硅酸铝镁	0.20
	去离子水	加至100.00
C 相	防腐剂	适量
	香精	适量

制备工艺：

（1）将 A 相加热搅拌溶解，加热至85℃备用。

（2）将 B 相加热搅拌溶解，加热至85~90℃备用。

（3）A 相加入 B 相中，搅拌均质5分钟。

（4）继续搅拌降温至45℃，加入 C 相充分搅拌均匀。

（5）继续搅拌降温至室温，即得。

6. 洁面乳配方示例 椰油酰甘氨酸钠为主要氨基酸表面活性剂，泡沫丰富有弹性，使用后皮肤爽滑不紧绷；添加量为5%的甲基月桂酰基牛磺酸钠、水、氯化钠、月桂酸钠复合物，可以协同椰油酰甘氨酸钠的珠光效应，让膏体的珠光更漂亮；PEG-120 甲基葡糖二油酸酯是一种非离子增稠剂，与多种表面活性剂具有良好的兼容性，增稠的同时不会减少表面活性剂体系的泡沫，还可以降低强刺激性表面活性剂对眼睛造成的刺激；椰油基甜菜碱作增泡剂使用，同时也可以降低其他表面活性剂的刺激性；C12~15 醇乳酸酯作为润肤剂使用，赋予洗后的柔润肤感，少量添加即可；乙二醇二硬脂酸酯作为珠光剂使用，同时可以发挥一定的增黏作用；PEG-7 甘油椰油酸酯少量添加可以增加产品的顺滑感。洁面乳配方示例见表 7-6。

表 7-6 洁面乳配方组成

组相	原料名称	质量分数（%）
A 相	丙烯酸酯共聚物	1.50
	去离子水	加至 100.00
	甘油	20.00
B 相	EDTA 二钠	0.10
	尿囊素	0.20
	PEG-120 甲基葡糖二油酸酯	0.30
	椰油酰甘氨酸钠	50.00
	椰油基甜菜碱	8.50
	椰油酰胺 MEA	0.80
	甲基月桂酰基牛磺酸钠	5.00
	柠檬酸	0.75
	C12～15 醇乳酸酯	0.40
	椰油酰羟乙磺酸酯钠	3.50
	异硬酯酰乳酰乳酸钠	0.25
C 相	乙二醇二硬脂酸酯	2.00
D 相	PEG-7 甘油椰油酸酯	0.50
	防腐剂	适量
	香精	适量

制备工艺：

（1）将 A 相依次加入，搅拌溶解均匀。

（2）将 B 相加入 A 相中，加热至 80℃，搅拌溶解完全后加入 C 相，保温搅拌 15～30 分钟，然后慢速搅拌降温。

（3）降温至 45℃，加入 D 相，慢速搅拌均匀，缓慢降温结晶即得。

7. 按摩霜配方示例 按摩膏中添加 30% 的白油，可以在按摩的过程提供持续的润滑感，避免损伤皮肤；山茶籽油是一种卓越的润肤成分，而且含有丰富的维生素 E，具有很好的抗氧化效果；乳木果脂含有丰富的维生素、甾醇和卵磷脂，滋养肌肤，在按摩膏中添加对干燥、老化的肌肤有很好的营养效果；天竺葵油、柠檬果皮油和姜根提取物搭配使用于按摩膏中，可以发挥舒缓疲劳、减轻肌肉酸痛的功效。按摩霜配方示例见表 7-7。

表 7-7 按摩霜配方组成

组相	原料名称	质量分数（%）
A 相	聚山梨醇酯-60	2.00
	山梨坦硬脂酸酯	1.00
	鲸蜡醇	2.00
	甘油硬脂酸酯 &PEG-100 硬脂酸酯	1.00
	白油	30.00

续表

组相	原料名称	质量分数（%）
A 相	山茶籽油	10.00
	聚二甲基硅氧烷	2.00
	乳木果脂	2.00
	维生素 E	1.00
B 相	甘油	10.00
	透明质酸钠	0.05
	尿囊素	0.10
	卡波姆	0.20
	EDTA 二钠	0.03
	去离子水	加至 100.00
C 相	三乙醇胺	0.20
D 相	天竺葵油	0.50
	柠檬果皮油	0.50
	姜根提取物	1.00
	防腐剂	适量
	香精	适量

制备工艺：

（1）将 A 相加热搅拌溶解，加热至 85℃备用。

（2）将 B 相加热搅拌溶解，加热至 85～90℃备用。

（3）A 相加入 B 相中，搅拌均质 5 分钟。

（4）继续搅拌降温至 55℃，加入 C 相充分搅拌均匀。

（5）继续搅拌降温至 45℃，加入 D 相充分搅拌均匀。

（6）继续搅拌降温至室温，即得。

8. 粉底霜配方示例　C30～45 烷基聚二甲基硅氧烷有类似凡士林的外观，具有增稠和增加稳定性的功效，还可促进色粉的分散；硬脂基聚二甲基硅氧烷有一定的成膜作用，可以增加粉底的持妆时间；蜂蜡有很好的增稠、稳定作用；环五聚二甲基硅氧烷与聚二甲基硅氧烷/乙烯基聚二甲基硅氧烷交联聚合物是硅弹体的一种，可提供丝滑肤感；PEG-10 聚二甲基硅氧烷、鲸蜡基 PEG/PPG - 10/1 聚二甲基硅氧烷组成的乳化剂体系稳定性较高，乳化能力较强；苯基聚三甲基硅氧烷肤感清爽容易涂抹，可以改善膏体的黏腻感；二硬脂二甲铵锂蒙脱石在配方中作悬浮剂和乳化稳定剂使用。粉底霜配方示例见表 7-8。

表 7-8　粉底霜配方组成

组相	原料名称	质量分数（%）
A 相	C30～45 烷基聚二甲基硅氧烷	0.5
	硬脂基聚二甲基硅氧烷	0.3
	蜂蜡	3.50
	环五聚二甲基硅氧烷与聚二甲基硅氧烷/乙烯基聚二甲基硅氧烷交联聚合物	3.00
	PEG-10 聚二甲基硅氧烷	2.00
	鲸蜡基 PEG/PPG-10/1 聚二甲基硅氧烷	1.00

续表

组相	原料名称	质量分数（%）
A₁ 相	苯基聚三甲基硅氧烷	3.00
	二异硬脂醇苹果酸酯	3.00
	环五聚二甲基硅氧烷	15.00
	二硬脂二甲铵锂蒙脱石	2.00
	氧化铁红	0.10
	氧化铁黄	0.35
	氧化铁黑	0.02
	二氧化钛	10.00
B 相	甘油	5.00
	丙二醇	5.00
	硫酸镁	1.00
	去离子水	加至100.00
C 相	防腐剂	适量
	香精	适量

制备工艺：

（1）A₁ 相均质研磨 2~3 分钟，至粉质细腻柔软。

（2）A₁ 相加入 A 相中，加热至溶解完全，温度控制在 85℃ 左右，备用。

（3）B 相加热至 85~90℃，备用。

（4）A 相慢速搅拌，同时将 B 相缓慢滴加入 A 相中，然后搅拌均质 3~5 分钟。

（5）搅拌降温至 45℃，加入 C 相充分搅拌均匀。

（6）继续降温至 38℃，过滤即得。

四、乳膏化妆品的质量控制

乳膏化妆品生产中常见的问题原因及控制方法如下：

1. 膏体泛粗，外观不细腻

（1）原料溶解性问题　油水两相及后续添加的原料未能充分溶解。控制方法：

1）提高油相原料的溶解温度，增加保温时间。

2）如果用到卡波等高分子增稠剂，必须充分预分散。

3）乳化前检查油水两相的溶解情况。

4）后续添加原料与外相的溶解情况。

（2）乳化剂问题　乳化剂用量不足、乳化剂的类型与乳化体系不匹配或乳化剂性质不稳定。控制方法为足量添加合适的乳化剂，并检查乳化剂质量稳定。

（3）乳化工艺问题

1）剪切力度问题：均质时间不足或者均质机工作异常，应保证乳化体系在足够的剪切力度下进行充分时间的均质。

2）降温速度过快：控制方法为核实降温速度，一般降温速度为 0.5~1℃/min。

3）搅拌速度过快或者真空度不足：控制方法为搅拌速度根据产品的流变性要求控制在合理范围内，真空度在 -0.05~0.1MPa。

2. 油水分层　可能与乳化体系的设计有关，如乳化剂的选择与用量、油相的选择、均质时传质传不到位或降温速度过快有关，控制方法参照上述内容。

3. 黏度过大或过小　黏度的大小通常与流变调节剂和油相原料有关，尤其是高熔点的油性原料。控制方法：根据产品需求，调整配方中增稠剂或者油相原料的用量或种类。

4. 膏体变色变味

（1）香精、色素或活性添加剂成分不稳定导致　控制方法：将香精、色素或活性成分添加剂单独逐一加入膏体样板中，进行耐热试验或者通过 UV 照射试验，模拟检测其在日光中的稳定性。可通过抗氧化剂等稳定成分来改善。

（2）油脂加热温度过高　油相原料加热时，如温度过高，很多油脂容易变黄，因而影响产品的颜色。控制方法：油脂加热时避免温度过高或加热时间过长。

5. 刺激皮肤

（1）膏体中的香精、色素、防腐剂或者其他成分刺激性较强，或者原料的重金属如铅、汞、砷超标。控制方法：调整配方添加低刺激的原料，加强原料的检验。

（2）膏体的 pH 过低或过高都会影响膏体的稳定性及刺激性。控制方法：pH 必须控制在 4.0~10.0，符合国家产品行业标准对 pH 的要求。

第二节　油膏化妆品

一、概述

油膏化妆品是以油性原料为基质的化妆品，典型产品包括唇膏及护肤油膏。油膏通常是将活性添加剂或颜料与油性基质均匀混合成膏的制剂。油膏化妆品的特点是柔软、润滑、无板硬感，对于唇部、肘部或者膝盖等易有折缝之处具有较好的覆盖性，形成的密封性油膜能润泽唇部或者皮肤，防止干燥皴裂。个别化妆品油膏还可以用于治疗慢性肥厚性皮肤损伤的封包疗法，疗效甚佳。

油膏化妆品应具备的特性：①无刺激、无害和无微生物污染，尤其针对唇膏产品，最容易随着唾液或进食进入体内，因此唇膏所使用的原料理应为符合唇部使用，安全的原料；②具有清新、自然的气味；③膏体涂擦时平滑流畅，涂擦后均匀铺展，不易发生溶合或漂移；④有较好的附着性，能驻留较长时间；⑤唇部或皮肤感到润湿和舒适，没有黏腻等不愉快肤感；⑥产品性能稳定，油脂及蜡类原料不易氧化变色、酸败或产生异味，唇膏则不会有"发汗"现象，货架期及使用时不会变形、结块或软化，能维持其产品形状及光色。

（一）唇膏

一般来说，唇膏类化妆品从色彩上可分为以下类型：原色唇膏、变色唇膏、无色透明唇膏；从色彩光泽上可分为高光泽型唇膏和哑光雾感型唇膏；从功效上可以分为滋润型、防水型和防晒型唇膏。

1. 原色唇膏　最常见的唇膏类型，通常有大红、桃红、橙红、玫红、朱红等，由色淀等颜料制成，为增加色彩的附着牢度，常和溴酸红染料复配使用。此外，原色唇膏中经常添加光泽璀璨的珠光颜料制备成珠光唇膏，涂擦后唇部显现闪烁光泽，提高妆效。

2. 变色唇膏　变色唇膏内仅使用溴酸红（四溴荧光素）而不加其他不溶性染料，这样的产品涂擦在唇部时，其色泽立刻由原来的淡橙色变成玫瑰红色，故称为变色唇膏。溴酸红的酸碱度与唇部皮肤不同，而皮肤具有自动调节酸碱度的能力，当该产品接触唇部后，酸碱度达到唇部酸碱度时，其色泽由淡橙色变成玫瑰红色。

3. 无色唇膏 不添加任何色素，起滋润柔软、防止干燥皲裂、增加唇部光泽作用。

4. 防水型唇膏 添加具有抗水性的硅油成分，涂擦后可形成防水型油膜，以减轻因饮食导致唇妆脱落。

5. 防晒型唇膏 加入防晒剂，能抵抗紫外线辐射导致的嘴唇皮肤干裂或衰老问题。

（二）护肤油膏

护肤油膏以油脂、蜡为基质配方，再添加具有一定功效的添加剂（通常与油相有较好的相容性）或者植物精油成分，能在皮肤表面产生密闭性较强的油膜，手肘、膝盖或者其他特别干燥的部位也能得到保湿滋润，舒缓干燥皮肤不适感。同时，油膏护肤产品添加的精油等功效添加剂分子质量较小，容易渗透角质层，有促进愈合或者舒缓婴儿湿疹等功效。

近年来也出现了一些以某种功效油脂为主要原料，辅以少量其他添加成分如抗氧化剂等组成的配方结构简单的护肤油膏化妆品，如马油膏、蛇油膏、椰油膏、乳木果油膏等。

二、油膏化妆品的主要原料

油膏化妆品的主要原料为油性基质原料、活性添加剂、着色剂、填充剂、其他添加剂等，如表7-9所示。

表7-9 油膏化妆品的主要原料

		代表性原料	功能
油性原料	油脂	蓖麻油、橄榄油、霍霍巴油、可可脂、无水羊毛脂、凡士林、白矿油、肉豆蔻酸异丙酯、单硬脂酸甘油酯、辛酸/癸酸甘油三酯、角鲨烷	油性基质，滋润
	蜡	巴西棕榈蜡、小烛树蜡、蜂蜡、鲸蜡、羊毛蜡、天然地蜡、聚乙烯蜡、石蜡、微晶蜡	
活性成分		透明质酸钠、精油、植物提取物	赋予产品保湿、抗皱等功能
填充剂		玉米淀粉、蚕丝粉、纤维素粉、纤维素微球、聚乙烯微球、膨润土、硅藻土、硫酸钡等	在唇膏中起吸油性、哑光性及填充作用
香精		玫瑰醇和酯、无萜烯类香料	赋香
着色剂	可溶性	二溴荧光素、四溴荧光素、四溴四氯荧光素	着色
	不溶性	氧化铁（红/黄/黑）、二氧化钛、氧化锌、炭黑、氢氧化铋等	
	珠光型	云母、氢氧化铋、二氧化钛等	
	天然色素	叶绿素、胡萝卜素、胭脂红等	
其他添加剂		尼泊金酯、生育酚、BHT、防晒剂	防腐、抗氧化、防晒

三、油膏化妆品的配方示例

1. 唇膏配方示例及工艺 唇膏配方具体示例见表7-10～表7-14。

表 7 - 10　普通唇膏配方组成

组相	组分	质量分数（%）
A 相	蓖麻油	20.5
	羊毛脂	10.5
	辛酸/癸酸甘油三酯	18.0
	聚乙二醇	7.0
	棕榈酸异丙酯	8.0
B 相	蜂蜡	7.0
	聚乙烯蜡	6.0
	地蜡	3.0
C 相	二氧化钛	10.0
	颜料	10.0
D 相	香精	适量
	防腐剂	适量

表 7 - 11　珠光唇膏配方组成

组相	组分	质量分数（%）
A 相	蓖麻油	28.0
	羊毛脂	15.0
	低黏度硅油	5.0
	辛酸/癸酸甘油三酯	9.0
	肉豆蔻酸异丙酯	18.0
B 相	巴西棕榈蜡	4.0
	蜂蜡	5.0
	聚乙烯蜡	5.0
	地蜡	2.0
C 相	珠光颜料	2.0
	颜料	4.0
D 相	抗氧化剂	适量
	香精	适量
	防腐剂	适量

表 7 - 12　变色唇膏配方组成

组相	组分	质量分数（%）
A 相	蓖麻油	36.0
	羊毛脂	27.0
	低黏度硅油	3.0
	辛酸/癸酸甘油三酯	5.0
	棕榈酸异丙酯	8.0
	可可脂	4.0
B 相	巴西棕榈蜡	6.0
	蜂蜡	10.0
C 相	溴酸红	0.2
D 相	抗氧化剂	适量
	香精	适量

表 7 – 13　防晒唇膏配方组成

组相	组分	质量分数（%）
A 相	三异硬脂酸柠檬酸酯	59.4
	小烛树脂	8.0
	肉豆蔻酸乳酸酯	7.5
B 相	微晶蜡	5.0
	巴西棕榈蜡	2.0
	二亚油酸双异丙酯	10.0
C 相	对羟基苯甲酸丙酯	0.1
	超微细 TiO_2	2.0
	颜料（云母、氢氧化铋、胭脂红）	6.0
D 相	香精	适量

表 7 – 14　防水唇膏配方组成

组相	组分	质量分数（%）
A 相	蓖麻油	28.0
	羊毛脂	2.5
B 相	巴西棕榈蜡	2.5
	地蜡	4.0
	苯基二甲基硅氧烷	15.0
C 相	小烛树蜡	7.0
	辛基十二烷醇	10.0
	超细二氧化硅	1.0
	着色剂	30.0
D 相	防腐剂	适量
	抗氧化剂	适量

上述几个配方的制备工艺如下：

（1）称取 A 相各组分于主容器中，加热至 85℃，搅拌直至溶解均匀。

（2）加入 B 相各组分，加热至 90℃，搅拌直至料体完全溶解。

（3）将溶解均匀的料体与 C 相中的二氧化钛、颜料、溴酸红、超微细 TiO_2、超细二氧化硅在三辊研磨机研磨均匀细致。

（4）将研磨细致均匀的料体加热到 90℃溶解均匀，加入 C 相中的珠光剂搅拌均匀。

（5）将料体降温到 85℃，加入 D 相，搅拌并真空脱泡 2 ~ 3 分钟。

（6）于 85 ~ 90℃灌入模具成型。

唇膏的制备主要是将着色剂分布于油脂、蜡中，成为均匀细腻的混合分散体系。它的生产工艺一般包括：颜料混合和研磨、颜料与基质混合、灌注成型、火焰表面上光。

将颜料溶解或者分散在蓖麻油、羊毛脂或配方中其他溶剂中（根据经验，最佳颜料/油料比率是 1∶2，有机颜料含量特别高的配方可能需要增加油量）。将蜡类混合熔化，温度控制在比最高熔点的原料略高一些。将半固体及液体油料融化后，加入其他颜料，经研磨机磨成均匀的混合体系。再将上述体系混合后研磨，加入香精。当温度下降至约高于混合物熔点 5 ~ 10℃时，即进行浇注，并快速冷却。最后，在已成型的唇膏棒通过气体喷灯火焰产生的局部气流，使唇膏棒表面熔化，形成光洁表面。

2. 护肤油膏配方示例及工艺　　详见表7-15~表7-17。

表7-15　木瓜膏配方组成

组相	组分	质量分数（%）
A 相	矿脂	25.00
	蜂蜡	0.50
	二甲基甲硅烷基化硅石	1.50
B组	白矿油	60.00
	红没药醇	1.00
	植物甾醇异硬脂酸酯	3.50
	O-伞花烃-5-醇	1.00
	红木籽油	0.50
	番木瓜果提取物	2.50
C 相	棕榈酸乙基己酯	4.50
	香精	适量
	色素 CI 47000	适量

表7-16　薄荷膏配方组成

组相	组分	质量分数（%）
A 组	地蜡	0.50
	石蜡	19.0
	白凡士林	23.50
B组	薄荷醇	17.00
	樟脑	11.00
	蓝桉叶油	0.70
	水杨酸甲酯	11.00

表7-17　护肤精油膏配方组成

组相	组分	质量分数（%）
A 相	霍霍巴籽油	15.00
	山茶籽油	10.00
	互生叶白千层叶油	3.00
	薰衣草油	2.00
	蓝桉叶油	2.00
	黑茶藨子籽油	3.00
	向日葵籽油不皂化物	10.00
	倒地铃花/叶/藤提取物	1.50
	向日葵籽油	10.00
	迷迭香叶提取物	2.50
	生育酚（维生素 E）	适量

续表

组相	组分	质量分数（%）
B 相	蜂蜡	20.00
	辛基十二醇	16.00
C 相	辛甘醇	适量
	乙基己基甘油	适量

　　具体生产工艺如下：把蜂蜡、小烛树蜡、微晶蜡、羊毛脂等蜡类基质，加入到主容器中进行溶解；再将半固软脂及液体油性原料融化后，加入薄荷醇等添加剂或精油成分。趁热混合均匀，混合物完全融化后加入香精、抗氧化剂及防腐剂等成分。混合好的半成品物料通过真空抽至成品贮罐中，并将成品贮罐内的温度保持在 65~70℃，而后进行灌装，冷却成型后进行加盖即可。

四、油膏化妆品的质量控制

　　油膏化妆品（主要是唇膏产品）生产中常见的问题原因及控制方法如下：

　　1. 油膏过于黏腻或延展性不佳，唇膏产品易折断、融化及变形　产品的黏着性、触变性、成膜性、硬度及熔点与油性基质的选择和用量有密切关系，蜡类原料在配方中的影响尤其明显。

　　控制方法：调整配方中的油脂、蜡的种类及用量。如巴西棕榈蜡可在产品作为硬化剂，用以提高产品的熔点而不影响其触变性，并赋予产品光泽和热稳定性，因此对保持膏体形体稳定性和光亮度起着重要作用，但其用量过多则会引起膏体脆化，一般用量不超过 5%。往体系中添加蜂蜡也可以缓和膏体的脆性，增加延展性；鲸蜡及鲸蜡醇可增加膏体的触变性，但却不增加硬度。

　　2. 唇膏产品浇注时不易脱模　产品浇注时不易脱模可能与油性基质的选择和用量有一定关系。控制方法：调整配方中的油脂、蜡的种类及用量。例如天然地蜡作唇膏硬化剂时，有较好的吸收矿物油的性能，可使唇膏在浇注时收缩易于脱出。值得注意的是，如用量过多，则会影响唇膏表面光泽。

　　3. 唇膏的颜料在基质中分布不均匀，出现聚集结团现象　唇膏产品中颜料的含量较高，具有一定的分散难度。

　　控制方法：可先将颜料用低黏度油浸透，然后加入较黏厚油脂进行混合，并在油脂处于较好流动状态下（约高于油脂、蜡类原料熔点 20℃）趁热进行研磨，以防止在研磨之前颜料发生沉淀。

　　4. 唇膏产品"发汗"出现干裂现象　唇膏含有大量油脂、蜡油性成分，在温度较高时，唇膏中的油脂就会渗出膏体表面；当温度低时，油脂又会回到膏体中去，并在膏体表面留下痕迹，俗称"出汗""冒汗"或者"挂珠"。

　　控制方法：调整配方中的油性原料。无水羊毛脂可以使得唇膏中各种油脂、蜡黏合均匀，羊毛脂对防止油分析出及对温度压力的突变有抵抗作用，可防止唇膏"发汗"、干裂。

　　5. 唇膏产品浇注时产生小孔　膏料中混入空气，则会在制品中出现小孔。

　　控制方法：浇注前需加热并缓慢搅拌以使气泡上浮到表面除去，或采用真空脱气方法排出空气。

唇蜜/唇彩等与唇膏的区别

　　不同于唇膏产品含有大量的高熔点蜡类原料，唇蜜/唇彩/唇油/唇釉是一类硬度、黏度都相对较低的唇部化妆品。这些产品有的可以像唇膏一样直接涂擦，有的则需要硅胶刷头或海绵刷头辅助涂擦。在使用感方面，这些产品具有滋润、高亮泽、易涂抹等性能，用后感觉也更为柔润，产品在唇部的持久性更强。因不受传统唇膏产品成型要求的限制，不需要像唇膏考虑硬度、折断、脱落等因素，这类产品在配方设计上有更大发挥余地，如高珠光、高成膜、高光泽度、哑光雾感原料可随意选用。作为唇部产品，此类产品在安全性、香气舒适度、着色剂的选择、微生物控制等质量指标和唇膏有同样严格的要求，它们和唇膏在配方结构上也一定程度相似，如高光泽的唇彩通常是在唇膏体系中添加了较多高折射率的油脂，如苯基聚三甲基硅氧烷、十三烷醇偏苯三酸酯等。值得一提的是，唇釉主流产品基本是完全乳化体系，通常为 W/O 型乳化体系，大量的着色剂在油相中作为外相可更好分散，色彩稳定性更好，防水成膜效果更为显著。

第三节　水凝胶化妆品

　　水凝胶（hydrogel）指以水为分散介质的凝胶，具有网状交联结构的水溶性高分子中引入一部分疏水基团和亲水基团，亲水基团与水分子结合，将水分子连接在网状内部，而疏水基团遇水膨胀的交联聚合物。即其是一种高分子网络体系，性质柔软，能保持一定的形状，能吸收大量的水。在化妆品中凝胶是一类含有两组分或两组以上的包含液体的外观为透明或半透明的半固体胶冻和其干燥体系（干胶）大分子的网络体系的通称。凝胶流变性质介于固体和液体之间，为高分子物质的一种特有结构状态。凝胶化妆品有水溶性凝胶和油溶性凝胶两类，水溶性凝胶是介于化妆水与乳霜之间的一类产品，其含有较多的水分，配方结构类似于化妆水，但使用性能又类似于乳霜，可以补充给皮肤，具有保湿及清爽的效果，比乳霜肤感清爽，适用于干性皮肤或夏季使用。水或水-醇凝胶产品主要使用水溶性聚合物作为胶凝剂，可用作各类产品的基质，由于它具有诱人的外观，较广范围的可调性，原料来源广泛，工艺简单，这类产品在近年来成为较为流行的一类凝胶型的化妆品。

　　凝胶的内部结构可以看作是胶体质点或高聚物分子相互联结，搭构起类似骨架的空间网状结构。当外界温度改变（或加入非溶剂）时，溶胶或高分子溶液中的大分子溶解度减小时，分子彼此靠近，而大分子链很长，在彼此接近时，一个大分子与另一个大分子同时在多处结合，形成空间网格结构。在这个网状结构的孔隙中填满了分散介质（水油等液体或气体）且介质在体系内不能自由行动，形成凝胶体系，因此，高分子溶液的凝胶通常是通过改变温度或加入非溶剂实现的。高分子物质的大分子形状的不对称是产生凝胶的内在原因，因此，护肤凝胶组分中的胶凝剂主要为水溶性高分子化合物，如聚甲基丙烯酸甘油酯类，丙烯酸聚合物及其他丙烯酸衍生物和卡拉胶等。凝胶的产生还需要高分子溶液有足够的浓度，而高分子溶液中电解质的存在可以引起或抑制凝胶作用。

　　水凝胶从透明度上分为透明型及半透明型，透明凝胶外观诱人。从功能上分有护肤类和清洁类（啫喱型洁肤剂），与其他剂型产品比较，凝胶更易被皮肤吸收。这类产品适用于油性皮肤，添加少量防治粉刺的活性物和消毒杀菌剂，对痤疮粉刺有一定的治疗和预防作用。如芦荟胶是目前市场上最常见的芦荟类外用制剂。凝霜是一种在凝胶基质中加入油脂、乳化剂和保湿剂的护肤品之一，与面霜相比，凝霜质地轻薄细腻，半透明，颜色各样，适用于各种皮肤，是一种十分轻薄的护肤品，涂抹后可赋予皮肤轻盈的清凉触感，迅速渗透至肌肤底层，达到修护保湿效果。凝霜的轻薄质地也可作为睡眠面膜使用，比水滋润，比霜轻盈，一抹化水不油腻，更加自然舒适，适合炎热的夏季作为晒后修复，保湿使用。啫喱是以护理人体皮肤为主要目的的凝胶状产品。此外还有凝胶面膜，其是以水为分散介质，当把凝胶贴到皮肤上时，受到体温的影响，凝胶内部的物理结构从固态变成液态，并渗透到皮肤中。以水凝胶为基质的面膜内注入胶原蛋白、透明质酸、熊果苷、烟酰胺等有效成分，可制成多种功能的面膜。相对于传统材质面膜，水凝胶的果冻状精华成分不易蒸发、干燥，其退热舒缓的效果对急性皮肤损伤（如过敏、长痘、擦伤）有良好效果。

一、水凝胶化妆品的主要原料和配方结构

（一）主要原料

凝胶在配方开发过程中，首先是流变调节剂的选择，一般需要选择对体系黏度提升很明显的水溶性聚合物。但需要根据待开发产品的透明度，选择透明型与不透明型流变调节剂，尤其是透明型的产品只能使用透明型的流变调节剂。

1. 凝胶剂　是一种使产品形成凝胶的物质，主要是水相的增稠剂，可以增加化妆品水相黏度，水相黏度的能力与其水溶性和亲水性有关。水相增稠剂具有如下特点：①在结构上，高分子长链具有亲水性；②在低浓度下，浓度与黏度成正比关系，主要是因聚合物分子间作用很少或没有所致；③在高浓度下，一般表现为非牛顿流体特性；④在溶液中，分子间具有相互吸附作用；⑤在分散液中，其空间相互作用，具有稳定体系的功能；⑥与表面活性剂互配使用，能提高和改善其功能。

凝胶剂的选择及其配方中其他成分的配伍是配方设计成功的关键，胶凝剂有阴离子型，阳离子型和两性型，如果与其他原料配伍不当，会使产品慢慢出现浑浊，或立即沉淀和凝聚等，常见的水相增稠剂：根据来源及聚合物的结构特性进行分类，包括天然水溶性聚合物、有机半合成聚合物、合成水溶性聚合物及无机水溶性聚合物四大类，具体如下：

（1）天然水溶性聚合物　如海藻胶、瓜儿胶、黄原胶、琼脂和果胶等。

（2）有机半合成聚合物（改性天然水溶性聚合物）　海藻酸酯、角叉（菜）酸酯、羟丙基瓜儿胶、羟乙基纤维素、羟丙基纤维素等。

（3）合成水溶性聚合物　聚丙烯酸树脂（如卡波系列产品）、聚氧乙烯和聚丙烯酸共聚物等。

（4）无机水溶性聚合物　硅酸铝镁等。

目前在化妆品中主要使用的凝胶剂有天然胶质和水溶性高分子化合物。如汉生胶、海藻酸钠、明胶、羧甲基纤维素钠、羟乙基纤维素钠、聚季铵盐-10、丙烯酸聚合物系列或丙烯酸酯共聚物等。需要注意的是水溶性聚合物，特别是天然水溶性聚合物较易被细菌沾污，使用前必须杀菌消毒，较好的杀菌方法为利用钴-60进行辐射灭菌（注意剂量），现市售化妆品级水溶性聚合物的微生物纯度已达到小于10CFU/g，可直接使用。

2. 中和剂　丙烯酸聚合物形成凝胶需要在碱的中和作用下形成，中和剂的用量控制在使凝胶的 pH ＝7 左右，常用的中和剂有强碱（如氢氧化钠）或弱碱（如三乙醇胺）。

3. 油脂　护肤凝胶配方结构类似于化妆水，但其应用性能需要有一定的润肤性以适合没有流动性的剂型。在凝胶型化妆品中赋予产品滋润性需要添加水溶性和油溶性油脂。

（1）水溶性油脂　目前应用于凝胶型化妆品中的水溶性油脂类型很多。水溶性油脂一般是在原来的油性化合物结构基础上连接聚氧乙烯链（EO 链），随 EO 数的增加，水溶性油脂的水溶性增强。水溶性较强的油脂，会形成透明体系；而 EO 数较少，水溶性不强的，添加到体系中会形成泛蓝的半透明体系。

（2）油溶性油脂　无法将油溶性油脂直接添加到凝胶产品中，需要借助于增溶、微乳或纳米乳液技术，增强油溶性的成分在水介质中的分散性。增溶、微乳或纳米乳液技术有很大的不同，增溶与微乳是热力学稳定体系，所形成的体系稳定性很好，但由于在形成过程中需要添加的表面活性剂浓度很高，太高的表面活性剂浓度应用于护肤产品中可能会有负面作用；而纳米乳液是热力学不稳定体系，在体系形成过程中，乳油比（乳化剂与油脂的比例）不高，乳化剂添加量不需太多，一般形成的是半透明的体系，借助于纳米乳液很难形成透明体系。

（二）配方结构

水凝胶产品可以赋予皮肤轻爽啫喱触感，基本功能是保湿。其配方成分中主要依靠不同种类的保湿剂作为保湿功效成分，添加油脂，在皮肤上形成封闭性薄膜，可提供一定的保湿作用。此外，通过添加活性原料可以赋予产品润肤、营养、祛斑、延缓衰老等作用。凝霜类会在凝胶基质上加入一定量的乳化剂和油脂，适量油脂形成的薄膜保持封闭性、防止水分流失，既具有一定滋润性和保湿效果又不失轻薄细腻的使用体验，结合凝胶基质提供轻盈爽滑的柔软触感，涂在皮肤上推开像水一样。各种护肤凝胶的目的和功能不同，所用的成分及其用量的平衡也有差异。水凝胶化妆品的主要成分是保湿剂、增溶剂、防腐剂、香精和水等。主要配方组成如表 7 – 18。

表 7 – 18　水凝胶化妆品的主要配方组成

组分	主要功能	代表性原料	质量分数（%）
去离子水	作为溶解介质、补充角质层的水分	去离子水	60 ~ 90
醇类	清凉、杀菌、溶解其他成分	乙醇、异丙醇	0 ~ 5
胶凝剂	形成凝胶、保湿，使产品稳定，改善流变性，改善肤感	水溶性聚合物如聚丙烯酸树脂（Carbopol Ultrez 20 等）、羟乙基纤维素等	0.3 ~ 2
保湿剂	改善使用感、皮肤角质层的保湿、溶解作用	甘油、丙二醇、1,3-丁二醇、聚乙二醇、山梨醇、糖类、氨基酸、吡咯烷酮羧酸钠	3 ~ 10
润肤剂	润湿、保湿软化、改善使用感	水溶性的植物油脂，水溶性硅油	1 ~ 5
碱类	调节 pH、软化角质	三乙醇胺、氢氧化钠	适量
增溶剂	油溶性原料，如香精和酯类增溶	HLB 值高的表面活性剂，如 PEG-40 氢化蓖麻油、壬基酚醚-10、油醇醚-20	0.5 ~ 2.5
防腐剂	抑制微生物生长	水溶性的防腐剂	适量
香精	赋香	各种化妆品香精	适量
活性成分	营养，紧致，杀菌	营养剂，杀菌剂，收敛剂等	适量

二、水凝胶化妆品的配方示例及制备工艺

1. 芦荟胶配方组成与制备工艺 芦荟胶是一种水凝胶，主要成分为，库拉索芦荟提取物、卡波姆、透明质酸钠、羟苯甲酯等。是目前市场上最常见的芦荟类外用制剂，用途较广泛，主要用于治疗烧伤、烫伤、晒后修复等。配方中会添加芦荟凝胶汁或粉（库拉索芦荟提取物）即芦荟叶片经清洗、去皮、榨汁、过滤、浓缩、杀菌等工序加工制得的液状或者粉状产品。配方示例见表7-19。

表7-19　芦荟胶的配方组成

组相	原料名称	INCI 名称	用量（%）	原料作用
A 相	Carbopol Ultrez 20	丙烯酸（酯）类/C10~C30 烷醇丙烯酸酯交联聚合物	0.90	增稠剂
B 相	去离子水	去离子水	加至100	溶剂
	EDTA-2Na	EDTA-2Na	0.05	螯合剂
	芦荟粉	库拉索芦荟叶汁粉	0.50	主要功效成分
	海藻糖	海藻糖	3.00	辅助功效成分，保湿剂
	丁二醇	丁二醇	2.00	辅助功效成分，保湿剂
	甘油	甘油	4.00	辅助功效成分，保湿剂
	泛醇	维生素B	0.20	辅助功效成分，保湿剂
	尿囊素	尿囊素	0.15	辅助功效成分，修复
C 相	氢氧化钠	10% NaOH	1.80	pH调节剂
D 相	Microcare MTI	甲基异噻唑啉酮/碘丙炔醇丁基氨甲酸酯	0.15	防腐剂

制备工艺：

（1）将 Carbopol Ultrez 20 均匀撒入水中，充分水合完全，保证增稠剂完全水合。

（2）将 B 相的甘油、芦荟等加入水中，升温到85℃，搅拌使原料完全溶解。

（3）将 A 相加入 B 相，85℃保温搅拌30分钟灭菌，继续搅拌降温。

（4）搅拌降温到55℃以下加入 C 相、搅拌均匀，使体系黏度上升。

（5）当温度降到45℃以下时，加入 D 相防腐剂。

（6）继续搅拌，待温度降到38℃以下后，200目滤网过滤，出料检测合格后罐装。

2. 啫喱的配方组成与制备工艺 护肤啫喱是以护理人体皮肤为主要目的的凝胶状产品，其中的冰晶保湿啫喱水是在溶剂水中添加了冰晶活性成分如薄荷醇，提高了清凉爽肤感，配方中采用卡波树脂作成膜剂，制备啫喱状水剂。该保湿啫喱水能起到清爽皮肤、保持皮肤水分及美容洁肤的作用。配方组成详见表7-20。

表7-20　啫喱的配方组成

相别	原料编号	原料名称	化学名称	质量分数（%）	备注
A 相	1	卡波940	季戊四醇丙烯酸交联树脂	0.5	加热溶解
	2	水	去离子水	加至100	
	3	甲酯	对羟基苯甲酸甲酯	0.15	
	4	甘油	丙三醇	8	
	5	BPO	丙二醇	5	

续表

相别	原料编号	原料名称	化学名称	质量分数（%）	备注
B相	6	TEA	三乙醇胺	0.5	混合透明均匀即可
	7	乙醇	无水乙醇	5	
	8	薄荷脑	薄荷醇	0.1	
	9	CO-40	PEG-40 氢化蓖麻油	0.3	
	10	杰马 BP	双（羟甲基）咪唑烷基脲碘代丙炔基丁基氨基甲酸酯（IPBC）	0.45	
	14	香精		0.03	

制备工艺：

（1）A 相：将组分 1 加入组分 2 中，加热溶解（可适当均质），再加入组分 3，加热到 80℃溶解，降温至 40℃，加入组分 4、组分 5 搅拌溶解，搅拌中加入组分 2，充分溶解。

（2）B 相：在合适容器中加入组分 7、8、9 加热到 40℃溶解，再加入组分 14 溶解。

（3）将 B 相加入 A 相，缓慢搅拌直到均匀透明，低速搅拌加入组分 6，搅拌至均匀，最后加入组分 10 搅拌均匀，得透明产品。

（4）参考护肤啫喱 QB/T 2874 - 2007，对所得产品进行感官、理化及卫生指标检测。经检验合格后进行装瓶即可。

3. 保湿凝胶的配方组成与制备工艺　NMF-50 又称甜菜碱，是氨基酸保湿剂的一种，在化妆品中主要作保湿剂使用，容易与水相互作用，使用时没有多元醇保湿剂的黏腻感，使用后肌肤光滑、清爽、水润；芦芭胶 CG 是一种透明、多功能性的保湿基质，能增加肤感和润滑性。配方组成详见表 7-21。

表 7-21　保湿凝胶的配方组成

原料编号	原料商品名称	化学名称	质量分数（%）	备注
1	卡波 2020	交联聚丙烯酸树脂	0.6	预分散
2	1,3-BG	1,3-丁二醇	4.0	
3	PG	丙二醇	4.0	
4	甲酯	对羟基苯甲酸甲酯	0.1	
5	水	去离子水	加至 100	
6	NMF-50	三甲胺甘氨酸	2.0	
7	TEA	20% 三乙醇胺	适量	控制 pH 5~6
8	芦芭胶 CG	聚甲基丙烯酸甘油酯	5.0	
9	水溶性香精		0.1	
10	杰马 BP	双（羟甲基）咪唑烷基脲碘代丙炔基丁基氨基甲酸酯（IPBC）	0.3	

制备工艺：

（1）量取组分 5、2、3 混合，搅拌均匀。

（2）称取组分 1，在慢速搅拌下加热使其溶解完全，恒温 80℃，加入组分 4、6，搅拌均匀后，降温至 50℃。

（3）加入组分 7，调节 pH 5~6 后，依次加入组分 8、9、10，搅拌冷却至 35℃，即得。

4. 祛斑凝胶的配方组成与制备工艺　熊果苷能显著抑制酪氨酸酶在皮层的积累，淡斑效果明显强于曲酸和抗坏血酸，虽然熊果苷效果明显，但不是越多越好，过多反而容易促进黑色素的生成；十一碳烯酰基苯丙氨酸能减少黑色素的生成，有美白淡斑的效果。配方组成详见表 7-22。

表 7-22　祛斑凝胶配方组成

相别	原料编号	化学名称	质量分数（%）	备注
A 相	1	交联聚丙烯酸树脂	0.5	预分散
	2	1,3-丁二醇	4.0	
	3	丙二醇	6.0	
	4	去离子水	加至 100	
B 相	5	乙二胺四乙酸钠	0.05	
	6	三甲胺甘氨酸	3.0	
	7	对羟基苯甲酸甲酯	0.1	
C 相	8	20% 三乙醇胺	适量	控制 pH 5~6
D 相	9	熊果苷	5.0	美白祛斑剂
	10	亚硫酸氢钠	适量	pH 调节剂
	11	月桂氮卓酮	0.5	促渗透剂
	12	PEG-40 氢化蓖麻油	0.2	
	13	十一碳烯酰基苯丙氨酸	1.5	美白祛斑剂
	14	水溶性香精	0.05	
	15	双（羟甲基）咪唑烷基脲碘代丙炔基丁基氨基甲酸酯（IPBC）	0.3	防腐剂

制备工艺：

（1）量取 A 组分（2、3、4）于乳化锅中混合搅拌均匀；继续称取 A 组分（1），在慢速搅拌下少量多次撒入乳化锅中使其溶解完全，必要时可以加热溶解。

（2）加热至 80℃，依次加入 B 组分（5、6、7），搅拌均匀后，降温至 50℃。

（3）加入适量 C 组分（8），调节 pH 为 5~6 后，加入 D 组分（9、10、11、12、13、14、15），搅拌冷却至 35℃，即得。

5. 凝胶面膜的配方组成与制备工艺　凝胶面膜以水为分散介质，当把凝胶贴到皮肤上时，受到体温的影响，凝胶内部的物理结构从固态变成液态，并渗透到皮肤中。因此，以水凝胶为基底材质的面膜内注入胶原蛋白、透明质酸、熊果苷、烟酰胺等有效成分，可制成多种功能的面膜。相对于传统材质面膜，水溶性水凝胶的果冻状精华成分不易蒸发、干燥，其对急性皮肤损伤（如过敏、长痘、擦伤）有较好的退热舒缓效果。凝胶面膜配方示例见表 7-23。

表 7 - 23　凝胶面膜配方组成

相别	组分	质量分数（%）
A 相	卡波 2020	1.0
	1,3-丁二醇	4.0
	丙二醇	4.0
	对羟基苯酸甲酯	0.1
	透明质酸	0.1
	去离子水	加至 100
B 相	三乙醇胺	适量
C 相	芦荟提取液	10.0
	水溶性香精	0.1
	杰马 BP	0.3

制备工艺：

（1）将去离子水、1,3-丁二醇、丙二醇混合，搅拌均匀，记为 I 相。

（2）将卡波 2020 在慢速搅拌下少量分多次撒入 I 相，搅拌均匀，使卡波 2020 完全溶解，必要时可以加热溶解，记为 II 相。

（3）将 II 相搅拌下加热至 80℃，加入对羟基苯酸甲酯、透明质酸（预先用少量去离子水溶解），继续搅拌降温至 50℃加入适量三乙醇胺，调整 pH 为 5～6 时，再加入芦荟提取液、水溶性香精、杰马 BP，搅拌并冷却至室温即可。

三、水凝胶化妆品的质量控制

凝胶制备的关键是胶凝剂要在液体介质中充分地分散和溶胀，形成凝胶液。有些胶凝剂树脂是经过表面预处理的，撒入水中很容易分散；有些胶凝剂树脂（如 Carbopol 940 等）投入极性溶剂水中容易结块，这时混合时间决定块状物的溶解度。为避免过分冗长的混合周期，必须采取一定方法避免结块，在快速搅拌的情况下，将树脂缓慢地直接撒入溶液的漩涡面上，可得到最佳效果，在配制大批料时，在粗目筛内放几粒卵石，通过筛子很快地撒粉。也可利用专门喷射器添加树脂，高速剪切和均质一般能极快地将树脂分散，但使用时应加注意，因为它们会破坏聚合物而造成永久性黏度损失，一旦树脂被充分分散和溶胀，应减慢搅拌速度，排除液面漩涡，以减少空气的夹带。混合树脂的最佳方法之一是先在不溶介质内预先混合，然后将分散体加入水相中继续分散和溶胀。也可添加 0.05% 的阴离子或非离子润湿剂（如磺基琥珀酸二辛酯钠盐）实现很快分散。升高温度也可加快树脂的溶胀，有些树脂需要温热（50～60℃）使其充分溶胀，但一般不宜长时间加热。在中和增稠前可进行脱气，在中和过程中需控制搅拌速度和搅拌桨的位置，尽量避免夹带空气，如果黏度不够高，还可以再进行脱气（静置或抽真空）。

凝胶剂的质量要求：①混悬凝胶剂中颗粒应分散均匀，不应下沉结块，并应在标签上注明"用前摇匀"；②凝胶剂必要时可加入保湿剂、防腐剂等；③除特殊规定外，凝胶剂应放置在避光密闭容器中，置于阴凉处贮存，并防止结块；④凝胶剂应安全、无毒、无刺激性。

1. 水凝胶产品的质量控制　水凝胶产品应符合国家标准，如护肤啫喱需要符合我国行业标准 QB/T2874 - 2007 规定，其配方中主要使用高分子聚合物为凝胶剂。技术要求按照

《化妆品安全技术规范》（2015 年版）的规定，护肤啫喱的感官、理化指标应符合表 7 - 24 的要求。

表 7 - 24　护肤啫喱的质量控制要求

项目		要求
感官指标	外观	透明或半透明凝胶状，无异物（允许添加起护肤作用或美化作用的粒子）
	香气	符合规定香气
理化指标	pH	3.5 ~ 8.5
	耐热	(40 ±1)℃保持 24 小时，恢复至室温，试验前后无明显差异
	耐寒	−5 ~ −10℃保持 24 小时，恢复至室温后，试验前后无明显差异
微生物指标	菌落总数（CFU/g）	其他化妆品≤1000，眼、唇部、儿童用产品≤500
	菌和酵母菌总数（CFU/g 或 CFU/ml）	≤100
	耐热大肠菌群	不得检出
	金黄色葡萄球菌	不得检出
	铜绿假单胞菌	不得检出
有毒物质限量	铅（mg/kg）	≤10
	汞（mg/kg）	≤1
	砷（mg/kg）	≤2
	镉（mg/kg）	≤5
	甲醇（mg/kg）	≤2000（乙醇、异丙醇之和≥10%时，需测甲醇）

2. 水凝胶化妆品生产过程中的注意事项

生产过程中常见问题的原因及处理措施如下：

（1）黏度异常　体系的黏度主要依赖于水溶性聚合物，常用的水溶性聚合物是卡波树脂（Carbomer）类，即聚丙烯酸类化合物，在中和之后可以提升体系的黏度。卡波是粉末状 Carbomer 树脂，分子卷得很紧；化学结构上含有很多羧基，分散于水后，其分子进行水合而产生一定程度的伸张；采用无机碱类或低分子质量的有机胺类如三乙醇胺中和卡波树脂，使其分子离子化并沿着聚合物的主链产生负电荷，同性电荷之间的相斥便促使分子伸直变成张开结构，打开成直链，分子直接相互交叉成三维网状结构进行锁水从而达到增稠的作用。此反应进行迅速，增稠作用瞬间完成。引起黏度异常主要的原因如下：

1）原料添加量不准确：原料添加量有差异尤其是增稠剂添加量差异会影响产品黏度。确保生产原料准确按照产品配方添加量添加。

2）pH 不准：不同 pH 对增稠剂最终增稠后黏度影响较大。确保产品 pH 在规定的范围内。

3）中和后搅拌转速过大或搅拌时间过长：增稠剂稠度上升后高速或长时间剪切会对增稠剂结构造成不可逆的破坏，最终影响体系黏度。在体系稠度上升后应避免长时间高速搅拌。

4）产品中气泡过多：体系增稠后搅拌过于剧烈会引入气泡，难消除。所以体系增稠后应避免剧烈搅拌，在工业生产时可以开启真空避免气泡的引入。

（2）料体外观粗糙不细腻或有疙瘩状物

1）增稠剂水合不完全：增稠剂需要按照厂家介绍的工艺方法操作，与水充分水合。具体到 Carbopol Ultrez 20 需要与水先水合完全后再中和增稠。

2）料体中和后搅拌不充分：中和后体系稠度上升，需要充分搅拌使体系均一、细腻。

3）部分固体物料溶解不完全：注意工艺过程中物料状态，保证物料能够完全溶解。

（3）体系透明度异常　增溶与体系的透明度密切相关，在水凝胶体系中，当凝胶中不包含乳化剂时，添加油性成分（如香精、防腐剂）时，需要进行增溶。目前常用的增溶剂是非离子型表面活性剂，如 PEG-40 氢化蓖麻油、PEG-60 氢化蓖麻油。增溶作用是指表面活性剂在水溶液中形成胶束后，能使不溶或微溶于水的有机物的溶解度显著增加，形成热力学稳定的、各向同性的均匀溶液。具有显著增溶作用的表面活性剂称为增溶剂或加溶剂（solubilzer），被增溶的有机物称（被）增溶物（solubilizate）。利用表面活性剂的增溶作用增加一些不溶或难溶于水的有机物在水中的溶解度已广泛应用于各化妆品的制备中。

增溶作用与胶束形成有直接关系，增溶作用需要明确增溶物在胶束中的位置和状态，目前增溶方式通常有如下四种方式：①非极性分子在胶束内的增溶作用；②"栅栏"插入式增溶作用；③胶束表面吸附增溶作用；④在分子链间的增溶作用。

对于疏水基有相同链长的各类表面活性剂，增溶物为烃类或增溶于胶束内的极性化合物时，不同表面活性剂的增溶作用大小顺序为：非离子表面活性剂＞阳离子表面活性剂＞阴离子表面活性剂。可能的原因是：非离子表面活性剂的临界胶束浓度比离子型低，而阳离子表面活性剂胶束则可能比阴离子表面活性剂在结构上更为疏松。表面活性剂分子在胶束中排列的紧密程度不同，因而在不破坏原有结构的条件下能容纳外加分子的量不同。

在增溶过程中，需要关注香精和防腐剂等油溶性物质的增溶，避免溶解度太低，会有析出的可能。体系透明异常主要的原因如下：

1）原料是否加入正确：检查原料是否按照配方添加。

2）pH 引起：当 pH 没有调整到规定范围时可能会出现浑浊现象。调整体系 pH 至规定范围内即可。

3）微生物引起：有时体系受到微生物污染时也会出现浑浊现象。检查产品微生物指标是否异常。

（4）体系变色

1）高温使部分原料变色：长时间高温可能会使有些原料变色。遇到有高温变色的原料需要调整工艺，在低温后再添加该原料。

2）pH 引起变色：有些原料对 pH 变化不耐受引起变色。如在体系用氢氧化钠中和时可能会出现体系中局部 pH 过高，从而导致原料变色。中和时需要尽量缓慢地加入氢氧化钠，同时搅拌使体系快速均匀。另外可以将不耐受 pH 变化的原料在中和后加入体系。

（5）菌落总数超标

1）配方防腐体系不合格：检测配方防腐体系的设计是否合理。可以通过防腐挑战试验确定防腐体系能力。

2）生产环境问题：环境卫生和周围环境不良（如制造设备、容器、工具不卫生；场地周围环境不良等）均会导致菌落总数超标，应着力改善生产环境，达标生产。

3）原料微生物超标：原料被污染或水质差，水中含有微生物导致最终产品微生物指标不合格，应保证原料质量及用水合格。

第四节 牙 膏

牙膏（toothpastes）是一种日常生活中常用的口腔清洁用品，以洁齿和护齿为主要目的。牙膏是由摩擦剂、保湿剂、增稠剂、发泡剂、芳香剂、水和其他添加剂（含用于改善口腔健康状况的功效成分）为主要原料混合组成的膏状物质。

牙膏有着很悠久的历史，早在几千年前就开始被使用。随着技术的不断发展，新的原料（包括摩擦剂、保湿剂、增稠剂等）被应用于牙膏配方。同时，生产工艺也在不断改进，这使得牙膏工业得到了较大发展，各种类型的牙膏相继问世。如牙膏的配方从肥皂-碳酸钙型改为十二醇硫酸钠-磷酸钙型，并从单一的洁齿功能向添加各种药物成分、具有防止牙病等多功能发展。我国的牙膏按照功能的不同，通常可分为普通牙膏、氟化物牙膏和药物牙膏三大类。普通牙膏的主要成分包括摩擦剂、洁净剂、润湿剂、防腐剂、芳香剂，具有一般牙膏共有的作用，如果牙齿健康情况较好，选择普通牙膏即可。将具有防龋作用的氟化物（如氟化钠、氟化钾、氟化亚锡及单氟磷酸钠）添加到普通牙膏的配方中从而形成氟化物牙膏。多年实践证明，氟化物与牙齿接触后，使牙齿组织中易被酸溶解的氢氧磷灰石形成不易溶的氟磷灰石，从而提高了牙齿的抗腐蚀能力。有研究证明，常用这种牙膏，龋齿发病率降低40%左右，但3~4岁前的儿童不宜使用。药物牙膏则是在普通牙膏的基础上加一定药物如云南白药、田七等，刷牙时牙膏到达牙齿表面或牙齿周围环境中，通过药物的作用，减少牙菌斑，从而起到防龋病和牙周病的作用。除了按功能分类，由于牙膏组成的复杂性，还有其他的分类方法：①按酸碱度分类，如中性、酸性和碱性牙膏；②按摩擦剂分类，如碳酸钙型、磷酸钙型、磷酸氢钙型和氢氧化铝型；③按洗涤发泡剂分类，如肥皂型、合成洗涤剂型；④按包装分类，如铝管牙膏、复合管牙膏、泵式牙膏；⑤按香型分类，如留兰香型、水果香型、薄荷香型等；⑥按牙膏形态分类，如白色牙膏、加色牙膏、透明牙膏、非透明牙膏、彩色牙膏。

牙膏的基本功能为清洁口腔，减轻牙渍，洁白牙齿，减少牙菌斑，清爽口感，维护牙齿和牙周组织（含牙龈）健康，保持口腔健康等。优质的牙膏通常具有如下一些性能。

（1）适宜的清洁力。可以除去牙齿表面的牙菌斑、软垢、牙结石和牙缝内的嵌塞物，预防龋齿和牙周病的发生。

（2）优良的起泡性。丰富的泡沫不仅感觉舒适，而且能使牙膏尽量均匀地迅速扩散、渗透到牙缝和牙刷够不到的部分，利于污垢的分散、乳化及去除。

（3）减少牙菌斑。牙膏中有效成分可以抑制口腔内细菌的生长，降低细菌对食物的发酵分解产酸的能力，减少对牙齿的腐蚀，从而保障牙齿的健康。

（4）维护牙齿和牙周组织（含牙龈）健康。提高牙齿和牙周组织的抗病能力，提高牙齿抗酸能力，减少龋齿的发生，并对某些牙病有一定的治疗效果。

（5）清爽口感。使用时有舒适的香味和口感，刷后有清爽口感。

（6）良好的感官和使用性能。具有合适的稠度，易从软管中挤出，挤出时呈均匀、光亮、细腻及柔软的条状物，分散性好，又不致飞溅，容易从口腔中、牙齿和牙刷上清洗干净等。

（7）稳定性。牙膏膏体在贮存和使用期间应保持稳定，即不腐败变质、不分离、不发硬、不变稀、pH不变，无变色及变味等。药物牙膏应保持有效期的疗效。

（8）安全性，无毒性，对口腔黏膜无刺激性。对于申明是具有预防牙病的制品，必须经过临床试验验证。

（9）包装经济、实用、美观，生产成本合理、价格适中。

一、牙膏的配方组成和主要原料

1. 牙膏的配方组成　牙膏是一种复杂的混合物，由液相和固相组成。普通牙膏的主要成分包括摩擦剂、洁净剂、润湿剂、防腐剂、芳香剂。在普通牙膏配方中添加具有防龋作用的氟化物（如氟化钠、氟化钾、氟化亚锡及单氟磷酸钠）可以得到氟化物牙膏。为使固态粒子长期悬浮在液相中，必须加入适当的胶合剂；为改进口味应加入香料和甜味剂；为使牙膏具有防治口腔疾病的功能可加入各种药效成分等。牙膏配方组成见表 7 - 25。

表 7 - 25　牙膏的基本配方组成

结构成分	代表性原料	百分比	主要功能
摩擦剂	碳酸钙，磷酸钙，不溶性偏磷酸钠、焦磷酸钙、二氧化硅等	20% ~ 40%	与牙刷配合，通过摩擦作用，使牙面光洁，有助于清除牙菌斑及外源性色素沉着
起泡剂（表面活性剂）	十二醇硫酸钠、月桂醇硫酸酯钠盐、月桂酰肌氨酸钠、蔗糖脂肪酸酯	1% ~ 2%	起泡沫、清洁和抑菌作用，降低表面张力，增进洁净效果，浸松牙面附着物，使残屑乳化和悬浮，发泡利于除去食物残屑
保湿剂	甘油、山梨醇、丙二醇	20% ~ 40%	维持一定湿度使呈膏状，防止在空气中脱水，延迟变干，分散或溶解其他制剂，有助于制得防腐稳定的膏体
胶黏剂	羧甲基纤维素、钠或镁铝硅酸盐复合体	1% ~ 2%	改善牙膏流变性和黏度，稳定膏体，避免水分同固相成分分层
香精	薄荷、薄荷油，左旋香芹酮，丁子香酚，水杨酸甲酯等	<2%	改善口感和味道，减轻口臭，口腔留下愉快、清新、凉快感觉
防腐剂	异氢氧安息香，对羟基苯甲酸酯类，三氯羟苯醚	0.1% ~ 0.5%	防止膏体变质、膏体硬化，有抑菌作用，增加牙膏稳定性
甜味剂	改善口感和味道，口腔留下愉快、清新、凉快感觉		糖精、甘草酸等
着色剂	赋色		食用色素
缓蚀剂	防止对铝牙膏管的腐蚀作用		硅酸钠、磷酸氢钠
功效性成分	减少和预防龋齿，控制牙石形成，消炎作用，除口臭。预防牙齿疾病、牙质强化、杀菌作用		防龋剂（氟化钠、氟化亚锡），抗牙石剂（焦磷酸盐、磷酸化多羟基化合物、聚丙烯酰胺均聚物），消炎剂［二氢胆固醇、尿囊素、甘草酸（甘草甜素）、ε-氨基己酸、甘菊环］，除臭剂（叶绿素铜钠），杀菌剂（2,4,4'-三氯-2'-羟基二苯醚、血根碱、洗必泰、ZCT + CPC 等）
水	蒸馏水，去离子水	20% ~ 40%	作为溶剂，溶解作用

2. 牙膏的主要原料　牙膏的主要原料包括基料、芳香剂、功能添加剂等。其中基料包括研磨剂、保湿剂、胶黏剂、发泡剂、防腐剂、稳定剂等，具体如下：

（1）摩擦剂　一般是粉状固体，是提供牙膏洁齿能力的主要原料，占配方的 20% ~ 50%。一般要求颗粒直径在 5 ~ 20μm 之间，莫氏硬度在 2° ~ 3° 之间，粒子的结晶以选用规则晶形及表面较平的颗粒为宜。粉质的外观洁白、无异味、安全无毒、溶解度小、化学性质稳定、配伍性好、不腐蚀铝管等，主要有碳酸钙、磷酸钙、二氧化硅、硅铝酸盐等。

（2）发泡剂　产生泡沫，降低摩擦，在口腔中迅速扩散，并使香气易于诱发；牙膏的洁齿作用，除了摩擦剂的机械摩擦外，还有表面活性剂的起泡和洗涤作用。牙膏中常用表面活性剂是十二烷基硫酸钠（K12）、月桂酰基肌氨酸钠（S12）。无毒、低刺激、无不良气味，不影响牙膏的香味。

（3）增稠剂　防止牙膏粉末成分与液体成分分离，提高牙膏的稠密度，使牙膏具有触变性，易从牙膏管中挤出成型，并赋予膏体细致光泽，在贮存和使用期间不分离出水，配方中用量为1%~2%。常用的纤维素类有羧甲基纤维素和羟乙基纤维素，合成有机物如聚乙烯醇、聚乙烯吡咯烷酮、聚丙烯酰胺等，无机物如胶性二氧化硅增稠剂等。其中最常用的是羧甲基纤维素钠（CMC）。

（4）保湿剂　牙膏膏体的主要组成之一，具有吸湿性，可以防止膏体水分的蒸发，并能从潮湿空气中吸收水分，使膏体保持一定的水分、黏度和光滑程度，使牙膏在管中不易硬化，还可以降低牙膏的冻点及提高共沸点。最常用的保湿剂有甘油、山梨醇、丙二醇等，其中甘油和山梨醇味甘甜，而丙二醇微有辣味，但吸湿性很强。

（5）其他助剂

1）香料：赋予膏体新的香味。牙膏用的香精香型应清新优雅、清凉爽口，常用香型有留兰香型、薄荷香型、果香型、茴香型以及冬青香型等，香精用量一般为1%~2%。

2）甜味剂：用以矫正其他原料的异味，包括糖精、木糖醇、甘油等，其中最常用的是糖精钠。

3）防腐剂：常用的有对羟基安息香酸甲酯或丙酯、苯甲酸钠、山梨酸等，用量为0.05%~0.50%。

4）缓蚀剂：铝管有腐蚀作用，需要加入缓蚀剂来补救。主要的缓蚀剂有硅酸钠、磷酸氢钙、焦磷酸钠、氢氧化铝等。

另外，水是牙膏的主要原料之一，需要使用去离子水或蒸馏水。

（6）功效添加剂　主要是一些氟化物防龋剂、脱敏镇痛药剂、消炎止血药剂、除渍剂等，使牙膏洁齿，保持口腔卫生同时也可以对口腔及牙科常见病起到预防及辅助治疗作用。

1）氟化物防龋剂：活性氟可以有效地抑制致龋菌（链球菌），使羟基磷灰石转化成为氟磷灰石，提高牙釉质的硬度，增强牙齿的抗龋力。常用的氟化物有氟化钠（NaF）、单氟磷酸钠（Na_2PO_3F）、氟化亚锡（SnF_2）等。

2）脱敏剂：常见的脱敏药物有氯化锶、甲醛、氯化锌、硝酸银等化合物和中草药提取物等，可以降低牙体硬组织的渗透性，提高牙组织的缓冲作用，增加牙周组织的防病能力，达到脱敏效果。

3）消炎杀菌剂：消炎杀菌组分的牙膏能防治牙周炎、牙龈出血等口腔疾病，控制牙结石和菌斑的形成。杀菌剂有洗必泰、季铵盐、叶绿素铜钠盐等。

4）抗牙石除渍剂：常用的抗牙石除渍剂主要有以下几种：焦磷酸盐（如钠盐或钾盐等）、柠檬酸锌、酶制剂等，可以溶解或消除一些色渍，阻止菌斑的形成及其进一步钙化。

5）营养保健剂：牙齿、牙龈的发育需要蛋白质、维生素（如A、D、C）及矿物质（如钙、磷、锌、氟）等营养素，其可以提高对牙齿、牙龈的保护作用，并通过口腔黏膜的吸收，增加对口腔组织的营养作用。

二、牙膏的配方示例

(一) 透明牙膏

透明牙膏是指构成膏体的液相和固相折射率一致，主要通过调节液相中甘油、山梨醇的浓度，改变膏体液相的折射率，使之和固相一致。固相部分无定形二氧化硅的折射率由生产制备的工艺决定，一般在 1.450 ~ 1.460 之间，成品后无法更改。液体折射率按二氧化硅折射率来调节，使之与固相一致。液相部分主要为甘油和山梨醇，甘油浓度为 0 ~ 100%，折射率为 1.333 ~ 1.470；山梨醇浓度为 0 ~ 70%，折射率为 1.330 ~ 1.457。这些成分的折射率变化范围可以包含在二氧化硅折射率范围内。具体配方示例见表 7 - 26。

表 7 - 26 透明牙膏配方组成

原料	配方含量	原料	配方含量
山梨醇（70%）	65% ~ 75%	二氧化硅	18% ~ 23%
羧甲基纤维素	0.4% ~ 0.7%	K12	1.0% ~ 1.8%
香精	0.8% ~ 1.0%	糖精	0.1 ~ 0.15%
其他添加剂	1.0% ~ 1.5%	去离子水	加至 100

(二) 普通牙膏

普通牙膏根据摩擦剂的不同分为碳酸钙型牙膏、磷酸氢钙型牙膏、氢氧化铝型牙膏等。

碳酸钙型牙膏，配方特点是甘油用量少、水多。配方中的碳酸钙是天然石粉，当这类牙膏液体部分的比例为 35% 时是适宜的。甘油用量少，虽不能完全阻止管口干燥和影响牙膏的耐寒性，但在一定的时间内，仍能保证膏体的柔软或成型。为保证膏体的稳定性，需适当提高羧甲基纤维素钠的用量，其用量应不低于 1%。香精、月桂醇硫酸钠的用量根据销售对象、配方结构和生产工艺有所不同。

磷酸氢钙型牙膏，配方的特点是甘油用量较多、水少，配方以含结晶水的磷酸氢钙（$CaHPO_4 \cdot 2H_2O$）作为牙膏摩擦剂，磷酸氢钙在水溶液中易水解生成磷灰石和磷酸，可使牙膏稠度显著增大，甚至最终导致牙膏完全硬化。上述反应在有水存在时，会加速进行。为减缓或防止这些化学变化，添加焦磷酸钠和增加甘油的用量十分必要，这是因为焦磷酸钠有抑制二水合磷酸氢钙的脱水作用，同时焦磷酸根与钙离子络合，从而抑制磷灰石的生成。焦磷酸钠作为稳定剂在牙膏中加入量以 8% 为宜，少则膏体偏软，多则膏体增稠。无水磷酸氢钙能增强洁齿率。甘油用量的确定，还应考虑其对膏体的润湿作用及稳定膏体香味的作用。按 40：60 或 50：50 的甘油：水比率是适合于磷酸氢钙牙膏的。磷酸氢钙牙膏由于甘油用量大，吸水量较高，因此，其 CMC 用量少，一般在 0.7% 左右，不超过 1%。香精和月桂醇硫酸钠的用量与碳酸钙牙膏类似。具体配方示例见表 7 - 27。

氢氧化铝型牙膏，配方特点是甘油用量小，且适宜于制备全山梨醇牙膏，同时添加磷酸二氢钠或磷酸氢钙作稳定剂。氢氧化铝的水悬浮液 pH 为 8.5 ~ 9.0，牙膏稍偏碱性，导致铝管受碱性腐蚀，因此，加入适量的磷酸氢钙或磷酸二氢钠，以起中和、缓冲作用。氢氧化铝的吸水量不高，因此，羧甲基纤维素钠用量通常不能低于 1%。氢氧化铝具有特殊的涩味，因此在香精选型上要注意协调性，一般选香味浓重的薄荷香型或冬青留兰香型，以掩盖部分不良口味。

表 7 – 27　普通牙膏——碳酸钙型牙膏配方组成

原料	配方含量	原料	配方含量
碳酸钙	48% ~ 52%	羧甲基纤维素	1.0% ~ 1.6%
聚乙二醇	0.4% ~ 0.6%	甘油	5% ~ 8%
山梨醇 (70%)	10% ~ 15%	K12	2% ~ 3%
糖精	0.2% ~ 0.3%	苯甲酸钠	0.4%
水	加至 100		

(三) 含氟牙膏及药物牙膏

药物牙膏可分为防龋牙膏、脱敏牙膏、消炎止血牙膏和防止结石牙膏。

(1) 防龋牙膏，主要是含氟化物牙膏 [牙膏中加氟化钠、单氟磷酸钠和 (或) 氟化亚锡]、含硅牙膏 (加硅酮或其他有机硅)、含胶或胺盐牙膏 (加尿素或其他铵盐)、加酶牙膏 (加葡聚糖酶或蛋白酶)，还有中药牙膏。含氟化物牙膏的防龋作用主要是通过水溶性的氟离子来实现的。因此，保持稳定有效氟离子浓度是制备含氟化物牙膏的关键，可以通过选用对氟化物相容度高的氢氧化铝、焦磷酸钙和 (或) 二氧化硅为氟化物牙膏的摩擦剂；选用对钙离子亲和能力低的单氟磷酸钠为防龋剂，由其与碳酸钙或磷酸氢钙配伍制备含氟牙膏；采用复合摩擦剂与单碳酸钙或磷酸氢钙配伍制备含氟牙膏；采用复合摩擦剂与单氟化物或双氟化物制备含氟化物牙膏；氟离子含量在 1000mg/kg 左右，符合卫生标准，低于 6000mg/kg 时，防龋效果差。

(2) 脱敏镇痛牙膏，主要有锶盐牙膏 (加氯化锶)、含醛牙膏 (加甲醛)、含硝酸盐牙膏 (加硝酸钾) 和中草药牙膏 (含丹皮酚、丁香油等)。锶盐牙膏的脱敏作用主要通过锶离子进入牙本质小管与牙体硬组织中的钙发生化学反应，可生成钙化锶磷灰石难溶物沉积，并 (从内部) 堵塞牙本质小管。配方中采用氢氧化铝作摩擦剂，使水溶性的锶离子得以保存，是比较理想的锶盐牙膏。为了避免由于加大引入锶离子的量而可能导致的膏体不稳定，并兼顾脱敏效果和考虑产品成本，可以在此类牙膏配方中添加适量的甲醛、丹皮酚等其他脱敏镇痛药物。

(3) 防牙结石牙膏，阻止牙齿菌斑的形成或避免其进一步钙化是防牙结石的有效途径。防结石牙膏主要有锌盐牙膏 (加柠檬酸锌)、含磷酸盐牙膏 (加六偏磷酸钠和羟基亚磷酸二钠或乙二胺四乙酸二镁)。柠檬酸锌的溶解度很小，能在刷牙后滞留在眼沟、菌斑、牙结石上以及牙刷触及不到之处，在唾液中缓慢溶解，逐渐释放出锌离子，持久地发挥作用，阻止牙结石的产生。而氟化钠能增加牙组织硬度，且有良好的抗菌斑作用。因此，氟化钠和柠檬酸锌合用能发挥良好的溶解牙结石、抑制菌斑钙化、不损害牙组织的协同作用。此外，在此类牙膏中，不宜选用钙质摩擦剂，而应选用摩擦作用较强的氢氧化铝，易于菌斑和结石的消除。

(4) 消炎止血牙膏，主要包括中草药牙膏、阳离子牙膏 (加洗必泰、季铵盐等)、硼酸牙膏 (加硼酸钠)、叶绿素牙膏 (加叶绿素铜钠盐) 和添加止血环酸、冰片、百里香酚等的牙膏。其中，中草药具有作用温和、刺激性小、安全无毒以及抑菌、消炎和止痛作用的特点，此类牙膏成为我国所独有的一种防治牙病的药物牙膏。

药物牙膏一般采用两种以上药物形成复方牙膏，提高牙膏的疗效。我国牙膏中所采用的中草药，其有效成分的分子结构多数是含有多酚羟基、羟基或酮基的苯环、大环和杂环类化合物，而含有多酚羟基、5-羟基或4-酮基结构的中草药，易与铝、镁、钙等重金属离子络合，生成的络合物会改变原药的性质和作用。故配制时需避免产生此作用。药物牙膏的香味需与药物的配伍性恰当，因添加药物牙膏色泽较深，需要加入色素，以天然植物色素为宜。药物牙膏配方见表7-28。

表7-28　药物牙膏配方组成

组分	质量分数（%）			
	配方1	配方2	配方3	配方4
碳酸钙				
单氟磷酸钙	—	—	50.0	50.0
磷酸氢钙	0.8	—	—	—
焦磷酸钠	43.0	—	—	—
丹皮酚	0.8	—	—	—
氯化锶	—	0.3	—	—
氟化钠	—	—	0.3	—
柠檬酸锌	—	—	1.2	—
草珊瑚浸膏	—	—	—	0.05
止血环酸	—	—	—	0.05
叶绿素铜钠盐	—	—	—	0.05
氢氧化铝	4.0	50.0	45.0	—
甘油	25.0	15.0	20.0	20.0
羧甲基纤维素钠	0.8	1.5	2.5	2.5
聚乙二醇	5.00	—	—	—
月桂醇硫酸钠	2.5	1.5	1.3	1.3
糖精钠	0.3	0.3	0.2	0.2
苯甲酸钠	0.10	0.10	0.10	0.10
香精	1.00	1.00	1.00	1.00
稳定剂、缓蚀剂	适量	适量	适量	适量
去离子水	至100	至100	至100	至100

三、牙膏的制备工艺

牙膏制备工艺指生产者利用生产设备对各种牙膏原料及辅助材料进行加工制作，使之成为牙膏成品所采用的方法、技术和过程，包括工艺流程、工艺设备和工艺条件。牙膏生产工艺主要分为制膏、灌装和包装三个过程。其中制膏过程是牙膏生产的关键环节，它是将保湿剂、增稠剂、水、味觉改良剂、酸碱调节剂、摩擦剂、发泡剂、香精、其他特殊添加物等各种原料，按顺序加入制膏设备，通过强力搅拌（拌膏、捏和）、均质（研磨）、真空脱气等步骤，使所有原料充分分散、混合均匀，脱出气泡，成为均匀紧密的膏体。制膏过程主要分为两步法（间歇式）和一步法（连续式）两种。两步法制膏，保留老工艺中的发胶工序，然后把胶液与粉料、香料在真空制膏机中完成制膏，产量高，真空制膏机利用率高。另一种是一步法制膏，从投料到出料一步完成制膏，工艺简化、卫生、制备面积小、便于现代化管理。

1. 两步法制膏生产工艺　是指在机械作用下，将增稠剂均匀地分散于甘油、丙二醇等低含水量的保湿剂中，得到预分散液。将味觉改良剂、酸碱调节剂等水溶性成分溶解于水中，得到预溶解液。然后把预溶解液、其余的水、高含水量保湿剂（如山梨醇）进行搅拌混合，再缓慢加入预分散液，使其进一步扩散、溶胀成均匀的胶水。经过数小时的静置陈化后，再将胶水、摩擦剂、香精、其他特殊添加物等通过制膏机搅拌、均质、研磨、真空脱气后制成牙膏膏体的工艺。

2. 一步法制膏生产工艺 也叫连续式制膏工艺，主要特点是制胶与拌膏一次完成，生产时，依次将原料加入制膏机，借助强力搅拌，使原料充分分散、混合均匀，再通过均质（研磨或剪切）、后加香和真空脱气，做成均匀、紧密的膏体。一步法制膏生产工艺的投料次序为：保湿剂、水和其他水溶性原料的水溶液（预先溶解好）、粉料混合物（增稠剂、摩擦剂、发泡剂等预先搅拌分散均匀）、香精。此外，一步法制膏有干法制膏和湿法制膏两种，干法制膏是把增稠剂预先与摩擦剂等粉料充分搅拌混匀，然后与液相直接搅拌，捏和成膏体。湿法制膏是在制膏锅内先制胶，然后加入摩擦剂等粉料，搅拌捏和成膏体。

四、牙膏的质量标准

1. 牙膏的质量控制 关于牙膏的质量控制，目前国家检测的指标有膏体，香味，稠度，挤膏压力，泡沫量，pH 稳定性，过硬颗粒，总氟量（含氟牙膏），可溶氟或游离氟量，微生物（细菌总数、粪大肠杆菌群、铜绿假单胞菌、金黄色葡萄球菌），铅，净含量，标志等指标。在正常或可合理预见的使用条件下，牙膏不得对人体健康造成危害，生产牙膏所使用的原料应符号 GB 22115 的要求。牙膏产品的卫生指标应符号表 7 – 29 的要求，感官、理化指标应符号表 7 – 30 的要求，此外牙膏产品的净含量应符号《定量包装商品计量监督管理办法》的要求，包装帽盖与管口吻合严密，应无管体破损，无膏体渗漏。

表 7 – 29　牙膏的卫生指标

卫生指标	要求
菌落总数（CFU/g）	≤500
霉菌与酵母菌总数（CFU/g）	≤100
耐热大肠菌群（g）	不得检出
铜绿假单胞菌（g）	不得检出
金黄色葡萄球菌（g）	不得检出
铅（Pb）含量（mg/kg）	应符号《化妆品安全技术规范》相关要求
砷（Ab）含量（mg/kg）	应符号《化妆品安全技术规范》相关要求

表 7 – 30　牙膏产品的感官、理化指标

项目		要求
感官指标	膏体	均匀，无异物
理化指标	pH	5.5 ~ 10.5
	稳定性	膏体不溢出管口，不分离出液体，香味色泽正常
	过硬颗粒	玻片无划痕
	可溶氟或游离氟量（下限仅适用于含氟防龋牙膏)%	0.05 ~ 0.15（适用于含氟牙膏） 0.05 ~ 0.11（适用于儿童含氟牙膏）
	总氟量（下限仅使用于含氟防龋牙膏)%	0.05 ~ 0.15（适用于含氟牙膏） 0.05 ~ 0.11（适用于儿童含氟牙膏）

pH 低于 5.5 的牙膏，产品责任方应提供两份由具有资质的第三方机构出具的按标准方法对口腔硬组织（含牙釉质和牙本质）进行安全性评价的试验报告，两份报告的试验结论均应达到标准方法的安全要求，其中至少一份报告应由口腔研究机构（口腔医学院、省级口腔研究院所）或口腔医疗机构（三级口腔专科医院、综合性医院口腔科）出具

2. 牙膏生产的注意事项

（1）出现的问题及解决办法 牙膏是一种复杂的混合体系，组成牙膏膏体的各种原材料之间，以及牙膏膏体和膏体之外的包装物之间都存在复杂的化学反应，使牙膏在生产或储存待销过程中往往会出现气胀、分水、变色、变稀等现象。通过对牙膏常见的质量问题进行分析，以找到问题产生的原因，在原料、配方和生产工艺等方面加以注意，以减少或避免问题的发生，才能保证在保质期内牙膏的稳定性，从而确保牙膏产品质量。

气胀，是指牙膏产生的气体导致管内压力过大而使包装膨胀，甚至膏体冲破包装的现象，是最直观的问题，也是消费者最敏感的问题。产生的原因主要包括原辅材料、工艺设备、制膏工序等几个方面。磷酸氢钙、水玻璃等原料用量的多少与膏体是否会气胀有很大关系，减少防腐剂的用量，从而使得某些菌类能够生存繁殖，致使细菌含量超标，也会产生气胀。工艺设备方面，如果膏体在抽真空时脱气效果不好，膏体中残存较多气体为微生物滋生提供良好环境，亦容易出现气胀现象。

分水，牙膏的分水现象是常见现象，即是使牙膏膏体均相胶体体系受到破坏，而使固液分离，析出水分。主要是黏合剂、发泡剂、香精和润湿剂的影响，黏合剂主要是羧甲基纤维素钠（CMC）的取代度一般为宏观统计的平均值，具有不均匀性，很难保证形成均匀的三维网状结构，容易使膏体中的水分不能很好的固定在膏体中而出现分水现象。发泡剂方面，十二烷基硫酸钠（K12），质量不好极易造成膏体分离、出水现象。有些酯类香精容易同膏体发生反应而产生分水现象。保湿剂山梨醇含水量过大，可能导致膏体产生分水现象。此外，还有工艺方面的影响，生产中制膏机对膏体的研磨、剪切力过强、过大，使羧甲基纤维素钠 CMC 网状结构出现分水现象，所以制膏时间应严格控制。

变色、变稀，牙膏膏体亦会出现变色、变稀现象而影响牙膏产品质量。变色、变稀主要原因是香精不配伍，或是 CMC 被微生物利用分解而产生，以及工艺设备因素等。

（2）制膏生产应注意的工艺问题 制膏纯净水要求 pH 为 5.5～7.5；电导率≤15μs/cm；菌落总数≤50CFU/ml。物料搅拌均质时间应控制在 40 分钟左右。进料时真空度不宜太高，否则液料特别是粉料容易冲顶（需要调节阀门、控制进料速度）；最后的脱气真空度应达到 -0.094MPa 以上，特别是透明膏体，真空度低会影响膏体的透明度；为了保证制膏过程在真空状态下操作，要求设备密闭，空载时真空度能达到 -0.096MPa 以上；另外，搅拌效果要好，能够使膏体上下翻转，尤其在真空脱气、膏体上升膨胀时有助于压泡沫和使气泡破壁。进粉时须控制粉料进料流量，以 25～50kg/min 为宜，控制均质器的研磨间隙，两盘之间的间隙可以调整，一般内外转子间隙为 1～2mm。制膏时膏体的温度一般以控制在 20～40℃为宜。膏体储存锅应盖上盖子，并留有带滤网的通气口，避免膏体表面干结，也防止出锅膏体比较热，静置降温后，冷凝水聚集落到膏体表面，并被夹带灌进牙膏中。另外，考虑生产过程中水分的挥发，投料时应补充 0.5%～1.0% 的水。

生产前确认生产设备运转是否正常；检查计量器具、管路阀门开关、真空泵进水、操作程序及相关标志等是否符合要求。

牙膏生产过程的清洁与消毒是控制牙膏成品卫生安全的主要手段，包括生产设备的清洗和消毒、生产环境的清洁和消毒、人员和物料的清洁卫生。牙膏生产废弃物的处理是确保牙膏生产清洁、不产生环境污染的重要保证。具体包括废水的处理和粉尘的处理。

第五节　护发素

护发素、润发乳及发膜等产品一般用于改善、恢复和保持头发的调理性，起到抗静电、改善头发梳理性、提高头发亮泽度的作用。在用洗发香波洗去污垢的同时，也会洗去头发表面的油分，头发表面的毛鳞片受到损伤，头发之间摩擦力增大且容易产生静电，头发容易缠结而难以梳理，同时毛鳞片逆起也使得头发光泽度下降。在烫发、染发的过程中，染烫发剂对头发造成的伤害则更加严重。一般认为头发带有负电荷，以带正电荷的阳离子表面活性剂通过静电作用定向吸附到头发上，亲水基团吸附在头发上，非极性疏水尾链朝外，头发覆盖了一层油膜。因此，头发被阳离子表面活性剂的亲油基团分开，变得润滑起来，降低了头发的动摩擦系数，从而使得头发易于梳理、抗静电、柔软有光泽，这就是护发素等产品的调理作用机制。

理想的护发用品应具有如下功能：

（1）改善头发的干、湿梳性能，使头发不会缠绕、打结。

（2）具有抗静电作用，使得头发不飘拂。

（3）能赋予头发光泽。

（4）能保护头发表面，增强头发的立体感。

一、护发素的主要原料

1. 表面活性剂　护发素配方中的阳离子表面活性剂主要成分是带有氨基基团的季铵盐，含有正电荷，能在头发上轻易吸附，形成单分子吸附薄膜，使头发富于弹性和光泽，并阻止头发产生静电，方便梳理。

2. 辅助成分　有阳离子调理剂、增稠剂、润发油脂、营养成分、调理剂、螯合剂、香精、着色剂、防腐剂等。阳离子调理剂可对头发起到柔软、抗静电、保湿和调理作用；增稠剂和润发油脂能够补充洗发或美发后头发油分的不足，改善头发营养状况，提高头发梳理性、柔润性和光泽性，并对产品起到增稠的作用，能提高护发素的涂抹性能。其他辅助成分与洗发水相同。

3. 特殊添加剂　考虑护发素的多效性，可在配方中加入一些特殊效果的添加剂，以增强产品的护发、养发、美发效果，如芦荟胶、啤酒花、甲壳质、薏仁提取物及麦芽油、杏仁油和其他中草药、动植物的提取物等。市场上常见的有去头皮屑护发素、含芦荟或含人参的护发素等。

二、护发素的配方示例及制备工艺

按照剂型，护发素可分为乳状剂（如护发乳、护发膏）、液状剂（如浓液护发素、透明液护发素）和泡乳剂（如发泡剂护发素），以乳液型的护发素为常见；按照功能，护发素可分为中性发用、油性发用、干性发用及烫发前用、烫发后用、染发前用、染发后用、干发中用等。目前普遍应用的头发护发剂有复合型和单一型。按照停留在头发上的时间，可分为置留型护发素、润丝型护发素、瞬间型护发素和深部型护发素四类。复合型是集营养、护发和固发三合一的功能型，此外还有养、护合一型或护、固合一型。常见护发素配方见表7-31。

表7-31　护发素配方组成

相别	组分	质量分数（%）
A相	甘油硬脂酸酯（和）PEG-100硬脂酸酯	2.00
	鲸蜡硬脂醇	4.00
	刺阿干树仁油	0.20
	环五聚二甲基硅氧烷、环己硅氧烷	0.50
	生育酚（维生素E）	0.25
B相	去离子水	加至100
	甘油	2.00
	羟乙基纤维素	0.40
	羟苯甲酯	0.15
C相	聚季铵盐-47	1.00
	聚硅氧烷乳液*	3.00
D相	双（羟甲基）咪唑烷基脲	0.25
E相	中药提取液	1.00
	泛醇	0.50
F相	香精/精油	适量

*聚硅氧烷乳液由质量分数50%聚二甲基硅氧烷、质量分数5%鲸蜡硬脂醇和质量分数28%月桂聚醚-2硫酸酯钠组成。

制备工艺：

（1）A相搅拌升温至80℃。

（2）B相搅拌升温至85℃。

（3）将A相加入到B相中，充分搅拌均匀。

（4）降温至60℃加入C相搅拌溶解均匀。

（5）降温至40℃依次加入D相、E相、F相搅拌溶解均匀。

说明：①中草药提取液内含人参、当归及灵芝萃取精汁，温和养润头皮，滋养修护干枯受损发质，防止秀发分叉，使秀发富有弹性、色彩亮丽持久、丝般顺滑。②聚硅氧烷乳液由质量分数50%聚二甲基硅氧烷、质量分数5%鲸蜡硬脂醇和质量分数28%月桂聚醚-2硫酸酯钠组成。

发乳是一种光亮、均匀、稠度适宜、洁白的油-水体系乳化体，有水包油（O/W型）和油包水（W/O型）。其特点为油而不腻，易渗入发内，黏性小，发乳较适合于枯萎、失去光泽、易脆的头发，其水分被头发吸收而油膜却附着在头发表面，起滋润和护发作用。发乳主要由油性原料、水、乳化剂、香精和防腐剂等组成。发乳油性成分以液体石蜡为主体，适量加入羊毛脂、凡士林、高级醇及各种固态蜡等，以提高发乳的稠度，增加乳化体的稳定性，对头发的滋润、光泽和修饰头发效果有很大影响；乳化剂以脂肪酸的三乙醇胺皂最为常用，可得到稳定的乳化体。与发油和发蜡相比，发乳不仅能补充头发上的油分，还可以补充水分，并且具有使用时不发黏、感觉爽滑，且容易清洗等特点。发乳配方中为了补充头发营养和修复受损发质，需要添加何首乌、人参、当归和金丝桃等中草药提取液，制成去屑、止痒、防脱发等功能的药性发乳。例如，金丝桃提取液的添加，可以制成杀菌、去屑止痒等功效的药性发乳，见表7-32。

表 7 – 32　发乳配方组成

相别	组分	质量分数（%）
A 相	去离子水	加至 100.00
	羟乙基纤维素	0.30
	甘油	2.00
	乳酸	0.30
B 相	十六烷基十八烷醇	6.00
	甘油硬脂酸酯	2.00
	山嵛基三甲基氯化铵	0.80
	硬脂基三甲基氯化铵	1.00
	C12 ~ 14 链烷醇聚醚-3	0.50
	硬脂酰胺丙基二甲胺	1.00
C 相	双-氨丙基聚二甲基硅氧烷	0.50
	水解角蛋白	0.50
D 相	何首乌提取物	3.00
	泛醇	1.00
E 相	香精/精油	适量
	甲基氯异噻唑啉酮、甲基异噻唑啉酮	0.10

制备工艺：

（1）A 相搅拌升温至 85℃溶解均匀。

（2）B 相搅拌升温至 80℃使其完全溶解。

（3）将 B 相加入到 A 相中，搅拌均匀，均质 2 分钟。

（4）降温至 40℃依次加入 C 相、D 相、E 相搅拌溶解均匀。

说明：硬脂酰胺丙基二甲胺用作乳化增稠剂，在酸性体系中，展现对头发良好的调理性能，乳酸则作为酸度调节剂。

三、护发素的质量控制

护发素生产中常见的问题原因及控制方法请参考本章第一节中"乳膏化妆品的质量控制"。

第六节　其　他

乳膏化妆品、油膏化妆品、水凝胶化妆品、护发素及牙膏，还有睫毛膏、高光膏、阴影膏、眼影膏及腮红膏等都属于化妆品半固体制剂。

睫毛膏是通过将具有黏性的膏体用刷子涂抹于睫毛上，使睫毛看上去浓密、纤长、卷曲，同时使得睫毛的形状看起来整齐漂亮。睫毛膏有防水型和耐水型。防水型主要是蜡基，颜料分散与含挥发性支链碳氢化合物、挥发性聚二甲基硅氧烷等的体系，需要用含油的卸妆产品进行卸除。耐水型主要是以硬脂酸或油酸三乙醇胺、皂基为基质的体系。这类产品耐水型好，涂在睫毛感觉柔软，易于卸妆，引起眼刺激的可能性相对较小。可以用水或普通洁肤产品进行卸除。

优质的睫毛膏化妆品必须具备以下性质：

（1）对眼睛和皮肤无刺激性，即便不慎进入眼中，也不会伤害眼睛。

（2）具备适度的光泽，保证使用效果。

（3）组织均匀细腻，使用方便，刷搽容易，用后不会引起睫毛变硬、结块。

（4）有适度的干燥性，不受水分影响，干燥后不会黏下眼皮。卸妆容易。

近年来，膏状的腮红、高光及眼影等化妆品因为质地软糯、出色的贴合感、妆效更持久及富有立体感、携带使用方便等优点而被消费者所追捧。这些产品通常为颜料、珠光剂或光泽调节剂分散在油脂、蜡基质中。膏状的腮红有两种类型：一类是油膏型，用油脂、蜡和颜料制成油膏状；另一类是膏霜型，用油脂、蜡、颜料、乳化剂和水制成乳化状。乳化型腮红膏是在膏霜配方的基础上加入颜料配制而成。乳化型腮红膏与油膏型腮红膏相比，具有少油腻感、涂敷容易等优点。高光膏及眼影膏的配方结构跟腮红膏大体相似。

一、睫毛膏、腮红膏及眼影膏的主要原料

睫毛膏、腮红膏及眼影膏等产品的主要原料见表 7-33。

表 7-33 睫毛膏、腮红膏及眼影膏等产品主要原料

结构成分	代表性原料	主要功能
油脂、蜡	小烛树蜡、巴西棕榈蜡、微晶蜡、地蜡、合成蜡、聚乙烯、白蜡、蜂蜡、羊毛脂、角鲨烷、鲸蜡醇、矿油、辛酸癸酸甘油三酯	油性基质或溶剂
增塑剂	羊毛脂及其衍生物	增塑作用
悬浮剂	羟乙基纤维素、甲基纤维素、膨润土、硅酸铝镁、季铵盐-18、水辉石	增稠及悬浮作用
颜料	矿物颜料、有机颜料、氧化铁、炭黑等	着色
填充剂	淀粉、球形颗粒（PMMA、硅石、锦纶）、聚四氟乙烯、氮化硼、锦纶纤维	填充、黏合作用
非离子表面活性剂	硬脂醇聚醚-2、山梨坦倍半油酸酯、鲸蜡基 PEG/PPG-10/1 聚二甲基硅氧烷	乳化、润湿作用
保湿剂	甘油、丁二醇等	保湿、防止膏体干结
其他添加剂	生育酚、BHT、尼泊尔金酯及防晒剂等	抗氧化、防腐、防晒

另外，睫毛膏与膏状眼影、高光、腮红产品在配方原料上的区别是：睫毛膏需要加入一定量的成膜剂，起到成膜及防水作用。常用的成膜剂有聚乙烯吡咯烷酮、阿拉伯胶、硅类树脂、聚萜类树脂、松香脂及丙烯酸类树脂。

二、睫毛膏、腮红膏及眼影膏等配方示例及制备工艺

睫毛膏产品配方示例见表 7-34。

表 7-34 防水睫毛膏配方组成

相别	组分	质量分数（%）
A 相	去离子水	加至100
	羟丙基甲基纤维素	0.20
	三乙醇胺	适量
	氧化铁黑	10.00
	泛醇	1.00

续表

相别	组分	质量分数（%）
B 相	硬脂酸	5.50
	巴西棕榈蜡	1.80
	甘油硬脂酸酯	1.70
	蜂蜡	4.50
	聚乙烯蜡（高熔点）	2.70
	松香	1.80
	有机硅树脂消泡剂	0.10
	油橄榄果油	0.10
C 相	防腐剂	适量
	丙烯酸（酯）类/丙烯酸乙基己基/聚二甲基硅氧烷甲基丙烯酸酯共聚物	16.00
	聚氨酯-35	5.00

制备工艺：

（1）将 A 相原料（氧化铁黑除外）加入到乳化锅中，搅拌均匀后加热到 85～88℃，然后将氧化铁黑加入，高速均质 30 分钟，使氧化铁黑颜料分散。

（2）将 B 相原料加入油相锅中，搅拌均匀后加热到 85～88℃。

（3）将 B 锅中原料加入到 A 相乳化锅，保持在 85～88℃，开启刮边器，高速均质 20 分钟，然后抽真空降温，保持刮边。

（4）降温到 35℃，把 C 相原料加入后搅拌均匀，经检验合格后灌装。

腮红膏产品配方示例见表 7-35。

表 7-35　腮红膏配方组成

相别	组分	质量分数（%）
A 相	去离子水	加至 100
	甘油	6.00
	丙二醇	8.00
B 相	棕榈酸乙基己酯	3.00
	角鲨烷	3.00
	环五聚二甲基硅氧烷	2.50
	矿脂	9.00
	甘油硬脂酸酯/PEG-100 硬脂酸酯	4.50
	氢化聚异丁烯	1.00
	羟苯甲酯/羟苯乙酯	适量
C 相	颜料（CI 77891，CI 15850，CI 45410，CI 77492）	6.00

制备工艺：

（1）将甘油、丙二醇和去离子水混合加入水相锅，搅拌加热至 70～85℃，保温 15～30 分钟使其充分溶解，制得 A 相。

（2）将棕榈酸乙基己酯、甘油硬脂酸酯/PEG-100 硬脂酸酯、角鲨烷、环五聚二甲基硅氧烷、矿脂、聚二甲基硅氧烷、氢化聚异丁烯、羟苯甲酯、羟苯丙酯混合加入油相锅，搅拌加热至 75～85℃，待所有组分溶解后保温，制得 B 相。

（3）恒温80℃，将 A 相、B 相依次抽入到乳化锅中，均质 8 分钟；继续加入 C 相颜料（CI 77891，CI 15850，CI 45410，CI 77492），均质 3 分钟，而后降温搅拌 30 分钟至料体均匀，即可。

眼影膏产品配方示例见表 7 - 36。

表 7 - 36　珠光眼影膏配方组成

相别	组分	质量分数（%）
A 相	异十二烷	5.00
	三甲基硅烷氧基硅酸酯	1.00
B 相	异十三醇异壬酸酯	35.00
	氢化 C6 ~ 20 聚烯烃	10.00
	地蜡	1.00
	蜂蜡（硅处理）	0.60
	羟基硬脂酸	0.50
C 相	颜料（CI 77891，CI 15850，CI 45410，CI 77492）	5.40
	二甲基甲硅烷基化硅石	1.00
D 相	二氧化硅	1.00
	淀粉辛烯基琥珀酸铝	1.00
	珠光剂	35.00
E 相	苯氧乙醇	0.30
	乙基己基甘油	0.20
	欧洲七叶树提取物	2.00

制备工艺：

（1）将 A 相加热熔化，再加入 B 相加热到 90℃熔化并搅拌均匀。

（2）将 C 相与步骤（1）所得料体用三辊研磨机研磨 3 遍并溶解均匀，再加入过筛后的 D 相充分搅拌均匀，搅拌速度约为 180r/min，搅拌时间为 10 分钟。

（3）在上述料体中加入 E 相，并混合均匀得到成品。

三、睫毛膏、腮红膏及眼影膏的质量控制

睫毛膏、腮红膏及眼影膏常见的质量问题、原因及控制方法请参考本章第二节中"油膏化妆品的质量控制"。

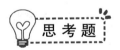

思考题

1. 乳膏产品和凝胶产品在配方结构上的主要差别是什么？

2. 护发素的调理机制是什么？

PPT

第八章 面 膜

知识要求

1. **掌握** 面膜分类；面膜质量标准要求；各类面膜的基础配方组分。
2. **熟悉** 面膜的作用机制；面膜贴的材质；面膜制备工艺。
3. **了解** 面膜质量控制问题；面膜贴配方设计架构。

面膜是护肤品中的一个类别，是美容保养品的一种载体。面膜敷在脸上具有补水保湿、美白、抗衰老、平衡油脂等功效。尤其在秋干与寒冬季节，由于空气湿度较小，面膜作为一种补水效果最为直接的化妆品正在成为越来越多爱美人士的首选。面膜看似简单，其实无论是面膜的配方设计、生产流程、防腐剂及膜材的选择等都有其特殊的要求。本章将从面膜的发展历史、面膜的组成、膜材的选择及面膜质量控制等方面进行介绍。

第一节 概 述

面膜是一种特殊的美容化妆品，用于涂或敷于人体表面，经一段时间后揭离、擦洗或自然吸收，起到护理或清洁人体表面作用。面膜已成为日用化工行业增长最快的品类，是集洁肤、护肤和美容于一体的化妆品剂型，受到广大消费者的青睐。早期所指面膜一般是针对脸部，现在的面膜具有更广泛的意义，通常泛指贴敷和涂抹到人体皮肤表面，包括面膜、眼膜、鼻膜、唇膜、手膜、足膜、颈膜、臀膜、胸膜等。

一、面膜发展简史

面膜发展历史悠久，概括起来大致可以分为以下三个阶段。

第一阶段是古代面膜阶段。面膜的使用最早可追溯到公元前51年的古埃及时代，埃及艳后克利奥帕特拉喜好泥膏面膜，引领了整个古埃及的护肤风潮，在同一时期的蚀刻画中，也描绘了人们在泥浆中浸浴，将泥浆涂在脸上护肤的情景。

在我国，最早有关面膜护肤的史料记载，是公元600年左右的唐朝。被称为中国第一位也是唯一一位女皇帝武则天使用的"神仙玉女粉"，是中国有史料记载的最早的美容敷料，秘方收录入《新修本草》。唐玄宗时期的贵妃杨玉环在做护理时，用珍珠、白玉、人参适量，研磨成细粉，用上等藕粉混合，调和成膏状敷于脸上，静待片刻，然后洗去。据说使用该方法能祛斑增白、祛除皱纹、使皮肤具有光泽。由此可见，简便易做、效果明显的美容面膜，很早以前便为爱美的女士争相采用，不断改进，沿用至今。

第二阶段是近代面膜阶段。在20世纪初，由于近代美容院产业的蓬勃发展，不断研发出品类丰富的美容产品，其中就有现代面膜的雏形。如20世纪30年代美容院的新鲜水果面膜，40年代MaxFactor（蜜丝佛陀）的冰块面膜，虽然现在看起来颇为诡异，但当年深受众多好莱坞女星的青睐。

第三阶段是现代面膜阶段。1993年宝洁（P&G）子品牌的SK-Ⅱ首次创新将无纺布应用于面膜当中，推动了面膜使用方式的革命。而成立于 1997 年的四川可采生物有限公司于 2000～2002 年成为国内第一个年销售过亿的面膜贴品牌。2008 年后，随着电商时代的来临，使用便捷的贴片型面膜成为化妆品行业触网的爆发点。2012 年是中国市场面膜品类成长最为迅速的一年，也被公认为"中国面膜元年"。从此，面膜开始发展为一个独立的市场，美即也成为中国当时的第一面膜品牌。2014 年进入群雄分立的时代，国内外众多品牌介入面膜市场，出现了像御泥坊、膜法世家、森田药妆、我的美丽日志、美迪惠尔等淘系新兴面膜品牌，以及百雀羚、珀莱雅、自然堂等传统护肤品牌，纷纷抢占面膜市场。面膜剂型更是多种多样，有粉状面膜、贴片型面膜、涂抹式面膜、睡眠面膜等。

二、面膜的作用机制

面膜因其携带方便、效果明显等优势，成为深受爱美人士欢迎的护肤、洁肤产品，不但能为角质层提供水分为皮肤补充营养成分，还能对皮肤产生有效清洁作用等。面膜作用机制包括以下三个方面。

（1）面膜通过阻隔肌肤与空气的接触、抑制汗水蒸发，保持面部皮肤充分的营养和水分，增强皮肤的弹性和活力。

（2）面膜使用过程中易造成局部皮肤温度升高，毛孔扩张，使角质层的渗透力增强，使面膜中的营养物质渗进皮肤，面膜中大量水分可以充分滋润皮肤角质层，促进上皮组织细胞的新陈代谢。

（3）泥状面膜和剥离面膜具有黏附作用，当揭去面膜时，皮肤表皮细胞代谢物、多余皮脂、残妆等污物随面膜一起粘除，使皮肤毛囊通畅，皮脂顺利排出。

因此，根据不同皮肤状态，科学合理地使用面膜，可有效改善皮肤缺水和暗哑状态，减少细纹生成，延缓皮肤衰老，并在一定程度上起到祛斑祛痘的作用。

三、面膜的分类

面膜种类繁多，可按其对皮肤功效、适用皮肤类型、成膜剂、使用部位和剂型等进行分类，见表 8 - 1。

表 8 - 1　面膜分类

分类依据	组分种类
按功效分类	保湿面膜、控油祛痘面膜、美白面膜、细致毛孔面膜、舒缓修护面膜、紧致抗衰面膜、发热面膜等
按皮肤类型分类	干性皮肤、油性皮肤、中性皮肤、混合性皮肤、痤疮型皮肤、敏感性皮肤
按配方成膜剂分类	撕拉面膜、水溶性聚合物面膜、胶原面膜、海藻面膜等
按使用部位分类	面膜、眼膜、手膜、足膜、颈膜、胸膜、臀膜、私护膜等
按剂型分类	贴片型面膜、泥膏型面膜、乳霜型面膜、凝胶型面膜、撕拉型面膜、粉状面膜（软膜粉）等

四、面膜的产品标准与质量要求

《化妆品安全技术规范》（2015 版）规定直接接触的化妆品包装材料应当安全，不得与化妆品发生化学反应，不得迁移或释放对人体产生危害的有毒有害物质，但对面膜布、化妆品包装的安全监督、相应的检测标准和规范，未作规定。当前面膜布的卫生监督检验重点是面膜内容物的卫生化学指标和微生物指标，而对面膜布安全性的监管还处于空白阶段。

面膜产品应符合中华人民共和国轻工行业标准 QB/T 2872-2017 面膜所规定的产品标准。感官、理化和卫生指标应符合表 8 - 2 的要求。

表 8 - 2　面膜的感官、理化和卫生指标

项目		要求				
		面膜贴	膏(乳)状面膜	啫喱面膜	泥膏状面膜	粉状面膜
感官指标	外观	湿润的纤维贴膜或胶状成型贴膜	均匀膏体或乳液	透明或半透明凝胶状	泥状膏体	均匀粉末
	香气	符合规定香气				
理化指标	pH^a（25℃）	4.0 ~ 8.5（pH 不在上述范围的产品按企业标准执行）				5.0 ~ 10.0
	耐热	(40 ± 1)℃保持 24 小时，恢复至室温后与试验前无明显性状差异				–
	耐寒	(-8 ± 2)℃保持 24 小时，恢复至室温后与试验前无明显性状差异				–
卫生指标	甲醇（mg/kg）	符合《化妆品安全技术规范》的规定				
	菌落总数（CFU/g 或 CFU/ml）					
	霉菌和酵母菌总数 CFU/g 或 CFU/ml)					
	耐热大肠菌群（g 或 ml）					
	金黄色葡萄球菌（g 或 ml）					
	铜绿假单胞菌（g 或 ml）					
	铅（mg/kg）					
	汞（mg/kg）					
	砷（mg/kg）					
	镉（mg/kg）					
	石棉^b	–				不应检出

a. 油包水型（W/O）不测 pH。
b. 含滑石粉的粉状面膜需检石棉。

第二节　贴片型面膜

一、贴片型面膜简介

贴片型面膜通常是由织布或相当于织布的载体制成，将调配好的面膜液（有时也叫精华液）吸附在载体上，使用时贴敷到脸上的贴片状面膜。贴片型面膜通过密闭贴合来加强水合作用，能够快速让皮肤角质层充满水分，从而使皮肤呈现出润泽饱满的状态。这种立竿见影的效果，对于时间有限的都市人群来说，非常具有吸引力。

1. 贴片型面膜的分类　贴片型面膜以无纺布面膜为主，也有不含布的生物纤维水凝胶面膜、海藻纤维面膜、水晶面膜、冻干面膜等。

（1）无纺布面膜　由于其使用较为方便，在 21 世纪有了较快的发展。无纺布面膜由三部分组成：面膜布、面膜精华和包装。无纺布的材料有果纤、化纤、棉混纺、全棉、真丝等，其中以真丝和全棉的无纺布制作面膜基料为佳。在面膜液和无纺布灌装后一般不宜用 γ 射线照射，因为 γ 射线会使一些营养成分（如透明质酸钠）变色。面膜布是承载面膜精华的载体，一般每片无纺布面膜装 15 ～ 30g 面膜精华，灌装和封口一定要在净化车间进行。生物纤维水凝胶面膜，俗称"人皮面具"。最早在医学界用于伤口敷料，吸水性好，贴肤性好，透气不滴水，低敏性，但成本比较高。作为近年来新兴的面膜基材，生物纤维面膜是由某种微生物自然发酵的纤维素制成，其中比较典型的是葡糖醋杆菌，具有最高的纤维素生产能力，能在静态培养的环境下高效地把葡萄糖分子聚合起来，形成生物纤维凝胶膜。该面膜具有天然来源、生物发酵等概念，但携带保存不方便，保水性差。

（2）海藻纤维面膜　天然海洋植物提取物，采用物理方式进行提取，除杂纺丝制成海藻纤维。具有吸水保水性强、贴肤性好、可生物降解的特性。

（3）水晶面膜　是一种新型面膜承托胶体，外形晶莹剔透，由水、保湿剂、透明质酸钠、海藻酸钠等原料组合制成。

（4）冻干面膜　又称冻干粉面膜、冻干固态原液面膜，是指将面膜原液、增稠剂、保湿剂等成分，与膜布纤维融合，使用真空冷冻干燥，将水分进行升华，形成固态干膜形式的面膜，使用时需要用水激活，将纯净水倒入固体面膜盒中，大概 1 分钟即可取出来用。

2. 无纺布简介　无纺布面膜基材采用一种或几种不同纤维或聚合物，经准备-成网-黏合-烘燥-后整理-成卷包装制成非织造材料。使用的原料多为棉、黏胶、天丝、聚乙烯、木浆纤维等。诸工艺中水刺法、纺粘法、浆粕气流成网法等应用最广。水刺法是利用高压将多股微细水流喷射纤网，使纤网中的纤维发生运动、位移、穿插、缠结和抱合，继而重新排列，使纤网得以加固。纺粘法是利用化纤纺丝的方法，将高聚物纺丝、牵伸、铺叠成网，最后经针刺、水刺、热轧或者自身黏合等方法加固形成非织造材料。浆粕气流成网法是采用气流成网技术将木浆纤维板松开成单纤维状态，然后用气流方法使纤维凝集在成网帘上，纤网再加固成布。随着技术不断发展，涌现出不同种类无纺布，而且还不断推陈出新，目前主要有以下几种。

（1）传统无纺布面膜　传统的无纺布面膜非织造布，利用高聚物切片、短纤维或长丝结固而成，是市面上较为常见的面膜布，能显著简化涂敷操作，优点是柔软，性价比高，但亲肤性差，厚重不贴肤，也不环保。加上裁切工艺不到位，与脸形的切合度不够，膜布与贴合性不佳，影响使用体验感。

（2）果纤面膜布　采用原木浆喷胶工艺胶合而成，薄、透气、贴肤，因材质原因，易长菌，材质柔韧性较差，已逐步淡出市场。果纤面膜布是市场上比较先进的面膜布材质，相对于传统面膜更加贴肤，而且透气性好，无黏腻感，但固定度差，易变形。

（3）蚕丝面膜布　最早由日本旭化成公司用铜氨长纤维制成，商品名包括冰羽灵SE384 和 SE60，引入中国时因其薄透如蚕翼的特性而得名"蚕丝面膜布"。近年来又有厂家开发出宣称由 15 个蚕茧织成的真蚕丝面膜基布。蚕丝是自然界中最轻最柔最细的天然纤维，能紧密填补皮肤的沟纹；完美贴合脸部轮廓而不起泡；吸水性好，安全环保。长纤维、轻、薄、软、透、织布技术以及裁切工艺的改进，使得膜布与皮肤的贴合性极佳。

（4）天丝面膜布 最早是奥地利兰精集团研发，以针叶树为主的木质纤维为原料，是一种较新型的面膜，也是全球纺织领域公认的创新型莱塞尔纤维。它最大的优点是清透贴肤、吸水性好、安全环保可降解，但触感略显粗糙。轻、薄、透，性价比较高。

（5）备长炭面膜布 是由日本高硬度木材如山毛榉炭化而成，碳纤维精细。它清洁度强，清洁能力强，亲肤，负离子含量高，柔软贴肤。但其产量少，成本高。男士面膜多提倡清洁、吸附、控油功效常用此款膜布。

（6）壳聚糖面膜布 壳聚糖面膜布是功能性基布的代表，源自天然虾壳，本身具有吸附性、抑菌性及除螨性，在制作工艺上减少了防腐剂的使用，降低了敏感性。但不足的是纤维易断，价格偏贵。含有羟基、氨基等极性基团，吸湿性很强。可生物降解。由于壳聚糖面膜布在面膜精华液中不稳定，浸泡时间久容易水解成胶状，一般制成液布分离式包装，避免长期保存造成面膜布降解。

（7）胜特龙天丝 采用木浆纤维高压水刺而成，一般采用横纹织造而成，俗称横纹天丝。具有轻薄、不易变形的优点，但纹路不均匀且偏硬。

（8）弹力布 切合小 V 脸的流行，以及市场对医美热衷，弹力布可用于提拉面膜，打造小 V 脸，特别适合在面部美容术后使用。

（9）水袋面膜、Baby 丝、三层结构的面膜布（日本称为水袋面膜） 表层为棉或者天丝层，负责把精华液带进皮肤；中层为木浆层，又称锁水层，具有蓄水保湿效果；里层为木浆层，提升锁水和保湿效果。水袋面膜更加注重天然、环保功能，不再过度追求轻、薄、透的感觉。

（10）石墨烯面膜 生物质石墨烯纤维，天然无色素，以天然玉米芯为原料，采用基团配位组装析碳法制备而成。采用激光智能雕刻工艺制作模型，再经纤维固结技术工艺，将生物质石墨烯纤维定格成型，从而呈现三维立体可视的石墨烯本身独有的六边形结果，同时通过高速水射流透穿工艺，提高纤维的弹性，使其变得柔软、贴肤。

3. 理想面膜基材的性质 面膜基材是精华液的载体，在选择面膜基材时除了考虑基材的安全性、舒适性以外，基材与精华液的相对稳定性也是必须考虑的。理想的面膜基材应该具有以下性质。

（1）安全性 天然来源，温和，洁净无杂质，触感无刺激，无伤害。

（2）机械强度 在使用过程中，面膜基布浸泡过精华液后敷在脸上，由于人脸部是立体且形状各不相同，为了更好的体验感，使用者都会根据自己的喜好及脸形通过轻微的拉扯对面膜敷贴的位置进行调整，湿态下的膜布应该具有一定的抗拉能力，不会变形太大。

（3）舒适度 良好的透气性能、透湿性能和柔软服贴性能。

（4）功能性 使用者长期使用的情况下，面膜基布对面膜的带液、渗透、保水等功能性指标，使对皮肤的保水、美白等功效体现出来。

（5）主观性 指外观（如膜布杂质、厚度、柔软度、拉伸变形等情况）、触觉、味觉等影响产品的主观感受因素，脸形要基本符合目标消费人群的脸部轮廓。

（6）稳定性 基材应该具有相对稳定的物理、化学性质及热稳定性，基材应不能与精华液发生化学变化。

（7）经济性 基材容易获得，加工后成本低廉，经济性好。

二、贴片型面膜的配方组成

贴片型面膜要有很好的保湿性、吸收性和温和性，并有一定的护肤功效，故配方设计主要从保湿剂、增稠剂、防腐剂、功效成分方面考虑。由于贴片型面膜精华轻薄，吸收快，渗透深，很容易对皮肤造成刺激甚至过敏，因此对配方成分及用量要有严格测试和研究，其中香精、防腐剂、活性成分是最有可能产生不良反应的成分。

贴片型面膜与精华水或精华液配方组成类似，主要由水、保湿剂、增稠剂、防腐剂及防腐增效剂、活性功效成分、pH 调节剂、香精、增溶剂等组成。在原料选择上有以下几个要点。

1. 保湿剂 化妆品常用保湿剂主要有多元醇保湿剂和天然保湿剂，不同保湿剂对保湿效果以及使用肤感有很大差别。

（1）多元醇保湿剂 甘油最便宜，具有较强的吸湿性，但用后肤感比较黏腻，建议添加量不超过 5%。丙二醇、1,3-丙二醇、二丙二醇、1,3-丁二醇等价格相对较贵些，但比较清爽，添加量建议为 1.0% ~ 10.0%，尤其是二丙二醇、1,3-丁二醇还具有一定抑菌作用。

（2）天然保湿剂 常见的天然保湿剂有透明质酸钠、PCA-Na、海藻糖、葡聚糖、聚谷氨酸钠、银耳多糖、水解小核菌胶等，这类保湿剂不仅保湿效果好，而且还有增稠效果。选择时，要考虑它们的聚合度的影响，以及对肤感的影响。

2. 增稠剂 增稠剂的选择对面膜的肤感和体验感非常重要。卡波姆是应用最广泛的增稠剂，肤感比较清爽，一般用量不超过 0.5%，卡波姆用量太高，会影响料体在面膜布中的润湿效果，而且还有可能出现搓泥问题；卡波姆用量太少，精华液黏度低，精华液容易从面膜布上滴下来，影响使用效果和用户体验。羟乙基纤维素、黄原胶等增稠剂用量要控制更少一些，否则容易出现搓泥问题。如果配方含有少量油脂，建议用丙烯酸（酯）类/C10 ~ 30 烷醇丙烯酸酯交联聚合物作为增稠剂，可起到一定的乳化稳定作用。还可以搭配少量乳化剂，做成乳化型精华液。

3. 防腐体系 防腐剂对面膜的安全性非常重要，甲醛释放体和甲基异噻唑啉酮容易产生过敏，羟苯甲酯、苯氧乙醇、山梨酸钾、苯甲酸钠等比较安全，但是要控制用量。首先要遵守化妆品法规限量，另外还要考虑防腐剂的特性，如苯氧乙醇用量过高，会产生热感，用量过低防腐效果不好；羟苯甲酯（尼泊金甲酯）的溶解度较低，面膜中用量不宜超过 0.15%。

此外，由于贴片型面膜是一次性使用产品，折叠好的面膜布在灌装前常采用辐照灭菌，防腐剂的用量尽可能控制到够用即可，可通过防腐挑战测试筛选防腐剂种类及用量。为了减少防腐剂带来的不良反应，一般都加入适量防腐增效剂以获得最佳效果，如戊二醇、己二醇、辛甘醇和乙基己基甘油。

4. 香精 香精是造成配方刺激的重要因素之一，尽量不加香精或选择温和性好的香精，而且香精添加量应尽可能少。

5. 活性功效成分 根据需要，配方中可加入美白、祛痘、调理、修复、抗皱、抗衰老、舒缓等功效成分。由于贴片型面膜精华液主要为水剂，尽可能选用水溶性功效成分，脂溶性功效成分应采用增溶剂预增溶、乳化预处理后加入。

贴片型面膜配方组成见表 8-3。

表 8-3   贴片型面膜的配方组成

组分	常用原料	质量分数（%）
溶剂	水	加至 100
保湿剂	甘油、丙二醇、二丙二醇、山梨（糖）醇、丁二醇、海藻糖、透明质酸钠、PCA 钠、聚谷氨酸钠、水解小核菌胶、葡聚糖、银耳多糖等	2.0~30
增稠剂	羟乙基纤维素、黄原胶、卡波姆、丙烯酸（酯）类/C10~30 烷醇丙烯酸酯交联聚合物、聚丙烯酸酯交联聚合物-6 等	0.05~0.5
防腐剂	羟苯甲酯、苯氧乙醇、苯甲酸钠等	0.05~0.5
防腐增效剂	戊二醇、己二醇、辛甘醇、乙基己基甘油、对羟基苯乙酮、辛酰羟肟酸等	0.1~3.0
功效活性成分	甘草酸二钾、烟酰胺、泛醇、甘油葡糖苷、多肽、生物糖胶、神经酰胺、植物提取物等	适量
pH 调节剂	三乙醇胺、精氨酸、氨甲基丙醇、氢氧化钠、氢氧化钾、柠檬酸、柠檬酸钠等	适量
香精	花香、果香、草本香、食品香、混合香型等	适量
增溶剂	PEG-40 氢化蓖麻油、PEG-50 氢化蓖麻油、PEG-60 氢化蓖麻油等	适量

三、贴片型面膜液的生产工艺

贴片型面膜液的生产工艺与护肤水的生产工艺相近，常见生产程序如下：

（1）将保湿剂、增稠剂和水加入乳化锅中，适当均质分散均匀，搅拌并加热至 85~90℃，至完全溶解好，保温 20 分钟。

（2）降温至 60~70℃，加入 pH 调节剂，搅拌均匀。

（3）降温至 40~45℃，加入防腐剂、活性成分，搅拌均匀。

（4）取样检测 pH，控制最终配方 pH 为 4.0~7.5（直测法），检测合格后过滤出料。

（5）取样微检，合格后安排灌装和包装。

四、贴片型面膜的典型配方与制备工艺

贴片型面膜的典型配方见表 8-4、表 8-5。

表 8-4   保湿面膜的配方

相别	原料名称	INCI 名	质量分数（%）	使用目的
A 相	纯化水	水	加至 100	溶剂
	水解小核菌胶	水解小核菌胶	0.20~0.50	增稠剂
	941	卡波姆	0.12~0.30	增稠剂
	汉生胶	黄原胶	0.10~0.30	增稠剂
	甘油	甘油	3.0~5.0	保湿剂
	HA	透明质酸钠	0.05~0.20	保湿剂
	尼泊金甲酯	羟苯甲酯	0.10~0.15	防腐剂
	海藻糖	海藻糖	1.0~3.0	保湿剂
	2NA	EDTA 二钠	0.03~0.10	螯合剂
B 相	精氨酸	精氨酸	0.12~0.20	pH 调节剂
	纯化水	水	0.6~1.0	溶剂

相别	原料名称	INCI 名	质量分数（%）	使用目的
C 相	D 泛醇	泛醇	0.1~0.5	皮肤调理剂
	甘油葡糖苷	甘油葡糖苷	0.2~0.5	皮肤调理剂
	生物糖胶	生物糖胶-1	1.0~3.0	皮肤调理剂
D 相	香精	香精	适量	芳香剂
	CO40	PEG-40 氢化蓖麻油	适量	增溶剂
E 相	苯氧乙醇	苯氧乙醇	0.3	防腐剂
	丁二醇	丁二醇	5	保湿剂

制备工艺：

（1）将 A 相加入乳化锅，适当均质分散均匀，边搅拌边加热升温到 85~90℃，至完全溶解好，保温 20 分钟。

（2）降温至 60~70℃，加入预先溶解好的 B 相，搅拌均匀。

（3）降温至 40~45℃，加入 C 相、预先增溶好的 D 相、预先分散好的 E 相，搅拌均匀。

（4）取样检测 pH，控制最终配方 pH 为 5.5~7.0（直测法），检测合格过滤出料。

（5）取样微检，合格后安排灌装和包装。

表 8-5　美白面膜参考配方

相别	原料名称	INCI 名	质量分数（%）	使用目的
A 相	纯化水	水	加至 100	溶剂
	水解小核菌胶	水解小核菌胶	0.1~0.25	增稠剂
	941	卡波姆	0.15~0.25	增稠剂
	汉生胶	黄原胶	0.15~0.35	增稠剂
	甘油	甘油	3.0~5.0	保湿剂
	HA	透明质酸钠	0.03	保湿剂
	海藻糖	海藻糖	1.0~3.0	保湿剂
	VB$_3$	烟酰胺	1.0~3.0	皮肤调理剂
	2NA	EDTA-2Na	0.03	螯合剂
B 相	精氨酸	精氨酸	0.15	pH 调节剂
	纯化水	水	0.6	溶剂
C 相	馨酰酮	对羟基苯乙酮	0.5	抗氧化剂
	丁二醇	丁二醇	2	保湿剂
D 相	熊果苷	α-熊果苷	0.5	皮肤调理剂
	纯化水	水	2	溶剂
E 相	D 泛醇	泛醇	0.5	皮肤调理剂
	甘油葡糖苷	甘油葡糖苷	0.5	皮肤调理剂
	生物糖胶	水、生物糖胶-1、苯氧乙醇	1	皮肤调理剂
	甘草酸二钾	甘草酸二钾	0.2	皮肤调理剂
	己二醇	1,2-己二醇	0.5	保湿剂
F 相	香精	香精	适量	芳香剂
	CO40	PEG-40 氢化蓖麻油	适量	增溶剂

制备工艺：

（1）将 A 相原料加入乳化锅中，适当均质分散均匀，搅拌并加热至 85～90℃，至完全溶解好，保温 20 分钟。

（2）降温至 65～70℃，加入预先溶解好的 B 相，搅拌均匀。

（3）降温至 55～60℃，加入预先溶解好的 C 相、D 相，搅拌均匀。

（4）降温至 40～45℃，加入 E 相、预先增溶好的 F 相，搅拌均匀。

（5）取样检测 pH，控制最终配方 pH 为 6.0～7.0（直测法），检测合格过滤出料。

（6）取样微检，合格后安排灌装和包装。

五、贴片型面膜的常见质量问题及原因分析

1. 面膜微生物超标

（1）面膜中含有很多水分、营养成分，霉菌和酵母菌最容易繁殖。

（2）配方防腐体系设计不合理。

（3）水相没有高温保温消灭水中潜在的芽孢。

（4）无纺布容易藏匿细菌，灌装前包装材料没有辐照灭菌。

（5）生产车间和生产设备消毒不彻底。

2. 产品出现变色、变味、气胀

（1）防腐剂添加量少，长菌或微生物污染。

（2）香精添加量少，香味减弱，出现基质味。

（3）原料变质，出现变色、变味、水解或氧化。

（4）生产过程带入异物。

3. 面膜引起皮肤刺激　主要原因：贴片型面膜是将精华液长时间紧贴在皮肤上，而且精华液的渗透速度快，容易引起皮肤刺激，特别是敏感肌肤或局部敏感区域。引起刺激的主要因素是香精、防腐剂原料，或者配方 pH 超过 5.5～7.5。

4. 精华液过稠或过稀，影响使用的便利性　主要原因是增稠剂原料选用不当或增稠剂用量不合理。

5. 精华液析出固体　①面膜液含活性成分比较多，固体原料因加热或搅拌不够，溶解不完全。②原料配伍性不佳导致相互反应，最后逐渐析出结晶。

第三节　泥膏型面膜

一、泥膏型面膜简介

人类发展进程中，出现最早的面膜是泥膏型面膜。泥膏型面膜中含有丰富的矿物质，使用时可以在皮肤上形成封闭的泥膜，具有吸附、清洁、消炎、杀菌、清除油脂、抑制粉刺和收缩毛孔的作用。矿物质和微量元素还能为肌肤补充营养，达到养护肌肤的目的。

泥膏型面膜的类别是依据配方中所含成分不同而定，主要有清洁泥膜和控油泥膜。配方中添加了高岭土和云母固体粉末，可除去脸上的杂质和油脂；乳化剂与高分子化合物复配使用，可提高固体粉末的悬浮稳定性。另外，配方中还添加了烟酰胺、维生素 C、胡萝卜精华、葡萄叶精华、野玫瑰精华、迷迭香和洋甘菊精油等活性物质，具有祛除肤色暗黄

的功效。

二、泥膏型面膜的配方组成

泥膏型面膜配方设计首先要考虑矿物泥粉种类的选择，不同的泥带来的护肤效果也不同，有高岭土、云母、膨润土、硅酸镁铝、硅藻土、炭、黏土、亚马逊白泥、彩色泥、火山泥、海藻泥、海泥等。矿物泥粉选择时，要确保重金属含量低于化妆品卫生条例标准，避免带进禁用成分。同时要关注矿物泥的原料微生物指标，需严格控制矿物粉吸潮带来的染菌风险。使用时做好干燥杀菌或者使用前经过钴-60辐照杀菌处理。由于矿物泥属于天然来源的，可能伴生或夹杂其他成分，要特别注意其带来的刺激性和安全性风险，使用前要进行充分测试。在原料选择上有以下几个要点。

1. 增稠剂 由于矿物泥几乎都带有矿物质离子，所以增稠剂要具有很好的耐离子性（如黄原胶、海藻酸钠、纤维素），否则无法达到理想的黏稠度，甚至会出现破乳粉层。配方中也可以加入少量蜂蜡或鲸蜡硬脂醇，提高面膜料体的稠厚质感。

2. 乳化剂 泥膏型面膜基本均为水包油乳化体系，所以要选择水包油型乳化剂。乳化剂是造成面膜刺激性的一个重要因素，应尽量选择天然来源的乳化剂，使产品更加温和舒适。

3. 防腐剂 防腐剂对配方的安全性非常重要，由于配方含有大量的泥，防腐剂用量偏大，建议采用2~3种防腐剂混合使用，对细菌、霉菌、酵母菌及致病菌有更好的广谱防腐功能。为了减少防腐剂带来的不良反应，一般都加入适量防腐增效剂以获得最佳效果，如戊二醇、己二醇、辛甘醇和乙基己基甘油。

4. 活性功效成分 根据需要，配方中会添加具有美白、祛痘、调理、修复、抗皱、抗衰老、舒缓等功效的活性成分，考虑的要点是活性功效成分与配方的配伍性和稳定性。

泥膏型面膜配方组成见表8-6。

表8-6 泥膏型面膜的配方组成

组分	常用原料	质量分数（%）
溶剂	水	加至100
泥土	高岭土、云母、膨润土、硅酸镁铝、硅藻土、炭、黏土、亚马逊白泥、彩色泥、火山泥、海藻泥、海泥等	5.0~40.0
保湿剂	甘油、丙二醇、二丙二醇、山梨（糖）醇、丁二醇、海藻糖、透明质酸钠、PCA钠、聚谷氨酸钠、葡聚糖等	2.0~8.0
增稠剂	羟乙基纤维素、黄原胶、海藻酸钠、丙烯酸（酯）类/C10~30烷醇丙烯酸酯交联聚合物、聚丙烯酸酯交联聚合物-6等	0.1~1.0
乳化剂	聚山梨醇酯-60、山梨坦硬脂酸酯、硬脂醇聚醚-2、硬脂醇聚醚-21、PEG-20硬脂酸酯、甘油硬脂酸酯、PEG-100硬脂酸酯、鲸蜡醇磷酸酯钾等	1.0~5.0
润肤剂	橄榄油、乳木果油、矿油、辛酸/癸酸甘油三酯、棕榈酸乙基己酯、氢化聚异丁烯、异壬酸异壬酯、聚二甲基硅氧烷等	2.0~10.0
防腐剂	羟苯甲酯、羟苯丙酯、苯氧乙醇、苯甲酸钠等	0.05~0.5
功效活性成分	甘草酸二钾、烟酰胺、泛醇、甘油葡糖苷、多肽、生物糖胶、神经酰胺、植物提取物等	适量
pH调节剂	三乙醇胺、精氨酸、氨甲基丙醇、氢氧化钠、氢氧化钾、柠檬酸、柠檬酸钠等	适量
香精	花香、果香、草本香、食品香、混合香型等	适量

三、泥膏型面膜的生产工艺

泥膏型面膜的制备工艺与普通膏霜的制备工艺接近，先将水溶性原料预分散后加入水相锅，油溶性原料加入油相锅，分别加热后过滤抽入乳化锅，均质、乳化，搅拌冷却后再加入活性成分、防腐剂及其他添加剂。分散泥土粉末时应尽量避免混入大量空气，空气的混入会降低膏体的稳定性。需特别注意的是，泥膜由于泥土粉末的长时间水合作用，需特别关注其长期稳定性。

四、泥膏型面膜的典型配方与制备工艺

泥膏型面膜的配方见表 8 – 7。

表 8 – 7　泥膏型面膜的配方

相别	原料名称	INCI 名	质量分数（%）	使用目的
A 相	纯化水	水	加至 100	溶剂
	汉生胶	黄原胶	0.25 ~ 0.5	增稠剂
	丙二醇	丙二醇	3.0 ~ 5.0	保湿剂
	甘油	甘油	3.0 ~ 5.0	保湿剂
	高岭土	高岭土	10.0 ~ 30.0	皮肤调理剂
	绿石泥	蒙脱土	5.0 ~ 25.0	皮肤调理剂
	海藻糖	海藻糖	1.0 ~ 3.0	保湿剂
	尿囊素	尿囊素	0.2	皮肤调理剂
	尼泊金甲酯	羟苯甲酯	0.15 ~ 0.20	防腐剂
B 相	GP200	鲸蜡硬脂醇、PEG-20 硬脂酸酯	1.5 ~ 3.0	乳化剂
	A165	甘油硬脂酸酯、PEG-100 硬脂酸酯	2.0 ~ 5.0	乳化剂
	26 号白油	矿油	4.0 ~ 20.0	润肤剂
	1618 醇	鲸蜡硬脂醇	2.0 ~ 5.0	润肤剂
	2EHP	棕榈酸乙基己酯	1.0 ~ 10.0	润肤剂
	丙酯	羟苯丙酯	0.05 ~ 0.10	防腐剂
C 相	D 泛醇	泛醇	0.1 ~ 2.0	皮肤调理剂
	甘油葡糖苷	甘油葡糖苷	0.1 ~ 2.0	皮肤调理剂
D 相	苯氧乙醇	苯氧乙醇	0.3 ~ 0.5	防腐剂
	乙基己基甘油	乙基己基甘油	0 ~ 0.5	保湿剂
	香精	香精	适量	芳香剂

制备工艺：

（1）将 A 相原料加入水相锅，边搅拌边加热至 85 ~ 90℃，再保温搅拌 30 分钟。

（2）将 B 相原料加入油相锅，边搅拌边加热至 80 ~ 85℃，溶解好。

（3）开启真空，先将 A 相混合物抽入乳化锅，再将 B 相混合物抽入乳化锅，搅拌并均质 5 ~ 8 分钟，搅拌完全均匀，保温 20 分钟。

（4）降温至 40 ~ 45℃，加入 C 相、D 相原料，搅拌均匀。

（5）取样检测 pH，检测合格后过滤出料。

（6）取样微检，合格后安排灌装和包装。

五、泥膏型面膜的常见质量问题及原因分析

1. 变色、变味、微生物污染 泥膏型面膜在生产过程中，因原料卫生指标不合格或者生产工艺控制不严格，容易出现变色、变味等质量问题。原因有长菌或微生物污染；香精香味减弱，出现基质味；原料变质，出现变色、变味、水解或氧化；生产过程带入异物。

2. 泛粗、分层 对于乳化体系的配方，如果配方没有设计好，或者生产工艺没有控制好，会出现泛粗和破乳分层情况。主要原因有配方体系特别是乳化体系设计不合理，出现泛粗及破乳分层问题；生产过程中固体原料溶解不均匀导致结团或析出。

3. 刺激、过敏 泥膏型面膜一次使用量比普通膏霜多且在皮肤上停留时间长，容易引起皮肤刺激，特别是敏感肌肤或局部敏感区域，甚至引起红斑、丘疹、水疱、红肿等过敏不良反应。主要原因有：原料不够温和，要尽量避免使用刺激性大或有过敏风险的原料，如香精、防腐剂等；配方不够温和，每款产品建议进行斑贴测试；配方酸碱性太强，pH 超过 5.5~7.5。

4. 变干、变硬 泥膏型面膜放置一段时间，在保质期内膏料变干变硬，基本是配方中易挥发成分（如水或其他成分）挥发导致。主要原因是包装容器密封性不佳导致料体失水或成分挥发。

第四节　乳霜型面膜

一、乳霜型面膜简介

乳霜型面膜质地类似于护肤霜，效果与一般晚霜相近，许多晚霜兼具乳霜型面膜的功能，敷完后擦拭干净或清水洗净即可。乳霜型面膜质地比较温和，适应范围比较广，具有美白、保湿、舒缓、修护等效果。

乳霜型面膜含有大量保湿成分、丰富的油脂和活性物，可为肌肤提供高强度的补水和丰富的营养。例如：兰芝缤纷浆果酸奶面膜，含草莓精华，可以美白补水，收缩毛孔祛除暗哑，使肌肤恢复天然白皙细嫩；膜法世家草莓酸奶面膜，具有天然"锁水循环"配方，可深层导入水分，持续释放保湿成分，解除皮肤干燥现象，令肌肤迅速恢复水盈嫩滑，含有来自酸奶中的天然乳酸、钙质、酵素及蛋白质成分，能快速、直接为肌肤提供全面滋养，令肌肤恢复弹性，富有光泽。

二、乳霜型面膜的配方组成

乳霜型面膜配方设计首先要考虑安全性和温和性，因为乳霜型面膜在面部涂抹量比普通膏霜厚，进入皮肤的功效成分会成倍增加，因此要考虑皮肤的耐受性和安全性，尽量选择温和的原料。其次要考虑配方体系的稳定性。最后要考虑配方的功效性，尽量选用天然温和的功效成分。在原料选择上有以下几个要点。

1. 保湿剂 乳霜型面膜的保湿剂主要有多元醇和透明质酸钠，有时也可添加 PEG-400、海藻糖、聚谷氨酸钠、水解小核菌胶、PCA 钠、葡聚糖等以增强保湿效果，还可以添加银耳多糖、芦荟精华、海藻精华等天然保湿成分。在配方设计时要考虑它们对保湿效果和肤

感的影响，以及性价比。

2. 增稠剂 增稠剂的选择对面膜的肤感非常重要。卡波姆是应用最广泛的增稠剂，肤感比较清爽，乳霜型面膜的卡波姆用量可以超过 0.5%，做成具有一定黏稠度的膏体。卡波姆、纤维素、黄原胶等增稠剂用量可根据膏体所需黏稠度调整。

3. 润肤剂 润肤剂能为皮肤提供很好的滋润功效。乳霜型面膜的润肤剂应该具有很好的渗透性及吸收性，如带支链的棕榈酸异丙酯、辛酸/癸酸甘油三酯、异壬酸异壬酯和辛基十二烷醇都具有很好的吸收性。温和的植物油脂具有很好的亲肤性，也是理想的润肤剂。

乳霜型面膜配方组成见表8-8。

表8-8 乳霜型面膜的配方组成

组分	常用原料	质量分数（%）
溶剂	水	加至100
保湿剂	甘油、丙二醇、二丙二醇、山梨（糖）醇、丁二醇、海藻糖、透明质酸钠、PCA钠、聚谷氨酸钠、葡聚糖等	2.0~20.0
增稠剂	羟乙基纤维素、黄原胶、丙烯酰二甲基牛磺酸铵/VP共聚物、丙烯酸（酯）类/C10~30烷醇丙烯酸酯交联聚合物、聚丙烯酸酯交联聚合物-6等	0.1~1.0
乳化剂	聚山梨醇酯-60、山梨坦硬脂酸酯、鲸蜡硬脂基葡糖苷、硬脂醇聚醚-21、PEG-20硬脂酸酯、甘油硬脂酸酯、PEG-100硬脂酸酯、鲸蜡醇磷酸酯钾等	1.0~5.0
润肤剂	橄榄油、乳木果油、霍霍巴油、辛酸/癸酸甘油三酯、棕榈酸乙基己酯、氢化聚异丁烯、异壬酸异壬酯、聚二甲基硅氧烷等	2.0~20.0
防腐剂	羟苯甲酯、羟苯丙酯、苯氧乙醇、苯甲酸钠等	0.05~0.5
功效活性成分	甘草酸二钾、烟酰胺、泛醇、甘油葡糖苷、多肽、生物糖胶、神经酰胺、植物提取物等	适量
pH调节剂	三乙醇胺、精氨酸、氨甲基丙醇、氢氧化钠、氢氧化钾、柠檬酸、柠檬酸钠等	适量
香精	花香、果香、草本香、食品香、混合香型等	适量

三、乳霜型面膜的典型配方与制备工艺

乳霜型面膜的典型配方见表8-9。

表8-9 乳霜型面膜的典型配方

相别	原料名称	INCI名	质量分数（%）	使用目的
A相	纯化水	水	加至100	溶剂
	SOLAGUM AX	阿拉伯胶树（ACACIA SENEGAL）胶、黄原胶	0.1~0.3	增稠剂
	丙二醇	丙二醇	3.0~5.0	保湿剂
	甘油	甘油	3.0~5.0	保湿剂
	940	卡波姆	0.1~0.25	增稠剂
	海藻糖	海藻糖	1.0~5.0	保湿剂
	尿囊素	尿囊素	0.1~0.2	皮肤调理剂
	VB$_3$	烟酰胺	1.0~3.0	皮肤调理剂
	尼泊金甲酯	羟苯甲酯	0.1~0.15	防腐剂

续表

相别	原料名称	INCI 名	质量分数（%）	使用目的
B 相	MONTANOV 68	鲸蜡硬脂醇、PEG-20 硬脂酸酯	0 ~ 2.0	乳化剂
	A165	甘油硬脂酸酯、PEG-100 硬脂酸酯	2.0 ~ 5.0	乳化剂
	ININ	异壬酸异壬酯	2.0 ~ 10.0	润肤剂
	DC200 ~ 350	聚二甲基硅氧烷	0.5 ~ 10.0	润肤剂
	2EHP	棕榈酸乙基己酯	3.0 ~ 5.0	润肤剂
	丙酯	羟苯丙酯	0.1	防腐剂
C 相	EG	丙烯酸钠/丙烯酰二甲基牛磺酸钠共聚物、异十六烷、聚山梨醇酯-80	0.5 ~ 1.0	增稠乳化剂
D 相	精氨酸	精氨酸	0.10 ~ 0.2	pH 调节剂
	纯化水	水	0.6 ~ 2.0	溶剂
E 相	D 泛醇	泛醇	0.1 ~ 1.0	皮肤调理剂
	羟乙基脲	羟乙基脲	0 ~ 10.0	皮肤调理剂
F 相	苯氧乙醇	苯氧乙醇	0.3 ~ 0.5	防腐剂
	香精	香精	适量	芳香剂

制备工艺：

（1）将 A 相原料加入水相锅，适当均质分散均匀，边搅拌边加热至 85 ~ 90℃，完全溶解好，保温 20 分钟。

（2）将 B 相原料加入油相锅，边搅拌边加热至 80 ~ 85℃，直至溶解完全为止。

（3）开启真空，先将 A 相混合物抽入乳化锅，再将 B 相混合物抽入乳化锅，搅拌并均质 5 ~ 8 分钟，搅拌完全均匀，保温 10 分钟。

（4）降温到 65 ~ 70℃，加 C 相原料均质 2 ~ 3 分钟，加入预先溶解好的 D 相原料，搅拌均匀。

（5）降温到 40 ~ 45℃，加入 E 相、F 相原料，搅拌均匀。

（6）取样检测 pH，检测合格后过滤出料。

（7）取样微检，合格后安排灌装和包装。

四、乳霜型面膜的常见质量问题及原因分析

1. 膏体变色、变味、微生物污染

（1）长菌或微生物污染。

（2）香精香味减弱，出现基质味。

（3）原料变质，出现变色、变味、水解或氧化。

（4）生产过程带入异物。

（5）配方防腐体系失效。

2. 膏体泛粗、分层

（1）配方体系特别是乳化体系设计不合理，出现泛粗及破乳分层问题。

（2）生产过程中固体原料溶解不均匀导致结团或析出。

3. 面膜在保质期内膏料变干、变硬   主要原因是包装容器密封性不佳导致料体失水或成分挥发。

第五节　啫喱凝胶型面膜

一、啫喱凝胶型面膜简介

啫喱凝胶型面膜，主要为睡眠面膜，指的是在晚上做完基础护肤之后，将睡眠面膜敷在脸上可直接睡觉的一种面膜。一般在第二天早晨清洗，正常洁面即可。一般睡眠面膜都是啫喱质地，涂上之后就像涂了一层护肤品，不会像普通面膜一样感觉糊了一层东西。睡眠面膜也可以理解为按摩霜的升级版本，在睡眠面膜问世之前，补水一般使用按摩霜。由于按摩霜使用相对麻烦，需要较长时间，大部分女性都不爱使用按摩霜。为了配合现代女性的时间钟，就研发了睡眠面膜。其特点是免洗，可以涂着过夜，弥补了按摩霜不能频繁使用的缺陷，并比面膜贴补水效果更好更持久（贴式面膜使用大约 15 分钟后需要摘掉，因为面膜纸水分损失后会反吸面部水分）。睡眠面膜能有效舒缓身心疲劳并提升睡眠质量，从而更好地促进肌肤在夜间的新陈代谢，让整个肌肤饱满、精神焕发，因此大受女性欢迎。

啫喱凝胶型面膜护肤的原理：利用厚厚一层精华敷料，阻隔脸部肌肤与空气接触，阻隔皮肤水分的蒸发，增加角质层的湿度，软化角质；表皮温度升高可扩张毛细孔，有利于营养成分顺利被吸收；皮肤温度上升后血液循环加快，使渗入肌肤的养分在细胞间更深更广地扩散开，快速补充营养；同时肌肤表面无法蒸发的水分则会留存在表皮层，使表皮层的水分饱满、肌肤光滑紧绷、细纹变淡，白皙度、光亮度明显提升。

二、啫喱凝胶型面膜的配方组成

啫喱型面膜配方设计首先要考虑安全性和温和性，尽量选择温和的原料。其次要考虑配方体系的稳定性，选择合适的高分子增稠剂非常关键，要容易分散和溶解，不易结团，对光和热不敏感。最后要考虑配方的功效性，尽量选用天然温和的功效成分，以补水保湿和修护为主。啫喱型面膜不含或含很少润肤油脂及乳化剂，外观呈透明啫喱或半透明啫喱，质地清爽不油腻，保湿剂及活性成分含量较多，具有很好的补水保湿及修护效果。在原料选择上有以下几个要点：

1. 保湿剂   啫喱型面膜的保湿剂主要有多元醇和透明质酸钠，有时也可添加海藻糖、聚谷氨酸钠、水解小核菌胶、葡聚糖等以增强保湿效果。

2. 增稠剂   啫喱型面膜所用增稠剂非常重要。卡波姆是应用最广泛的增稠剂，肤感比较水润清爽，用量可以超过 0.5%，同时可适当搭配羧甲基纤维素、羟乙基纤维素、羟丙基甲基纤维素、黄原胶等增稠剂，也可以添加少量聚丙烯酸酯交联聚合物-6 或丙烯酸（酯）类/C10～30 烷醇丙烯酸酯交联聚合物作为辅助增稠剂，可起到一定的乳化稳定作用。

3. 润肤剂   润肤剂可为皮肤提供很好的滋润功效，啫喱型面膜的润肤剂应具有很好的吸收性和亲肤性，添加量不宜过多，否则会影响啫喱的透明度。

4. 功效成分   啫喱型面膜大部分是睡眠面膜，需要很强的修护和舒缓功效，可添加氨基酸、多肽、胶原蛋白、甘草酸二钾、酵母提取液、植物提取物等功效成分。

啫喱凝胶型面膜的配方组成见表 8 – 10。

表 8 - 10　啫喱凝胶型面膜的配方组成

组分	常用原料	质量分数（%）
溶剂	水	加至 100
增稠剂	羟乙基纤维素、黄原胶、丙烯酰二甲基牛磺酸铵/VP 共聚物、丙烯酸（酯）类/C10~30 烷醇丙烯酸酯交联聚合物、聚丙烯酸酯交联聚合物-6 等	0.1~1.0
保湿剂	甘油、丙二醇、二丙二醇、山梨（糖）醇、丁二醇、海藻糖、透明质酸钠、PCA 钠、聚谷氨酸钠、葡聚糖等	2.0~8.0
乳化剂	聚山梨醇酯-60、山梨坦硬脂酸酯、鲸蜡硬脂基葡糖苷、硬脂醇聚醚-21、PEG-20 硬脂酸酯、甘油硬脂酸酯、PEG-100 硬脂酸酯、鲸蜡醇磷酸酯钾、丙烯酸羟乙酯/丙烯酰二甲基牛磺酸钠共聚物等	1.0~5.0
润肤剂	橄榄油、乳木果油、霍霍巴油、辛酸/癸酸甘油三酯、棕榈酸乙基己酯、氢化聚异丁烯、异壬酸异壬酯、聚二甲基硅氧烷等	2.0~10.0
防腐剂	羟苯甲酯、羟苯丙酯、苯氧乙醇、苯甲酸钠等	0.05~0.5
功效活性成分	甘草酸二钾、烟酰胺、泛醇、甘油葡糖苷、多肽、生物糖胶、神经酰胺、植物提取物等	适量
pH 调节剂	三乙醇胺、精氨酸、氨甲基丙醇、氢氧化钠、氢氧化钾、柠檬酸、柠檬酸钠等	适量
香精	花香、果香、草本香、食品香、混合香型等	适量

三、啫喱凝胶型面膜的典型配方与制备工艺

啫喱型面膜的典型配方见表 8 - 11。

表 8 - 11　啫喱凝胶型面膜的典型配方

相别	原料名称	INCI 名	质量分数（%）	使用目的
A 相	纯化水	水	加至 100	溶剂
	SOLAGUM AX	阿拉伯胶树（ACACIA SENEGAL）胶、黄原胶	0.1	增稠剂
	丙二醇	丙二醇	3.0	保湿剂
	甘油	甘油	3.0	保湿剂
	AVC	丙烯酰二甲基牛磺酸铵/VP 共聚物	0.7	增稠剂
	海藻糖	海藻糖	1.0	保湿剂
	尿囊素	尿囊素	0.2	皮肤调理剂
	DC2501	双-PEG-18 甲基醚二甲基硅烷	1.0	皮肤调理剂
	HA	透明质酸钠	0.03	保湿剂
B 相	ININ	异壬酸异壬酯	1.0	润肤剂
	EMT -10	丙烯酸羟乙酯/丙烯酰二甲基牛磺酸钠共聚物	0.5	增稠乳化剂
C 相	EG	丙烯酸钠/丙烯酰二甲基牛磺酸钠共聚物、异十六烷、聚山梨醇酯-80	0.5	增稠乳化剂
D 相	馨酰酮	对羟基苯乙酮	0.5	抗氧化剂
	丁二醇	丁二醇	2.0	保湿剂

相别	原料名称	INCI 名	质量分数（%）	使用目的
E 相	生物糖胶	生物糖胶-1	1.0	皮肤调理剂
	己二醇	1,2-己二醇	0.5	保湿剂
	香精	香精	适量	芳香剂

制备工艺：

（1）将 A 相原料加入水相锅，适当均质分散均匀，边搅拌边加热至 85～90℃，完全溶解好，保温 20 分钟。

（2）将 B 相原料加入油相锅，边搅拌边加热至 80～85℃，直至溶解完全为止。

（3）开启真空，先将 A 相混合物抽入乳化锅，再将 B 相混合物抽入乳化锅，搅拌并均质 5～8 分钟，搅拌完全均匀，保温 10 分钟。

（4）降温到 70～75℃，加预先分散好的 B 相，C 相原料均质 2～3 分钟，搅拌均匀。

（5）降温到 60～65℃，加预先溶解好的 D 相，搅拌均匀。

（6）降温到 40～45℃，加入 E 相原料，搅拌均匀。

（7）取样检测 pH，检测合格后过滤出料。

（8）取样微检，合格后安排灌装和包装。

配方解析：该配方为半透明啫喱，丙烯酰二甲基牛磺酸铵/VP 共聚物和丙烯酸羟乙酯/丙烯酰二甲基牛磺酸钠共聚物作为啫喱凝胶剂骨架。配方含有不同结构的保湿剂，具有补水保湿和修护功效。

四、啫喱凝胶型面膜的常见质量问题及原因分析

啫喱凝胶型面膜最容易出现的问题是变稀、变稠。主要原因是增稠剂原料选用不当或增稠剂用量不合理，或者生产过程中没有溶好，黏度会发生明显波动。

第六节　撕拉型面膜

一、撕拉型面膜简介

撕拉型面膜是一种敷到脸上变干后会结成一层膜的面膜。它能使脸部皮肤温度升高，从而促进血液循环和新陈代谢。面膜干燥后，通过撕拉的方式将毛孔中的污物带出来达到去死皮的功效。一般依靠其吸附能力可以将皮肤上的黑头、老化角质以及油脂等剥离下来，具有很强的清洁作用。

最早的撕拉型面膜为粉末状，使用时将干粉与水以 10∶24 的质量比混合均匀后使用。天然高分子增稠剂汉生胶和多孔吸附硅藻土在配方中起到协同增效作用，氧化镁和硫酸钙干燥后形成一层致密的封闭膜。后来出现果冻状撕拉型面膜，聚乙烯醇是果冻状撕拉型面膜中主要原料，它作为外科手术材料具有很高的安全性，适用于敏感性肌肤。聚乙烯醇水溶液透明且稳定，干燥后可以形成一层均匀封闭的透明膜。乙醇和多元醇的添加比例会影响聚乙烯醇的干燥速度，聚乙烯醇需长时间缓慢搅拌才能完全溶解，待聚乙烯醇完全溶解后再添加其他原料。通常面膜中添加 5%～15% 的聚乙烯醇以保证形成适当厚度的透明膜。

人们对撕拉型面膜的争议较多，因为"撕拉"本身对皮肤的损伤很大，容易引起毛孔

粗大、皮肤过敏等症状，同时这种类型的面膜补水能力、滋养能力也较差。现在已研发一种以聚氨酯为成膜剂的新型撕拉面膜，刚开始涂抹在皮肤上是白色乳霜状，然后逐渐变透明，约 15 分钟后形成一层柔软透明的薄膜，撕拉掉这层膜即可，没有撕拉皮肤的不适感。

二、撕拉型面膜的配方组成

对撕拉型面膜要特别注意控制成膜时间不能过快或过慢，所以撕拉型面膜配方设计首先要考虑成膜剂的用量及成膜速度，用量一般为 5% ~ 15%。其次考虑配方安全性和温和性，尽量选择温和的原料。最后要考虑配方体系的稳定性，选择合适的高分子增稠剂非常关键，要容易分散溶解和增稠。在原料选择上有以下几个要点。

1. 成膜剂　撕拉型面膜配方设计最重要的是成膜剂的选择，成膜时间不能过快或过慢，最常用的成膜剂是聚乙烯醇（PVA），用量一般为 5% ~ 15%，成膜速度可以通过调节乙醇的用量来控制，还可辅助添加聚乙烯吡咯烷酮（PVP）或羧甲基纤维素（CMC）调整膜的柔软度。最新有以聚氨酯为成膜剂的撕拉型面膜，成膜剂用量为 25% ~ 35%，形成的膜非常柔软，很容易撕拉。

2. 防腐剂　添加防腐剂要充分考虑面膜的安全性，首先要遵守法规限量，另外还要考虑防腐剂的特性，一般使用羟苯甲酯和苯氧乙醇，但有些配方防腐挑战不易通过时，可以加入适量防腐增效剂戊二醇、己二醇、辛甘醇、乙基己基甘油获得最佳效果。

撕拉型面膜的配方组成见表 8 - 12。

表 8 - 12　撕拉型面膜的配方组成

组分	常用原料	质量分数（%）
溶剂 1	水	加至 100
溶剂 2	乙醇	5 ~ 15
保湿剂	甘油、丙二醇、二丙二醇、山梨（糖）醇、丁二醇、海藻糖、透明质酸钠、吡咯烷酮羧酸钠等	2 ~ 8
增稠剂	羧甲基纤维素、黄原胶等	0.2 ~ 1.0
粉状填充剂	高岭土、蒙脱土等	1.0 ~ 10.0
成膜剂	聚乙烯醇、甲基丙烯酸甲酯交联聚合物、聚乙烯吡咯烷酮、聚氨酯等	5.0 ~ 15.0
防腐剂	羟苯甲酯、羟苯丙酯、苯氧乙醇、苯甲酸钠等	0.05 ~ 0.5
功效活性成分	甘草酸二钾、烟酰胺、泛醇、甘油葡糖苷、多肽、生物糖胶、神经酰胺、植物提取物等	适量
香精	花香、果香、草本香、食品香、混合香型等	适量

三、撕拉型面膜的典型配方与制备工艺

撕拉型面膜的典型配方见表 8 - 13、表 8 - 14。

表 8 - 13　竹炭撕拉面膜的配方组成

相别	原料名称	INCI 名	质量分数（%）	使用目的
A 相	纯化水	水	加至 100	溶剂
	PVA -217	聚乙烯醇	12.0	成膜剂
	竹炭粉	炭粉	1.0	皮肤调理剂
	甘油	甘油	3.0	保湿剂

续表

相别	原料名称	INCI 名	质量分数（%）	使用目的
A 相	尼泊金甲酯	羟苯甲酯	0.15	防腐剂
	海藻糖	海藻糖	1.0	保湿剂
	EDTA－二钠	EDTA 二钠	0.03	螯合剂
B 相	特级酒精	乙醇	3.0	溶剂
	CMC	羧甲基纤维素	0.7	增稠剂
C 相	特级酒精	乙醇	2.0	溶剂
D 相	香精	香精	适量	芳香剂
	CO 40	PEG–40 氢化蓖麻油	适量	增溶剂

制备工艺：

（1）将 A 相原料加入乳化锅，边搅拌边加热至 85~90℃，适当均质分散均匀，完全溶解好，保温 20 分钟。

（2）降温到 50~55℃，加入预先分散好的 B 相，搅拌均匀。

（3）降温到 40~45℃，加入 C 相、预先增溶好的 D 相原料，搅拌均匀。

（4）取样检测 pH，检测合格后过滤出料。

（5）取样微检，合格后安排灌装和包装。

表 8–14　聚氨酯撕拉面膜的配方

相别	原料名称	INCI 名	质量分数（%）	使用目的
A 相	纯化水	水	加至 100	溶剂
	甘油	甘油	1.0	保湿剂
	U21	丙烯酸（酯）类/C10~30 烷醇丙烯酸酯交联聚合物	0.85	增稠剂
	尼泊金甲酯	羟苯甲酯	0.15	防腐剂
	EDTA－二钠	EDTA 二钠	0.05	螯合剂
B 相	三乙醇胺	三乙醇胺	0.8	pH 调节剂
C 相	Carfil® ST11	聚氨酯-35、聚氨酯-11、水、苯氧乙醇、辛甘醇	30.0	成膜剂
D 相	丁二醇	丁二醇	2.0	保湿剂
	苯氧乙醇	苯氧乙醇	0.3	防腐剂
E 相	香精	香精	适量	芳香剂
	CO 40	PEG–40 氢化蓖麻油	适量	增溶剂

制备工艺：

（1）将 A 相原料加入乳化锅，适当均质分散均匀，边搅拌边加热至 85~90℃，完全溶解好，保温 20 分钟。

（2）降温到 70~75℃，加 B 相，搅拌均匀。

（3）降温到 40~45℃，加入 C 相、预先分散好的 D 相、预先增溶好的 E 相原料，搅拌均匀。

（4）取样检测 pH，检测合格后过滤出料。

（5）取样微检，合格后安排灌装和包装。

四、撕拉型面膜的常见质量问题及原因分析

撕拉型面膜受成膜剂性质和用量影响，会出现成膜过快或过慢的质量问题。主要原因是成膜剂选择不当；配方中乙醇用量没有控制好。

第七节 粉状面膜

一、粉状面膜简介

1. 产品的定义、特点 粉状面膜是一种软膜粉，是细腻、均匀、无杂质的混合粉末状物质，用水调和后涂敷在皮肤上形成质地细软的薄膜。该膜性质温和，对皮肤没有压迫感，膜体敷在皮肤上，给表皮补充足够的水分，使皮肤明显舒展，细碎皱纹消失。这种软膜粉的主要作用是保湿，以补充表皮层的水分，同时软膜粉还兼有清洁、祛除过多油脂、营养作用，添加一些中药材质粉末换可以调理肌肤。

2. 产品的分类 粉状面膜主要以功效分类，不同种类面膜粉可以改善不同的皮肤问题，如保湿、美白、祛斑、祛皱、控油等。

二、粉状面膜的配方组成

粉状面膜配方设计首先要考虑粉料与胶凝剂的搭配，使与水容易混合，调制成的粉泥容易黏附在皮肤上。其次粉状面膜一般不适宜添加防腐剂，但粉体中容易隐藏细菌和霉菌，要控制配方中的水分含量尽可能的低，生产包装完最好尽快进行辐照处理。在原料选择上有以下几个要点：

1. 粉料的选择 粉状面膜的粉料最重要，常用的有高岭土、钛白粉、氧化锌、滑石粉等，其中以高岭土最常见。粉体应细腻、柔和、容易与水混合。作为配方粉体原料，含水量应尽量低，最好先辐照灭菌后再使用。

2. 胶凝剂 为了形成凝胶，配方还需添加一定量的胶凝剂，如淀粉、海藻酸钠、黄原胶等，使面膜粉与水混合后容易黏附在皮肤上，用量一般为 1%~20%。

3. 活性功效成分 粉状面膜通常添加一些功效成分以达到护肤效果，如添加中药粉调理肌肤，或添加一些美白剂、抗衰老成分及植物护肤精华。

粉状面膜的配方组成见表 8–15。

表 8–15 粉状面膜的配方组成

组分	常用原料	质量分数（%）
粉剂	高岭土、钛白粉、氧化锌、滑石粉等	加至 100
胶凝剂	淀粉、海藻酸钠、黄原胶等	1.0~20.0
功效活性剂	烟酰胺、多肽、甘草酸二钾、中药成分等	适量
香精	花香、果香、草本香、食品香、混合香型等	适量

三、粉状面膜的生产工艺

粉状面膜的制备工艺比较简单，依据配方称量原料后，混合碾磨，取样微检，合格后

安排灌装和包装。粉末碾磨与灭菌环节很重要，通过粉碎碾磨机可使粉体碾磨的更加细腻均匀。有必要时需经过烘干工艺处理，控制粉体的水分含量，并辐照灭菌控制微生物不超标。

四、粉状面膜的典型配方与制备工艺

粉状面膜的典型配方见表 8 – 16。

表 8 – 16 软膜粉配方

相别	原料名称	INCI 名	质量分数（%）	使用目的
A 相	硫酸钙	硫酸钙	加至 100	填充剂
	改性玉米淀粉	改性玉米淀粉	3.0 ~ 5.0	增稠剂
	黄原胶	黄原胶	1.0 ~ 3.0	增稠剂
	硅酸镁铝	硅酸镁铝	3.0 ~ 5.0	增稠剂
	云母粉	云母	3.0 ~ 5.0	着色剂

制备工艺：依据配方进行称量，混合碾磨均匀，合格后过筛即可。

五、粉状面膜的常见质量问题及原因分析

1. 粉状面膜容易出现微生物污染

（1）粉的比表面积大，容易吸附细菌、霉菌。

（2）粉体灭菌（如辐照）不彻底。

（3）配方防腐体系失效。

（4）生产过程控制不严，带入微生物。

2. 粉体和凝胶剂容易吸收空气中的水分进而结团或结块，影响使用

（1）粉体和凝胶剂含有水分使粉结团。

（2）包装容器密封性不佳吸潮导致结团、结块。

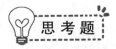 思考题

1. 贴片型面膜、乳霜型面膜、撕拉型面膜各有什么特点？

2. 乳霜型面膜和啫喱型面膜有何异同点？

3. 贴片型面膜配方架构包含哪些？

第九章　化妆品气雾剂

PPT

化妆品气雾剂系化妆品的气雾剂剂型，亦系气雾剂的化妆品类别。

第一节　化妆品气雾剂发展历程和现状

一、化妆品气雾剂发展历程

20 世纪 40 年代，美国农业部两位工程师戈德休和沙利文发明的"臭虫炸弹"打开了世界气雾剂研究的大门。1947 年杀虫用气雾剂上市，当时需要很厚很重的耐压容器。随着低压抛射剂和低压容器的开发成功，气雾剂成本降低，从数量到品种都得到了迅速发展。

20 世纪 60 年代开始，在 1964、1965 年我国就开发了一些气雾剂，主要是药用方面气雾剂。随后一些造船厂也研制了一些用于工业探伤用的气雾剂，但这些产品普遍偏离普通消费者的需求，未能被社会以及广大消费者所认识。整个中国气雾剂工业处于萌芽阶段。

20 世纪 80 年代初的中国，刚刚投入市场的化妆品类代表性气雾剂产品发用摩丝、喷发胶受到了人们的普遍欢迎，社会的需要促进了气雾剂工业的蓬勃发展，也开启了中国化妆品类气雾剂工业的高速发展阶段。尤其随着中国经济进入了前所未有的高增长期，化妆品类气雾剂工业同样受大经济行情的影响，也迎来了量和质的大飞跃。

20 世纪 80 年代末至 90 年代中期，一些国内品牌的摩丝、喷发胶产品相继推出上市。其代表性产品有广东雅倩化妆品有限公司的雅倩摩丝、中山雅黛日用化工有限公司（中山永利日用化工有限公司）的雅黛摩丝以及广州好迪化妆品有限公司的好迪摩丝等等。对中国的化妆品类气雾剂的发展起到了推波助澜的作用。

由于流行发型的变化，以及其他剂型的渗入，20 世纪 90 年代后期至 21 世纪初期，发用气雾剂处于低迷期。

2000 年前后，日本资生堂公司首先在中国推出了俊士（JS）、吾诺（UNO）品牌的男士整发护发系列气雾剂产品，开启了男士个人护理气雾剂的先例。

2004 年，中山曼丹公司在中国推出了其在日本男士化妆品中销量第一的杰士派（GATSBY）品牌强力定性型喷雾摩丝，再次将男用气雾剂产品推向一个新高潮。随后各种新颖化妆品类气雾剂产品如发用整形剂摩丝、喷发胶为轴心，剃须泡、抑汗消臭剂、化妆喷雾水、防晒喷雾、晒后修复、洁面摩丝、BB 摩丝等等不断被创新开发，层出不穷，同时，气雾剂的喷出剂型也不断创新，雾状、泡沫状、凝胶状、冰霜状、后发泡状以及其他形式喷雾状态的气雾剂产品层出不穷。

经过多年的发展，我国气雾剂行业市场已经形成了一定的规模和成熟度。其中以杀虫驱蚊类、汽车类、油漆类以及建筑类最为突出，正处于行业的发展成熟期，企业数量较多，竞争也较为激烈。据行业数据统计，2016 年杀虫驱蚊类、汽车类、油漆类以及建筑类气雾剂占中国气雾剂市场的 60% 以上；而化妆品类气雾剂产品发展则相对比较慢，仅占气雾剂生产总量不到 15%。

中国气雾剂工业在生产初期，各企业均以生产自有品牌产品为主。最具代表性企业的是广东中山石岐农药厂（现中山凯中有限公司），从 1985 年起先后从英国、意大利等国家引进了中国第一条全自动气雾剂充填线、气雾阀生产线及马口铁气雾罐生产线，大规模生产自主品牌"灭害灵""发嘉丽""凯达"等各种气雾剂产品，开启了中国气雾剂工业的高速发展模式。

1994 年底由日本大造与江南集团公司合资的上海江南大造气雾剂公司的成立，给中国气雾剂制造业带来了一个代客灌装的新理念。

1995 年底由外高桥保税区新发展有限公司、加拿大 CCL 集团和美国 CPC 公司共同投资组建的上海西西艾尔气雾推进剂制造与罐装有限公司（已更名为上海西西艾尔启东日用化学品有限公司），同样致力于为国内外客户提供各类气雾剂产品和液体产品配制、灌装业务。

除了外企和国企外，民企进入化妆品类气雾剂领域也是风起云涌。例如 2007 年成立的中山市天图精细化工有限公司，其创办之初便聚焦化妆品气雾剂的研发与生产。

近十年气雾剂制造企业的 ODM、OEM 形式，已经被越来越多的生产厂家及品牌商所接受。气雾剂产品的代客罐装从产业布局上看，同我国精细化工生产一致，化妆品类气雾剂生产企业大部分分布在上海、广东、浙江、江苏、山东、天津等沿海地区。

2019 年全球气雾剂产品总产量约 156 亿罐，比 2009 年增长了约 30 亿罐，详见表 9-1。

表 9-1　全球气雾剂 2009 年与 2019 年产量数据简析　　　　　　　　单位：百万罐

序号	国家地区	2009 年产量	2019 年产量	增长量
1	欧洲	5389	5492	103
2	美国	3568	3671	103
3	中国	1126	2573	1447
4	巴西	313	1178	865
5	阿根廷	790	654	-136
6	墨西哥	269	644	375
7	日本	518	527	9
8	南非	215	302	87
9	泰国	173	301	128
10	澳大利亚	235	240	5
	合计	12596	15582	2986

二、化妆品气雾剂发展特点

（一）发展平缓，相对入门门槛较高

20 世纪 80 年代中国国民经济进入迅速发展阶段，人民生活水平不断提高，化妆品工业

也如雨后春笋般不断发展。改革开放为"美丽"事业带来了前所未有的辉煌。与此同时，化妆品气雾剂工业受大经济行情的影响，也迎来了量和质的大飞跃。

但是由于气雾剂产品的特性：高压、易燃，对生产环境以及生产设备都有特殊要求，气雾剂生产企业必须要在正式生产前申请危险化学品安全生产许可证。除此之外，化妆品生产企业还需按照《化妆品生产许可工作规范》的要求取得化妆品生产许可证。所以在中国化妆品类气雾剂生产相对于其他品类的气雾剂产品工业而言，入门门槛相对较高，制约了部分私人企业进入这个行业。

（二）化妆品气雾剂品种相对单调

从20世纪80年代中国诞生第一个摩丝产品开始，化妆品气雾剂也经历了一个轰轰烈烈的发展历程，但由于气雾剂剂型仅仅为化妆品领域中的一个小剂型产品，且包装容器、制造设备以及产品配方都相对比较特殊，品牌商们对气雾剂的了解不足造成气雾剂类产品的开发缓慢，很长一段时间内化妆品气雾剂产品在品种上是由摩丝、喷发胶、剃须泡三样组成的，它们始终占据了化妆品气雾剂的半壁江山，创新产品开发陷入瓶颈。与国外琳琅满目的化妆品气雾剂商品相比，还有很大距离，产品相对比较单调，主要包括以下几点：

（1）我国民族品牌的气雾剂产品的真正创新能力还不是很强。研发难有突破，大多数产品还是在国外产品的启示下发展衍生出来的。

（2）大专院校没有气雾剂专业，真正懂气雾剂又有化妆品专业知识的专业人才紧缺。

（3）原材料供应的欠缺也制约了一些高档产品的研发，包括气雾剂中频繁使用的无味乙醇（合成乙醇）、无味抛射剂等在国内都很难找到能够满足欧美、日本标准的高品质供应商。

（三）整体发展正在提高

气雾剂剂型在化妆品领域中属于小剂型，可喜的是，近几年我们看到各大化妆品品牌商都把化妆品气雾剂加入了新产品发展行列。

化妆品气雾剂产品从单纯的发用类产品发展到肤用保湿喷雾水、肤用 BB 喷雾霜、防晒喷雾、晒后修复喷雾；从简单的剃须泡延伸到剃须洁面二合一、以及洁面摩丝等；产品的喷出状态从简单的摩丝状、雾状到泡沫雾、气包水喷雾、冰霜状、后发泡啫喱状等等；包装材料从简单的普通气雾剂材料到利用 BOV 阀门技术的二元包装、PET 耐压容器等令人耳目一新的创新性产品不断呈现。

新产品不断被开发，产品的使用目的以及功效同样不断向细化、专业化方向发展。从喷发胶延伸出的产品包括彩色喷发胶、营养喷发水、育毛油喷雾、护发喷雾水等。同样发用摩丝的延伸产品包括营养摩丝、亮泽保湿摩丝、永久染发摩丝、临时染发摩丝等。从简单的保湿化妆喷雾延伸出防晒喷雾、晒后修复、防脱妆喷雾等，新产品层出不穷。

面对我们与欧美、日韩市场的差异，以及我国基础工业的稳步发展，可以预测，化妆品气雾剂的再次飞跃发展阶段将很快出现。我国的化妆品气雾剂市场就像一块尚未被完全开垦的土地，一定会迎来更灿烂的春天。

三、化妆品气雾剂发展趋势

（一）化妆品气雾剂的行业趋势分析

我国气雾剂的未来产业结构将从简单化加工向"环保、科技、个性化"的多元化发展。

1. 从生产分工看，目前我国气雾剂工业"小规模、雷同化"极为突出，在经济全球化的今天，气雾剂产品也只有向"以品牌经营为特征，以现代网络经销为手段，实现生产与销售分离，资源向优势企业集中"的集约经营转变才能适应未来市场。

2. 从经营理念看，化妆品气雾剂是一种相对高档的消费品，质量仍然是产品取胜的关键。同时，未来将向注重创新、强调服务的高附加值方向转变。

3. 从消费需求看，目前人们对气雾剂的使用要求，已经不仅仅限制于产品本身的功能，向"环保、个性、新颖"发展已是现代消费需求的趋势。

4. 从行业竞争看，由原来的产品数量、质量、款式、价格等底层竞争，将转向全面的品牌、网络、人才、文化等全方位、多层次的综合竞争。

5. 从目前的化妆品气雾剂行业看，创新人才和研究人才相对贫乏，企业研发能力不足同样阻碍了企业的发展。提高企业的开发能力，通过技术创新、产品外观设计创新，跟随包装潮流，拉近与国际品牌产品间的距离。对已有产品如美发类用品等，提高质量档次，延伸花色品种。增加化妆品种类，充分利用本国资源和优秀的民族文化遗产，创造具有民族特色的产品。

我国人均气雾剂消耗量还不足 1.5 罐，其中个人用品类气雾剂产品的占有率更低于15%。而欧美、日本这些气雾剂消耗大国已平均达到 13~14 罐，个人护理用气雾剂均高达30% 以上。这其中的差距就是我国气雾剂工业，特别是个人护理气雾剂的发展潜力和动力。

（二）化妆品气雾剂生产企业地域分布

根据国家药品监督管理局资料显示，截至 2019 年 12 月 31 日，具备化妆品生产许可证并涵盖了"气雾剂单元"的生产企业一共有 84 家的，具体有广东省 43 家，江苏省 13 家，浙江省 9 家，上海市 7 家，黑龙江省 3 家，湖北省 2 家，北京市 1 家，福建省 1 家，河北省1 家，河南省 1 家，山东省 1 家，陕西省 1 家，新疆维吾尔自治区 1 家。广东省最多，占全国总数量的 51.19%。

目前我国较大规模的气雾剂生产企业有 40 多家，但大部分还没有具备化妆品生产条件，同时拥有危险化学品安全生产许可证和化妆品生产许可证双重资质的专业化化妆品气雾剂生产企业仅有 10 余家。在地域上分布以广东及上海为主，其次为江苏、浙江、河北、河南、山东、福建等省市。位于广东省内的气雾剂企业占全国总气雾剂企业的半数，产业链配套尤为完善。

四、化妆品气雾剂产品分类

化妆品气雾剂按不同的定义有不同的分类，最常用的是按类型和功能部位划分。

参考 BB/T 0005-2010 气雾剂产品的标示、分类及术语：

（一）按产品类型分类

1. 按内容物释出形态分类 喷雾型、泡沫型、射流型、粉末型、膏体型。

2. 按内容物后形态分类 发泡型、冻胶型、冻冰型、棉片型、干膜型。

3. 按含推进剂类型分类 液化气体型、压缩气体型、复合型。

4. 按内容物类型分类 溶液型、乳液型、干粉型、气体型、混悬型。

5. 按容器材质分类 金属容器型、塑料容器型、玻璃容器型。

6. 按燃烧性分类 极易燃型、易燃型、不易燃型。

（二）按功能部位分类

1. 按功能分类　清理类气雾剂、护发类气雾剂、护肤类气雾剂、修饰类气雾剂。

2. 按部位分类　发用类气雾剂、肤用类气雾剂。

五、化妆品气雾剂产品介绍

（一）发用气雾剂产品

化妆品气雾剂产品中最典型的代表就是发用产品摩丝、喷发胶，同样也是最经典的气雾剂产品。历来在各国的消费者中备受青睐，在整个气雾剂产品中占据了很大一部分的比例。可以毫不夸张地说发用气雾剂的发展也是气雾剂工业发展的代表之一。

发用气雾剂产品从最早的摩丝、喷发胶的简单定型功效，至如今产品的使用目的以及功效被不断细化、专业化，新产品层出不穷。目前市场上的延伸产品包括彩色喷发胶（临时染发剂）、半永久染发剂、永久染发剂、洗发慕斯、干洗喷雾、干洗泡沫、护发喷雾水、营养亮泽摩丝、去毛剂、育毛剂等。

喷发胶的基础配方一般由定型树脂、增塑剂、溶剂、抛射剂几个部分组成。所用定型树脂必须要有适宜的保持能力，在高湿度环境中也能保持发型。同时对光泽度、易梳理、硬度以及梳理后无白屑产生、在温水中易清洗等也是对普通喷发胶的基本要求。包材方面，为节约成本，国外更多的选择马口铁罐或马口铁覆膜罐。而我国市场由于环境和马口铁材质等因素，多数还是使用铝罐生产。

摩丝取名英语 Mousse 的谐音，为泡沫的意思。同为发型定型剂，以水为溶剂，可避免有机溶剂对人体的刺激以及对环境的污染，同时也降低了成本。喷雾后形成的泡沫更容易在头发上均匀涂抹，起到塑型、保型功效，并具有抗静电效果。近几年开发的摩丝产品在这些功能的基础上增加了保湿、抗紫外线、抗痒等功效。以二氧化碳为抛射剂的摩丝产品，不仅使气雾剂产品更绿色环保，且可使摩丝的泡沫更亮泽、美观，吸引了更多消费者的眼球。

剃须泡销量同样名列此类产品的前茅，国产老品牌飞鹰是最早出现在我国市场上的剃须泡，但是目前吉列、舒适这些国际大品牌占据了我国剃须泡市场的大半壁江山。

发用气雾剂在国内市场上的主要品牌有汉高的施华蔻、丝蕴，宝洁的沙宣，中山丽达的杰士派，国内品牌有雅倩、好迪。规格在 50～350ml 之间，价格范围主要在 10～100 元/罐。

（二）肤用气雾剂产品

肤用气雾剂产品是近些年发展比较快的化妆品气雾剂产品。最经典的肤用气雾剂是保湿气雾剂。近几年随着国人对皮肤保湿要求的认识不断提高，使用方便，保湿效果良好的气雾剂保湿水销量逐年上升。从依云矿泉水喷雾、雅漾活泉水喷雾、薇姿理肤泉喷雾这些进口产品在市场上的一枝独秀，到家化的佰草集保湿喷雾、韩后保湿喷雾、丸美保湿喷雾、仙迪保湿喷雾等，喷雾水市场已呈现了百家齐鸣的景色。目前市场上保湿喷雾水规格为50～300ml，价格为 20～180 元/罐。

（三）防晒气雾剂

由于紫外线对肌肤的影响，可引起色斑、细纹等过早老化等现象在近几年也日益受到关注，人们的防晒意识也日益提高，并不单单为了美容而防晒，也为了健康的生活理念，防晒护肤品日益受到关注。已成为都市人日常护肤保养的重要一环。同样，各种喷出状态的防晒喷雾也被层出不穷地推出，包括油剂型喷雾、水剂型喷雾、水包油型喷雾等。目前国产同类产品中比较典型的有曼秀雷敦的新碧防晒喷雾、法兰琳卡的冰爽防晒喷雾。产品规格多为 50～250ml，价格为 20～180 元/罐。在我国，防晒类产品属于特殊用途化妆品，需要经过 FDA 相对比较严格的审核，取得特证（一品一证）后方可生产。

（四）芳香除臭气雾剂

消臭止汗喷雾，在国外，特别是中东地区及欧美、日本这些气雾剂消费大国所占的比例相当可观。但在我国，可能由于生活习惯不同，同时 FDA 将此类化妆品划分为特殊用途化妆品，生产门槛相对较高。因此，这类产品的销售始终处于不温不火状态，没有看到明显的上升趋势。目前市场上此类产品的销售，主要是一些国际品牌商，包括汉高、联合利华、妮维娅、曼秀雷敦、科蒂等。

（五）二元包装囊阀气雾剂

值得一提的是，近年来市场上兴起了二元包装囊阀气雾剂的热潮。究其原因，主要有以下几点：

（1）保湿水喷雾已经成为市场主流消费的品类，采用二元包装囊阀气雾剂技术的保湿水喷雾，比普通气雾剂的雾化效果更佳，雾径更细，即使在化完妆的状态下喷雾使用也不会发生妆容溶化情况，所以二元包装囊阀气雾剂保湿水喷雾越来越受到广大消费者的青睐，销售量也呈逐年上升趋势。

（2）二元包装囊阀气雾剂产品剂料与推进剂隔离，只要剂料与阀袋相容性好，在不改变化妆品原来配方的情况下，便可直接转化为二元包装囊阀气雾剂产品型式，所以其适应面更为广泛。

（3）二元包装囊阀气雾剂内容物完全与外界空气隔绝，为产品长期保鲜和避免活性物氧化降解提供了天然的物理屏障，可以降低或减免配方中防腐剂或抗氧化剂的使用，缓解肌肤敏感，延伸产品价值。

（4）二元包装囊阀气雾剂包装形式为后发泡类产品提供了一种优越的解决方案，例如后发泡的剃须啫喱等。当然还其他的原因，如使用方便、新颖独特等。

我国市场二元包装囊阀气雾剂近年来增长迅速。据行业统计，国内二元包装囊阀气雾剂用量 2014 年 2000 万只，2015 年 2800 万只，2016 年 3500 万只，2017 年 5000 万只，预计到 2020 年会达到 1.5 亿只。这些二元包装囊阀气雾剂有一半以上为化妆品气雾剂。可见，二元包装囊阀气雾剂在个人护理品领域的应用越来越广泛，成为个人护理品包装技术及产品形式创新的有效技术方案。

第二节　化妆品气雾剂概念

一、术语及定义

我国包装行业标准（BB/T 0005-2010 气雾剂产品的标示、分类及术语）对气雾剂产品进行术语定性以及定义。气雾剂产品定义：将内容物密封盛装在装有阀门的容积不大于 1L 的容器内，使用时在推进剂的压力下内容物按预定形态释放的产品。这类产品以喷射的方式使用，喷出物可呈固态、液态或气态，喷出形状可分为雾状、泡沫、粉末、胶束。

二、气雾剂类别

气雾剂种类繁多，按照作用对象可以分为六大类。

1. 个人用品类 通称化妆品气雾剂，可以分为发类用、护肤用、美容用、芳香用、盥洗用。

2. 家庭用品类 可以分为室内环境用、衣物用、家居清洁、护理用。

3. 除虫用品类 可以分为杀虫用、驱避用。

4. 医药用品类 可以分为外用药、吸入用药、诊断用药、消毒用药。

5. 工业用品类 可以分为润滑用，脱模用，防锈、除锈，清洁除污用，喷漆、涂料用。

6. 其他用品类 可以分为娱悦用，食品用，园艺用，禽畜用，燃料用，消防用，防卫用，电子、电器用，汽车用，建筑用，纺织用。

第三节 化妆品气雾剂构成

气雾剂是由气雾罐、气雾阀、阀门促动器以及内容物（推进剂及剂料）构成。这些构成部分各成一系，汇联成十分复杂的多元混合气雾剂系统（图 9–1）。

一、气雾罐

气雾罐是指用于盛装气雾剂内容物的一次性使用容器。

（一）气雾罐的分类

1. 按气雾罐的结构分类

（1）单罐式 一片罐、二片罐、三片罐。

（2）双室复合式 是指由两个大小罐、双室罐，或罐与塑料袋（套）相互套装组合而成的复合式容器。

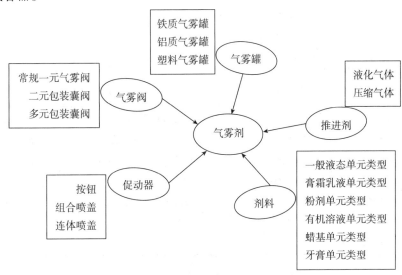

图 9–1 气雾剂系统

2. 按气雾罐的材质分类　按气雾罐的材质，可以分为马口铁气雾罐、铝质气雾罐、塑料气雾罐和玻璃气雾罐。

绝大多数气雾罐都是马口铁气雾罐和铝质气雾罐，铝质气雾罐都是一片罐，马口铁气雾罐以三片罐最为常见、少部分是两片罐，塑料气雾罐未来会有很好的使用前景，但目前仅在欧洲有极少的产品上市，在中国尚没有具体应用。马口铁气雾罐一般应用于杀虫气雾剂、油漆及工业气雾剂、家用气雾剂等产品，化妆品气雾剂最常见的气雾罐是铝质气雾罐。

（二）气雾罐的结构

1. 三片罐（马口铁气雾罐）　是指由罐身、顶盖、底盖组成的气雾罐。

2. 两片罐（马口铁气雾罐）　是指罐身和罐底成一整体（无焊缝、无拼接缝）与罐顶组成的气雾罐，或者罐身和罐顶成一整体（无焊缝、无拼接缝）与罐底组成的气雾罐。

3. 一片罐（铝质气雾罐）　是指罐顶、罐身及罐底成一整体的气雾罐，无焊缝、无拼接缝。通常金属一片罐是指铝质气雾罐。

（三）气雾罐的要求

1. 容量要求　随着气雾剂行业的发展，气雾剂容器的容量已与其主要尺寸一起形成系列化与标准化。对不同材质的容器有一个限量规定。按 EEC 的规定，金属罐的容量为50～1000ml，有塑料涂层或有其他永久性保护层的玻璃容器的容量为50～220ml，而易碎玻璃及塑料容器的容量为50～150ml，超过最大容量规定的容器是不准生产销售的。日本规定，玻璃容器的最大容量为150ml，否则就应采取其他保护措施（如塑料涂覆）。美国按 ORM－D 规定，气雾剂金属容器的最大容量不得超过819ml。

对罐容量的测定目前至少有三种方法，第一种方法是英国及欧洲大多将4℃水灌到顶部，量出满容量，因为4℃水的质量和体积相等，称重就可算出容量，由气泡引起的误差较小。第二种方法是测定净容量，此时阀门在位，装水后阀门封口，使多余的水挤出，擦干顶盖后再称重，其误差在0.5ml之内，这是由于阀门或（及）引液管的误差造成的。第三种方法是 CMI 研究，在此不作叙述。

2. 耐压要求　气雾剂容器必须能承受气雾剂产品在工作条件下及一般异常条件下的耐压要求。一般应满足以下几个指标：

（1）变形压力，容器各个部位不会产生变形。

（2）爆破压力，容器不会发生爆裂或连接处脱开。

（3）泄漏压力，≥0.80MPa。

表9－2　各国家地区对气雾罐耐压要求　　　　　　　　　　　　　　单位：MPa

国家地区	级别1		级别2		级别3	
	变形压力	爆破压力	变形压力	爆破压力	变形压力	爆破压力
中国大陆	1.2（普通罐）	1.4（普通罐）	1.8（高压罐）	2.0（高压罐）	\	\
中国台湾省	1.281	1.481	\	\	\	\
美国	0.9668（2N）	1.449（2N）	1.104（2P）	1.656（2P）	1.2422（2Q）	1.863（2Q）
日本	与美国的相同					
欧洲	1.20（一级）	1.44（一级）	1.50（二级）	1.80（二级）	1.80（三级）	2.16（三级）

3. 耐蚀要求　气雾罐内壁与常用气雾剂内容物，包括推进剂、溶剂、有效成分及其他组成物相互不会发生反应，不会因发生腐蚀而造成渗漏。当然锡元素本身比较惰性，因此

它对油基型内容物尚可承受。但对水基型及含氯溶剂量较多的配方，就不能承受，所以往往需要在内壁涂以环氧酚醛树脂或乙烯保护层。涂层的选择及厚度，必须与配方相匹配，通过试验最后确定。对铝罐，其内涂层电导读数不应大于 5mA。

一般来说，对于铝罐而言，采用二甲醚作为推进剂或使用具有较强溶解力的溶剂，需选用聚亚酰胺树脂作为涂层；若内容物是强酸或强碱，需选用耐强酸或耐强碱的树脂作为涂层；对于铁罐而言，如果是强酸或强碱，不采用树脂涂层。但不管是否有涂层，或是什么材料的涂层，都应进行稳定性的测试。

4. 密封要求　从气雾罐的标准来说，应满足当对容器加内压力时，容器各处不应有渗漏现象。对气雾剂成品来说，在一般情况下应满足其泄漏量不超过 2g 的要求（指使用液化气类推进剂的产品，压缩气体类推进剂的产品失压不应超过 0.1MPa）。对三片罐来说，在顶盖与罐身双缝搭接处，就需加衬密封材料。密封材料的品种及形式，也应在选用时认真考虑。严格说来应通过试验后确定。

5. 硬度要求　气雾罐要具有一定的机械强度，如在压力下将阀门固定盖封装在罐口卷边上时，卷边及罐其他部位不应有变形现象出现。气雾罐各部位在碰到一般性撞击时，不会产生变形。气雾罐材料应具有一定的强度。标准规定金属罐硬度值 HRC 为 48~68。

6. 尺寸精度要求　气雾罐卷边口直径、平整度、圆度、与罐底的平行度、罐体高度以及罐上部分阀门的接触高度等都有严格的要求，这是使它与阀门封口后获得良好密封性能和牢固度的保证。

7. 材质要求　马口铁罐用的镀锡薄钢板，对其材料及镀锡量有较高的要求。铝罐用的材料，其纯铝含量应达 99.5% 以上。

8. 外观要求　气雾罐的外表应光整、无锈斑，不应有凹痕及明显划伤痕迹，结合处不应有裂纹、皱褶及变形。罐身焊缝应平整、均匀、清晰，罐身图案及文字应印刷清楚、色泽鲜艳、套印准确，不应有错位。

9. 高度关注物质的要求　气雾罐的内涂属于高分子材料，其所含的杂质中，可能包括高度关注物质，如双酚 A。这些杂质可能会迁移到产品剂料中，从而导致产品高度关注物质超标，引起产品质量安全事故。目前欧洲对化妆品气雾剂的双酚 A 迁移问题非常重视，对气雾罐和气雾阀中的双酚 A 杂质含量有严格要求。

（四）气雾罐的相关检测

1. 外观质量检测

（1）按容器质量标准目测。

（2）对漆膜光泽度按 ZBA 82001《包装装潢马口铁印刷品》规定的方法进行。

（3）对漆膜附着力按 GB 1720《漆膜附着力测定法》规定的方法进行。

（4）对漆膜冲击强度按 GB 1732《漆膜冲击强度测定法》规定的方法进行。

2. 泄漏检测。

3. 变形与爆破压力检验。

4. 铝罐内涂层电导测定。

5. 容器卷边罐口与罐底平行度的测定。

（五）气雾罐的规格

以 25.4mm 口径气雾罐为例，表 9-3 供参考。

表 9 – 3　25.4mm 口径气雾罐规格

序号	气雾罐	直径	肩形与形状
1	铝质气雾罐	Φ35、Φ38、Φ40、Φ45、Φ50、Φ53、Φ55、Φ59、Φ66	圆肩、斜肩、拱肩、台阶肩等，异形罐
2	铁质气雾罐	Φ45、Φ49、Φ52、Φ57、Φ60、Φ65	缩颈罐、直身罐

二、气雾阀

气雾阀是指安装在气雾罐上的一种装置，促动时使内容物以预定的形态释放出来。

（一）气雾阀的分类

（1）按喷雾量分为非定量型气雾阀和定量型气雾阀。

（2）按促动方式分为按压型气雾阀和侧推型气雾阀。

（3）按气雾阀结构分为雄型气雾阀和雌型气雾阀。

（4）按固定盖基材分为钢质固定盖气雾阀和铝质固定盖气雾阀。

（5）按使用方向分为直立型气雾阀、倒置型气雾阀、正-倒型气雾阀和 360°型气雾阀。

（6）按设计生产公司不同分为精密系列气雾阀、Lindal 系列气雾阀和 Coster 系列气雾阀。

（7）按气雾剂产品领域分为工业系列气雾阀、日化系列气雾阀、食品系列气雾阀和医药系列气雾阀。

（二）常用气雾阀的特点

1. 直立型阀门　直立型阀门如图 9 – 2 均以直立方式使用，生产技术成熟，产品性价比高，适用性强，适用领域广。它适配阀杆固定型、固定盖固定型及气雾罐固定型促动器使用，主要应用于空气清新剂、药用气雾剂、保湿水、皮革护理剂、杀虫剂、汽车用品、工业用品、个人护理用品等，应用非常广泛。

2. 倒置型阀门　倒置型阀门均以倒置方式使用。是直立型阀门的倒立应用方式，倒置型阀门一般是将直立型阀门的引液管去除或者是阀室改为槽室结构。它适用于固定盖固定型、倒置型促动器使用，主要应用于身体乳、发用摩丝、鞋内除味杀菌喷雾、道路标记、地毯香波、杀尘螨剂、PU 气雾剂等。

3. 正-倒型阀门　正-倒型阀门如图 9 – 3 以直立或倒置方式均能正常使用。其原理是直立时封闭珠往引管方向落下，堵塞顶部通道，内容物从底部向上再往外输送；而在倒置时封闭珠往阀杆方向落下，打开顶部通道，内容物从顶部直接往外输送。主要应用于汽车清洁剂、二氧化碳型气雾剂、压缩空气型气雾剂、身体乳、坑道标记剂、润滑剂、庭园杀虫剂、化清剂、防锈剂等。

4. 360°型阀门　亦称二元包装囊阀。360°型阀门如图 9 – 4 在任意方向均可使用。二元包装囊阀气雾剂的推挤剂和内容物分别储存在不同的环境中，推进剂与内容物不相混，内容物储存在囊袋中，而推进剂储存在囊袋与气雾罐内间隙中。推进剂在气雾剂使用的整个过程中都不会被喷出来，作用于囊袋的四周施加压力。内容物通过推进剂挤压囊袋，从而产生压力，从阀门中释放出来，随着内容物的不断释放，罐内压力会不断下降，且下降速度比一般气雾剂快。

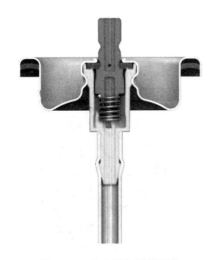

图 9-2 直立型气雾阀结构

图 9-3 正-倒型气雾阀结构

囊阀的优势主要有以下几点：

（1）可以真正实现万向可喷射。

（2）以压缩气体取代氟利昂、丙丁烷、二甲醚等易燃易爆气体为推进剂，消除对大气环境的污染和上述气体对气雾剂的保真性和纯净度的干扰，彻底消灭气雾剂产品在生产过程中使用易燃易爆气体这一危险的隐患，为环保型气雾剂产品的开发、研制提供了切实的手段。

（3）内容物在囊袋内不与推进剂和气雾罐接触，防止推进剂和气雾罐对内容物的影响，以及内容物对气雾罐的腐蚀，可延长和强化气

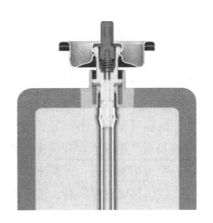

图 9-4 360°型阀门（囊阀）结构

雾剂产品的有效期和密封性，有利于气雾剂产品原料选择的多样化。

（4）酸、碱不限，开辟了其他工业产品应用气雾技术的途径。

（5）黏度基本不限，开辟了高黏度应用气雾技术的途径。

（6）囊袋的无菌处理，为食品、医药等方面的气雾剂产品提供了可靠的卫生保证。

（7）由于囊阀气雾剂比普通气雾剂内压力高，囊阀阀门通道比普通阀门大，以及囊袋具有内容物的"刮净"功能，能应用于高黏度的啫喱状气雾剂中。

囊阀主要应用于保湿喷雾、后发泡剃须膏、泥膜、水基型灭火剂、喷发胶、空气清新剂、杀虫剂、鼻用气雾剂、消毒剂（人体、环境）、女用冲洗（润滑）剂、外用医药（烫伤、挫伤）气雾剂、通便剂、油漆（涂料）、脱模剂、探伤剂、安全防卫气雾剂、食品调味剂、着色剂等。

囊阀的劣势主要有几点：成本高；本身制备工艺复杂，以及应用到气雾剂产品中的生产工艺也复杂；不能摇匀。

5. 粉末阀门 粉末阀门一般直立使用。粉末阀门阀杆限流孔位置比常规阀杆限流孔位置高，加长按压行程及减小内垫圈尺寸，有利于刮走阀杆上的粉末及防止粉末堵塞。粉末阀门阀杆限流孔大小比常规阀杆限流孔大，加大引液管内径及阀室尾孔孔径，有利于强气流带走释放系统通道中的粉末及防止粉末堵塞。主要应用于止汗剂、发彩、指甲油、除油剂、除螨剂、治疗性粉末产品、缝隙探测剂等。

6. 斜推型阀门 斜推型阀门适配水平斜推促动器使用。它适用于向水平表面喷雾，主要应用于熨烫、预洗产品领域。

7. 黏稠产品阀门 常规 PU 阀如图 9 - 5 是单片阀杆与橡胶密封圈配以大孔径设计。主要应用于聚氨酯泡沫、堵缝剂、奶酪、奶油浇头、蛋糕酥皮。

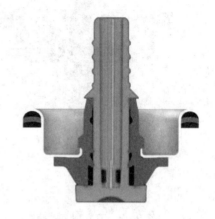

图 9 - 5 黏稠产品阀门结构

8. 定量型阀门 定量型阀门如图 9 - 6，与普通阀门最大的不同在于定量型阀门通过阀杆和阀体的特殊设计控制每次按压阀门的喷出量大小都是固定的。定量型阀门处于静止的状态下，定量室与气雾剂内环境是相通的；当有外力按压促动器时，定量型阀门阀杆向下走，阀杆下端与阀体密封环由于配合过盈产生密封，此时阀体与气雾剂内环境不相通，阀杆继续往下走，当阀杆限流孔下压至内密封圈以下，促动器有溶液和推进剂喷出；当外力撤除后，阀杆限流孔回复到内密封圈以上，阀杆下端和阀体不再密封。定量阀门主要应用于空气清新剂、口腔清新剂、香水、杀虫剂等。

9. 雌型阀门 雌型阀门（雌阀）如图 9 - 7 与雄型阀门（雄阀）不同之处在于阀杆结构的差异，雌阀只保留一半阀杆，另一半阀杆在按钮上，由于结构的特殊性，其在产品雾化的分散性和充填速度上表现突出。喷头与阀芯连为一体，可以取下清洗或更换，可有效解决阀芯、喷头堵塞问题，可用于大部分气雾剂产品。雌阀的填充速度比普通雄阀快，密封性较差，但因其可更换阀芯，可有效避免微生物对产品的污染。

图 9 - 6 定量型阀门结构

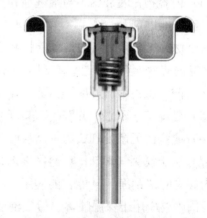

图 9 - 7 雌型阀门结构

雌阀主要应用于高黏性产品，如喷雾黏胶、自动喷漆等。雌阀一般配合扇形喷头使用，使产品更有个性、更方便、更实用。

10. 卡式阀门 卡式阀门封装在特种专用容积压力罐中，是可起到助燃填充于耐压气罐中的特种丁烷气作用的阀门产品、当丁烷气从气雾罐中通过阀门喷出时点燃后燃烧加热的特种阀门产品，适用于旅游、运输、野外聚餐、家庭聚餐及各种企业配件手工适温加热加工作业，其使用范围广、便捷、节能环保，年需求量逐年快增。

三、阀门促动器

阀门促动器是指与气雾阀相连接的、促动气雾阀的装置。

（一）阀门促动器的分类

按结构分为按钮、组合喷盖、连体喷盖。

（二）阀门促动器的按钮

按钮亦称喷头、按头、喷咀。若按钮外缘盖住阀杆台，则为小按钮；若按钮外缘盖住整个封杯内槽，则为大按钮。

若按钮不连有阀杆，则为雄阀按钮；若按钮连有阀杆，则为雌阀按钮。

（三）阀门促动器的组合喷盖

组合喷盖如图9-8是由底座喷头与外罩组合而成，使用时拔开外罩，不使用时盖回外罩。组合喷盖一般是扣合在封杯上的 Φ35mm 型，但也有同时扣盖在封杯和肩上的 Φ40mm 型、Φ45mm 型、Φ53mm 型等。组合喷盖组合的产品外观较按钮更为高端大气，更具个性化，主要应用于个人护理产品中，如止汗剂、体香剂和保湿液等。

图9-8　组合喷盖

（四）阀门促动器的连体喷盖

连体喷盖是底座喷头与外罩为一体的，即为不可分离的。根据喷向和形状，再细分为向上连体喷盖、向前连体喷盖、连体喷枪等。适用于日化产品、空气清新剂、体香剂、止汗剂、家用光亮剂、防晒霜、皮革护理清洗剂和汽车护理气雾剂。

四、推进剂

推进剂是指气雾剂产品内使内容物通过阀门按预定形态释出的液化和（或）压缩气体。推进剂亦称为抛射剂、气体。

抛射剂按性质形态可分为液化气体和压缩气体两大类，其中液化气体包括氯氟烃类、氢氯氟烃类、氢氟烃类、氢氟烯烃类（HFO）、烃类化合物以及醚类化合物等。压缩气体主要包括二氧化碳、氧化亚氮以及氮气等。

氯氟烃类和氢氯氟烃类存在破坏臭氧层问题，目前已基本被市场淘汰。

1. 氢氟烃　氢氟烃（hydrofluoro carbon，HFC），因不含氯原子，对臭氧层不起破坏作用，并无毒、无刺激性、无腐蚀性等。因此，目前主要作为氟利昂的替代物用作气雾剂抛射剂。比较常用的氢氟烃类抛射剂有1,1,1,2-四氟乙烷（HFC-134a）、1,1,1,2,3,3,3-七氟丙烷（HFC-227ea）和1,1-二氟乙烷（HFC-152a）。但是，因其GWP值较大，所以也面临这方面的环保应用问题（表9-4）。

表9-4　HFC-134a、HFC-227ea 与 HFC-152a 的物理性质

抛射剂名称	HFC-134a	HFC-227ea	HFC-152a
相对分子质量	102.0	170.03	66.05
沸点（1atm，℃）	-26.2	-16.5	-25.7

续表

抛射剂名称	HFC-134a	HFC-227ea	HFC-152a
临界温度（℃）	101.1	101.90	113.5
临界压力（kPa）	4070	2952	4500
饱和蒸气压（25℃，kPa）	661.9	390	599
破坏臭氧潜能值（ODP）	0	0	0
全球变暖潜能值（GWP，100yr）	1430	3220	124
ASHRAE 安全级别	A1（无毒不可燃）	A1（无毒不可燃）	A2（无毒可燃）

2. 氢氟烯烃 氢氟烯烃（hydrofluoroolefins，HFO）为碳氢氟组成的烯烃。因为是烯烃所以一般寿命更短，危害更小。2008 年，美国霍尼韦尔公司和杜邦公司联合推出了两款新型环保的氢氟烃类抛射剂 1,3,3,3-四氟丙烯（HFO-1234ze）和 2,3,3,3-四氟丙烯（HFO-1234yf）。

1,3,3,3-四氟丙烯（HFO-1234ze）对 1,1-二氟乙烷（HFC-152a）有较好的替代性，但经济性欠佳（表 9-5）。

表 9-5　HFO-1234ze 与 HFO-1234yf 的物理性质

抛射剂名称	HFO-1234ze	HFO-1234yf
相对分子质量	114	72.58
沸点（1atm,℃）	-19	-29
破坏臭氧潜能值（ODP）	0	0
全球变暖潜能值（GWP，100yr）	<1	<1
在大气中寿命	14 天	11 天
ASHRAE 安全级别	A2L（无毒可燃）	A2L（无毒可燃）

3. 烃类化合物 烃类抛射剂（hydrocarbpn aerosol propellant，HAP），是从液化石油气（liquefied petroleum gas，LPG）经过高纯度精馏提纯而得的气雾剂级的乙烷、丙烷、正丁烷、异丁烷、异戊烷及其混合物的总称。除灭火剂外，烃类化合物几乎可以应用在各种气雾剂产品中；其中丙烷、异丁烷可以单独使用，乙烷、正丁烷、异戊烷一般不单独使用，大都是丙烷与异丁烷、丙烷与异丁烷和正丁烷混合使用（表 9-6）。

液化石油气作为抛射剂的优点是可以通过调整丙丁烷的比例来获得较大范围的压力值，以满足不同的配方需要。

需要特别注意的是，由于《化妆品安全技术规范》（2015 年版）规定了丁二烯为限量物质，所以烃类化合物作为推进剂应用在化妆品气雾剂时，其杂量中的丁二烯含量必须小于 0.1%（w/w）。

表 9-6　HAP 的物理性质

特性项目	乙烷	丙烷	异丁烷	正丁烷	异戊烷
相对分子质量	44.09	58.12	58.12	72.15	58.12
沸点（1atm,℃）	-88.6	-42.05	-11.72	-0.5	27.8
临界温度（℃）	32.3	96.8	134.9	152	187.8
临界压力（kPa）	4875.3	4247.9	3641.1	3792.8	2951.6
蒸气压（kPa）	3743.8	753.6	214.4	116.7	-24.13
水在抛射剂中的溶解度	0.031	0.0168	0.0088	0.0075	0.0063

4. 醚类化合物 二甲醚（dimethyl ether，DME）是醚类化合物中分子最小的化合物，又称甲醚，二甲醚在常温常压下是一种无色气体或压缩液体，具有轻微醚香味。相对密度（20℃）为0.666g/ml，熔点为 -141.5℃，沸点为 -24.9℃，室温下蒸气压约为0.5MPa，与液化石油气（LPG）相似。溶于水及醇、乙醚、丙酮、三氯甲烷等多种有机溶剂。由于其具有易压缩、冷凝、气化及与许多极性或非极性溶剂互溶特性，广泛用于气雾制品喷射剂、氟利昂替代制冷剂、溶剂等。由于其具有良好的水溶性、油溶性，使得其应用范围大大优于丙烷、丁烷等石油化学品。如高纯度的二甲醚可代替氟里昂用作气雾剂抛射剂，减少对大气环境的污染和臭氧层的破坏，被国际上誉为第四代推进剂（表9-7）。

表9-7 二甲醚的物理性质

特性项目	二甲醚
相对分子质量	46.07
蒸气压（20℃，MPa）	0.51
熔点（℃）	-138.5
气体燃烧热（MJ/kg）	28.8
沸点（℃）	-24.9
蒸发热（ -20℃，kJ/kg）	410
临界温度（℃）	127
自燃温度（℃）	235
液体密度（20℃，kg/L）	0.67
爆炸极限	空气3vol%~17vol%
蒸气密度	1.61kg/m³
闪点（℃）	-41
全球变暖潜能值（GWP，100yr）	<15

5. 压缩气体 是指在 -50℃下加压时完全是气态的气体，包括临界温度低于或等于 -50℃的气体。可以作为气雾剂抛射剂的压缩气体主要包括二氧化碳、氧化亚氮、氮气、氩气等。最常见的压缩气体是二氧化碳和氮气。

（1）氮气依据国标GB/T 8979-2008纯氮、高纯氮和超纯氮。

（2）二氧化碳依据国标GB/T 6052-2011工业液体二氧化碳。

第四节 化妆品气雾剂配方技术

一、气雾剂的工作原理

气雾剂由于充填了作为推进剂的液化气体或压缩气体，则气雾包装容器内部的压力高于外部的环境大气压，所以气雾剂具有正压的内源动力系统。

1. 当气雾阀不工作时，即处于其自然状态下，阀门系统关闭，所以内压力无法向外环境中传输，使得气雾包装容器内的压力处于平衡状态。当气雾阀工作时，即按下促动器，阀门系统打开，气雾包装容器内的内容物在内压力的作用下，通过压力通道运动至阀体内到达促动器，最后从促动器的喷嘴口处喷出。

2. 当内容物是雾化体系时，内容物离开喷嘴时发生的雾化过程是多种因素综合作用的结果。

（1）当内容物从喷嘴高速冲出时，与空气撞击粉碎成雾滴，此后包含在雾滴中的液相推进剂，由于原先罐内施加的压力解除，立即气化成气体状态。推进剂从液相转换到气相的形变力以及所释放出的能量进一步使雾滴二次粉碎，碎裂成许多更加微小的雾滴。整个过程都是在瞬间完成的。

（2）若寻求更好的雾化效果时，一般在促动器的压力通道上就会设计有增压和漩涡式机械粉碎的装置，让内容物在促动器压力通道时预先得到更好的碎化，以及让喷雾瞬间压强达到顶峰，从而喷出时空气带来的阻力越大，雾化更充分。整个过程都是在瞬间完成的。

3. 当内容物是泡沫体系时，内容物在到达促动器喷腔时，包含在剂料中的液相推进剂由于原先罐内施加的压力解除，则会立即气化。气化过程中，促动器喷腔内的空气一并混合其中，从而产生了剂料薄壁包裹气体的"泡沫"。整个过程都是在瞬间完成的。

二、化妆品气雾剂技术体系及评价

1. 化妆品气雾剂技术体系　化妆品气雾剂技术，融合化妆品技术和气雾剂技术两方面的内容。主要包括如下十大体系。

（1）乳化体系　组成化妆品乳化结构的基础原料成分，主要包括水相、油相和乳化剂，是化妆品的基础结构。而作为化妆品气雾剂，抛射剂也作为其中一种原料，参与整体的内容物配方体系中，增加了气相，所以乳化体系比一般化妆品还要复杂很多。

（2）功效体系　化妆品配方中起到功效作用的一种或多种原料组成的体系，主要是一些具有保湿、美白、抗皱等功效的原料。

（3）增稠体系　化妆品配方中，由一个或多个增稠剂组成，调节化妆品的黏度、稠度和流动性，以保证化妆品的稳定性和其他方面的综合感官，增加产品的属性和质感。例如卡波姆、羟乙基纤维素等。

（4）原料抗氧化体系　由于化妆品体系中原料组成复杂，配方中常含有油脂和其他易氧化的成分，配方中需要建立完善的抗氧化体系，防止产品因氧化而变质。例如2,6-二叔丁基对甲酚（BHT）、叔丁基对羟基茴香醚（BHA）、生育酚等。

由于化妆品气雾剂使用的是正压密闭气雾包装容器，在产品全寿命周期内，空气都无法进入罐内与原料接触，所以原料受空气氧化的可能要比普通化妆品低得多。

（5）微生物抑制体系　主要是通过合理选用防腐剂并进行正确的复配，以实现对化妆品中微生物的抑制。例如羟苯甲酯、甲基异噻唑啉酮、碘丙炔醇丁基氨甲酸酯、苯氧乙醇等。由于化妆品气雾剂使用的是正压密闭气雾包装容器，空气无法进入罐内与原料接触，所以微生物污染的可能要比普通化妆品低得多。

（6）感官修饰体系　对化妆品的感官性能进行修饰，以满足化妆品产品外观、使用愉悦性的要求，主要包括调香、调色等。例如肤感调节剂、着色剂等。

（7）皮肤安全保障体系　对化妆品安全的保障，降低产品刺激性，保证产品对皮肤的安全。

（8）包装容器防腐蚀体系　如果是马口铁气雾罐，必须有效防止剂料对罐体的腐蚀，复合添加一些有效防止气雾罐和气雾阀腐蚀的缓蚀剂。如果是铝质气雾罐，其内涂与内容物的适应性必须严格验证，选择合适的铝罐内涂或调整内容物配方，防止铝罐内涂溶胀、剥落、点蚀等问题。

（9）抛射剂融合体系　抛射剂作为内容物的组成部分，必须保证与剂料的配伍相容性，才能使内容物按照预定的状态喷出。所以需要根据剂料特性和喷雾要求，选择抛射剂体系。

（10）阀门释放系统体系　化妆品气雾剂除了剂料和抛射剂之外，阀门释放系统也是影响内容物喷出形态的关键要素。所以需要根据产品喷雾要求，选择合适的阀门、促进器等。

2. 化妆品气雾剂的评价指标

（1）禁限用组分　禁用组分、限用组分。

（2）感官、理化指标　喷出物外观、气味、pH、耐热性能、耐寒性能、汞、砷、铅、镉等。

（3）卫生指标　菌落总数、霉菌和酵母菌总数、耐热大肠菌群、铜绿假单胞菌、金黄色葡萄球菌。

（4）毒理安全试验　急性经口毒性、急性经皮毒性、皮肤刺激性/腐蚀性、急性眼刺激性/腐蚀性、人体皮肤斑贴试验。

3. 气雾剂的专项评价指标（GB/T 14449-2017）

（1）包装方面　气雾罐耐压性能、气雾阀固定盖耐压性能、封口尺寸。

（2）容器耐贮性与内容物稳定性　容器耐贮性、内容物稳定性。

（3）产品使用性能　喷程、喷角、雾粒粒径及其分布、喷出速率、一次喷量、喷出率。

（4）充装要求　净质量、净容量、泄漏量、充填率。

（5）安全性能　内压、喷出雾燃烧性。

三、化妆品气雾剂的配方示例

（一）男用发胶气雾剂

在美国于1949年、欧洲于1955年开始以气雾剂形式销售喷发胶时，主要的目标人群是女士。曾经有几支产品专门为男士设计，但发现男士们往往满足于未精心设计的发胶或只是顺手用他们的母亲、姐妹或妻子用的发胶。然而，商家逐渐发现男用喷发胶有潜在市场，于是开始设计男用喷发胶配方和包装。

1. 实例解析　男用喷发胶气雾剂的典型配方见表9-8。

表9-8　男用喷发胶气雾剂的典型配方

相别	组分	质量分数（%）
A相	95%乙醇	48.15
	定型树脂	10.8
	D-泛醇	0.9
	D5硅油	0.03
	香精	0.12
B相	二甲醚（推进剂）	40.00

注：如果需要干一点的雾（粒径更细），可以稍稍提高抛射剂的比例，但如果抛射剂用得太多，则会危及树脂的相溶性，在室温附近会形成浊点。这将意味着一部分树脂会从溶液中析出结块，从而使产品不能被接受。

2. 制备方法

（1）95%乙醇加入一洁净的不锈钢配料锅。注意采取适当的通风、防静电、防火措施。

（2）加入定形树脂、D-泛醇、D5硅油、香精，并搅拌至溶解均匀。

（3）经400目过滤后返回存料桶或送至灌装机，过滤时使液体保持低压流经滤器以防止柔软的副产聚合物通过，如果有这类物质通过可能会导致气雾剂阀门堵塞。

（4）将剂料分装入气雾罐，减压封阀并充填二甲醚。

3. 包装

（1）气雾罐　可选用有内涂的马口铁罐或铝罐，无内涂的马口铁罐有可能会渐渐产生金属味（大蒜型），若酒精质量不佳或储存不当会使剂料中含水而导致罐的轻微腐蚀。

（2）气雾阀　采用有 PP 覆膜层的阀杯，标准的或纤细的引液管都适用。

（3）阀门促动器　孔径为 0.42mm 的直锥形机械击碎型喷头。

（二）发用摩丝气雾剂

摩丝，在法语中意思是"泡沫"，是由法国巴黎欧莱雅公司（Loreal）于 1978～1979 年开发的。在其后的两年中，这种类型的产品至少在 12 个国家获得了专利权。在美国专利 US 4240450（1980）和 4371517（1981）中，涵盖了全部的研制工作。其中第一个专利内容很全面，包含了 217 个配方，因此被称为是"教科书式的专利"。在法国及部分西欧国家初获成功后，欧莱雅公司灌装了约 3000 万罐摩丝气雾剂并运至北美，以他们的专卖品牌"Studio"进行销售。

1. 实例解析　流行摩丝产品的典型配方见表 9 – 9。

表 9 – 9　摩丝产品的典型配方

相别	组分	质量分数（%）
A 相	去离子水	加至 100
	角叉（菜）胶	0.10
B 相	聚氧乙烯醚（20）失水山梨醇单月桂酸酯（吐温-20）	0.20
	聚氧丙烯（12）聚氧乙烯（50）羊毛脂	0.10
	硅油消泡剂	0.05
	苯甲酸钠	0.05
	月桂基甜菜碱	0.05
	氯化油酰三甲基铵	0.10
B 相	P（VP/VA）E-735 乙烯基吡咯烷酮/乙烯醇共聚物（50% 乙醇溶液）	1.85
	聚季铵盐-11	1.00
C 相	聚季铵盐-7	0.20
	二甲基硅油/多元醇共聚物	0.20
	1% 柠檬酸溶液（调 pH 至 6.5 ±0.1, 25℃）	适量
D 相	香精	0.10
	染料	适量
E 相	丙烷/异丁烷（w/w = 15∶85）	6.50

注：压力 0.358 MPa（21℃）（减压抽去 50% 空气）。

2. 制备方法

（1）将去离子水加入一清洁的不锈钢混合釜中。

（2）开启搅拌，以非常慢的速度加入角叉（菜）胶。

（3）完全分散后，加入吐温-20 及聚氧丙烯（12）聚氧乙烯（50）羊毛脂。

（4）加入硅油消泡剂及苯甲酸钠。

（5）加入月桂基甜菜碱和氯化油酰三甲基铵。

（6）加入乙烯基吡咯烷酮/乙烯醇共聚物（50% 乙醇溶液）、聚季铵盐-11。

（7）当乳液完全均匀后，加入聚季铵盐-7。

（8）慢慢加入二甲基硅油/多元醇共聚物。

（9）如果需要，可用柠檬酸调 pH 为 6.5±0.1。

（10）加入香精。

（11）加入所需染料，一般 0.0001% 至 0.0005% 就足够了。

（12）继续搅拌 1 小时。

（13）用 400 目过滤，送至灌装线。

（14）减压抽去罐中 50% 的空气。

（15）经过阀门充入抛射剂。

3. 包装

（1）气雾罐　直径为 35mm 或 45mm 的铝罐（不用马口铁三片罐，因剂料会使其腐蚀），为了防腐蚀，罐内壁涂有有机聚合物涂层，有少数摩丝产品使用直径 35mm 的罐。

（2）气雾阀　可以使用马口铁的封口杯，但必须用 PP（聚丙烯）覆膜与内容物隔开。阀门内孔直径一般为 0.46mm，阀杆垫圈用的是丁腈橡胶材料。阀门设计成可倒置使用的。

（3）阀门促动器　喷嘴包括指压板和 25mm 长的喷管用于释放泡沫。一般摩丝都采用这种形式，通常是白色聚乙烯塑料制品。

（三）脱毛泡沫气雾剂

几千年来，人们使用不同方法来去除不想要的体毛。大约在公元 1200 年，欧洲贵族中流行一种方法：他们把热蜡倒在需去除体毛的皮肤上，然后用冷水使蜡层冷却，再迅速地把它撕下，这样能去掉大部分体毛。由于这个过程很痛，所以没有被广泛采用。但在 19 世纪由于个人修饰越来越重要，人们逐渐掌握脱毛技术并开始流行。从 1930 年开始，人们发现了用化学方法，如巯基乙酸衍生物及其相应的盐类可通过断裂硬角蛋白中的胱氨酸、蛋氨酸及相关成分中的二硫链，从而使发根溶解。

1. 实例解析　脱毛气雾剂产品的典型配方见表 9-10。

表 9-10　脱毛气雾剂的典型配方

相别	组分	质量分数（%）
A 相	去离子水	加至 100
	$3H_2O$·巯基乙酸钙	8.3
	十二烷基苯磺酸钙皂	0.8
	芦荟提取物	0.2
	二甲硅酮（100mPa·s）	0.2
	椰油	0.1
	氢氧化钠	2.0
	Promulgen	2.5
	羊毛脂醇	0.2
	桃花瓣油/黄瓜油	0.1
B 相	白矿油	8.0
	香精	0.2
C 相	丙烷/异丁烷（w/w = 15∶85）	5.5

注：①当 pH 为 11.1 或更低时，该配方将不再有任何脱毛性能。②美国 FDA 对脱毛剂的 pH 限值为 12.0（25℃），并指明如超过这个限制，则该脱毛剂刺激性较大。③如果没有巯基乙酸钙，可通过巯基乙酸和氢氧化钙反应来获得。

2. 制备方法

（1）将去离子水加入一清洁的配制釜中。

（2）慢慢加入巯基乙酸钙，开启搅拌至完全溶解。

（3）加入 A 相其他原料。

（4）加入白矿油、香精，进行充分搅拌。由于 Promulgen 的用量不同，有时会需要一段时间使矿物油充分乳化。

（5）当准备 A 相后，必须测量 pH。理想的 pH 在 25℃时应为 11.75 ± 0.15。如果不在此范围，则应加入少量的 10% 氢氧化钠或柠檬酸溶液作调整，使 pH 在此范围内，理想的 pH 是 11.9。当各种成分配合在一起时，剂料的 pH 会稍稍降低。

（6）将剂料在室温下加入气雾罐，在 68kPa 下进行减压封阀。如果操作正常，在罐内的剂料不会产生过多的泡沫而妨碍常规的减压封阀。冲入抛射剂后，通过 50℃水浴以使内容物达到平衡压力。

3. 包装

（1）气雾罐　通常是单片铝罐，为防止气雾罐腐蚀，内涂层质量要求较高，所以应常规进行一系列测试。对灌装脱毛剂的铝罐来说，其内涂料最好采用含有聚乙烯塑料在环氧酚醛树脂中的分散体。曾商业化用过双层环氧酚醛涂层，此存在腐蚀穿罐问题。可能 HOBA 聚酰胺亚胺和聚亚胺亚胺涂料可用于脱毛剂罐。在 20 世纪 80 年代，英国的一家制罐公司发明了一种厚涂层的马口铁罐，据称适用于脱毛剂。它在有涂层罐的各部件组合起来后应用一种着色聚乙烯的修补涂层。这些罐对脱毛剂配方的耐受随市场商而异，但尚无证据表明该罐业已商品化。消费者观念的明显差异和化妆品的优雅性导致很难降低罐的成本。

（2）气雾阀　脱毛气雾剂曾用过几种阀门。较早用带有推拉式阀杆的 Clayton 阀门，使这些阀门没有产生任何堵塞问题。然而，更普遍的"上/下"阀门如果有较大的喷孔时，效果也很好，如阀杆上有两个直径 0.64mm 的孔和宽口阀体。常用的"非扩散性泡沫"可选择各种喷头。但如需要"扩散性泡沫（喷雾泡沫）"，则最好用宽口的机械击碎型喷头。在北美最常用的阀门弹簧是 302# 及 305# 不锈钢，我国则是 304# 不锈钢，由于配方原因，这些弹簧可能会将极微量（毫克、微克水平）铁散落进产品中，从而使阀体内腔被染上淡玫瑰色。当弹簧表面的铁被耗尽，剩下镍和铬时，这种现象随之消失。过去有销售者利用一种特制的阀门，用塑料的"Split Cone"来替代金属弹簧。在揿压过程中，阀杆底下降，把 Cone 向外推出，当放开喷头时，扭曲的 Cone 反弹使得杆向上释放了阀门。还有市场销售者在其产品中选择使用较昂贵的 316# 不锈钢，它含 17% 铬、12% 镍、5% 钼、2% 镁、66.5% 铁和非常少量的非金属。这种合金弹簧在药用气雾剂产品中应用得比较普遍。

（四）防晒气雾剂

除了肺以外，皮肤是人体最大的器官。一个体重为 70kg 的男人，皮肤的面积达 1.6m^2，皮肤平均厚度为 1.45mm，全身皮肤的质量大约是 2960g。人体皮肤的含水量为 53% ~ 72%，密度约为 1.24g/ml。表皮的最外面称作角质层，这是比较厚的角化、平坦的死细胞群体。各部位角质层的厚度不相同，从脚底和手掌的 0.6mm 到面部的 0.1mm，对人体有任何作用的光线都必须穿越这层屏障，进入皮肤的生命组织。黑色素是种暗棕色的色素，通常发现于较下层的真皮，在刺激性光线照到皮肤表面时，黑色素升起并聚集到角质层下面。由于光线可以部分穿透角质层，随着持续照射，棕褐色的黑色素颜色变深。这种棕褐色的色素是由于日光促使巯基氧化从而使皮肤的酪氨酸酶释放出胶体铜。

当一个人在一天中最热的时候晒日光浴时，他表皮角质层的温度至少可达到60℃，在这个温度被晒伤和晒黑的速度会比在一天中其他时间和在较高纬度约40℃时加快约45%。再则，间歇晒太阳不会被晒伤或晒黑，或说比一次长时间曝晒要轻微得多，一个人如果在阳光下晒5分钟而后转移到阴凉处呆5分钟，如此反复交替1小时，通常将不受影响；然而，在阳光下连续暴露1小时则可能导致疼痛的晒伤。

1. 实例解析 防晒气雾剂产品的典型配方见表9-11。

表9-11 防晒气雾剂产品的典型配方

相别	组分	质量分数（%）
A 相	二乙氨羟苯甲酰基苯甲酸己酯	2.00
	奥克立林	1.50
	甲氧基肉桂酸乙基己酯	1.50
	环五聚二甲基硅氧烷/PEG/PPG-18/18 聚二甲基硅氧烷	1.20
	水杨酸乙基己酯	0.80
	p-甲氧基肉桂酸异戊酯	0.70
	C12～15 醇苯甲酸酯	1.00
	聚硅氧烷15	0.40
	双-乙基己氧苯酚甲氧苯基三嗪	0.36
	聚甘油-3 蓖麻醇酸酯/聚甘油-10 二油酸酯	0.20
	季铵盐-18 膨润土	0.10
B 相	水	5～15
	甲基丙二醇	1.50
	丙二醇	1.00
	硫酸镁	0.16
	尿囊素	0.04
	羟苯甲酯	0.016
C 相	新戊二醇二庚酸酯	0.40
	辛基聚甲基硅氧烷	1.00
	聚甲基硅倍半氧烷	1.00
D 相	乙基己基甘油	0.09
	香精	0V10
	植物提取物	0.50
	红没药醇/姜（ZINGIBER OFFICINALE）根提取物	0.10
	生育酚乙酸酯	0.10
E 相	丙烷/异丁烷（w/w = 5∶95）	70～85

2. 制备方法

（1）依次将 A 相原料加入油相锅中，搅拌加热至80～83℃，溶解均匀。

（2）依次将 B 相原料加入水相锅中，搅拌加热至80～83℃，溶解均匀至透明。

（3）将油锅中80～83℃的 A 相原料全部抽入乳化锅中，然后于乳化锅中边搅拌边缓慢抽入 B 相全部原料，加入完成后搅拌均质（3000r/min）5分钟，搅拌降温。

（4）待温度降至50～55℃时，向乳化锅中加入 C 相原料，继续搅拌降温。

（5）于40～45℃时，依次加入 D 相原料，搅拌5分钟后，均质（3000r/min）5分钟，继续搅拌降温。

（6）40℃以下，300目过滤出料。

（7）检验合格后，灌装，封口，加入推进剂（E相原料），包装，喷码。

（8）抽检合格后，入库。

3. 包装

（1）气雾罐　建议用直径为45～50mm的铝罐。在海边沙滩上接触含盐空气和盐水时马口铁罐会生锈。铝罐应有内涂层，最好用一种"Organosol"的涂料，该涂料是有乙酸乙烯/氯化物的环氧酚醛树脂。该涂料不透明，呈乳状或棕褐色，通常比其他内涂层约厚20%。

（2）气雾阀　气雾阀的封口杯用有环氧酚醛涂层并衬有0.22mm厚PP覆膜的马口铁，封口杯外裸露处可能生锈，但没有带PP覆膜的铝封口杯供应。建议用2mm×0.50mm孔径的尼龙阀杆和丁钠橡胶作阀杆密封圈。产品最好定位为摩丝型、使用时将罐倒置经特征性的摩丝喷嘴释放出内容物。没有引液管，阀体有几个较大的长角形孔以便倒置使用。

（五）剃须气雾剂

北美自1949年起、西欧自1955年起就有了自充压式剃须膏。在过去的半个世纪中，这种产品经历许多配方和包装的变化。开始是以约10%的硬脂酸钾水乳剂为基础，再加入一些甘油和香精，另加约6.5%～10.0%的抛射剂。在20世纪70年代中期，美国庄臣公司研制、注册专利和向市场推出其EDGE凝胶型剃须膏是一个非常巨大的变革。这种新产品在常规（或预发泡式气雾剃须膏）市场中占有日益增长的份额。1997年之后，在北美，后发泡式（或凝胶型）剃须膏占整个剃须气雾剂市场的50%。仅在美国每种类型剃须膏的销售额就达到约1.55亿美元。至1999年，预发泡产品的销售金额降到约1.51亿美元，其下降速度约为每年1.7%。

1. 实例解析　预发泡式剃须气雾剂的典型配方见表9-12。

表9-12　预发泡式剃须气雾剂的典型配方

相别	组分	质量分数（%）
A相	去离子水	加至100
	硬脂酸	5.35
	椰油酸（肉豆蔻酸及月桂酸的混合物）	1.00
	三乙醇胺	3.33
	聚氧乙烯月桂醚23	2.00
	十二酰肌氨酸钠（≥94%粉末）	0.80
	丁基化羟基甲苯（BHT）	0.02
	山梨醇（70%水溶液）	2.15
B相	香精	0.25
	10%氢氧化钠溶液	适量
	10%柠檬酸溶液	适量
C相	丙烷/异丁烷（w/w=15∶85）	4～10

2. 制备方法

（1）在经清洁、消毒的不锈钢配料罐中注入所需数量的去离子水，加热至55～65℃。

（2）加入硬脂酸、椰油酸，开启缓慢的搅拌。必要时减慢搅拌，以防止发生任何旋涡

（混入空气）。

（3）加入三乙醇胺（99%），继续搅拌直至没有颗粒残留为止（使用金属过滤杯，将物料通过铜质或其他细过滤网杯以证实）。

（4）将聚氧乙烯月桂醚23先预熔化，并加入到被搅拌的批料中，搅拌直至溶解为止。

（5）加入十二酰肌氨酸钠，搅拌直至完全溶解为止。

（6）加入BHT、山梨醇（70%水溶液），搅拌至溶解均匀后降温至45℃或以下温度时加入香精。继续搅拌20分钟，再检查有无未溶解的固体。

（7）趁热灌装，应防止泵和过滤系统进入空气。如果剂料要多保持几个小时，须加入相宜防腐剂。

在一批配料完成之后，应在25℃时将pH调整至8.25～8.50，使用氢氧化钠溶液或柠檬酸溶液调整pH。

泡沫的硬度是一种主观性的试验。为了增加配方的泡沫浓稠度，可以添加0.1%鲸蜡醇、棕榈醇或羟甲基纤维素，或聚乙烯吡咯烷酮（PVP）K-90。

3. 包装

（1）气雾罐　"旅行型"预发泡型气雾剃须膏装在直径35mm或40mm的铝罐中出售，净含量为30～65g；大多数则装在直径52mm和65mm的镀锡马口铁罐内出售，常见的规格是52mm×100mm镀锡马口铁罐，或者容积291～318ml净含量286～312g的镀锡马口铁罐。铝罐内壁喷涂一种环氧酚醛树脂交联聚合物作为内衬层。而马口铁罐则用双层衬层（环氧酚醛基涂层和乙烯树脂面层），再用环氧酚醛树脂对焊缝补涂。

（2）气雾阀　绝大多数阀门公司都生产剃须膏阀门。最普通的封口杯是覆有聚丙烯薄层的马口铁型，阀杆孔径为0.46mm或0.50mm，阀杆的密封垫圈通常为丁钠橡胶-N材质。

（3）阀门促动器　喷嘴的变化范围很大，45°角的喷嘴装在封口杯内，而"水平喷嘴"安在封口杯的上方（藏在看不见处），并有一个专用的小塑料盖，一些大市场销售商有时有他们自己专门设计的喷嘴结构。

（六）除臭香水气雾剂

约在1968年，除臭香水气雾剂已在法国和英国流行，它亦被称为"香化除臭剂"或"喷体香雾"，很快传播到南非、澳大利亚及美国。联合利华（Unilevr）是除臭香水气雾剂最重要的市场商。

1. 实例解析　除臭香水气雾剂的典型配方见表9-13。

表9-13　除臭香水气雾剂的典型配方

相别	组分	质量分数（%）
A相	三氯生	0.15
	丙二醇	2.50
	香精	2.00
	无水乙醇	加至100
B相	丙烷/异丁烷（$w/w=15:85$）	40～45

2. 制备方法

（1）将无水乙醇加入一装在地秤或有质量传感器的洁净、干燥的不锈钢配料锅内，除加料外，配料锅加盖。注意乙醇的燃烧性，确保现场无火焰或其他点燃源并保持适当通风，注意防止静电。

（2）加入丙二醇并搅拌至溶解，加入三氯生、香精并搅拌至均匀。

（3）密闭配料锅，静置3天，经400目过滤后放入存料锅。用低压差滤器，以防止松软的香精沉淀物被挤过过滤器。

（4）灌装、减压封阀（减压封阀是为了减少成品罐中的氧气和压力）并充气。

（5）将成品置于水浴中检查是否漏气。

应采取最大程度地减少气雾剂成品中含水量的措施，这些措施包括在无水乙醇储罐顶部装一守恒阀。阀的空气入口应有一个20L盛装含微量氯化钴的无水氯化钙容器保护。随着无水氯化钙变淡蓝色，它仍能随着温度变化吸收"呼吸"进储罐的空气中的水分。当颜色变红时则需更换干燥剂。储罐和其他设备均需干燥，所有容器在任何时候都要加盖以减少潮湿空气的进入。若过量潮气进入剂料，则可能会发生香精变味和罐腐蚀的现象。引入0.5%水分（空气湿度）的影响可以作为开发项目的一部分进行测定。

3. 包装

（1）气雾罐 有内涂层的铝罐。这些罐大都是25.4mm口径气雾罐，少数产品用20mm口径气雾罐。

（2）气雾阀

阀杆：尼龙材质，孔径0.46mm。

阀杆密封圈：丁钠橡胶-N。

阀体：旁孔直径0.33mm。

吸管：内径0.75mm 聚丙烯。

（3）阀门促动器 0.50mm 机械击碎孔的大喷头。

四、气雾剂技术的整体性关系

1. 影响气雾剂综合性能的因素分析

（1）安全性 燃烧性、毒理性、刺激性、腐蚀性等。

（2）质量性 稳定性、密封性、兼容性等。

（3）配方性 效果设计、剂料设计（有效成分和宣称成分）、推进剂设计、配方组成、内包材设计、配制工艺等。

（4）经济性 研发成本、内容物成本、内包材成本、包装物成本、制造检测成本、储存运输成本、市场流通成本等。

（5）环保性 VOC、GWP、CO_2等。

（6）制造性 设备、工艺、环境、产效、储存等。

2. 影响气雾剂喷雾性能的因素分析

（1）内容物 表面张力、溶剂、乳化剂、添加剂、推进剂、内压力等。

（2）内包材 气雾阀、促动器等。

（3）表现维度 射程（雾距）、射角（雾锥角）、射势（雾势）、射滴（雾粒径）等。

1）射程：内压力、释放流量、束流设置等。

2）射角：阀门阀室尾孔和阀杆孔径、促动器喇叭进料和雾孔孔径、锥角（反向、顺向、前倾、突出）等。

3）射势：内压力、推进剂、束流装置等。

4）射滴：剂料（黏度和密度）、气雾阀（旁孔和中心孔）、促动器（雾孔孔径和机械漩涡槽的槽数、槽宽及槽深）、推进剂（品种和占比）等。

3. 影响气雾剂泡沫性能的因素分析

（1）内容物　表面张力、溶剂、乳化剂、添加剂、推进剂、内压力等。

（2）内包材　气雾阀、促动器等。

（3）表现维度　泡沫密度、稳定性、光泽度、硬度等。

1）泡沫密度：推进剂、料气相容性等。

2）稳定性：表面活性剂、推进剂等。

3）光泽度：剂料、推进剂（二氧化碳有利于光泽提高，但会带来 pH 下降和泡沫变软等问题；氢氟碳烃和丙烷也有利于提高光泽，但料气相容效果和成本需要综合考虑）等。

4）硬度：剂料（皂基有利于硬度提高）、推进剂及其占比（推进剂的用量提高有利于硬度提高，但可能会对稳定性带来影响）等。

第五节　化妆品气雾剂工艺技术

一、化妆品气雾剂生产设备设施

1. 气雾剂生产设备的组成　气雾剂生产设备由灌装设备及辅助设备组成，具体包括：

（1）灌装设备　由灌料机、封口（抓口）机及推进剂充填机三大部分组成。

（2）辅助设备　由理瓶机、搅拌珠投放机、上阀机、水浴检漏机、重量检测机、促动器安装机、保护盖安装机、贴标机、收缩膜机、封箱机、打带机、码垛机等组成。

2. 气雾剂生产设备的分类

（1）按照设备结构划分　半自动气雾剂灌装机和全自动气雾剂灌装机。

（2）按照生产能力划分　半自动气雾剂灌装机（800～1000 罐/小时）和全自动气雾剂灌装机（≥2400 罐/小时）。

（3）按照灌装方式划分　阀杆灌装机和盖下灌装机。

3. 气雾剂生产设备的介绍

（1）全自动气雾剂灌装机　目前主要还是渐进进给式（星轮步进）与直线进给式（直行步进）两种。两种灌装机都适用于 1 英寸（1 英寸 ≈ 2.54 厘米）气雾罐各种原料及抛射剂（LPG、F12、DME、CO_2、N_2 等）的充装。

采用直行步进灌装法比采用星轮步进灌装法灌装的生产能力提高 40%～50%，且直行灌装机的结构简洁、方便调整。

1）全自动直线进给式气雾剂灌装机

2）全自动渐进进给式气雾剂灌装机：盖下灌装机分为一般盖下灌装机和二元盖下灌装机，通常情况下前者专适用于灌装液化气体，后者专适用于压缩气体。但随着科学技术的发展，现大部分此类设备的厂家在设计生产设备时，都会将另一种气体灌装能力也兼容进去作为备选，提高附加值。

3）全自动二元包装囊阀气雾剂灌装机：采有触摸屏 + PLC 程序控制盖下充填压缩气体、封口融为一体。工作时，先盖下预充填（剂料体积占比 55%～60% 时，预充填内压力是最终内压力的 1/3）压缩空气（或 N_2），然后再进行剂料的灌装（通过阀杆灌装，这时要注意灌装压力和囊袋的承受问题，规避外溅料和囊袋撑裂）。

4）全自动盖下灌装机：专适用于制冷剂（R134a、HFO-1234ze）的盖下充填灌装加工。

（2）上阀机　目前主要分为一般上阀机、磁铁式上阀机、无引管阀门上阀机和全自动卡式气阀上阀机。

1）一般上阀机：主要是通过转盘疏导阀门进入预定轨道，护壳固定其输送到发射口，通过压缩空气强动力发射进入管道从而到达罐口上方，通过摇摆筒定向投放入气雾罐内，通过阀门校位器校位并压紧在罐口上，增加封口质量，节省劳动力，提高生产效率。

2）磁铁式上阀机：与一般上阀机基本相同，主要是进入预定轨道后，不是通过护壳固定输送到发射口，而是通过磁力吸附固定输送到发射口。所以磁铁式上阀机在设计和成本上相对一般上阀机更优，但只适用于马口铁等具有磁力的阀门，在应用上相对有局限。

3）无引管阀门上阀机：用于冷媒阀盖、医用氧气阀的自动上阀，由送阀机、理阀机、阀门检测机、自动上阀机及 PLC 控制系统组成。

4）全自动卡式气阀上阀机：专适用于卡式炉阀门。

（3）压喷嘴机　由理喷嘴机、压喷嘴机及控制系统组成。可实现喷嘴的自动整理和输送，喷嘴与气雾罐的自动压紧。具有速度快、噪声小、自动化程度高等优点。

（4）水浴槽　采用防爆电机，装有超负荷自动分离器，可保证机器安全运行。水箱中装有隔爆型电热管，可将水迅速加热至所需温度，并自动控温。水箱中应装有水位探测装置并自动控制水位，同时与加热装置进行联动，确保水位达到既定水平时方能启动加热装置，实施本质安全控制。吊挂夹具夹紧可靠不脱落，具有自动全方位吹干装置。

水浴槽应设置好规定温度。除非一些对热敏感或其包装物遇热变形的气雾剂产品外，所有产品均应进行水浴检测。水浴检测时，应确保气雾剂整个产品都浸入清澈水中，以便及时发现泄漏或变形的产品，检测过程应设专人监视水浴，及时捡出漏泄产品，剔除的产品应及时处理。水浴槽是用水浴的方法全数检验气雾剂成品的主要设备。

因气雾剂产品内压过高或进出水浴槽时卡罐导致气雾剂在水浴槽内爆炸的事故经常发生。

4. 气雾剂检测设备

（1）气雾剂产品封口直径测量仪和封口深度测量表　封口直径和封口深度是气雾剂产品封口质量的关键两项参数，所以封口直径测量表和封口深度测量表通过控制和管理这两项参数，对封口的密封质量发挥极其重要的作用。

（2）气雾罐接触高度测量表　对提高罐口与气雾阀的配合精度、防止泄漏起到有效的控制作用。

（3）气雾罐变形爆破压力测试机　主要用来测量气雾罐变形压力和爆破压力的专用设备。它在压缩空气作用下，用气缸推动液缸，将水注入罐内进行加压，当加压到一定压力（压力表显示）时气雾罐产生变形，继续加压将会爆破。操作简单方便、数据准确、安全系数高。

二、化妆品气雾剂生产工艺流程

（一）气雾剂一般充填工艺

气雾剂一般充填工艺流程见表 9-14。

表 9-14　气雾剂充填工艺流程

工序	物料信息	工序流程	设备信息
		开始	
1	气雾罐	上罐	理瓶机
2	搅拌珠	放搅拌珠	搅拌珠投放机
3	剂料	剂料灌装	灌料机
4	气雾阀	装阀门	上阀机
5	\	阀门封口抽真空	封口机、真空泵
6	推进剂	推进剂充填	气体充填机、增压泵
7	\	水浴检漏	水浴槽
8	\	全检称重	称重机
9	促动器	促动器安装	压喷嘴机
10	保护盖	保护盖安装	压大盖机
11	\	批号喷码	喷码机
		结束	

说明：

（1）流程 5 和 6 部分，系采用多功能组合充装机，此时抽真空、阀门封口及抛射剂充装 3 个动作在充装机的一次行程中即可完成，流程 5 和流程 6 合并为一个流程，则生产效率也就提高了。

（2）当有些水基型产品在充装中将产品浓缩液与水分开进行时，就需要两台产品充装机，产品充装工序也由一步变成两步。

（3）当抛射剂采用混合物，但分别向气雾罐内充装时，抛射剂充装机就要相应增加，此时，可以采用两台单独充气机，也可以采用一台多功能组合充装机（在前）、一台单充气机（在后）组合进行。

（二）气雾剂充装中的技术要点

1. 空罐检查　对进入充装生产线上的气雾罐应检查其罐内是否有异物存在，如制罐厂在成品包装时偶然掉入大尘埃、包装材料碎片等，这种异物如不予清除，就会使气雾剂产品在使用中产生堵塞现象。

同时要检测罐内是否出现划痕等影响内容物与气雾罐兼容性的不良问题，以及罐体是否有凹凸异常。

2. 剂料充装

（1）要注意产品液料的黏度。对黏度高的液体，需要选择相对较低的充装速度，必要时要增加膏体灌装机。

（2）低沸点的液体，要以较低速度吸入。如以较高速度吸入，及其摩擦产生的热，会使液体在输液管挥发，影响定量器的充装容量。

（3）泡沫状的液体应采取低速灌装，必要时要对盛料缸进行密封抽真空。如速度高，泡沫产品会从罐口溢出，影响充装和封口密封性。

（4）在水基型气雾剂生产过程中应注意将剂料与去离子水分别充入罐内时顺序的先后。

3. 阀门插入　阀门插入前，应检查外密封圈是否移位甚至脱落，封杯是否会被磨伤、引液管是否弯曲严重或脱落等。

4. 抽真空　在阀门封口前瞬间抽出罐内产品料上部空间的空气使气雾剂罐内得到较高的真空度。抽真空不但可以防止残留空气中的氧气对产品的氧化反应，提高产品稳定性，而且方便抛射剂的充装及计量精确度。

从工艺的合理性来说，采用多功能充装机，将抽真空、阀门封口及抛射剂充装在一个行程中完成为好。

5. 阀门封口　阀门封口主要达到两个目的：一是保证气雾阀与气雾罐间的良好密封，二是保证阀门与罐口的牢度结合。

不同厂家提供的阀门、不同材质及厚度的阀门固定盖，以及不同型式或材料的外密封圈，对阀门与罐的封口气密性及牢固度有十分重要的影响，因此需要通过仔细调整封口直径及封口深度来予以保证。

充装机生产厂说明书和基本经验提供的英寸气雾罐口的参考封口直径和封口深度如下：

（1）用于铁质气雾阀与铁质气雾罐，封口直径 27.0～27.2mm、封口深度 5.0～5.2mm；若是套式外垫圈，封口直径 26.8～27.0mm、封口深度 4.8～5.0mm。

（2）用于铁质气雾阀与铝质气雾罐，封口直径 27.0～27.2mm、封口深度 5.1～5.3mm。

（3）用于铝质气雾阀与铝质气雾罐，封口直径 27.1～27.3mm、封口深度 5.1～5.3mm。

（4）用于铝质气雾阀与铁质气雾罐，封口直径 27.1～27.3mm、封口深度 5.0～5.2mm。

（5）用于定量铝质气雾阀与铝质气雾罐，封口直径 26.5～26.8mm、封口深度 4.5～5.0mm。但在实际应用时，应根据具体情况仔细调整。

决定 25.4mm 罐口的封口深度有三个条件：①罐口内的接触高度（Boxal 计量器测定）。②外密封圈的型式、材料及尺寸。③阀门固定盖的材料及厚度。

6. 抛射剂充装

（1）抛射剂的充装方式　如前所述，根据抛射剂向气雾罐内的充入途径，基本分为两种方式。

1）T-t-V 法（俗称阀杆充填法）：抛射剂通过已封口阀门的阀芯计量孔从阀座及阀芯与固定盖之间的空隙快速进入罐内，包括抛射剂液体注入机及压缩气体振荡机。

在 T-t-V 法中，充气压力较高，可达到 4.48～7.58MPa，大多取其中间值。这种压力由加压泵产生。气体的充装量对一般标准连续阀来说为 120～150ml/s。但精密阀门公司设计的花键式固定盖及六边形内密封圈阀门，可以使充装量提高到 300ml/s。

2）U-t-C 法（俗称盖下充填法）：抛射剂通过未封口的阀门固定盖与罐卷边口之间进

入罐内，充完气后再迅速将阀门封口。

U-t-C 型多功能充装机有时只被用作真空封口机，而充气由随后的一台 U-t-C 或振荡式充气机代替。但此时必须注意不可使 U-t-C 充气机上的第二只齿轮动作把气雾罐压坏。

对于抛射剂的泄漏，应装设红外线光谱检测仪及微机控制装置对 LPG 或 DME 等易燃气体进行监控，使它们在室内空气中的浓度保持在最低爆炸限（LEL）之下，以确保安全。

抛射剂增压泵与储气罐的连接管越短越好，以避免气体挥发。但它与定量器的连接管长度可达 50m。

当充装高压气体进入罐内与液体产品接触时，有湍流现象发生，这有助于气体饱和作用。

3）U-t-C 与 T-t-V 充装法的比较：在气雾剂充装方面，U-t-C 充气法与 T-t-V 充气法都已有 40 多年的历史和经验，前者以美国采用为主，后者则在欧洲普遍盛行。这两种充装方法的工作过程完全不同。

U-t-C 法是从阀门固定盖下充气，而 T-t-V 法则直接通过阀芯充气。具体如下：

A. U-t-C 充装法：在 U-t-C 充装法中，是将推进剂从坐落在气雾罐口但并未封口的阀门固定盖与罐口之间充入的。在充装时使阀门略微提起以使充气环套入后使推进剂进入达到平衡或计量。在完成充气过程的瞬间由 U-t-C 专用头子将阀门封装在罐口上。在这种充装法中，充气和封口两个动作是在一起完成的。

B. T-t-V 充装法：在 T-t-V 充装法中，推进剂是直接通过阀门的阀芯充入气雾罐内，此时阀门已预先在气雾罐口上封口完毕。在这种充气阀中，充气和封口两个动作是分别在两台机器上完成的，封口在前、充气在后。

C. 虽然这两种充装方式及装置都在气雾剂工业中获得广泛应用，但是对于抛射剂向采用压缩气体转向的现今，从压缩气体的充气要求来看，U-t-C 充装法似乎更为适用。因为它不需要考虑阀门的型式与结构，充气速度快，也无需考虑气体压缩过程中产生的热的影响。但只要这些因素处理得当，T-t-V 充装法也一样可用于压缩气体的充装。

D. 这两种典型的充装法，各有其特点和不足之处，详见表 9-15。

表 9-15　U-t-C 充装法与 T-t-V 充装法的比较

方法	优点	缺点
U-t-C	①充气均衡，不受阀门结构影响 ②封口及充气两道工序在一台机上完成 ③充装速度快，生产效率高 ④可以充装混合气体	①气体损失较大（LPG） ②操纵气体的（LPG）要求高
T-t-V	①气体损失少（LPG） ②危险性小（LPG）	①压缩气体的充气受阀门结构及尺寸影响 ②在封口后单独进行 ③充气速度慢

（2）在充装中定量器的选用　无论在充装产品时，还是在充装抛射剂时，正确使用定量器，不仅可以提高充装精确度而且可以提高充装速度。例如在充装 200ml 液体时，可以采取 2 种方法。

1）用一个 300ml 定量器一次完成定量充装。

2）采用两个 115ml 定量器，由每个定量器充装 100ml 液体。充装时应使罐连续通过第一个和第二个充装间，这样使产品的吸入时间减少一半，提高了充装效率。

3）若该 200ml 液体为泡沫产品时，可以用 300ml 和 115ml 的两个定量器，充装时第一个定量器的定量应大于第二个定量器的定量。

4）定量器大小的选用应尽量与所需充装的量接近，这样有利于提高充装精度。如要充20ml 液体时，使用 30ml 的定量器比用 300ml 定量器充装精度高。这与定量器内的活塞行程有关。当然在充装两种不同的液体或抛射剂（如 CO_2 与丁烷气）时，自然就应该同时使用两个定量器。

7. 温水浴检查　温水浴除用于检测气雾剂容器的泄漏外，还能洗清掉罐体外无用的残留化学物质。通过温水浴后，受热的罐体上也容易黏标贴。此外，通过热水浴还可将印铁中的疵病显示出来，如表面罩光层漏涂或太薄，使罐体发黏或色泽脱落。所以温水浴是不可省去的。

温水浴槽应专设报警器，因为有许多缓慢泄漏的气雾剂。发现一罐焊缝处出现一些气泡时，就要仔细观察一会儿，若有多罐发生这种不明显泄漏，则就来不及观察。此外，CO_2 的泄漏性更慢，而且它的气泡可溶解在水中，更难觉察。在这类情况下，采用 20% 盐水溶液作为水浴，此时 CO_2 气泡就不会溶入水浴中而容易被检测出来。

有时，对温水浴加入 0.05% 的亚硝酸钠溶液，可以有助于抑制罐的腐蚀。另在温水浴中加入少量的清洁剂，能把罐外的油污清除。经过温水浴后，应将取出的气雾罐外面的水迹吹干。

8. 安装促动器与喷雾试验　在半自动生产线上，促动器的安装由人工进行，也有自动设备安装。在安装的同时，就可进行喷雾试验。

大量喷雾试验导致空气中的产品及抛射剂浓度迅速增加。因此，为了操作者的安全及企业防燃防爆安全，排气机（防爆型）是必不可少的，而且应该具有良好的排气效率。此排气系统同时可兼用于温水浴的排气。

9. 安装保护盖与称重　在半自动生产线上，安装保护盖也是由人工进行的，也有自动设备安装。

为了使称重工作简捷，可以对每一种气雾剂产品在称重器刻度盘的重量允许误差上限及下限 2 个刻度上做明显标记，只要该产品的重量显示值在此两个刻度之间，就是合格的。或可采用自动系统。

（三）气雾剂充填工序控制要点

气雾剂充填工序控制要点，见表 9 – 16。

表 9 – 16　气雾剂充填工序控制点

序号	工序名称	主要质检项目
1	上罐	气雾罐信息核对，外观、印刷内容
2	灌装剂料	剂料信息核对，外观、气味、用量
3	投放阀门	气雾罐信息核对，外观、印刷内容
4	封口	封口直径、封口高度、封杯外径、真空度、外观
5	推进剂充填	推进剂信息核对、外观、气味、用量
6	水浴检漏	温度、水位设置，防腐缓蚀剂添加，浸泡时间、内压力
7	全检称重	上下限值，物料波动
8	促动器安装	促动器信息核对，外观，配合性
9	保护盖安装	保护盖信息核对，外观，配合性
10	批号喷码	格式、位置要求，清晰度和完整性

第六节　化妆品气雾剂主要检验标准及法规

一、推进剂标准

1. GB/T 6052-2011《工业液体二氧化碳》

2. GB/T 8979-2008《纯氮、高纯氮和超纯氮》

3. GB 11174-2011《液化石油气》

4. GB/T 18826-2002《工业用1,1,1,2-四氟乙烷（HFC-134a）》

5. GB/T 19465-2004《工业用异丁烷（HC-600a）》

6. GB/T 19602-2004《工业用1,1-二氟乙烷（HFC-152a）》

7. GB/T 22024-2008《气雾剂级正丁烷（A-17）》

8. GB/T 22025-2008《气雾剂级异丁烷（A-31）》

9. GB/T 22026-2008《气雾剂级丙烷（A-108）》

10. HG/T 3934-2007《二甲醚》

二、包装标准

1. GB/T 25164-2010《包装容器 25.4mm口径铝气雾罐》

2. BB/T 0006-2014《包装容器 20mm口径铝气雾罐》

3. BB 0009-1996《喷雾罐用铝材》

4. GB 13042-2008《包装容器 铁质气雾罐》

5. GB/T 2520-2017《冷轧电镀锡钢板及钢带》

6. GB/T 17447-2012《气雾阀》

三、产品标准

1. QB 1643《发用摩丝》

2. QB 1644《定型发胶》

四、基础标准

1.《化妆品安全技术规范》（2015年版）（2015年第268号）

2. BB/T 0005-2010《气雾剂产品的标示、分类及术语》

3. QB 2549-2002《一般气雾剂产品的安全规定》

4. GB/T 14449-2017《气雾剂产品测试方法》

5. GB 30000.4-2013《化学品分类和标签规范 第4部分：气溶胶》

6. GB/T 21614-2008《危险品 喷雾剂燃烧热试验方法》

7. GB/T 21630-2008《危险品 喷雾剂点燃距离试验方法》

8. GB/T 21631-2008《危险品 喷雾剂封闭空间点燃试验方法》

9. GB/T 21632-2008《危险品 喷雾剂泡沫可燃性试验方法》

10.《危险化学品名录》（2015年版）

11. JJF 1070-2005《定量包装商品净含量计量检验规则》

12. GB 28644.1–2012《危险货物例外数量及包装要求》（2012 年 12 月 1 日实施）

13. GB 28644.2–2012《危险货物有限数量及包装要求》（2012 年 12 月 1 日实施）

14. 化妆品标识管理规定［国家质量监督检验检疫总局令（第 100 号）］

15. GB 5296.3–2008《消费品使用说明化妆品通用标签》

16. GB 23350–2009《限制商品过度包装要求 食品和化妆品》

17. SN 0324–2014《海运出口危险货物小型气体容器包装检验规程》

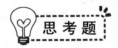

思考题

1. 简述化妆品气雾剂的生产工艺过程。

2. 简述二元包装囊阀气雾剂的优势。

第十章　化妆品制剂新技术

PPT

　　随着自然科学和交叉学科的高速发展，涌现了一批瞩目的药物制剂新技术与新剂型，并表现出了优于传统剂型的显著特点。其在制剂领域中的比重日益增大，一直是学术界和工业界的关注热点。药物制剂新技术的发展对化妆品的开发有着重要的启示，并开始渐渐应用到化妆品的研发中，以达到降低化妆品原料过敏性、更好地发挥有效成分的作用等效果，推动化妆品科学的发展。目前应用于化妆品的制剂新技术主要有环糊精包合技术、纳米技术、微囊技术、脂质体技术、微乳技术、微针技术、靶向制剂及其他新技术等。本章将对化妆品制剂新技术进行介绍。

第一节　环糊精包合技术

一、环糊精包合技术的概述

　　环糊精包合技术系指采用适宜的方法，将某些小分子物质（又称为客分子）包藏于环糊精分子（又称为主分子）的空穴结构内，形成环糊精包合物（cyclodextrin inclusion compounds）的技术。环糊精（cyclodextrin，CD）系淀粉用嗜碱性芽孢杆菌经培养得到的环糊精葡萄糖转位酶作用后形成的产物，是由 6～12 个 D-葡萄糖分子以 1,4-糖苷键连接的环状低聚糖化合物，常见有 α、β、γ 三型。其中，作为包合中的主分子，β-环糊精（β-CD）最为常用，可用于包合挥发性、难溶性成分或油状液体。其结构见图 10-1。β-CD 对碱、热和机械作用都相当稳定，而对酸较不稳定。可以对 β-CD 进行结构修饰，以改变其某些方面的性质，从而更适合于制备特定的包合物。目前，环糊精包合技术已在化妆品领域崭露头角。

二、环糊精包合物的制备方法

　　1. 饱和水溶液法　饱和水溶液法亦称为重结晶法或共沉淀法。是将环糊精制成饱和水溶液，加入客分子活性物，对于那些水中不溶的活性物，可加少量适当溶剂（如丙酮等）溶解后，搅拌混合 30 分钟以上，使客分子活性物被包合，但水中溶解度大的客分子有一部分包合物仍溶解在溶液中，可加一种有机溶剂，使析出沉淀。将析出的固体包合物过滤，根据客分子的性质，再用适当的溶剂洗净、干燥，即得稳定的包合物。

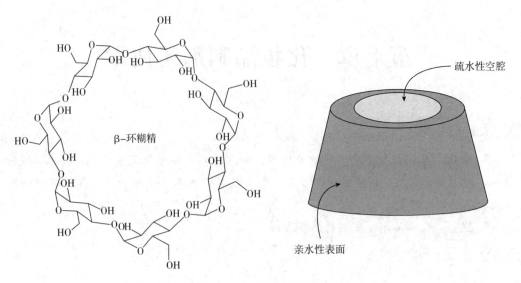

图 10 - 1　β-环糊精的结构

本法主要包括以下步骤：①配制 CD 饱和溶液；②加入活性物；③包合；④冷藏与过滤；⑤干燥。图 10 - 2 为饱和水溶液法制备 CD 包合物工艺流程示意图。此方法主分子/客分子的配比、包合温度、包合时间等会对包合率产生一定的影响。

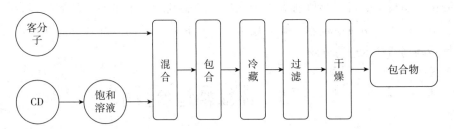

图 10 - 2　饱和水溶液法制备 CD 包合物工艺流程示意图

2. 研磨法　取环糊精加入 2 ~ 5 倍量的水混合，研磨均匀，加入活性成分（难溶性活性物应先溶于有机溶剂中），充分研磨至成糊状物，低温干燥后，再用适宜的有机溶剂洗净，再干燥即得。

本法主要包括以下步骤：①配制 CD 匀浆；②加入活性物；③包合；④滤过；⑤干燥。如图 10 - 3 所示。在此方法中，主分子/客分子的配比、研磨设备等因素对包合率影响较大。

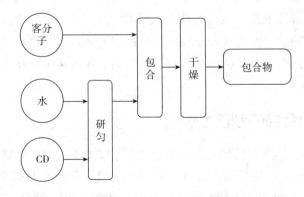

图 10 - 3　研磨法制备 CD 包合物工艺流程示意图

3. 超声法　将溶解后的客分子物质加入 β-CD 的饱和水溶液中，用超声波破碎仪或超声波清洗机选择合适的超声强度，处理一段时间，然后进行过滤、洗涤、干燥，即得产物。本方法是利用超声波替代饱和水溶液法中的搅拌力以促进包合。

4. 冷冻干燥法 将 β-CD 制成饱和水溶液，加入活性物溶解，搅拌一定时间使活性物被 CD 包合，置于冷冻干燥机中冷冻干燥，即得产物。此法适合用于干燥过程中易分解、变质，且所制得的包合物溶于水，在水中不易析出结晶而难于获得包合物的活性原料进行包合。所得包合物外形疏松，溶解性能好。

5. 喷雾干燥法 将 β-CD 制成饱和水溶液，加入活性物溶解，搅拌一定时间使活性物被 CD 包合，然后用喷雾干燥设备进行干燥，即得。此法适用于对遇热性质稳定、所制得的包合物溶于水的活性物进行包合。

环糊精包合技术常用的质量评价方法包括薄层色谱法、热分析法、X 射线衍射法、显微镜法、红外光谱法、核磁共振法、荧光光谱法、圆二色谱法等。

三、环糊精包合物的特点

1. 增强活性物稳定性 易氧化、水解的化妆品活性原料制成包合物，当活性物的不稳定部分被包合在 β-CD 的空穴中时，其与周围环境的接触被切断，可以免受光、氧、热以及某些因素的影响而得到保护，使活性物的效果和保存期延长。

2. 增加活性物的溶解度 难溶性活性物（如薄荷油）与 β-CD 混合可制成水溶性的包合物，从而增加溶解度。

3. 掩盖活性物的不良臭味和降低刺激性 一些具有不良气味或刺激性的化妆品成分可通过包合技术提高其生物顺应性。

4. 提高生物利用度 一些活性成分在进行 β-CD 包合后可显著提高生物利用度。

5. 液体活性物的粉末化 液体活性物包合成固态粉末，便于加工成其他剂型。

四、环糊精包合物在化妆品方面的应用

环糊精主要作为一种传输介质应用于化妆品领域。环糊精的优势在于活性物质在环糊精空腔内能够保持原有的形状、尺寸及特性，且活性物质在包合物空腔内，能有效阻止活性物质被氧化、光解及热分解，使之在环境中稳定保存。近年来，环糊精作为化妆品配方已广泛应用于护肤霜、乳液、洗发水、牙膏及香水等各类产品中，以提升化妆品在美白、抗衰老、保湿、祛痘、杀菌等方面的功效。

环糊精可用于包合香水，用于增加香水的稳定性和水溶性，并达到缓慢释放的作用。环糊精与防晒剂包合后，可减少防晒剂对皮肤的刺激作用。将环糊精渗入乳液或面霜中，可改善其稳定性和作用时间。用衍生物羟丙基-β-环糊精作为包合材料制备丁基甲氧基二苯甲酰甲烷、对甲氧基肉桂酸辛酯两种防晒剂，可显著提高防晒剂的光稳定性，表明环糊精包合技术在化妆品行业中具有十分广阔的应用前景。

第二节 纳米粒技术

一、纳米粒的概述

纳米粒（nanoparticles）是指粒径在 1 ~ 1000nm 的粒子（药剂学中所指的药物纳米粒一般是指 10 ~ 100nm 的含药粒子），主要包括载药纳米粒（drug carrier nanoparticles，将药物

与适宜载体形成的纳米粒）和药物纳米晶（drug nanocrystals，仅有药物分子组成的纳米尺度的药物晶体）。已报道的载体纳米粒包括聚合物纳米囊（polymeric nanocapsules）、聚合物纳米球（polymeric nanospheres）、固体脂质纳米粒（solid lipid nanospheres）等。其中，固体脂质纳米粒以高熔点脂质材料为载体制成，其粒径在 50 ~ 1000nm 之间，有纳米粒物理稳定性高、药物泄漏少、缓释性好的特点，同时毒性低，易于大规模生产，因此是极有发展前途的新型给药系统的载体。

二、纳米粒的特点

纳米粒由于其自身独特的性质，具有一系列有别于普通制剂的特点：①可缓慢释放活性物质，从而延长作用时间，如一般滴眼液半衰期仅 1 ~ 3 分钟，而纳米粒滴眼剂由于能黏附于结膜和角膜，可大大延长活性物的作用时间。②由于纳米粒的粒径分布范围处于纳米尺度，其可达到靶向给药的目的，如在体内可实现被动靶向（图 10 - 4）。此外，根据具体的目的，可以对纳米粒进行修饰，通过抗体等特异性元素达到主动靶向的目的（图 10 - 5）。③可提高活性分子的生物利用度，减少给药量，从而减轻或避免毒副作用。④保护活性分子，提高活性物的稳定性，可避免多肽等活性物在消化道失活。⑤改善难溶性活性物的口服吸收，如可在表面活性剂和水等存在的条件下直接将活性物粉碎成纳米混悬剂以提高口服吸收。

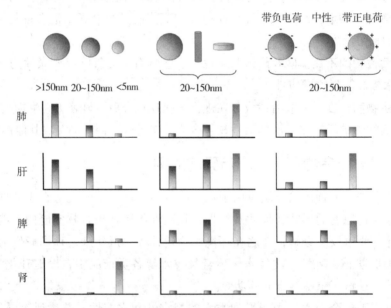

图 10 - 4 不同粒径、形状和荷电纳米粒子在体内的分布情况

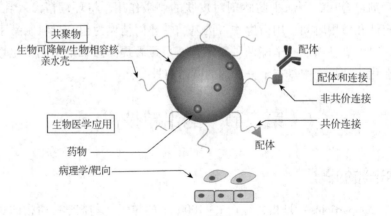

图 10 - 5 主动靶向纳米粒的设计示意图

三、纳米粒的制备方法

一般来说，纳米粒可采用单体（主要通过乳化聚合法制备）或高分子材料制备（可通过天然高分子凝聚法、液中干燥法、自动乳化法等制备）。

1. 乳化聚合法 由单体制备，主要通过乳化聚合法制备。本法系将单体分散于水相乳化剂中的胶束内或乳滴中，遇 OH⁻ 或其他引发剂发生聚合，胶束及乳滴作为提供单体的仓库，乳化剂对相分离的纳米粒也起防止聚集的稳定作用。聚合反应终止后，经分离呈固态，即得。

2. 天然高分子凝聚法 本法系由高分子材料通过化学交联、加热变性或盐析脱水等方法使其凝聚制得纳米粒。

3. 液中干燥法 本法又称溶剂挥发/蒸发法，是由含高分子材料和活性物的油相，分散于有乳化剂的水相中，制成 O/W 型乳状液，油相中的有机溶剂被蒸发除去，原来的油滴逐渐变成纳米粒。

4. 自动乳化法 本法是在特定条件下，乳状液中的乳滴由于界面能降低和界面骚动，而形成更小的纳米级乳滴，接着再交联固化、分离，即得纳米粒。

基于其结构、制备及应用特点，纳米粒的质量评价一般包括形态、粒径及其分布、再分散性、包封率与渗漏率、突释效应、有害有机溶剂残留量等。

四、纳米粒在化妆品方面的应用

纳米粒在化妆品应用方面有很多优势。纳米粒的结构使它可以对活性物达到缓释、被动靶向等效果。纳米粒的结构确保其可以与角质层紧密接触，并可增加渗透到皮肤中的活性物量，增加皮肤的水合作用。主要作用包括：①增强活性成分的化学稳定性。②增加对皮肤的黏附作用，使有效成分在皮肤上成"膜"，并对皮肤起到可控的闭塞作用。③皮肤保湿，增加皮肤的水合作用。④增强活性成分的皮肤靶向性和生物利用度。

第三节 微囊技术

一、微囊的概述

微囊（microcapsules）是将固体或液体成分作为囊心物，外层包裹天然或合成的高分子聚合物囊膜，形成的微小包囊，其粒径一般为 1～250μm。它是指成膜物质将固体、液体物质包裹而成的微小胶囊物，被包裹的物质为囊心物（core materials），用于包裹的外膜材料称为囊材（coating materials），其制备形成的技术称为微囊技术。微囊存在多种结构（图 10-6）。在使用时，根据缓释作用的原理将活性组分按预先希望的速率逐步从微囊中释放出来。最初的微胶囊技术是在制药行业中作为一种新剂型来使用。目前，化妆品产品的活性成分的传递技术中，新型载体是关键，化妆品传统载体是水和动植物各种油脂，近年来，许多化妆品的添加剂用微囊包裹，使产品性能更加优越。

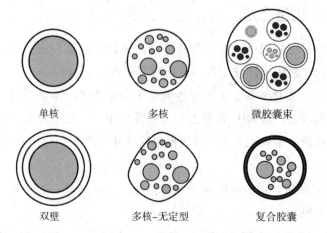

单核   多核   微胶囊束

双壁   多核-无定型   复合胶囊

图 10 - 6　多种微囊的结构示意图

二、微囊的制备方法

微囊的制备方法可分为物理化学法、化学法、物理机械法三类，可根据囊芯物、囊材的性质以及所需微囊的粒度与释药要求选择不同的制备方法。微囊的囊芯物通常为固体或液体，除活性物外，可能还包括其他附加剂，如稳定剂、稀释剂、控制释放速率的阻滞剂与促进剂、改善囊壳可塑性的增塑剂等。囊材是微囊制剂中的重要组成部分，具有以下要求：①性质稳定；②有适宜的释放速率；③无毒、无刺激性；④能与囊心物相容，不影响其活性及测定；⑤有一定的强度、弹性和可塑性，能完全包封囊心物；⑥具有符合要求的黏度、渗透性、亲水性、溶解性等。从来源上看，微囊的成囊材料可分为天然高分子材料（如明胶、阿拉伯胶、壳聚糖等）、半合成高分子材料（如羧甲基纤维素钠、乙基纤维素、甲基纤维素等）和合成高分子材料（如聚乳酸等）几种类型。

1. 物理化学法　物理化学法一般是在液相中进行，囊材与囊心物在一定条件下形成新相析出，同时囊材包裹囊心物形成微囊，此方法又称相分离法。其微囊化大体可分为囊心物的分散、囊材的加入、囊材的沉积、微囊的固化等几个步骤。根据囊材析出的具体方法不同，相分离法可分为单凝聚法、复凝聚法、溶剂-非溶剂法和液中干燥法等。利用一些新的技术（如膜乳化技术或微流体技术等），可以获得粒径均一和特殊结构的微囊。以明胶和阿拉伯胶为囊材的复凝聚法工艺流程图如图 10 - 7 所示。此外，在微囊制备的过程中，为了找出适宜的处方比例，可先制作三元相图。图 10 - 8 为明胶和阿拉伯胶水溶液中（pH 4.5）复凝聚的三元相图。

2. 化学法　化学法是指在溶液中单体或高分子通过聚合反应、缩合反应或交联反应，形成不溶型囊膜的微囊。本法不需要加聚凝剂，常先制成 W/O 型乳剂，再利用化学反应固化。常用界面缩聚法和辐射交联法等方法。

3. 物理机械法　物理机械法是指将固体或液体活性物在气相中微囊化的方法。常用的方法有喷雾干燥法、喷雾凝结法、悬浮包衣法、多孔离心法等。此法制备的微囊由于原材料和囊材的灭菌较困难，一般不适用于注射给药。

微囊的质量评价内容包括形态、粒径大小与分布、活性物质的含量、载药量与包封率、活性物质的释放速率、有害有机溶剂残留量等。

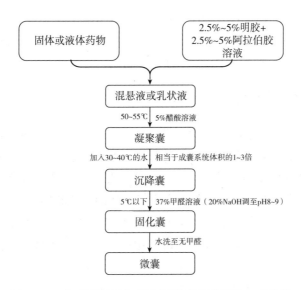

图 10－7 复凝聚法制备凝胶-阿拉伯胶微囊的工艺流程

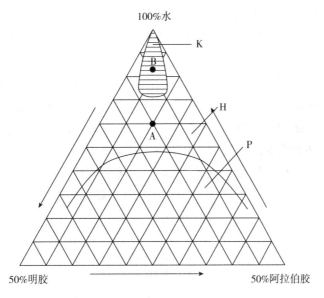

图 10－8 明胶和阿拉伯胶水溶液中（pH 4.5）复凝聚的三元相图

P 为曲线以下两相分离区，H 为曲线以上两种胶体溶液混溶形成均相的溶液区，

K 为凝聚区，沿着 A→B 虚线进入凝聚区能发生凝聚

三、微囊的特点

1. 微囊有较大的比表面，对囊心物的释放具有重要意义。

2. 微囊可以改变物质的形态特征，例如将液态物质固体化。

3. 微囊可以转变物质颜色、气味、体积等，例如常用于掩盖不良气味及口味，这些特性使得微囊具有广泛的应用。这些特性在化妆品中可被充分利用，如有色泽和气味的中药微囊化后配制到化妆品中，可得到无色无味的优质化妆品。

4. 微囊具有隔离活性成分的特性，可提高囊心物的稳定性。微囊可使被包裹的物质免受环境中的湿度、温度、紫外线等的作用，而保持其本身的活性。防止活性成分与其他组分发生化学反应。

5. 微囊可降低物质的挥发性，掩盖不良气味，延长贮存期。

6. 微囊释放与渗透特性：微囊的应用中，有时需要胶囊的囊心物即刻释放出来，而有时需要芯材以特定的速度经过一段时间逐渐释放出来。

四、微囊在化妆品中的应用

一些化妆品原料存在配伍性差、相溶性差、具有刺激性、不稳定、易氧化、颜色不美观、味道不愉悦的问题。微囊作为高分子材料小粒径包合物，可对化妆品原料建立涂层加以封装保护，扩大很多原料的应用。近年来微囊作为一种新的剂型被越来越多地应用于化妆品中。多种化妆品原料由于微囊的包裹克服了各自的缺点和局限性。

1. 定时、缓慢释放 活性成分经微囊化后，可以按照要求的速率逐步释放，以达到长效、高效的目的。如防晒剂、芦荟等包于微囊中，利用其缓释的作用，可延长活性成分的作用时间。

2. 稳定有效成分 如维生素 C、氨基酸、超氧化物歧化酶等活性物质容易受空气、温度等外界条件以及产品配方中其他成分的影响，将其包裹于微囊中，可以提高稳定性。

3. 减少特殊添加剂对皮肤的刺激 果酸等对皮肤有良好的再生、抗衰老功效，但直接与皮肤接触会对皮肤产生刺激，将其包裹在微囊中既可防止对皮肤的刺激，又可以缓慢释放，为皮肤提供持久的保护作用。

4. 使不兼容的物质在同一体系中存在 持久性染发剂通常分为两剂，使用前再混合在一起，给包装和使用都带来了不便。利用微囊技术将两剂分别用微囊包裹，可使它们稳定存在于同一体系中，染发时通过摩擦使囊壁破裂，在头发上发生反应而染发。

5. 遮盖不良颜色和气味 例如掩盖一些中药的颜色和味道。

6. 美化产品 一些化妆品可以通过微囊化获得更好的外观。

值得注意的是，在化妆品的微囊化技术应用中，应注意选择适当的处方和生产工艺，注意产品的安全性、有效性、稳定性和顺应性，并尽可能提高微囊的包裹能力。

第四节　脂质体技术

一、脂质体的概述

脂质体（liposomes）系指将活性成分包封于类脂质双分子层内而形成的微型囊泡。在水中磷脂分子亲水头部插入水中，脂质体疏水尾部伸向空气，搅动后形成双层脂分子的球形脂质体（图 10 - 9），粒径可达几十纳米到几十微米不等，双分子层厚度约 4nm，此外胆固醇的加入可在脂质体中起到稳定作用。脂质体具有的双分子层结构与皮肤细胞膜结构相同，于是脂质体又被称为"人工生物膜"，可包封水溶性和脂溶性活性物，并可根据临床需要制成不同给药途径的脂质体。其中，水溶性活性物一般包裹在内部，脂溶性活性物一般包裹在双分子层膜间（图 10 - 9）。由于磷脂的构成赋予了其无可比拟的生物相容性，因此在食品、药品、化妆品中已被大力开发，目前已有多个脂质体活性物上市（如两性霉素脂质体、多柔比星脂质体等）。在化妆品领域，脂质体对皮肤有优良的保湿作用，尤其是包敷了如透明质酸、聚葡糖苷等保湿物质的脂质体，是优秀的保湿性物质。脂质体在化妆品中主要用作保湿剂和营养物质载体。

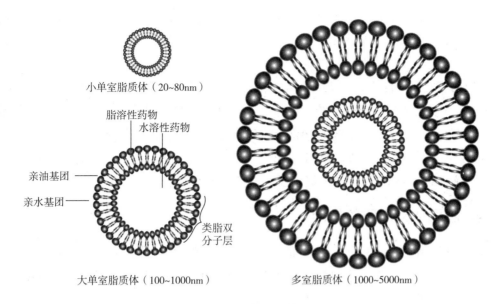

小单室脂质体（20~80nm）

脂溶性药物
水溶性药物

亲油基团

亲水基团

类脂双
分子层

大单室脂质体（100~1000nm）

多室脂质体（1000~5000nm）

图 10 - 9 脂质体的结构示意图及三种基本结构

二、脂质体的分类

脂质体根据类脂质双分子层的层数不同，分为单室脂质体和多室脂质体等。小单室脂质体（SUV）：粒径为 20 ~ 80nm；大单室脂质体（LUV）为单层大泡囊，粒径为 100 ~ 1000nm。多层双分子层的泡囊称为多室脂质体（MLV），粒径为 1000 ~ 5000nm（图 10 - 9）。以下为常见的脂质体分类：

1. 按照结构分类 单室脂质体、多室脂质体、多囊脂质体。

2. 按照电荷分类 中性脂质体、负电荷脂质体、正电荷脂质体。

3. 按照性能分类 一般脂质体、特殊功效脂质体。

三、脂质体的制备方法

脂质体的常用材料有磷脂（中性、正电荷、负电荷）和胆固醇。常见的中性磷脂包括磷脂酰胆碱（phosphatidylcholine，PC）、二棕榈酰胆碱（dipalmitoyl phosphatidyl choline，DPPC）、二硬质酰胆碱（distearoyl phosphatidyl choline，DSPC）、二肉豆蔻酰磷脂酰胆碱（dimyristoyl phosphatidyl choline，DMPC）和磷脂酰乙醇胺（phosphatidylethanolamine，PE）等。根据使用目的和要求，也可加入特殊的磷脂或其他附加剂，以达到提高靶向性和稳定性的效果。

脂质体的制备方法较多，包括注入法（乙醇注入法、乙醚注入法等）、薄膜分散法、逆向蒸发法、过膜挤压法、冷冻干燥法、超声分散法、pH 梯度法等。根据不同需求，可选用适当的制备方法，亦可多种制备方法联合使用以达到更好的效果。下面对注入法、薄膜分散法和逆向蒸发法进行简单介绍。

1. 注入法 将磷脂、胆固醇等类脂质及其他脂溶性成分（可含脂溶性活性成分）溶于乙醚等有机溶剂，经注射器缓缓注入 50 ~ 60℃的磷酸盐缓冲液（可含水溶性活性成分）中并持续搅拌至有机溶剂除尽，即得。

2. 薄膜分散法 薄膜分散法是较为常用和经典的脂质体制备方法。将磷脂、胆固醇等类脂质及其他脂溶性成分（可含脂溶性活性成分）溶于氯仿等有机溶剂，置于烧瓶中旋转蒸发使其在瓶内壁形成薄膜，将磷酸盐缓冲液（可含水溶性活性成分）加入搅拌水化，即得。

3. 逆向蒸发法　将磷脂、胆固醇等类脂质及其他脂溶性成分（可含脂溶性活性成分）溶于氯仿等有机溶剂，并与磷酸盐缓冲液（可含水溶性活性成分）混合、超声乳化形成W/O型乳状液，随后减压蒸发有机溶剂，达到胶态后加入适量的磷酸盐缓冲液，即得。

脂质体的质量评价与其他纳米制剂类似，也有自身的一些特点，主要包括粒径与形态、包封率、载药量、渗漏率、磷脂的氧化程度、有害有机溶剂残留量等。

四、脂质体对皮肤的作用

由于脂质体作为载体具有天然的优势，已经有大量关于脂质体的研究报道，脂质体也被发现与机体存在多种作用机制。在化妆品中，脂质体可被用作皮肤用制剂，此处侧重对其与皮肤的作用机制进行概述。

1. 吸附　吸附是脂质体作用的开始。在适当条件下，脂质体通过静电疏水作用，非特异性吸附到细胞表面，或通过脂质体的特异性配体与细胞结合、吸附在细胞表面。吸附作用可以使细胞周围的包封物的浓度增高。

2. 保湿作用　当磷脂类脂质体化妆品涂于皮肤表面之后，磷脂轻度键合到角质层的角蛋白上，使皮肤有一种舒服的自然感觉。磷脂所形成的一层膜使皮肤具有亲油性，该膜不能用水除去，具有轻微的封闭作用，降低了皮肤水分的损失，提高了皮肤作为阻挡层的作用。

3. 接触释放　脂质体与细胞接触导致脂质体通透性增加，脂质体包封物"接触释放"，这样释放的包封物可以在细胞膜附近形成较高浓度。脂质体可以渗透进皮肤深层，包裹的活性物在表皮、真皮内形成"贮藏库"，可在细胞内外直接、持久的发挥作用。可以实现皮肤的湿润、防皱、抗衰老、美白、祛斑、防粉刺等多种美容功效。脂质体可包裹透明质酸、维生素C、防晒剂和各种精油等，具有不同的美容功效。

4. 融合作用　脂质体中未键接的磷脂可能会进入更深的皮肤层，在那里，细胞膜的磷脂起源物又重新黏结，细胞膜会将它们重新吸收，而使细胞膜液态化，增加膜的流动性和渗透性，使脂质体更容易进入细胞。

5. 脂质交换　脂质体的脂类与细胞膜上的脂类进行脂质交换。脂质交换的过程是脂质体与细胞吸附后在细胞表面蛋白的介导下，特异性地交换脂类的极性顶部基团或非特异性地交换酰基链。

五、脂质体在化妆品方面的应用

脂质体化妆品除了具有微囊的优越性之外，还有独特的性质。脂质体的卵磷脂和胆固醇本身就是天然的表面活性剂，具有良好的亲水性和亲油性，因此可以提高乳液的稳定性。脂质体可在角质层中聚集，其中的不饱和脂肪酸和亲水基组织可分解到角质层当中。不饱和脂肪酸可以补充必要的脂肪酸，减少皮肤丘疹和黑头的出现；亲水基可以湿润角质层。通过这两种作用，可以提高皮肤湿润度，改善皮肤的粗糙度。同时，也可以增强有效成分对皮肤的渗透性、从而达到皮肤深层，更利于吸收。

1. 两亲性　脂质体作为载体，可以渗入脂溶性和水溶性物质。并且渗入方式是物理性的，对物质的化学性质没有限制。

2. 长效作用　脂质体及包封活性物在人体内循环保留时间长。

3. 保护作用　保护活性物，提高活性物稳定性。

4. 保湿作用　脂质体在皮肤深层可以活化细胞和保留水分。

5. 护肤作用　与普通剂型相比，脂质体的护肤效力要高出几倍至几十倍，可穿透表皮屏障，湿润角质层，改善皮肤粗糙度。

目前，已有较多基于脂质体的化妆品及相关研究。例如，郭芳等制备了原花青素脂质体并达到了较好的保湿效果。由于脂质体的处方、工艺均可影响其性质及作用，从而影响化妆品的最终效果，因此在选择脂质体材料和制备工艺时，可融入质量源于设计（QoD）的理念，根据化妆品的特性和使用目的，制备合适的化妆品制剂。

> ▶ **知识拓展**
>
> 细胞外囊泡
>
> 脂质体为人工合成的"生物膜"，独特的类脂质双分子层结构赋予了其在药品、化妆品领域的巨大应用潜力。近年来，科学家们发现一种由生物体细胞产生的具有类脂质双分子层结构（天然生物膜）的新型囊泡，一般称为细胞外囊泡或外泌体。细胞外囊泡不仅具有与脂质体类似的类脂质双分子层结构，还因为其天然生物来源的特性携带供体细胞的重要蛋白、核酸等分子，使其在作为纳米载体时具有巨大的前景。由于细胞外囊泡产生于细胞，所以理论上可在生物机体内稳定存在。此外，其携带的重要生物分子可以赋予其靶向、生物相容等能力。这些特性已经引起了科学家们的重视，开展了关于细胞外囊泡的各种研究，并开发出了基于细胞外囊泡的活性物传递系统。与脂质体类似并在一些方面具有不同于脂质体的特性，细胞外囊泡有望成为未来化妆品制剂载体的一员。

第五节　微乳技术

一、微乳的概述

微乳（microemulsion，ME）的概念由 Hoar 和 Schulman 等人提出，是水、油、表面活性剂和助表面活性剂按适当的比例混合，自发形成的各向同性、透明或半透明、热力学稳定的分散体系，粒径一般为 10～100nm。制备微乳液相应的技术称之为微乳化技术。微乳在结构上可分为水包油型微乳（O/W，分散相为油、分散介质为水的体系）和油包水型微乳（W/O，分散相为水、分散介质为油的体系）。其主要形成机制有负表面张力理论、界面弯曲理论、增溶理论和界面膜理论等。经过多年的发展，微乳已经在食品、药品、化妆品等领域广泛使用。许多研究表明微乳对于活性物的透皮传递具有十分重要的意义，这使其在化妆品制剂中占有一席之地。

二、微乳的特性

微乳与一般乳剂之间有明显的区别。两者不仅粒径大小不同，且乳状液一般需要外力作用才能形成，是一种不透明的热力学不稳定体系；而微乳在用量较高的表面活性剂作用下，可自发形成或稍加搅拌即可形成外观透明/半透明的热力学稳定体系。微乳具有较高的稳定性（相对于普通乳剂），长时间放置或用普通离心机高速离心都不分层。此外，微乳液的导电特点与一般乳液相似，即如果外相为水，则电导就大；若外相为油，电导就很小。微乳具有易被皮肤吸收、粒径小、比表面积大、有较强的增溶作用、能够增加活性物的生物利用度、生产成本低等特点，为化妆品功效活性成分的溶解度小、难吸收等问题提供了很好的解决方法。与其他透皮给药系统（如脂质体、囊泡等）相比，微乳具有更高的稳定性。此外，微乳在作为透皮给药系统时可降低口服给药引起的胃肠道不良反应。

三、微乳的制备

在制备微乳的过程中，无需外用功，只需要依靠体系中各成分的匹配即可自乳化形成制剂，但会受到油相、温度、pH 和表面活性剂等因素的影响，通常需要用量较大的表面活性剂。在处方的确定步骤中，可通过三元相图找出微乳区，从而确定处方中各组分的用量。微乳的制备可以利用 HLB 值法和盐度/温度扫描法。HLB 值法是指，选择 HLB 值为 4~7 的表面活性剂可以形成 W/O 型微乳，选择 HLB 值为 9~20 的表面活性剂可以形成 O/W 型微乳。盐度/温度扫描法是在表面活性剂/水/油做出的相态扫描中寻找微乳区域，离子型表面活性剂用盐度法扫描，非离子型表面活性剂用温度法扫描。

一般可通过粒径大小及其分布、活性物的含量及乳液稳定性等来对纳米乳进行质量评价。

四、微乳在化妆品中的应用

微乳在制取化妆品时有以下许多明显的优点：①光学透明，任何不均匀性或沉淀物的存在都容易被发现；②是自发形成的，具有高效节能的特点；③稳定性好，可以长期贮藏，不分层；④有良好的增溶作用，可以制成含油成分较高的产品，而且产品无油腻感；通过微乳的增溶性，还可以提高活性成分和活性物的稳定性和效力；⑤胶束粒子细小，易渗入皮肤；⑥微乳还可以包裹 TiO_2 和 ZnO 等纳米粒子，添加在化妆品中具有增白、吸收紫外线和放射红外线等特性。因此，近年来微乳化妆品发展非常迅速，在化妆品的多个领域得到了很好的应用，市场前景非常广阔。

橙皮素（hesperetin）属于二氢黄酮中的一种，具有防紫外线以及抗氧化作用。与 IPM 制成的橙皮素混悬剂相比，微乳显著的增强了橙皮素的体外经皮渗透，同时防晒剂 padimate O 也可作为透皮吸收增强剂增加橙皮素的渗透速率。体内研究结果表明橙皮素的微乳剂型有明显的增白作用并且对皮肤几乎没有刺激。此外通过微乳化技术，可制备含有食用级白矿油、精制植物油、甘油、生物催化剂（SOD 酶）、叶绿素、防腐剂和香精等成分的环保型护肤微乳液，该微乳液能将生物催化剂和叶绿素很均匀地分布在护肤乳液中，由于其微滴直径小于 100nm，比表面大，易被皮肤所吸收，功效性成分能很好发挥作用（表10-1）。

表 10 – 1　微乳化环保型护肤乳液配方

相	组分	质量分数%（w/w）
乳化剂	烷基磷酸酯钾盐	2.0
油相	棕榈酸异丙酯	3.0
	角鲨烷	2.5
	白油	2.0
	混醇	1.0
	硅油	2.0
	凡士林	4.5
	单甘酯	1.2
	霍霍巴油	3.0
	羊毛油	2.5
水相	1,3-丁二醇	5.0
	甘油	8.0
	透明质酸	0.03
	神经酰胺	0.01
	卡波树脂	0.15
	蒸馏水	加至100
	三乙醇胺	0.15
	叶绿素	1.0
	生物催化剂	0.5
	防腐剂	0.2
	香精	0.2

注：1,3-丁二醇为保湿剂，卡波树脂为悬浮增稠剂；三乙醇胺为 pH 调节剂。

制备方法：将烷基磷酸酯钾盐、棕榈酸异丙酯、角鲨烷、白油、十六十八醇、硅油、凡士林、单甘酯、霍霍巴油、羊毛油准确称量至油相烧杯，将 1,3-丁二醇、甘油、透明质酸、神经酰胺准确称量至水相烧杯，水相烧杯均质 2 分钟，将油相烧杯及水相烧杯同时加热至 85℃，然后搅动水相组分，慢慢将油相组分倒入水相，均质 3~5 分钟，恒温 5 分钟消泡，加入卡波树脂，将物料在搅拌的同时冷却降温，40℃加入防腐剂、香精，36℃加入叶绿素、生物催化剂搅拌均质 2 分钟，此时保持此温度放料，保存温度不得超过 36℃。

第六节　微针技术

一、微针的概述

微针（microneedles）是一种新型的物理促透技术，由多个微米级的细小针尖以阵列的方式连接在基座上组成。微针的典型长度范围为 25~2000μm，且其尖端比皮下注射针要尖锐得多，因此它们可用于破坏角质层并形成微尺度的活性物输送通道，而无需接触位于皮肤表皮和真皮层的神经纤维和血管，可实现无痛、微创和高效经皮给药。Henry 等在 1998 年首先将微针用于透皮给药。此后，微针作为透皮给药的一种方式，得到了快速的发展。从工艺上，出现了空心微针、可降解微针、水凝胶微针等。从材料上，演变出了金属微针、玻璃微针、各种聚合物制成的微针。近些年，随着微针导入、诱导皮肤细胞增生等相关机制研究进一步深入，微针在美容整形外科领域得到更广泛的应用。

二、微针的分类及制备方法

根据微针给药方式的不同，主要将微针分为以下几类：固体微针、涂层微针、空心微针、可溶微针，其活性物传递机制如图10-10所示。由于给药方式的差异要求，不同微针在构成上有各自的特点，因此需要不同的材料和制备方法。

1. 固体微针 固体微针通常由金属材料和非降解聚合物（硅、二氧化钛）等制备而成。可通过激光切割、机械/化学刻蚀等方法制备，也可以通过铸造和在主模上电镀制成。

2. 涂层微针 涂层微针的针体材料和制备方法与固体微针相似，目前文献报道载药涂层微针的制备方法主要包括：浸渍法、辊式涂层、层层涂层和喷雾涂层。其中，浸渍法操作简单、成本低，是制备载药涂层微针最常用的方法。

3. 空心微针 空心微针的制备主要采用数字化控制的空心微针注射系统，制备过程复杂，耗时长。

4. 可溶微针 可溶微针大多以聚合物为原料，通过各种模具技术制备，如铸造、热压、注射成型和微塑模法等。常用的聚合物微针针体材料包括聚乙烯醇（PVA）、聚乙烯吡咯烷酮（PVP）、透明质酸（HA）、右旋糖酐（Dex）、壳聚糖、海藻酸钠、蚕丝蛋白、聚乳酸（PLA）和聚乳酸-羟基乙酸共聚物（PLGA）等。

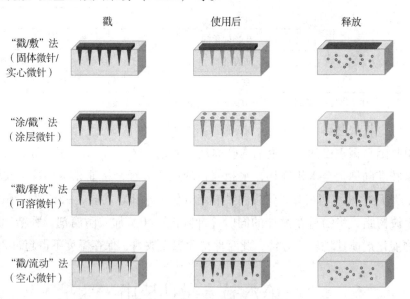

图 10-10 微针的类型及其活性物传递机制

三、微针在美容领域的应用

得益于微针在透皮给药中的特点，其在美容领域的应用较为广泛。传统的美容方法，有效成分只能渗透入表皮的角质层，效果不显著。而微针美容能增加有效成分的渗透，穿越皮肤表皮层及真皮层，效果更显著；刺激皮肤生成胶原蛋白，增加皮肤厚度，且效果持久；愈合迅速；无永久性皮肤损伤；风险最小。

1. 瘢痕修复 微针在瘢痕修复方面的应用较多。主要应用于痤疮瘢痕，对于术后瘢痕和烧伤瘢痕等也有应用。一方面利用微针对瘢痕组织的物理刺激作用，另一方面依靠微针导入的原理，将治疗活性物导入皮肤内。

2. 面部美容　利用微针的物理作用，不仅可以用来治疗瘢痕，也能应用在面部美容领域。微针造成皮肤轻微损伤后，多种细胞因子和生长因子被释放。随后，成纤维细胞迁移并增生，胶原开始沉积，新生血管生成。随着Ⅲ型胶原向Ⅰ型胶原转化和皮肤血供逐渐恢复正常，皮肤变得紧致、光滑，皮肤颜色也变得自然，临床上使用微针在上唇、额部、眼周等区域进行抗皮肤衰老治疗已取得了较好效果。微针一方面通过诱导产生胶原使"面部年轻"，另一方面可以通过导入透明质酸、肉毒素等物质，进一步修复皮肤。烟酰胺可以降低皮肤中色素的沉着，而且脱氧熊果苷具有美白的效果。有研究表明，空心微针阵列作用于猪皮有利于复方脱氧熊果苷涂剂中烟酰胺、脱氧熊果苷的透皮吸收，这为微针的美白制剂开发提供了重要的实验依据。

第七节　靶向制剂及其他新技术

一、靶向制剂

靶向制剂（targeted preparations）也称为靶向给药系统，是指载体将活性成分选择性地富集定位于靶组织、靶器官、靶细胞或细胞内部结构的新型给药系统。在经历了普通制剂、缓释制剂、控释制剂后，随着生物药剂学和药物动力学的发展，需要药物在病灶部位适时适量地释放富集，以达到提高作用强度和降低毒副作用（如非特异性地在其他部位释放）的效果。靶向制剂可以提高药品的安全性、有效性、可靠性和病人用药的顺应性，所以日益受到国内外医药界的广泛重视。由于目前靶向制剂在化妆品领域的应用并不多。本节将对靶向制剂进行简单介绍，希望能为化妆品的研究提供一定的思路，为日后化妆品靶向制剂的开发提供一定的激发作用。

按照靶向给药的机制，可以将靶向制剂分为被动靶向制剂（passive targeting preparations）、主动靶向制剂（active targeting preparations）和物理化学靶向制剂（physical and chemical targeting preparations）等。被动靶向制剂一般是指将活性物置于各种微米、纳米级活性物载体中，根据机体不同的组织、器官或细胞对不同微粒的富集性质从而达到靶向效果。例如，纳米粒、脂质体等均具有一定的靶向效果。主动靶向是通过修饰活性物载体达到"导弹"式的活性物定性传递，如图10-5中所示的抗体等是主动靶向制剂的重要组成部分。物理化学靶向制剂通过设计活性物载体材料，使其能够对一些物理、化学外部条件作出响应，从而达到触发释放的效果，例如常用的pH敏、光敏、热敏等主动靶向制剂。

各种类型的靶向制剂的组成和制备相差甚大，故在制备靶向制剂时，往往需要根据所选的靶向制剂以及使用目的，选用适当的处方和工艺。此外，各类制剂的质量评价也难以有统一的标准。但是，作为靶向制剂，其靶向性通常可以使用各种活体成像技术、通过体内分布进行直观的评价。

二、其他新技术

随着制剂学和化妆品行业的持续蓬勃发展，除了上述的新技术外，也有一些其他的制剂新技术，将来有望用于化妆品的制备中。例如，在缓控释的制剂中，渗透泵、结肠定位、薄膜包衣等技术有望更好的实现化妆品在时间和空间上的控制释放效果。再者，随着学科交叉的快速发展，一些智能给药系统已经被提出和初步试验。例如，比较理想的概念是给药系统根据人体的不同生理病理状态实现实时反馈式释药，以长期维持活性物浓度的稳定性及降低非必要的毒副作用。这些不断出现的新技术可以作为日后化妆品新型制剂的一个发展方向。

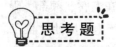

思考题

1. 对于化妆品制剂，在什么情况下应选用包合技术、纳米技术、微囊技术、脂质体技术、微乳技术、微针技术、靶向制剂及其他新技术？请说明依据。

2. 微乳和普通乳的主要区别有哪些？

3. 为什么纳米制剂（如纳米粒、脂质体等）可以实现靶向传递？

4. 为什么环糊精包合技术和微囊技术可以掩盖不良气味？请根据其结构特点陈述。

5. 脂质体作为载体有哪些优点？

第十一章　化妆品常用生产设备

知识要求

1. **掌握**　均质乳化装置及流程；各种搅拌器的结构和特性。
2. **熟悉**　粉碎设备和筛分设备的工作原理。
3. **了解**　二元包装设备；冻干设备。

通常来说，化妆品制剂是按照一定的组分配比，采用物理混合或油、水乳化分散等不涉及化学反应的过程所制成。化妆品生产过程中涉及的工艺操作主要有粉碎、研磨、混合、乳化、分离、加热和冷却、物料输送、消毒和产品包装等。化妆品生产设备大致可分为配制设备和灌包装设备两大类。而根据化妆品的分类，化妆品配制生产设备则可细分为液体类制品生产设备和粉体类制品生产设备。下文将分四节介绍化妆品生产的常用设备，包括搅拌器、均质机、乳化设备、研磨设备等。另外，在本章最后简单地介绍二元包装和冻干设备。

第一节　液体及半固体制品主要生产设备

日常生活中，我们所接触的化妆品大多都是液体状、半固体状产品（如洗发水、沐浴露、香水、啫喱、乳液及膏霜等）。此类产品大多属于非牛顿型流体，如牙膏、啫喱、膏霜类产品等，而且这类产品在生产过程中涉及的原料种类较多，有固体、液体或浆料，分散与乳化的效率对产品质量（外观、稳定性、均一性等）的影响很大，因此生产这类产品时加工工艺及设备的参数非常重要。这类化妆品常用生产设备有搅拌类设备及均质类设备。

（一）搅拌器

生产液体状、半固体状制品的其中一种重要的设备为搅拌釜，而搅拌器的结构和搅拌方式影响物料的分散与乳化效果，因而是搅拌釜的主要元件。按照搅拌速度的分类，搅拌器可分为高速和低速两大类。高速搅拌器是指在湍流状态下搅拌液态介质的搅拌器，适用于低黏度液体的搅拌，如叶片式、螺旋桨式和涡轮式搅拌器。低速搅拌器是指在层流状态下工作的搅拌器，适用于高黏度流体和非牛顿型流体的搅拌，如锚式、框式和螺旋式搅拌器。化妆品实验室小试中常见的搅拌器见图 11-1。

图 11-1　化妆品实验室用各种搅拌器

注：照片由美晨集团股份有限公司日化研究室提供

搅拌器功率 P 是受到搅拌器直径 d，搅拌速度 n，流体物理性质（密度 ρ 和黏度 ν）等参数的影响。计算搅拌器功率需要引入两个无因次化量，分别为牛顿数 Ne 和雷诺数 Re，其定义为：

$$Ne = \frac{P}{\rho n^3 d^5} \tag{11-1}$$

$$Re = \frac{nd^2}{\nu} \tag{11-2}$$

当雷诺数 Re 小于 20 时，$Ne \times Re$ 为常数 C_1，则搅拌器功率 P 可用式（11-3）计算。

$$P = C_1 \rho \nu n^2 d^3 \tag{11-3}$$

式中，常数 C_1 取决于搅拌器的类型。

当雷诺数 Re 大于 5×10^4，牛顿数 Ne 为常数，则搅拌器功率 P 可用式（11-4）计算。

$$P = C_2 \rho \nu n^3 d^5 \tag{11-4}$$

式中，常数 C_2 取决于搅拌器的类型。

1. 螺旋桨式搅拌器 螺旋桨式搅拌器因其外形类似飞机用的螺旋桨式推进器而得名，其外形见图 11-2。搅拌器的叶片与旋转平面形成了一定的夹角，因而使得螺旋桨搅拌器具有类似于推动流体运动的作用。当桨叶高速转动时，位于搅拌轴中心与底壁附近的液体向下流动，并与容器底壁发生碰撞，使得靠近侧壁面处的流体向上流动，形成剧烈的环流运动，见图 11-3。由于螺旋桨式搅拌器结构比较简单，制造方便且成本低，因此适用于实验室的小试。

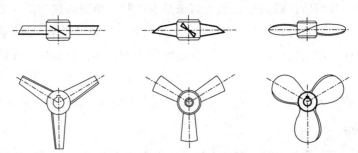

图 11-2 不同形式的螺旋桨式搅拌器

2. 涡轮式搅拌器 涡轮式搅拌器是一种能处理中等黏度物料的搅拌器。比起传统的螺旋桨式搅拌器具有更高的搅拌效能。涡轮式搅拌器是由水平圆盘和圆盘上的 2~4 片平直或弯曲叶片构成，见图 11-4。

涡轮叶片在高速旋转时会产生强大的径向和切向流动，可使叶片附近的流体瞬间被剪切并形成较小微团漩涡，从而增加流体的混合程度。由于流体黏滞性的作用，在圆盘的上下方各形成强大的环流，从而强化了乳化与分散的效果。与螺旋桨式搅拌器相比，涡轮式搅拌器搅拌时所形成的流场更加复杂，其流动形式见图 11-5。

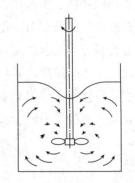

图 11-3 螺旋桨式搅拌器所产生的流动形式

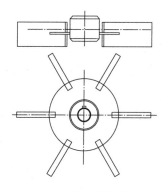

图 11 - 4　涡轮式搅拌器示意图

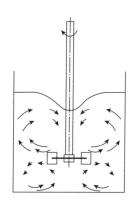

图 11 - 5　涡轮式搅拌器所产生的流动形式

3. 框式搅拌器　框式搅拌器是由水平和竖直桨叶交错固定在一起所形成的一种搅拌器，见图 11 - 6。从结构上看，框式搅拌器结构强度较大，适用于大量物料的搅拌或黏度较大的液体搅拌。一般而言，该类型搅拌器使用时的转速较低，桨叶产生的径向和切向速度较小，流体被搅动后混合比较缓和，不易卷入空气并形成气泡，因而适用于生产洗发露、沐浴露等易起泡的液洗类产品。

锚式搅拌器结构见图 11 - 7，由于其外形很像轮船上用的锚，因而得名为锚式搅拌器。锚式搅拌器是由框式搅拌器演变而来，其特性与框式搅拌器相类似。锚式搅拌器除了起搅拌物料作用外，还可刮去积聚在搅拌釜器壁上的物料，同时可强化器壁与物料间的传热。在生产膏霜类化妆品时，乳化机内的刮板就属于锚式搅拌器。

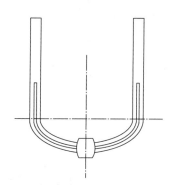

图 11 - 6　框式搅拌器示意图

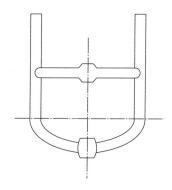

图 11 - 7　锚式搅拌器示意图

（二）搅拌釜

搅拌釜是化妆品在生产时不同物料进行混合与乳化的主要设备，见图 11 - 8。搅拌釜一般是由釜体、搅拌器及附件等部件组成，通常分为开式和闭式两种类型。一般水剂类化妆品如洗发香波、沐浴露、花露水和香水等，由于无需抽真空操作，因此可采用开式搅拌釜进行生产；而膏霜、乳液类化妆品的生产由于需要抽真空处理，因而采用闭式搅拌釜进行生产。

搅拌釜釜体基本呈圆筒形，由不锈钢制成。釜体包括筒体、夹套和内件、盘管、导流筒等配件。其中夹套可用于加热或冷却筒体内的物料，夹套外带保温层以防止搅拌时热量的散失。夹套加热方式常有电加热、蒸汽加热、导热油加热等，可根据实际生产情况来选择合适的加热方式。此外，搅拌釜内还可装设内件、反射挡板、加料管、鼓泡器等组件。

　　搅拌部分包括机械传动装置、高速电机、搅拌轴、叶轮等组件。根据产品的特性及工艺的不同可以采用高速的剪切与分散，也可以采用低速的锚式搅拌等方式。对于生产乳状液（膏霜类）的产品，通常都要使用高速剪切结合低速锚式搅拌，而生产液洗类产品，一般只选用低速的桨叶式搅拌即可。

　　为方便对设备的操作、维护以及对过程的监控，在搅拌釜上通常还安装附件装置，包括快开式卫生入孔、窥视灯/镜、温度计、采样口、液位显示装置、夹套冷/热介质进出口等接口和装置。

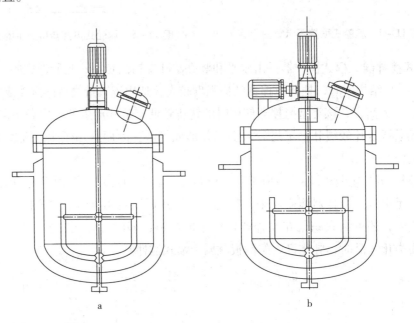

图 11 -8　化妆品生产用搅拌釜

a. 常规搅拌釜；b. 带均质头的搅拌釜

（三）均质乳化装置

　　1. 高剪切均质机　高剪切均质机是在化妆品行业中应用十分广泛且重要的一种机械设备。主要应用于液体的乳化，固、液两相物料的均质分散，混合等方面。该设备结构比较复杂，是由电机、连接体、均质头等组成；其中均质头的结构复杂且加工精密。均质头（图 11 - 9）是由均质壳体、精密配合的转子和定子、密封件所组成，转子和定子采用不锈钢加工而成，转子与定子之间的间隙为 0.1～0.4mm。工作时在电机的驱动下转子以 1000～15000r/min 的速度高速旋转，物料在离心力和转子的上、下压力差的共同作用下进入到转子与定子之间的狭窄间隙（高剪切区）内形成强烈的湍流并进行混合，然后从定子中甩出。在极短的时间内达到混合、乳化、分散等效果。均质设备的安装与使用时必须严格按照其相关操作规程和手册进行，必须注意操作时工作头严禁空转，否则机器过热会损坏机头。另外使用时注意不要碰撞，否则机头变形会引

图 11 - 9　试验用均质头

注：照片均由美晨集团股份有
　　限公司日化研究室提供

起机械故障。

2. 胶体磨　胶体磨是一种能够对物料进行混合、分散、乳化和微粒化处理的设备。与普通的均质机相比,其剪切力大,可用于处理牙膏、含 ZPT 的去屑洗发露等含有固体颗粒或黏稠度较大的产品。通常经过胶体磨处理后的物料粒径可达 $0.01 \sim 5\mu m$。由于其强大的剪切力,使用胶体磨可以显著增加产品悬浮或乳化的稳定性。一般而言,胶体磨由磨盘、电机和传动装置所组成。磨盘是由一定盘和一动盘所组成,工作时定盘固定不动,动盘运转,形状及内部结构见图 11 - 10。当动盘高速旋转时,被加工物料在重力或外部压力作用下进入由定盘与动盘之间形成的狭小空隙,当物料进入间隙时受到强大的剪切力和离心力,使物料乳化、分散、均质和粉碎,达到超细粉碎及乳化的效果。

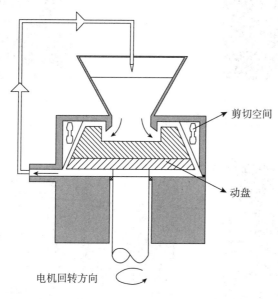

图 11 - 10　胶体磨结构图

3. 真空乳化机　此处介绍日本某公司生产的实验室用真空乳化机,见图 11 - 11。真空乳化装置由搅拌槽、搅拌及刮板结构、均质头、温度调节及传感系统、压力调节系统、原料及添加剂进料部件、加热及冷却、控制面板及各种测量仪器等装置组成。由于实验室用乳化机处理物料量较少,通常小于 2kg,因此该乳化机的罐体由玻璃制成,便于操作者观察槽内物料的状态并记录。搅拌槽可上下升降及旋转倾倒,方便出料及清洗。搅拌槽为夹层设计,可经热水槽通入热水对搅拌槽进行加热,或经冷水槽通入冷水进行降温。

另一类为牙膏制膏机。牙膏制品的黏稠度较高,且牙膏含粉量较大,因而生产牙膏时需要使用特殊的搅拌分散设备,见图 11 - 12。这种设备与真空乳化机的结构相似,包括搅拌釜、夹套(加热或冷却)、刮板搅拌器、高速剪切搅拌器、加料斗、电机、真空泵、控制面板等装置。高速剪切搅拌器用于快速分散粉体类研磨剂,如轻质碳酸钙、二氧化硅等。

真空乳化剂与牙膏制膏机的搅拌器及刮板结构见图 11 - 13。其结构包含搅拌桨、带刮片的搅拌器和高速剪切搅拌器。

真空乳化机中常用的均质搅拌器在运转时容器内的流体呈现三种不同的流动形式,见图 11 - 14。一种是从均质头下面吸入、上面吐出(标准型),另一种是与标准型相反,即从均质头上面吸入、下面吐出。下吸上吐式均质头运转时,槽内流体流动呈现三维结构,乳化时均质头上部液体稍高于两侧液面,适用于普通乳霜的乳化。上吸下吐式均质头运转时形成的下扫环流使得吐出的物料与乳化槽底部物流产生激烈的混合，因此适合于比重较小的粉体分散。

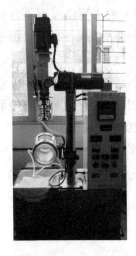

图 11 –11　真空乳化机

注：照片均由美晨集团股份有限公司日化研究室提供

图 11 –12　制膏机

注：照片均由美晨集团股份有限公司日化研究室提供

 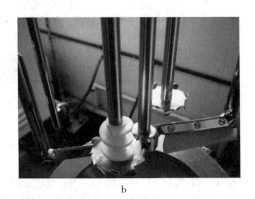

a　　　　　　　　　　　　b

图 11 –13　刮板及搅拌器

a. 刮板及均质搅拌器；b. 刮板及高速搅拌器

注：照片均由美晨集团股份有限公司日化研究室提供

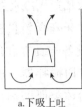 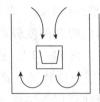

a.下吸上吐　　　　　　　　　　b.上吸下吐

图 11 –14　不同均质头的喷出方式

除常规均质头外，还有锯齿形搅拌器。锯齿状的桨片加工在圆盘的外缘，高速旋转时在圆盘的上下两侧形成强大的环流从而使粉体被均匀地分散到液体中。流动形式表现为上吸侧吐式。该类乳化机可生产牙膏等含有大量粉体类的产品。

真空乳化机加工工艺流程见图 11 –15。加工时先把溶解于水和溶解于油的物料经过精确称取后分别加入至带有夹套的水槽和油槽。开启搅拌桨同时夹套内通入水蒸气加热物料至80~85℃，搅拌均匀至完全溶解。如小试或中试可手动操作加料至乳化机内，生产时大料通过流量计量取后经过水泵和油泵输送至乳化机内。在输送物料进入乳化机前，乳化机需要预热至一定温度。待所有物料全部进入乳化机后，开启真空泵，均质搅拌器和刮板搅拌器均质乳化10~15分钟。完成乳化工序后，关闭均质搅拌器，降低刮板搅拌器的转速并关闭夹套蒸汽阀门，保温10分钟后开始降温。开启夹套冷却水阀门，冷却速度通过控制管内冷却水流量来调节。注意此时乳化槽的冷却速度不能过快，否则会出现局部凝固或分层的现象。待乳化槽内温度下降至60℃后，由添加剂送料斗加入香料及功能剂直至搅拌均匀。当乳化槽温度降至40℃时关闭刮板及真空泵开关，放气后出料。

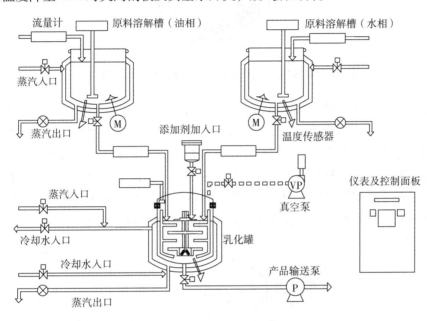

图 11-15　真空乳化机加工工艺流程图

第二节　粉体类制品主要生产设备

（一）粉碎设备

粉碎设备是生产粉体类化妆品的主要设备，其作用是将粉体原料进行粉碎处理使其达到生产各种粉体类产品要求的细度。生产香粉类产品的粉碎机种类很多，主要分为剪切粉碎型、摩擦粉碎型、压缩粉碎型和冲击压缩粉碎型。本节主要介绍化妆品生产中常用的粉碎设备。

1. 球磨机　球磨机主要由卧式的钢制筒体、端盖、轴承和传动部件等组成，筒体内装入一定量直径不同的钢球，称之为研磨体。筒体两侧由端盖密封，筒体转动轴承安装在端盖孔间。当筒体由电动机通过大小齿轮带动做缓慢的回转运动时，装在筒体内的研磨体在筒体的摩擦力下被随之升高到一定高度后呈"抛物线"的轨迹落下。筒体连续回转运动时，研磨体也不断地做升高、滑落、下落等运动，研磨体在重力的作用下落时产生的撞击力将物料撞碎，同时一部分研磨体在筒体内壁的滑落过程对物料也有研磨、粉碎的作用，见图11-16。

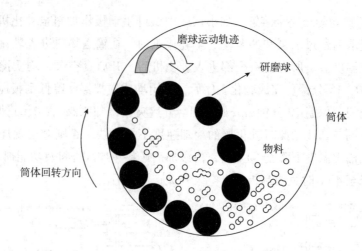

图 11 – 16　球磨机内研磨体和物料在筒体内的运动状态

2. 振动磨机　振动磨机由底架支筒、磨筒、衬板、研磨体、激振器、支撑弹簧、驱动电机等部分组成，见图 11 – 17。磨机工作时研磨体和物料被输送至磨筒内，在电机的驱动下，激振器通过支撑弹簧的作用使得筒体作高频振动。激振器安装在筒体中心的回转主轴上，当主轴回转时，由于偏心重物回转不平衡从而产生惯性离心力使筒体产生振动。筒体的振动运动类似于椭圆轨迹的运动。筒体内的物料和研磨体被筒体的强烈振动和转动作用下使得物料与研磨体在筒体被抛离筒壁，在强大撞击力作用下大块物料被破碎。

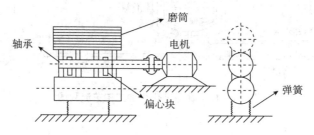

图 11 – 17　振动磨机结构示意图

（二）筛分设备

粉体类化妆品的原料经初步研磨后固体颗粒大小并不均匀，需将大小不同的颗粒生产的要求分开，这种操作称之为筛分。按筛面的运动方式可分为固定筛、回转筛、摇动筛和振动筛。振动筛是利用激振器使筛面产生高频振动而实现筛分。工业上常用的是座式振动筛。座式振动筛的筛网固定在筛箱上，筛箱安装在两组不同水平高度的弹簧组上，在电机的带动下使得进料端附近的物料向出料端快速移动，见图 11 – 18。

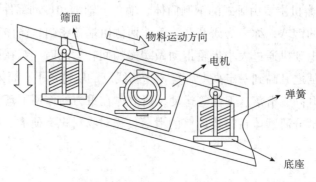

图 11 – 18　振动筛结构示意图

（三）混合设备

混合是使用搅拌、振荡等方法使两种或两种以上的粉体掺和在一起形成均匀状态的过程。生产粉体类化妆品常用的混合设备有 V 形混合机。V 形混合机是两个圆筒焊接起来形成的 V 形容器，见图 11 – 19。操作时 V 形混合筒在传动轴的带动下不断地作回转运动，由于容器的形状是非轴对称设计的，因而物料在筒体间的运动并不同步。物料在倾斜的筒体内不断地移动，并在 V 形底部不断地合并和混合，然后再传递到另一个筒中。混合过程中物料微粒不断地接触叠加，从而促进了两物料微粒的扩散效果，达到混合的目的。这种 V 形混合机具有混合效率较高、操作简单、维护方便等特点，适用于干粉的混合。

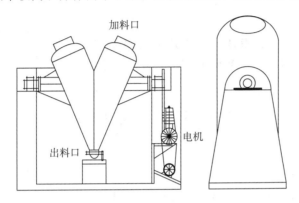

图 11 – 19　V 形混合机示意图

第三节　二元包装设备

气雾剂是在制药和化妆品行业中是常见的一种剂型，传统的气雾剂是把含有药剂、乳液或混悬液等物料与抛射剂共同装封于容器单元中，使用时抛射剂和物料呈雾状喷出，用于水基型清洗剂、消毒剂、化妆品喷雾等产品。传统抛射剂采用丙烷、丁烷、二甲醚等易燃化学物质，除了对皮肤有较大的刺激性外，还可能因原料腐蚀罐体造成泄漏问题。

为解决以上问题，人们提出二元包装技术，见图11 –20。二元包装内的物料与推进剂（压缩空气）完全隔离，物料被灌装在容器内的囊袋中，将压缩空气充入罐中达到一定压力后，封好阀门。当使用时阀门打

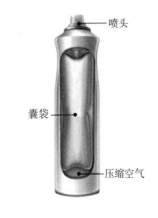

图 11 – 20　二元包装罐体结构

开，罐内的压缩空气会挤压囊袋中的物料，并把物料挤出罐外。一元包装与二元包装的特点对比见表 11 – 1。二元包装设备灌装工艺流程见图11 –21。生产时需经过空罐装阀、充气、封口、灌装、安装罩盖等步骤。

表 11 – 1　一元包装与二元包装的对比

特性	一元包装	二元包装
物料与抛射剂	混合	分隔
推进剂	有害	安全

续表

特性	一元包装	二元包装
产品清空率	一般	较高（99%）
生产成本	较低	较高

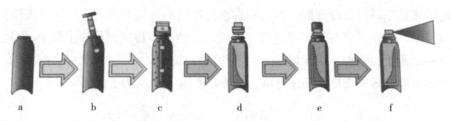

图 11 - 21　二元包装设备灌装工艺流程

a. 空罐；b. 装阀导入；c. 充气和封口；d. 灌装；e. 罩盖安装；f. 使用

第四节　冻干设备

（一）冻干基本原理

冻干技术是一种干燥技术，该技术广泛应用于制药、食品、化妆品等行业。要了解冷冻干燥原理，首先需要了解水的相变行为。水的相平衡图见图 11 - 22。其中 e_s 线为气液平衡线，e_1 线为气固平衡线。图中三条相平衡线交汇于三相点，即物质三相（气相、液相、固相）共存（$P = 6.11\text{hPa}$；$T = 273.14\text{K}$）。当压力高于 $6.11 \times 10^{-4}\text{MPa}$ 时，固态冰随温度的升高先转化为水，后再转化为水蒸气；当压力低于 $6.11 \times 10^{-4}\text{MPa}$，冰受热直接升华为水蒸气，即为升华过程。

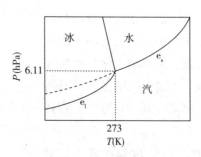

图 11 - 22　水的相平衡图

hPa = hundred Pa

冷冻干燥原理利用相平衡的特性，通过预降温把含有大量水分的物质首先冻结成固体，在低温热源和合适的真空环境下，使物料中的冰直接升华为水蒸气，而干燥后的物料则会保留在形成的冰架中，从而达到干燥的目的。

（二）冻干设备

冻干设备通常由干燥室、制冷系统、真空系统、加热系统和控制系统等设备所组成。干燥室是产品预冻和干燥的重要区域，其性能直接影响冻干设备的性能。干燥室内有一套既能加热又能制冷的载板，待干燥物料被放置在载板上进行干燥。制冷系统是冻干设备的另一重要设备，制冷系统主要由压缩机、冷凝器、蒸发器和膨胀阀组成。制冷系统的主要作用是为干燥室内物料的预冻和冷阱提供足够的冷量。真空系统的作用是在冷冻干燥时使环境达到干燥室中的产品升华所需要的真空度，真空系统是由真空泵、压力计、压力开关和真空度调节阀等组成。加热系统的作用是使产品中的冰晶升华成水蒸气，由加热板、换热器、循环泵、温度传感器等构成。控制系统用于控制冻干工艺过程的参数，是由仪表及开关、安全装置和自动监测传感器等组成。

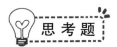

思 考 题

　　1. 简述涡轮式搅拌器和螺旋桨式搅拌器的结构和特点。
　　2. 简述冻干技术的基本原理。

参考文献

[1] 阮蒂舒乐，佩瑞罗曼诺乌斯基．化妆品科学的新技术及展望［J］．日用化学品科学，2006，29（03）：3-5.

[2] 黄永红，何秋星，李馨恩，等．基于美白功效对当归补血汤药效关系的分析［J］．中国实验方剂学杂志，2016，22（07）：10-14.

[3] 侯在恩，涂彩霞．药物美容学［M］．北京：科学出版社，2002.

[4] 秦钰慧．化妆品管理及安全性和功效性评价［M］．北京：化学工业出版社，2007.

[5] 马振友，辛映继，张宝元．皮肤美容化妆品制剂（手册）［M］．北京：中医古籍出版社，2015.

[6] 王淑群，周延．美容产品制剂学［M］．沈阳：辽宁科学技术出版社，2012.

[7] 裘炳毅，高志红．现代化妆品科学与技术［M］．北京：中国轻工业出版社，2016.

[8] 唐冬雁，董银卯．化妆品——原料类型·配方组成·制备工艺［M］．第2版．北京：化学工业出版社，2017.

[9] 宋晓秋．化妆品原料学［M］．北京：中国轻工业出版社，2020.

[10] 董银卯，李丽，刘宇红，等．化妆品植物原料开发与应用［M］．北京：化学工业出版社，2019.

[11] Bekkerm, Webber GV, Louw NR. Relating rheological measurements to primary and secondary skin feeling when mineral-based and Fischer-Tropsch wax-based cosmetic emulsions and jellies are applied to the skin［J］. International Journal of Cosmetic Science, 2013 (35): 354-361.

[12] 樊悦，陈强，金浩，等．流变学性质在乳化工艺条件中的应用研究［J］．日用化学工业，2018，48（10）：577-581.

[13] 何瑾馨．染料化学［M］．北京：中国纺织出版社，2016.

[14] 崔福德．药剂学［M］．北京：人民卫生出版社，2011.

[15] 张婉萍．化妆品配方科学与工艺技术［M］．北京：化学工业出版社，2019.

[16] 裘炳毅．现代化妆品科学与技术［M］．北京：中国轻工业出版社，2017.

[17] 何秋星．化妆品配方与工艺学实验［M］．北京：科学出版社，2017.

[18] 游一中，邵庆辉．中国气雾剂工业产品与市场［M］．南京：凤凰出版社，2015.

[19] 蒋国民．气雾剂理论与技术［M］．北京：化学工业出版社，2010.

[20] Blanco E, Shen H, Ferrari M. Principles of nanoparticle design for overcoming biological barriers to drug delivery［J］. Nature Biotechnology, 2015 (33): 941-951.

[21] Nicolas J, Mura S, Brambilla D, et al. Design, functionalization strategies and biomedical applications of targeted biodegradable/biocompatible polymer-based nanocarriers for drug delivery［J］. Chemical Society Reviews, 2013 (42): 1147-1235.

[22] 庄宇婷，纪宏宇，唐景玲，等．微乳在经皮传递系统中的应用［J］．中国药师，2015

（18）：130 – 132.

［23］ Hao，Y，Li W，Zhou，et al. Microneedles–Based Transdermal Drug Delivery Systems：A Review［J］. J Biomed Nanotechnol，2017（13）：1581 – 1597.

［24］ Ruan W，Zhai Y，Yu K，et al. Coated microneedles mediated intradermal delivery of octa-arginine/BRAF siRNA nanocomplexes for anti–melanoma treatment［J］. International Journal of Pharmaceutics，2018（553）：298 – 309.

［25］ Miller PR，Moorman M，Boehm RD，et al. Fabrication of Hollow Metal Microneedle Arrays Using a Molding and Electroplating Method［J］. MRS Advances，2019（4）：1417 – 1426.

［26］ Ye Y，Yu J，Wen D，et al. Polymeric microneedles for transdermal protein delivery［J］. Advanced Drug Delivery Reviews，2018（127）：106 – 118.

［27］ 李艳，樊红娟，刘宁. 微针的概念及其在美容领域的应用［J］. 内蒙古中医药，2013（32）：57.

［28］ Stephanie L，Krasste PV，Orlin DV，et al. Pickering sta–bilization of foams and emulsions with particles of biologi–cal origin［J］. Curr Opin Colloid Interface Sci，2014，19（5）：490 – 500.

［29］ Schrade A，Landfester K，Ziener U. Pickering – type stabi – lized nanoparticles by heterophase polymerization［J］. Chem Soc Rev，2013，42（16）：6823 – 6839.